| 포인트 | PROFESSIONAL ENGINEER CIVIL ENGINEERING STRUCTURES

토목구조기술사 I

구조동력학/내진설계/강구조/교량/장대교량

김경호
공학박사/구조기술사

강구조/도로교 한계상태 설계법 반영

PREFACE 머리말

2010년 도로교 설계기준이 개정된 이래 2015년에는 도로교 한계상태설계기준이 개정되었습니다. 본서는 이러한 설계기준의 변경에 따라 기술사나 각종 시험 준비에 적합하도록 최신 교량공학의 내용을 알기 쉽게 문제형식으로 정리한 것입니다. 이미 출제되었던 여러 형태의 문제들이 답안형식으로 정리되었으므로 기출문제에 대한 분석도 쉽게 할 수 있을 것입니다.

○ 본서의 구성

01 구조동력학
동력학기본, 구조물 감쇠, 등가스프링상수와 구조물의 고유진동수, 라멘 구조물의 고유진동수, 공진, MDOF 구조계의 고유진동수, 회전기계 기초 등 필수적인 항목들 요약

02 내진설계
일반 지진 관련 용어, 응답 Spectrum, 내진해석법, 내진성능평가, 교량의 내진보강, 지진격리 등 지진설계에 주로 출제되는 항목들 정리

03 강구조
2016년도 강구조 한계상태설계법 개정기준에 맞추어 출제가능성 높은 문제들 정리

04 교량
교량의 계획, 하중, 철근콘크리트교, 강교, PSC Box 거더교, 곡선교, 교량 받침 및 신축 이음 등 2015년 개정된 한계상태설계기준 위주의 문제들 정리

05 장대교량
장대교량 일반, 아치교, 트러스교, 사장교의 계획과 설계, 현수교의 계획 설계, 내풍공학, 초장대교량, 교량의 유지관리, VE/LCC 등 최근의 시사성 있는 항목 포함

최근 변경된 도로교 한계상태법 설계기준이나 강구조 한계상태법의 내용을 정리하였으므로 설계사나 건설현장에서 교량공학, 내진설계, 강구조 공학 등을 다루는 엔지니어들에게 많은 도움이 될 것이며, 특히 구조기술사 시험을 준비하는 수험생들에게 요긴한 쓰임이 있을 것입니다.

최선의 노력을 다하였으나 미진한 부분에 대해서는 독자들의 애정 어린 지도와 편달을 부탁드리며 출판을 위해 힘써 주신 예문사와 많은 조언과 격려를 해주신 서초수도학원의 박성규 원장님께 깊은 감사의 말씀을 드리고 늘 힘이 되어 준 가족들에게도 고마움을 전합니다.

2017. 8
김 경 호

이 책의 차례

PART 01 구조동력학

CHAPTER 01 구조동력학의 기본 ········· 3
CHAPTER 02 구조물의 감쇠 ········· 18
CHAPTER 03 등가스프링상수와 구조물의 고유진동수 산정 ········· 31
CHAPTER 04 라멘 구조물의 고유진동수 산정 ········· 60
CHAPTER 05 공진 ········· 69
CHAPTER 06 MDOF 구조계의 고유진동수 ········· 80
CHAPTER 07 회전기계 기초 ········· 89

PART 02 내진설계

CHAPTER 01 지진 관련 일반 ········· 99
CHAPTER 02 응답 Spectrum ········· 116
CHAPTER 03 내진 해석법 ········· 143
CHAPTER 04 내진성능 평가 ········· 154
CHAPTER 05 교량의 내진설계 ········· 163
CHAPTER 06 교량의 내진보강 ········· 184
CHAPTER 07 지진격리 ········· 196

PART 03 강구조

CHAPTER 01 강재의 성질 및 용어 ········· 209
CHAPTER 02 강구조 설계법 ········· 237
CHAPTER 03 인장재의 설계 ········· 244
CHAPTER 04 압축재의 설계 ········· 255
CHAPTER 05 휨재의 설계 ········· 263
CHAPTER 06 조합력을 받는 부재 ········· 280
CHAPTER 07 합성부재 ········· 296
CHAPTER 08 접합부설계 ········· 315

PART 04 교량

- **CHAPTER 01** 교량의 계획 ······ 345
- **CHAPTER 02** 한계상태 용어 등 ······ 352
- **CHAPTER 03** 교량의 하중 ······ 356
- **CHAPTER 04** 콘크리트교 ······ 372
- **CHAPTER 05** 강 교량 ······ 386
- **CHAPTER 06** PSC BOX 거더교 ······ 394
- **CHAPTER 07** 복합교 ······ 410
- **CHAPTER 08** 곡선교 ······ 418
- **CHAPTER 09** 내하력 및 LRFD ······ 425
- **CHAPTER 10** 교량의 내진설계 ······ 431
- **CHAPTER 11** 교량받침, 신축이음, 기타 ······ 446

PART 05 장대교량

- **CHAPTER 01** 장대교량의 분류/아치교/트러스교 ······ 465
- **CHAPTER 02** 사장교의 계획과 설계 ······ 483
- **CHAPTER 03** 현수교 ······ 524
- **CHAPTER 04** 장대교량의 내풍 및 초장대교량 ······ 545
- **CHAPTER 05** 교량의 점검, 유지관리, LCC ······ 568

■ 참고문헌 ······ 580

01편 구조동력학

CHAPTER 01　구조동력학의 기본
CHAPTER 02　구조물의 감쇠
CHAPTER 03　등가스프링상수와 구조물의 고유진동수 산정
CHAPTER 04　라멘 구조물의 고유진동수 산정
CHAPTER 05　공진
CHAPTER 06　MDOF 구조계의 고유진동수
CHAPTER 07　회전기계 기초

CHAPTER 01 구조동력학의 기본

QUESTION 01 정적해석과 동적해석의 차이점을 설명하시오.

1. 정의

구조동력학이란 시간에 따라 변하는 동적하중을 받는 구조물의 동적응답(변위, 속도, 가속도 등)을 구하는 학문이며 동적응답으로 유발되는 탄성력, 관성력, 감쇠력을 산정하여 동적하중에 견디는 구조물을 설계하기 위함이다.

2. 정적해석과 동적해석의 비교

구조물에 작용하는 하중은 정하중과 동하중으로 분류할 수 있다. 정하중과 동하중에 의한 구조물의 정적해석과 동적해석의 차이점은 아래와 같다.

항목	정적해석	동적해석
외적하중	정하중(시간 독립)	동하중(시간 종속)
내부저항력	탄성력(f_E)	탄성력(f_E) 관성력(f_I) 감쇠력(f_D)
특이사항	없음	공진발생, 동적증폭
힘의 평형관계	$f_E = kx$	$f_I(t) = m\ddot{x}(t)$, $f_D(t) = c\dot{x}(t)$ $f_E(t) = kx(t)$
동적증폭계수	없음	$DAF = \dfrac{\max\|x_{dyn}\|}{\max\|x_{sta}\|}$

QUESTION 02. 단자유도계(SDOF)와 다자유도계(MDOF)를 설명하시오.

1. 정의

(1) 단자유도계(SDOF)

구조물의 동적 응답을 구하는 자유도가 1개인 구조물을 해석하는 구조계를 단일 자유도계 또는 단자유도계(Single Degree of Freedom)라 한다.

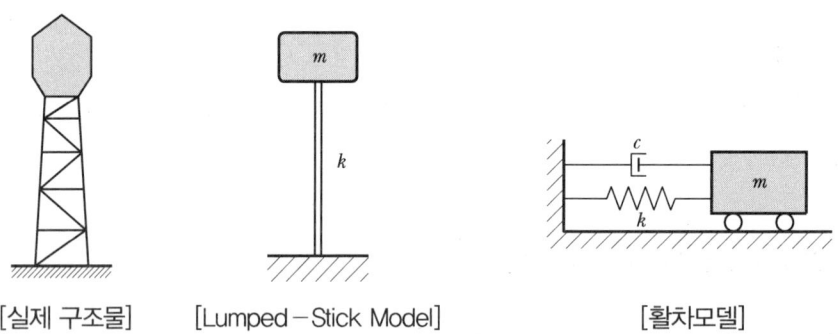

[실제 구조물]　　　[Lumped-Stick Model]　　　[활차모델]

(2) 다자유도계(MDOF)

구조물의 동적 응답을 구하는 자유도가 1개 이상인 구조물을 해석하는 구조계를 다중자유도계 또는 다자유도계(Multi Degree of Freedom)라 한다.

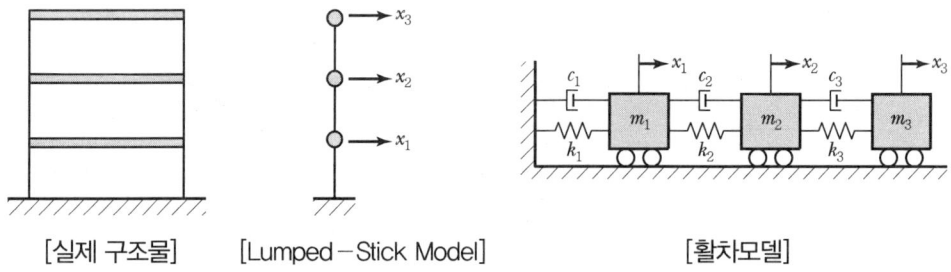

[실제 구조물]　　　[Lumped-Stick Model]　　　[활차모델]

QUESTION 03. 고유진동수를 설명하시오.

1. 정의

구조물 고유의 단위시간당 진동횟수를 말하며, 일반적으로 구조물의 질량과 강성이 주어지면 특정한 값을 가진 진동수의 진동만을 허용하는 고유진동을 하며 이때의 진동수를 고유진동수(Natural Frequency)라 한다.

2. 산정

구조물의 질량을 m, 강성을 k라 할 때 구조물의 고유진동수는 다음과 같다.

$$my'' + cy' + ky = 0$$

$$y'' + \frac{c}{m}y' + \frac{k}{m}y = 0$$

Undamping System이라면 $c = 0$

$$y'' + \frac{k}{m}y = 0 \quad \cdots\cdots (1)$$

상기 식의 일반해는

$$y = \sin wt \quad \cdots\cdots (2)$$

$$y'' = -w^2 \sin wt \quad \cdots\cdots (3)$$

식 (2), (3)을 식 (1)에 대입하고 정리하면

$$w = \sqrt{\frac{k}{m}} \text{ (rad/sec)} : 각속도$$

(1) 각속도(ω)

$$\omega = 2\pi f = \frac{2\pi}{T} = \sqrt{\frac{k}{m}} \text{ (rad/sec)}$$

(2) 단자유도계의 고유진동수(f_n) 산정

$$f_n = \frac{1}{T} = \frac{\omega}{2\pi} = \frac{1}{2\pi}\sqrt{\frac{k}{m}} \text{ (cycles/sec, Hz)}$$

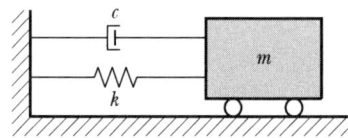

[단자유도계(SDOF) 구조물의 모델]

(3) 다자유도계의 고유진동수(f_n) 산정

$$([k] - w^2[m])\{\phi\} = \{0\}$$

$$\text{Det}([k] - w^2[m]) = \{0\}$$

여기서, $[k]$: 강성행렬
$[m]$: 질량행렬

QUESTION 04 : 단순보의 고유진동수, 고유주기를 구하시오.

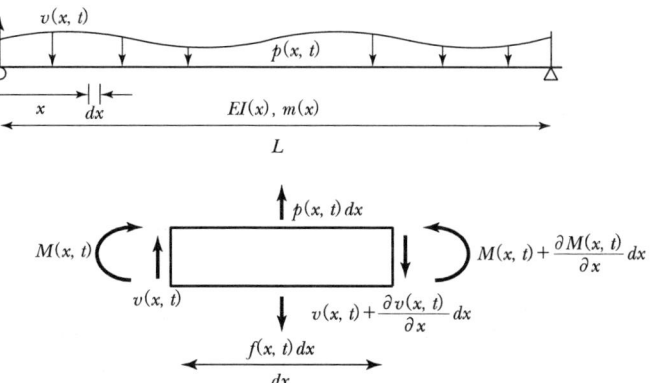

1. 미소거리 dx에서 $\sum V = 0$

$$v(x,t) + p(x,t)dx - [v(x,t) + \frac{\partial v(x,t)}{\partial x}dx] - f(x,t)dx = 0$$

$$\frac{\partial v(x,t)}{\partial x}dx = p(x,t)dx - m(x)dx\frac{\partial^2 v(x,t)}{\partial t^2} \quad \cdots\cdots (1)$$

$v(x,t)dx$: Vertical Force

$f(x,t) = m \times a = m(x)\frac{\partial^2 v(x,t)}{\partial t^2}$: Resultant Transverse Inertial Force(관성력)

2. 미소거리 dx에서 $\sum M_A = 0$

$$M(x,t) + v(x,t)dx - [M(x,t) + \frac{\partial M(x,t)}{\partial x}dx] = 0$$

$$\frac{\partial v(x,t)}{\partial x}dx = \frac{\partial^2 M(x,t)}{\partial x^2}dx \quad \cdots\cdots (2)$$

3. 식 (2)를 식 (1)에 대입하면

$$\frac{\partial^2 M(x,t)}{\partial x^2} + m(x) \times \frac{\partial^2 v(x,t)}{\partial t^2} = p(x,t) \quad \cdots\cdots (3)$$

$M = EI(x)\dfrac{\partial^2 v(x,t)}{\partial x^2}$ 이므로 식 (3)을 재정리하면

$$EI(x)\frac{\partial^4 v(x,t)}{\partial x^4} + m(x) \times \frac{\partial^2 v(x,t)}{\partial t^2} = p(x,t) \quad \cdots\cdots (4)$$

4. 보의 단면이 일정하고 외력이 작용하지 않는다고 하면

$EI(x) = EI$, $m(x) = m$, $p(t,x) = 0$ 이므로 식 (4)를 재정리하면

$$EI \times \frac{\partial^4 v(x,t)}{\partial x^4} + m \times \frac{\partial^2 v(x,t)}{\partial t^2} = 0 \quad \cdots\cdots (5)$$

5. 식 (5)를 EI로 나누면

$$\frac{\partial^4 v(x,t)}{\partial x^4} + \frac{m}{EI} \times \frac{\partial^2 v(x,t)}{\partial t^2} = 0 \quad \cdots\cdots (6)$$

$$\frac{m}{EI} = \text{Constant}$$

$v(x,t) = \psi(x)Y(t)$라고 두고 식 (6)을 재정리하면

$\psi(x)$: Free Vibration Motion of a Specific Shape
$Y(t)$: Time Dependent Amplitude

$$\psi^{VI}(x)Y(t) + \frac{m}{EI} \times \psi(x)Y''(t) = 0 \quad \cdots\cdots (7)$$

식 (7)을 $\psi(x)Y(t)$로 나누면

$$\frac{\psi^{VI}(x)}{\psi(x)} + \frac{m}{EI} \times \frac{Y''(t)}{Y(t)} = 0 \quad \cdots\cdots (8)$$

6. 식 (8)에서 첫 번째 항은 x만이 함수이고 두 번째 항은 t만의 함수이므로 다음과 같이 정리된다.

$$\frac{\psi^{VI}(x)}{\psi(x)} = -\frac{m}{EI} \times \frac{Y''(t)}{Y(t)} = a^4 \quad \cdots \cdots (9)$$

($\psi^{VI}(x)$이므로 a^4로 가정한다.)

식 (9)를 Two Ordinary Differential Equation으로 정리하면

$$\psi^{VI}(x) - a^4 \psi(x) = 0 \quad \cdots \cdots (10)$$

$$Y''(t) + w^2 Y(t) = 0$$

$$w^2 = \frac{a^4 EI}{m} \quad \cdots \cdots (11)$$

7. 식 (10)의 일반해를 다음과 같이 가정하고

$$\psi(x) = A_1 \cos ax + A_2 \sin ax + A_3 \cosh ax + A_4 \sinh ax \quad \cdots \cdots (12)$$

8. 단순보의 경계조건으로는

$$\psi(0) = 0 \quad M(0) = EI\psi''(0) = 0 \quad \cdots \cdots (13)$$

$$\psi(L) = 0 \quad M(L) = EI\psi''(L) = 0$$

9. 식 (12)의 일반해의 상수를 결정하기 위해 $x = 0$의 경계조건을 적용하면

$$\psi(0) = A_1 \cos 0 + A_2 \sin 0 + A_3 \cosh 0 + A_4 \sinh 0 = 0$$

$$\psi''(0) = a^2(-A_1 \cos 0 - A_2 \sin 0 + A_3 \cosh 0 + A_4 \sinh 0) = 0 \quad \cdots \cdots (14)$$

sin0 = 0, sinh0 = 0이므로 식 (14)를 재정리하면

$A_1 + A_3 = 0, -A_1 + A_3 = 0$이므로

$\therefore A_1 = A_3 = 0$

$\psi''(0) = a^2(-A_2 \sin 0 + A_4 \sinh 0) = 0$ ·· (15)

10. 식 (12)의 일반해의 상수를 결정하기 위해 $x = L$의 경계조건을 적용하면

$\therefore A_1 = A_3 = 0$이므로

$\psi(L) = A_2 \sin aL + A_4 \sinh aL = 0$ ·· (16 – 1)

$\psi''(L) = a^2(-A_2 \sin aL + A_4 \sinh aL) = 0$ ································ (16 – 2)

식 (16 – 2)를 만족하기 위해서는

$A_2 \sin aL = A_4 \sinh aL$이므로 ··· (17)

식 (16 – 1)에서

$_2 A_4 \sinh aL = 0$

$A_4 = 0, \sinh aL \neq 0$

따라서 $\psi(x)$의 해는, A_2만이 0이 아니므로

$\psi(x) = A_2 \sin ax$ $\psi(L) = 0$을 만족하기 위해서는

$\sin aL = 0$ $\therefore a = \dfrac{n\pi}{L}$ ··· (18)

11. 고유진동수 산정

식 (18)을 식 (11)에 대입하면

각 고유진동수 : $w = \sqrt{\dfrac{a^4 EI}{m}} = \dfrac{n^2 \pi^2}{L^2}\sqrt{\dfrac{EI}{m}}$

고유진동수 : $f = \dfrac{w}{2\pi} = \dfrac{1}{2\pi}\sqrt{\dfrac{a^4 EI}{m}} = \dfrac{n^2 \pi}{2L^2}\sqrt{\dfrac{EI}{m}}$

　　여기서, n : 진동주기

QUESTION 05: 동적 운동방정식을 설명하시오.

1. 정의

동하중의 외력(P)을 받는 구조물은 질량에 의한 관성력(f_I), 감쇠력(f_D), 강성에 의한 탄성력(f_E)의 합으로 외력에 저항하여 힘의 평형상태를 유지한다.

이를 동하중을 받는 구조물의 동적 평형운동방정식 또는 동적 운동방정식이라 하며 다음과 같다.

$$f_I + f_D + f_E = P$$

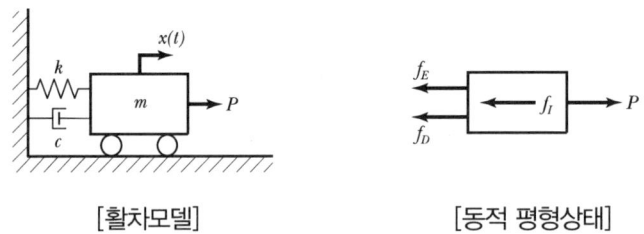

[활차모델]   [동적 평형상태]

2. 운동방정식

(1) 단자유도계 운동방정식

운동방정식은 관성력($f_I = m\ddot{x}$), 감쇠력($f_D = c\dot{x}$), 탄력성($f_E = kx$)의 합이므로 단자유도계의 운동방정식은 다음과 같다.

$$m\ddot{x} + c\dot{x} + kx = P$$

(2) 다자유도계 운동방정식

다자유도계의 운동방정식은 매트릭스로 표현되어 아래와 같다.

$$[m]\{\ddot{x}\} + [c]\{\dot{x}\} + [k]\{x\} = \{P\}$$

여기서, m : 질량(Mass) c : 감쇠계수(Damping Ratio)
k : 강성계수 $[m]$: 질량행렬

$[c]$: 감쇠행렬　　$[k]$: 강성행렬
x : 변위　　$\dot{x}$: 속도
$\ddot{x}$: 가속도

3. 운동방정식의 종류

운동방정식은 감쇠력의 존재 여부에 따라 감쇠진동(Damped Vibration)과 비감쇠진동(Undamped Vibration)으로 나뉘며, 동하중의 시간종속 여부에 따라 자유진동(Free Vibration)과 강제진동(Forced Vibration)으로 나뉘어져 4개의 운동방정식으로 분류한다.

(1) 감쇠진동과 비감쇠진동(감쇠 유무)

구분	운동방정식	비고
비감쇠진동	$m\ddot{x}+kx=P$	$c=0$
감쇠진동	$m\ddot{x}+c\dot{x}+kx=P$	$c \neq 0$

(2) 자유진동과 강제진동(하중의 시간종속 유무)

구분	운동방정식	비고
자유진동	$m\ddot{x}+c\dot{x}+kx=P_0$	하중(초기작용)
강제진동	$m\ddot{x}+c\dot{x}+kx=P(t)$	하중(시간종속)

전체 운동방정식은 아래와 같이 정리된다.

구분	운동방정식	비고
비감쇠 자유진동	$m\ddot{x}+kx=P_0$	$c=0$ 하중(초기작용)
비감쇠 강제진동	$m\ddot{x}+kx=P(t)$	$c=0$ 하중(시간종속)
감쇠 자유진동	$m\ddot{x}+c\dot{x}+kx=P_0$	$c \neq 0$ 하중(초기작용)
감쇠 강제진동	$m\ddot{x}+c\dot{x}+kx=P(t)$	$c \neq 0$ 하중(시간종속)

QUESTION 06

구조물의 운동방정식을 설명하고 다음의 그림을 참조하여 중력이 어떤 영향을 주는지 설명하시오.

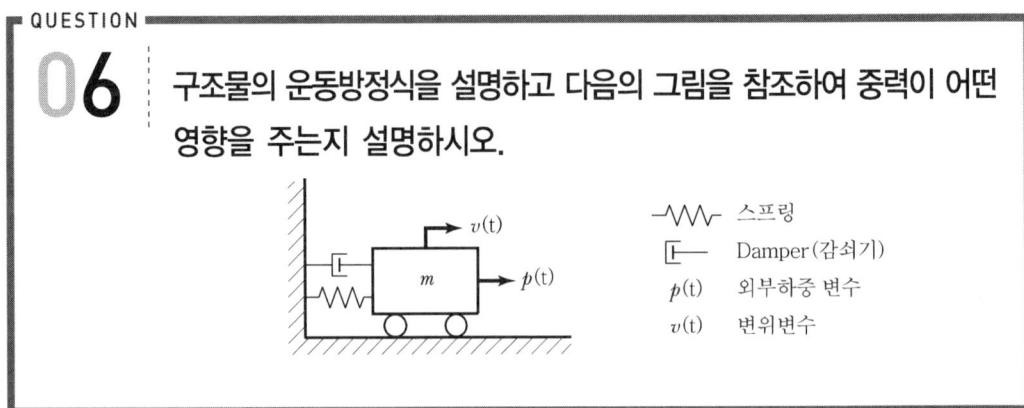

1. 정의

동하중인 외력(P)을 받는 구조물은 질량에 의한 관성력, 구조물의 감쇠력, 구조물 강성에 의한 탄성력의 합으로 외력에 저항하며 동적인 상태에서 힘의 평형상태를 유지한다. 이를 동하중을 받는 구조물의 동적평형 운동방정식 또는 운동방정식이라 하며 다음과 같이 나타낸다.

$$f_I + f_D + f_E = P \quad \cdots \cdots (1)$$

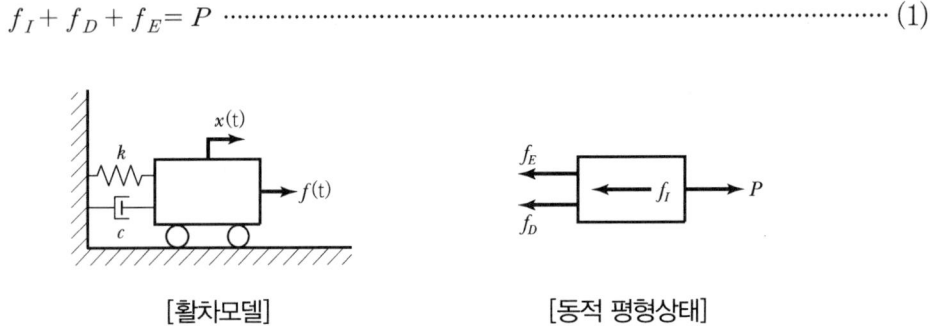

[활차모델]   [동적 평형상태]

2. 운동방정식

구조물의 관성력($f_I = m\ddot{x}$)과 감쇠력($f_D = c\dot{x}$), 탄성력($f_E = kx$)을 대입하면 동적 운동방정식은 다음과 같다.

$$m\ddot{x} + c\dot{x} + kx = P \quad \cdots \cdots (2)$$

여기서, m : 구조물의 질량 c : 구조물 감쇠계수
k : 구조물 강성 x : 변위
$\dot{x}$: 속도 $\ddot{x}$: 가속도

3. 운동방정식 종류

운동방정식은 감쇠력의 존재 여부와 동하중의 시간종속 여부에 따라 다음과 같이 분류된다.

(1) 감쇠운동과 비감쇠운동(감쇠 유무)

구분	운동방정식	비고
비감쇠 진동	$m\ddot{x}+kx=P$	$c=0$
감쇠 진동	$m\ddot{x}+c\dot{x}+kx=P$	$c \neq 0$

(2) 자유진동과 강제진동(동하중의 시간종속 여부)

구분	운동방정식	비고
자유 진동	$m\ddot{x}+c\dot{x}+kx=P_o$	초기하중작용
강제 진동	$m\ddot{x}+c\dot{x}+kx=P(t)$	하중시간종속

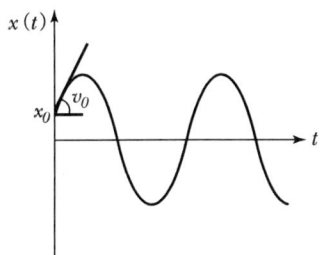

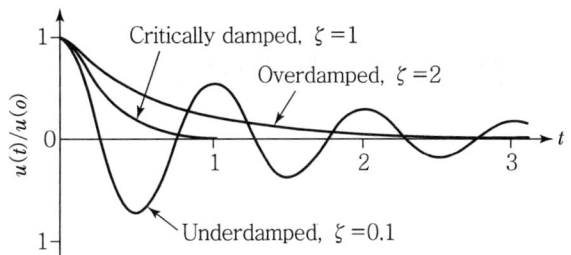

[비감쇠 자유진동 동적거동]　　　　　　[감쇠 자유진동 동적거동]

4. 중력의 영향

운동방정식에서 중력의 영향은 구조물의 관성력을 지배하는 요소로 감쇠 유무와 지속하중 존재 유무에 상관없이 구조물의 고유진동수를 유발하는 주요인자로 작용하고 있다.

$$\text{구조물의 고유진동수} : f_n = \frac{1}{2\pi}\sqrt{\frac{k}{m}} = \frac{1}{2\pi}\sqrt{\frac{kg}{W}}$$

QUESTION 07

질량이 m인 회전체(Roller)가 스프링강성이 k인 스프링에 매달려 있다. 만일 1) 지면과 회전체의 마찰계수가 0일 때, 각 주파수, w_{slip}을 구하고, 2) 마찰계수가 0이 아닐 때, 각 주파수 $w_{nonslip}$(미끄러지지 않을 때)을 구하여 그 비를 구하시오.

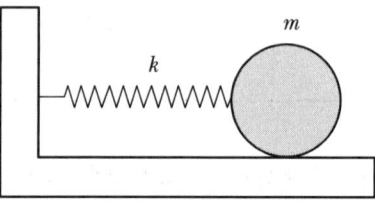

【풀이】 단자유도인 자유진동계의 고유진동수를 산정하는 문제이다. 마찰 여부를 고려하여 고유진동수를 구하고 그 비를 비교한다.

1. 마찰이 없을 때 고유주파수 산정

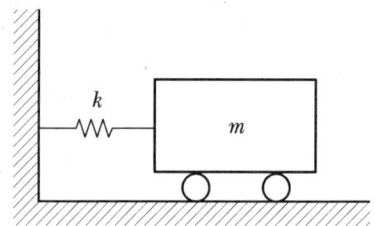

[비감쇠 자유진동계]

단자유도인 비감쇠 자유진동의 고유주파수를 산정하는 문제이다. 고유주파수는 다음과 같다.

$$w_{slip} = \sqrt{\frac{k}{m}}$$

$$f_{slip} = \frac{w_{slip}}{2\pi} = \frac{1}{2\pi}\sqrt{\frac{k}{m}}$$

2. 마찰이 있을 때 고유주파수 산정

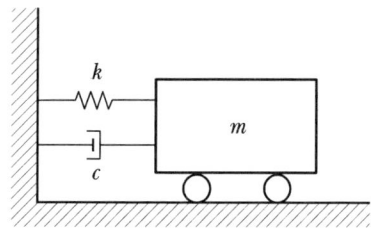

[감쇠 자유진동계]

단자유도인 감쇠 자유진동의 고유주파수를 산정하는 문제이다. 고유주파수는 비감쇠 자유진동과 동일하다.

$$w_{nonslip} = \sqrt{\frac{k}{m}}$$

$$f_{nonslip} = \frac{w_{nonslip}}{2\pi} = \frac{1}{2\pi}\sqrt{\frac{k}{m}}$$

3. 고유주파수 비교

감쇠 자유진동계와 비감쇠 자유진동계의 고유주파수비는 다음과 같다.

$$\zeta = \frac{w_{slip}}{w_{nonslip}} = \frac{\sqrt{\frac{k}{m}}}{\sqrt{\frac{k}{m}}} = 1$$

CHAPTER 02 구조물의 감쇠

QUESTION 01 감쇠의 종류에 대해 열거하고 간단히 설명하시오.

1. 정의

에너지를 소실시키는 능력을 감쇠(Damping)라 하며 임계감쇠(Critical Damping), 과감쇠(Over Damping), 저감쇠(Under Damping) 등이 있다.

2. 임계감쇠

감쇠값이 $c_{cr} = 2\sqrt{mk}$ 와 같은 경우로 구조물이 고유하게 에너지를 소실시키려는 감쇠크기를 말하며 감쇠자유진동인 방정식과 해는 아래와 같다.

$$m\ddot{x} + c\dot{x} + kx = 0$$

$$x(t) = \{x_0(1+\omega_n t) + v_0 t\} e^{-\omega_n t}$$

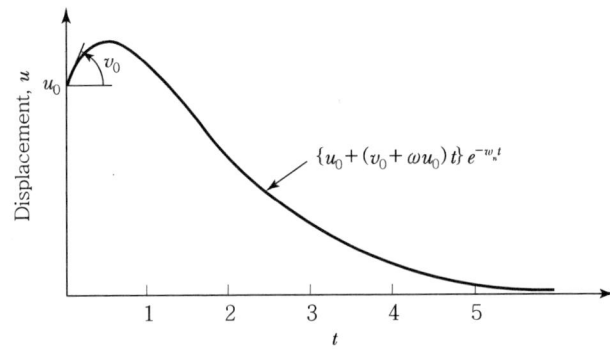

3. 과감쇠

감쇠값이 $c > c_{cr} = 2\sqrt{mk}$ 보다 큰 경우로 구조물의 감쇠값이 임계감쇠값보다 큰 경우이며 감쇠자유진동인 운동방정식의 해는 아래와 같다.

$$m\ddot{x} + c\dot{x} + kx = 0$$

$$x(t) = \left\{ A\cosh w_n \sqrt{\xi^2 - 1}\,t + B\sinh w_n \sqrt{\xi^2 - 1}\,t \right\} e^{-\xi w_n t}$$

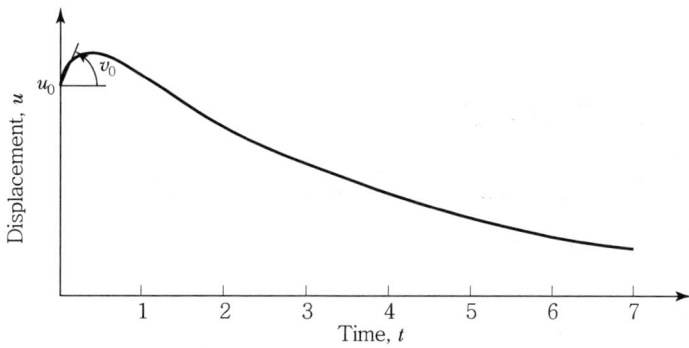

4. 저감쇠

감쇠값이 $c < c_{cr} = 2\sqrt{mk}$ 보다 작은 경우로 구조물의 감쇠값이 임계감쇠값보다 큰 경우이며 감쇠자유진동인 운동방정식의 해는 아래와 같다.

$$m\ddot{x} + c\dot{x} + kx = 0$$

$$x(t) = e^{-\xi w_n t}\left(x_0 \cos\omega_D t + \frac{v_0 + x_0 \xi \omega_n}{\omega_D} \sin\omega_D t \right)$$

$$= \rho e^{-\xi w_n t}\cos(\omega_D t - \theta)$$

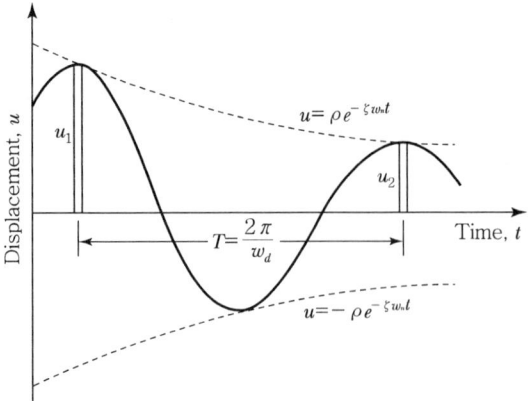

5. 감쇠자유진동의 일반해 비교

감쇠값에 따라 임계감쇠, 과감쇠, 저감쇠를 구분된 감쇠자유진동의 일반해의 거동을 나타낸 결과는 아래 [그림]과 같다.

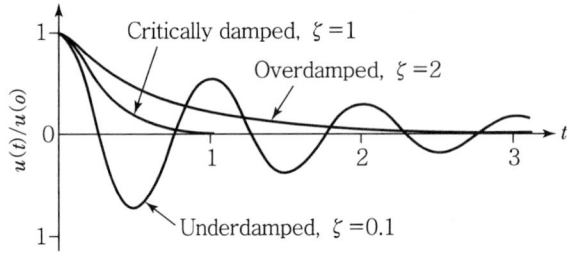

6. 감쇠진동수(Damping Frequency)

저감쇠계에서의 허근 부분

$$w_D = \sqrt{\frac{k}{m} - \left(\frac{c}{2m}\right)^2} = \sqrt{w^2 - \left(\frac{c}{c_{cr}/w}\right)^2} = \sqrt{w^2\left[1 - \left(\frac{c}{c_{cr}}\right)^2\right]} = w\sqrt{1-\xi^2}$$

$$\left(\xi = \frac{c}{c_{cr}} : 감쇠비\right)$$

7. 감쇠 주기(Damping Period)

$$T_D = \frac{2\pi}{\omega_D} = \frac{2\pi}{w\sqrt{1-\xi^2}}$$

8. 저감쇠인 경우 고유진동수

$$T_D = \frac{2\pi}{\omega_D}, \ w_D = w\sqrt{1-\xi^2} \ : \text{감쇠자유진동수}$$

$$w = \frac{w_D}{\sqrt{1-\xi^2}} \ : \text{고유진동수}$$

QUESTION 02 비감쇠 자유진동을 설명하시오.

1. 정의

동하중을 받는 구조물이 감쇠력(Damping Force)에 의한 저항력을 가지지 못하며, 초기 하중작용 후 시간에 따른 하중이 작용하지 않는 경우의 구조물 진동을 비감쇠 자유진동(Undamped Free Vibration)이라 한다.

2. 운동방정식

운동방정식에서 감쇠력항과 외력을 제외하면 비감쇠 자유진동의 운동방정식이다.

$$m\ddot{x} + kx = 0$$

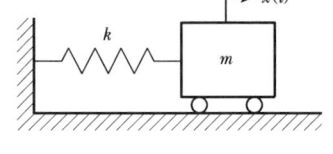
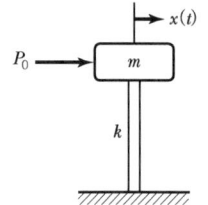

[단자유도계의 비감쇠 자유진동 모델]

3. 운동방정식 해

비감쇠 자유진동 운동방정식의 해는 구조물의 동적 응답을 의미하며, 초기변위를 x_0, 속도를 v_0라 하면 일반해는 다음과 같다.

$$x(t) = x_0 \cos\omega_n t + \frac{v_0}{\omega} \sin\omega_n t = \rho\cos(\omega_n t - \theta)$$

여기서, $\rho = \sqrt{x_0^2 + \left(\frac{v_0}{\omega_n}\right)^2}$: 진폭, $\theta = \tan^{-1}\left(\frac{v_0}{\omega_n \, x_0}\right)$: 위상각

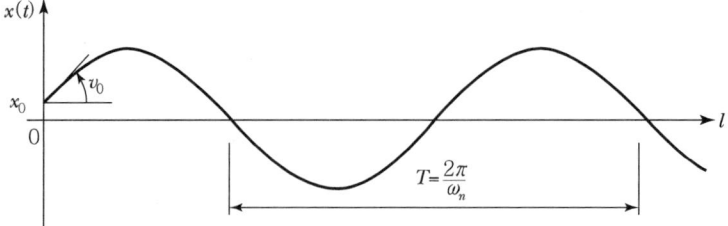

QUESTION 03 : 감쇠 강제진동을 설명하시오.

1. 정의

시간에 따라 변하는 하중이 구조물에 지속적으로 작용할 때 관성력, 감쇠력, 탄성력을 가진 구조물의 진동을 감쇠 강제진동이라 한다. 이런 하중은 기계진동, 선박이나 터빈의 프로펠러 회전, 모터와 같은 주기하중(Periodic Loads) 또는 조화하중(Harmonic Load)과 충격, 폭발, 지진, 파랑 등과 같은 비주기하중(Non-Periodic Load) 또는 비조화하중(Non-Harmonic Load) 등이 여기에 속한다.

2. 운동방정식의 해

모터와 같은 조화하중에 대한 감쇠 강제진동의 운동방정식은 다음과 같다.

$$m\ddot{x} + c\dot{x} + kx = P_0 \sin\overline{\omega} t$$

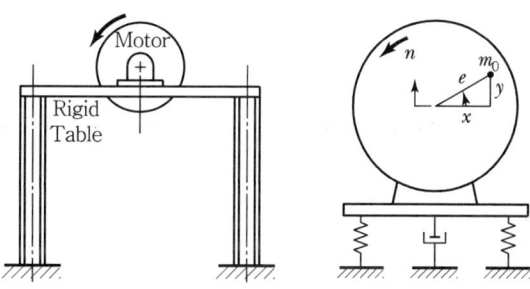

[단자유도계의 감쇠 강제진동 모델]

모터와 같은 감쇠 강제진동의 조화하중의 동적 거동 일반해는 다음과 같다.

$$x = x_g + x_p$$
$$= e^{-\xi w_n t}(A\cos w_D t + B\sin w_D t) + G_1 \sin\overline{\omega} t + G_2 \cos\overline{\omega} t$$

$$m\ddot{x} + c\dot{x} + kx = P_o \sin\overline{\omega} t \quad \cdots\cdots (1)$$

$$\ddot{x} + \frac{c}{m}\dot{x} + \frac{k}{m}x = \frac{P_o}{m}\sin\overline{\omega}t$$

$$\frac{c}{m} = 2\xi\omega$$

$$\ddot{x}(t) + 2\xi\omega\dot{x}(t) + w^2 x(t) = \frac{P_o}{m}\sin\overline{\omega}t \quad \cdots\cdots (2)$$

$$x_g(t) = e^{-\xi wt}(A\sin\omega_D t + B\cos\omega_D t)$$

특수해(Particular Solution)

$$x_p(t) = G_1 \sin\overline{\omega}t + G_2 \cos\overline{\omega}t$$

$$\dot{x}_p(t) = G_1 \overline{\omega}\cos\overline{\omega}t - G_2 \overline{\omega}\sin\overline{\omega}t$$

$$\ddot{x}_p(t) = -G_1 \overline{\omega}^2 \sin\overline{\omega}t - G_2 \overline{\omega}^2 \cos\overline{\omega}t$$

$$\quad - G_1 \overline{\omega}^2 \sin\overline{\omega}t - G_2 \overline{\omega}^2 \cos\overline{\omega}t$$

$$\quad + 2\xi w(G_1 \overline{\omega}\cos\overline{\omega}t - G_2 \overline{\omega}\sin\overline{\omega}t) + \omega^2(G_1 \sin\overline{\omega}t + G_2 \cos\overline{\omega}t)$$

$$= \frac{P_o}{m}\sin\overline{\omega}t$$

$$[-G_1 \overline{\omega}^2 - G_2 \overline{\omega}(2\xi w) + G_1 w^2]\sin\overline{\omega}t = \frac{P_o}{m}\sin\overline{\omega}t$$

$$[-G_2 \overline{\omega}^2 + G_1 \overline{\omega}(2\xi w) + G_2 w^2]\cos\overline{\omega}t = 0$$

$$G_1(1-\beta^2) - G_2(2\xi\beta) = \frac{P_o}{k} \qquad \beta = \frac{\overline{\omega}}{w},\ k = mw^2$$

$$G_1(2\xi\beta) + G_2(1-\beta^2) = 0$$

$$G_1 = \frac{P_o}{k}\frac{1-\beta^2}{(1-\beta^2)^2+(2\xi\beta)^2}$$

$$G_2 = \frac{P_o}{k}\frac{-2\xi\beta}{(1-\beta^2)^2+(2\xi\beta)^2}$$

$$x(t) = e^{-\xi wt}(A\sin w_D t + \beta\cos w_D t)$$

$$+\frac{P_o}{k}\frac{1}{(1-\beta^2)^2+(2\xi\beta)^2}\left[(1-\beta^2)\sin\overline{w}t - 2\xi\beta\cos\overline{w}t\right]$$

$\therefore\ x = 0\ \rightarrow\ x = x_o$

$\dot{x} = 0\ \rightarrow\ \dot{x} = v_o\ \rightarrow$ 일반해 계수 A, B 구해짐

여기서, A, B, G_1, G_2는 상수로 아래와 같다.

$$A = \frac{P_0}{k}\frac{2\xi\beta}{(1-\beta^2)^2+(2\xi\beta)^2}+x_0$$

$$B = \frac{P_0}{k}\left\{\frac{2\xi^2\beta - \beta(1-\beta^2)}{(1-\beta^2)^2+(2\xi\beta)^2}\right\}+\frac{v_0 + x_0\,\xi\,\beta\,\overline{\omega}}{\omega_D}$$

$$G_1 = \frac{P_0}{k}\frac{1-\beta^2}{(1-\beta^2)^2+(2\xi\beta)^2}$$

$$G_2 = \frac{P_0}{k}\frac{-2\xi\beta}{(1-\beta^2)^2+(2\xi\beta)^2}$$

QUESTION 04

다음 그림과 같은 1층 건물이 자중이 없는 기둥(Weightless Columns)으로 지지된 강성이 큰 거더(Rigid Girder)로 이상화되어 있다. $P=$ 20kips의 힘을 주었더니 Girder가 0.2inch 움직였다. 이때 초기 변위를 순간적으로 제거했더니 Return Swing 때의 최대변위가 0.16inch 였고, 변위 Cycle의 주기는 1.4초였다. 아래 사항을 구하시오.

1) Girder 유효중량
2) 고유진동수 및 각속도
3) 감쇠(Damping) 값

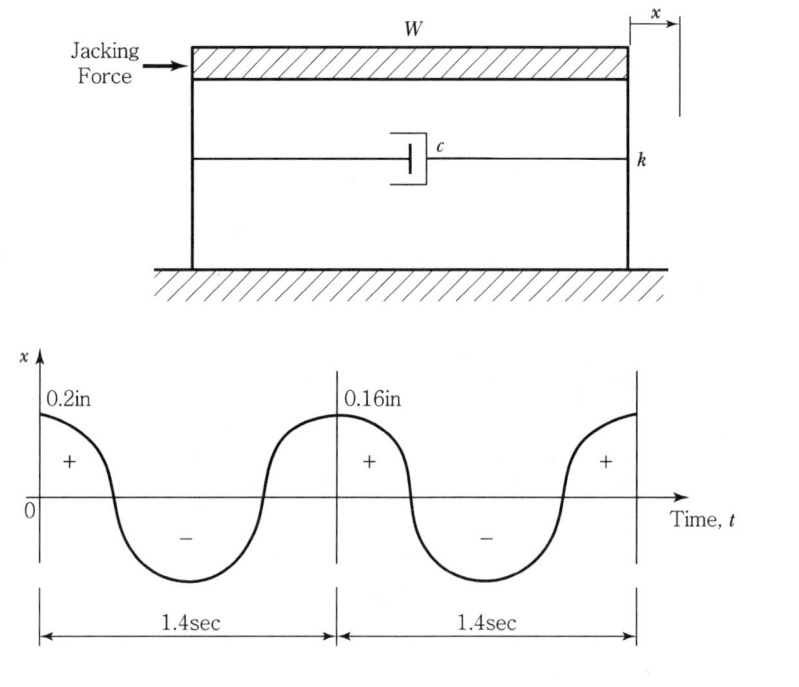

1. 유효강성 산정

초기 수평하중(Jacking Force)과 변위가 주어졌으므로 탄성방정식을 이용하여 유효강성을 산정한다.

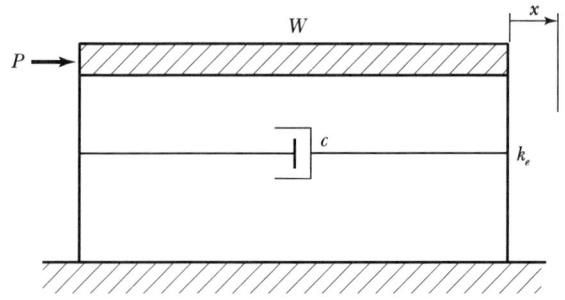

$P = k_e \times \Delta$ 이므로

$$\therefore k_e = \frac{P}{\Delta} = \frac{20 \text{kips}}{0.2 \text{inch}}$$

$$= 100 \text{kips/inch} = 175.1 \text{ kN/cm}$$

2. 고유진동수 산정

고유진동수는 아래와 같이 고유주기를 사용하면 다양하게 산정된다.

$$\therefore f_n = \frac{1}{T_n} = \frac{1}{1.4} = 0.71 \text{cycles/sec} = 0.71 \text{Hz}$$

$$\omega = \frac{2\pi}{T} = \frac{2\pi}{1.40} = 4.48 \text{rad/sec}$$

$$\therefore f_n = \frac{\omega}{2\pi} = \frac{4.48}{2\pi} = 0.71 \text{cycles/sec} = 0.71 \text{Hz}$$

3. 유효질량 산정

고유주기를 사용하여 유효질량을 산정한다.

$$T_n = \frac{2\pi}{\omega} = \frac{2\pi}{\sqrt{\frac{k}{m}}} = 2\pi \sqrt{\frac{m}{k}}$$ 이므로

$$m = k \left(\frac{T_n}{2\pi} \right)^2 = \frac{100 \times 10^3}{2.54} \left(\frac{1.40}{2\pi} \right)^2 = 1{,}955 \text{lbs}$$

또는 $m = k \left(\frac{T_n}{2\pi} \right)^2 = 175.1 \times 10^3 \left(\frac{1.4}{2\pi} \right)^2 = 8{,}693 \text{N}$

4. 감쇠비 산정

(1) 대수감쇠율(δ) 산정

대수감쇠율(Logarithmic Decrement : δ)이란 한 주기가 지난 후 진폭이 감소되는 비율을 말하며 다음과 같이 구한다.

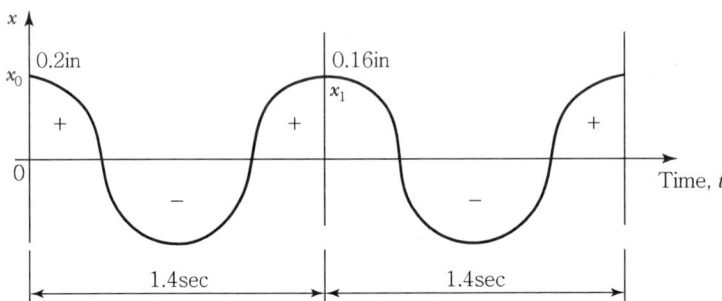

대수감쇠율(δ) 산정

$$\therefore \delta = \ln\left(\frac{x_0}{x_1}\right) = \ln\left(\frac{0.2}{0.16}\right) = 0.223$$

(2) 감쇠비(ξ) 산정

감쇠비는 전체 진동시간으로부터 진폭이 감소되어 가는 비율을 말한다. 대수감쇠율과 감쇠비 관계로부터 감쇠비를 구한다.

$$\delta = \ln\left(\frac{x_0}{x_1}\right) = \ln\left(\frac{x_1}{x_2}\right) = \xi \times 2\pi \text{ 이므로}$$

$$\therefore \xi = \frac{c}{c_c} = \frac{\delta}{2\pi} = \frac{\ln\left(\frac{x_0}{x_1}\right)}{2\pi} = \frac{0.223}{2\pi} = 0.0355 = 3.55\%$$

(3) 감쇠계수(c) 산정

$$\therefore c = \xi \times c_c = \xi \times 2\sqrt{mk} = 0.0355 \times 2\sqrt{8,693 \times 175.1 \times 10^3}$$

$$= 2,770 \text{N/cm} \cdot \sec$$

QUESTION 05

와류진동, 제한진동, 발산진동에 대하여 각각 설명하시오.

1. 와류진동(과감쇠 진동)

구조물의 감쇠가 임계감쇠값을 초과할 경우 나타나는 형태의 진동특성으로, 이는 시간의 진행에 따라 진동하지 않고 진폭이 정지상태로 회귀하게 된다.

구조물의 감쇠값이 임계감쇠값보다 큰 경우이며($c > c_{cr} = 2\sqrt{mk}$) 감쇠자유진동일 경우 운동방정식의 해는 다음과 같다.

$$x(t) = \left\{ A \cosh \omega_n \sqrt{\xi^2 - 1}\, t + B \sinh \omega_n \sqrt{\xi^2 - 1}\, t \right\} e^{-\xi \omega_n t}$$

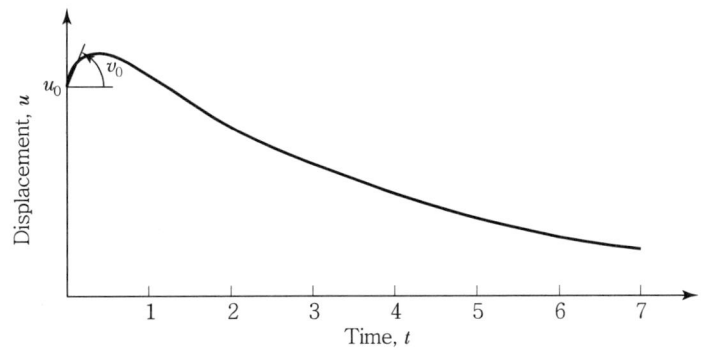

2. 제한진동

조화하중을 받는 단자유도계 시스템에서 조화운동의 가진진동수가 단자유도계의 고유진동수와 같을 때 공진현상이 발생하여 시스템의 응답이 무한대로 발산하게 되나 모든 구조계는 특정 감쇠특성을 가지게 되어 실제적인 응답은 발산하지 않고 제한적인 진동특성을 갖게 되는 진동을 말하며 모든 구조계가 여기에 해당된다고 볼 수 있다. 즉, 단자유도계가 감쇠값 ξ를 갖고 있을 경우, 공진현상이 발생하더라도 그 응답은 제한된다는 것을 의미한다.

3. 발산진동

조화하중을 받는 단자유도계 시스템에서 조화운동의 가진진동수가 단자유도계의 고유진동수와 같을 때 감쇠가 없을 경우 시스템의 응답이 무한대로 발산하는 형태의 진동특성을 말한다. 발산진동의 경우 일정 사이클을 지나 최대변위가 구조물의 항복점을 넘을 경우 구조물은 파괴에 이르게 된다.

CHAPTER 03 등가스프링상수와 구조물의 고유진동수 산정

QUESTION 01 등가스프링상수 산정법을 설명하시오.

1. 개요

구조물의 부재강성을 스프링상수로 치환할 때 부재의 연결상태와 경계조건에 따라 직렬연결과 병렬연결로 구분한다. 직렬연결과 병렬연결 시 등가스프링상수를 산정하는 방법을 살펴보기로 한다.

2. 직렬연결의 등가스프링상수 산정

(1) 스프링방정식 산정

$$F_1 = k_1 x_1$$
$$F_2 = k_2 x_2$$
$$F = k_e x$$

(2) 평형방정식 적용

$$\sum V = 0 : F = F_1 = F_2$$

(3) 적합조건식 적용

$$x = x_1 + x_2 : \frac{F}{k_e} = \frac{F_1}{k_1} + \frac{F_2}{k_2}$$

(4) 등가스프링상수 산정

$$\therefore \frac{1}{k_e} = \frac{1}{k_1} + \frac{1}{k_2} = \sum \frac{1}{k_i}$$

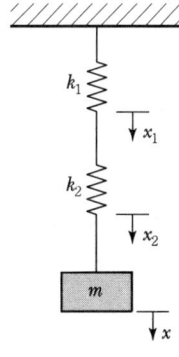

[직렬연결]

3. 병렬연결의 등가스프링상수 산정

(1) 스프링방정식 산정

$F_1 = k_1 x_1$

$F_2 = k_2 x_2$

$F = k_e x$

(2) 적합조건식 적용

$x = x_1 = x_2$

(3) 평형방정식 적용

$\sum V = 0 : F = F_1 + F_2$

$k_e x = k_1 x_1 + k_2 x_2$

(4) 등가스프링상수 산정

$\therefore k_e = k_1 + k_2 = \Sigma k_i$

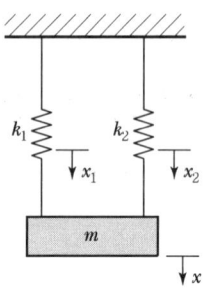

[병렬연결]

QUESTION 02

그림과 같이 스프링으로 연결된 진동계의 고유진동수를 구하시오.
(단, 감쇠는 없으며, $k_1 = 5\text{N/cm}$, $k_2 = 2.5\text{N/cm}$, $W = 10\text{N}$이다.)

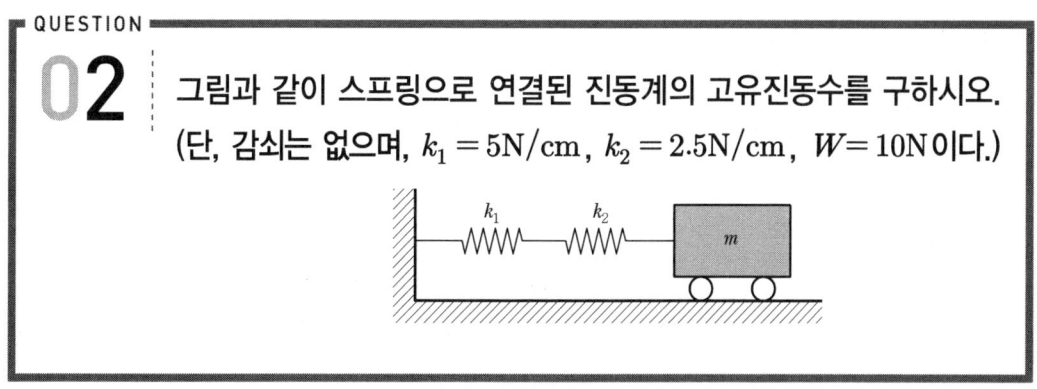

【풀이】 두 개의 스프링이 직렬로 연결된 구조계의 고유진동수를 산정하는 문제이다. 등가스프링상수를 구하여 고유진동수를 구한다.

1. 등가스프링상수[k_e] 유도

스프링방정식과 평형방정식, 적합조건식을 적용하여 등가스프링상수를 구한다.

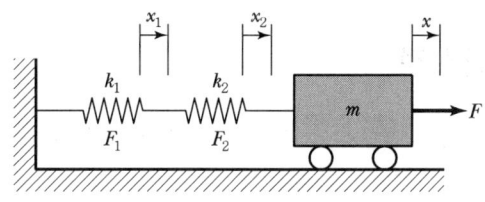

[직렬스프링 연결상태]

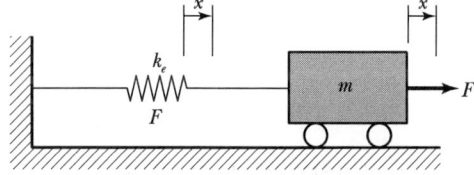

[등가스프링 상태]

(1) 스프링 방정식

$$F_1 = k_1 x_1, \ F_2 = k_2 x_2, \ F = k_e x \quad \cdots\cdots (1)$$

(2) 평형방정식 적용

$$\Sigma H = 0 \ : \ F = F_1 = F_2 \quad \cdots\cdots\cdots\cdots\cdots\cdots\cdots\cdots\cdots\cdots\cdots\cdots\cdots\cdots\cdots\cdots\cdots\cdots\cdots\cdots\cdots \text{(2)}$$

(3) 적합조건식 적용

$$x = x_1 + x_2 \quad \cdots\cdots\cdots\cdots\cdots\cdots\cdots\cdots\cdots\cdots\cdots\cdots\cdots\cdots\cdots\cdots\cdots\cdots\cdots\cdots\cdots\cdots\cdots\cdots\cdots \text{(3)}$$

먼저 식 (1)을 식 (3)에 대입하고 : $\dfrac{F}{k_e} = \dfrac{F_1}{k_1} + \dfrac{F_2}{k_2}$

식 (2)의 평형조건을 고려하면 : $F = F_1 = F_2$

직렬 연결 스프링의 등가스프링상수(k_e)가 구해진다.

$$\therefore \ \frac{1}{k_e} = \frac{1}{k_1} + \frac{1}{k_2} + \cdots = \Sigma \frac{1}{k_i}$$

2. 등가스프링상수[k_e] 산정

직렬로 스프링이 연결되어 있으므로 직렬연결 스프링의 등가스프링상수를 산정한다.

$$\frac{1}{k_e} = \frac{1}{k_1} + \frac{1}{k_2} \ \text{이므로} \ \therefore \ k_e = \frac{k_1 \times k_2}{k_1 + k_2} = \frac{5.0 \times 2.5}{5.0 + 2.5} = \frac{5}{3} \text{N/cm}$$

3. 고유진동수 산정

단자유도계의 고유진동수를 산정하는 문제이므로 등가스프링상수와 질량을 대입하여 고유진동수를 산정한다.

(1) 유효질량 산정

$$m = \frac{W}{g} = \frac{10}{980} \text{N} \cdot \frac{\sec^2}{\text{cm}}$$

(2) 등가스프링상수

$$k_e = \frac{5}{3}\,\text{N/cm}$$

(3) 고유진동수 산정

$$f_n = \frac{1}{2\pi}\sqrt{\frac{k_e}{m}} = \frac{1}{2\pi}\sqrt{\frac{5}{3} \times \frac{980}{10}}$$

$$\fallingdotseq 2.0\,\text{cycles/sec} = 2.0\,\text{Hz}$$

QUESTION 03

그림과 같이 스프링으로 연결된 진동계의 고유진동수를 구하시오.(단, $k_1 = 2.5\text{N/cm}$, $k_2 = 7.5\text{N/cm}$, $W = 10\text{N}$ 이다.)

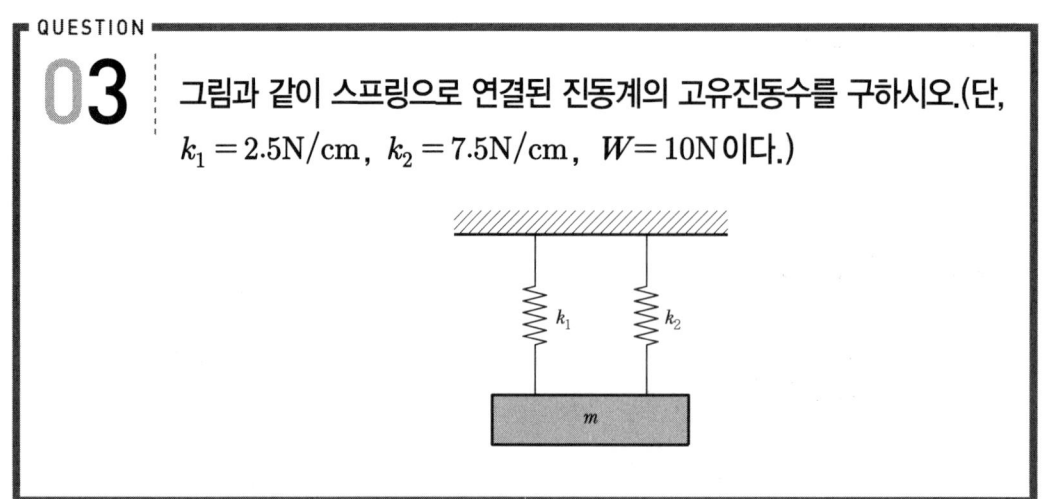

【풀이】 두 개의 스프링이 병렬로 연결된 구조계의 고유진동수를 산정하는 문제이다. 등가스프링상수를 구하여 고유진동수를 구한다.

1. 등가스프링상수[k_e] 유도

스프링방정식과 평형방정식, 적합조건식을 적용하여 등가스프링상수를 구한다.

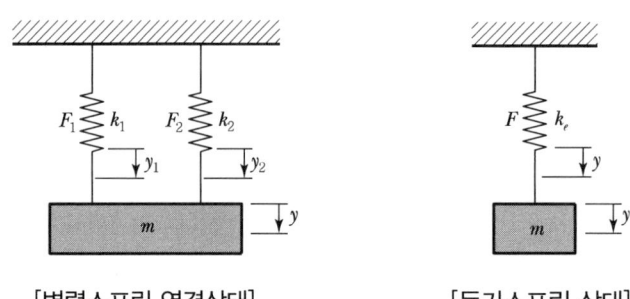

[병렬스프링 연결상태]　　　　[등가스프링 상태]

(1) 스프링방정식

$$F_1 = k_1 y_1, \ F_2 = k_2 y_2, \ F = k_e y \quad \cdots\cdots (1)$$

(2) 평형방정식 적용

$$\Sigma H = 0 : \ F = F_1 + F_2 \quad \cdots\cdots (2)$$

(3) 적합조건식 적용

$$y = y_1 = y_2 \quad \cdots\cdots\cdots\cdots\cdots\cdots\cdots\cdots\cdots\cdots\cdots\cdots\cdots\cdots\cdots\cdots\cdots\cdots\cdots\cdots\cdots\cdots\cdots\cdots\cdots\cdots\cdots\cdots\cdots\cdots \text{(3)}$$

식 (1)을 식 (2)에 대입하면 : $k_e y = k_1 y_1 + k_2 y_2$

식 (3)의 적합조건을 고려하면 : $y = y_1 = y_2$

병렬 연결 스프링의 등가스프링상수(k_e)가 구해진다.

$$\therefore k_e = k_1 + k_2 = \Sigma k_i$$

2. 등가스프링상수[k_e] 산정

병렬 연결 스프링의 등가스프링상수를 적용하여 등가스프링상수를 산정한다.

$$\therefore k_e = \Sigma k_i = k_1 + k_2 = 2.5 + 7.5 = 10.0 \text{N/cm}$$

3. 고유진동수 산정

단자유도계의 고유진동수를 산정하는 문제이므로 등가스프링상수와 질량을 대입하여 고유진동수를 산정한다.

(1) 유효질량 산정

$$m = \frac{W}{g} = \frac{10}{980} \text{N} \cdot \frac{\sec^2}{\text{cm}}$$

(2) 등가스프링 상수

$$k_e = 10 \, \text{N/cm}$$

(3) 고유진동수 산정

$$f_n = \frac{1}{2\pi}\sqrt{\frac{k_e}{m}} = \frac{1}{2\pi}\sqrt{\frac{980}{10} \times 10} = 4.98 \text{cycles/sec} \approx 5.0 \text{Hz}$$

QUESTION 04

다음 외력 F가 B절점에 작용할 때 B절점의 변위와 지점반력을 구하시오.

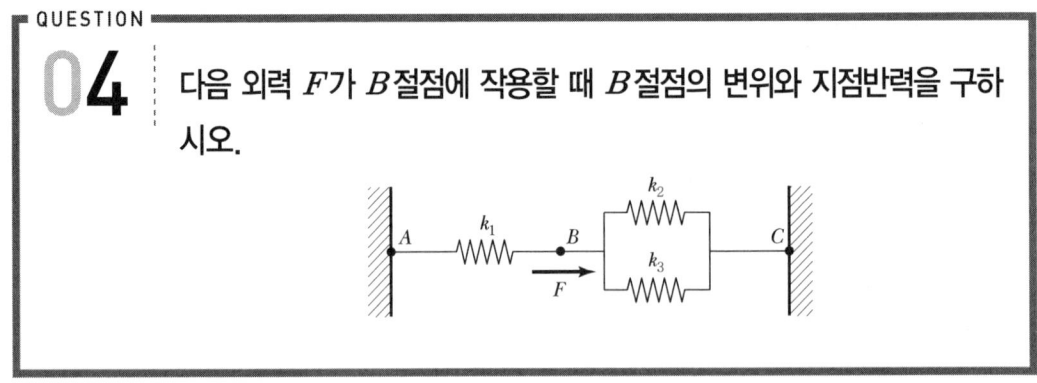

【풀이】 세 개의 스프링이 병렬로 연결된 구조계를 해석하는 문제이다. 평형방정식과 적합조건식을 이용하여 변위와 반력을 구하기로 한다.

1. 등가스프링상수 산정

(1) 스프링 판정

B절점에 하중이 작용할 경우 1, 2, 3번의 스프링에서는 동일한 변형이 발생하므로 병렬스프링임을 알 수 있다.

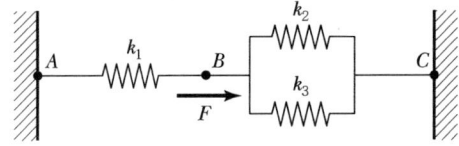

[병렬스프링 연결상태]

[등가스프링]

(2) 등가스프링상수 산정

$$k_4 = \sum k_i = k_2 + k_3$$

$$\therefore k_e = \sum k_i = k_1 + k_4 = k_1 + k_2 + k_3$$

2. 적합조건식 적용

B점의 외력변위와 각 스프링에 발생하는 변위에 대한 적합조건식을 고려한다.

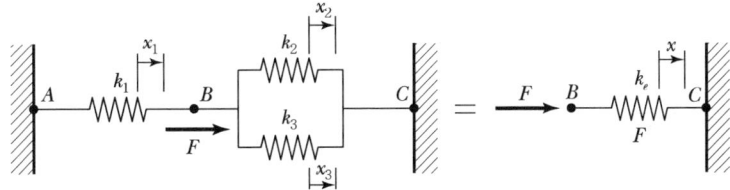

[각 스프링에 발생하는 변위상태]

(1) 스프링 방정식

$$F_1 = k_1 x_1, \ F_4 = k_4 x_4, \ F = k_e x_B \quad \cdots \cdots (1)$$

(2) 적합조건식 적용

$$x_B = x_1 = x_4 \quad \cdots \cdots (2)$$

3. 스프링저항력 산정

식 (1)을 식 (2)에 대입하면 각 스프링에 발생하는 스프링저항력을 구할 수 있다.

(1) 스프링저항력과 등가스프링 관계

$$\therefore \frac{F}{k_e} = \frac{F_1}{k_1} = \frac{F_4}{k_4} \quad \cdots \cdots (3)$$

(2) F_1 스프링저항력

$$F_1 = \left(\frac{k_1}{k_e}\right)F = \left(\frac{k_1}{k_1 + k_2 + k_3}\right)F$$

(3) F_2 스프링저항력

$$F_2 = \left(\frac{k_2}{k_e}\right)F = \left(\frac{k_2}{k_1+k_2+k_3}\right)F$$

(4) F_3 스프링저항력

$$F_3 = \left(\frac{k_3}{k_e}\right)F = \left(\frac{k_3}{k_1+k_2+k_3}\right)F$$

4. 변위 및 반력 산정

B점의 변위와 A점과 C점의 반력은 중첩법으로 구한다.

[중첩법으로 치환한 스프링구조계]

(1) B점 변위산정

식 (2)와 식 (3)을 이용하여 B점 변위를 구한다.

$$\therefore x_B = \frac{F}{k_e} = \frac{F}{k_1+k_2+k_3} = x_1 = x_4$$

(2) R_A 반력 산정(AB구간)

하중전달 개념에 따라 R_A는 F_1 저항력을 전달받는다.

$$\therefore R_A = F_1 = \left(\frac{k_1}{k_e}\right)F = \left(\frac{k_1}{k_1+k_2+k_3}\right)F$$

(3) R_C 반력 산정(BC구간)

하중전달 개념에 따라 R_C는 F_A 저항력을 전달받는다.

$$\therefore R_C = F_4 = \left(\frac{k_4}{k_e}\right)F = \left(\frac{k_2 + k_3}{k_1 + k_2 + k_3}\right)F$$

QUESTION 05

단순보의 중앙에 질량 M이 재하되었을 때 단순보의 고유진동수를 구하시오.

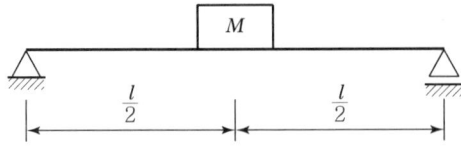

1. 단순보를 다음과 같이 치환

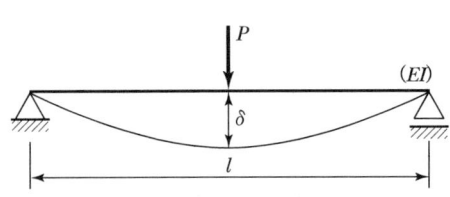

$$\delta = \frac{Pl^3}{48EI}$$

$$P = \frac{48EI\delta}{l^3} = k\delta$$

$$\therefore k = \frac{48EI}{l^3}$$

2. 고유진동수

$$\therefore \omega = \sqrt{\frac{k}{m}} = \sqrt{\frac{48EI}{Ml^3}} \, (\text{rad}/\sec)$$

$$\therefore f = \frac{\omega}{2\pi} = \frac{1}{2\pi}\sqrt{\frac{48EI}{Ml^3}} \, \text{cps}\,(\text{Hz})$$

QUESTION 06

다음 구조계의 등가스프링상수와 고유진동수를 구하시오.

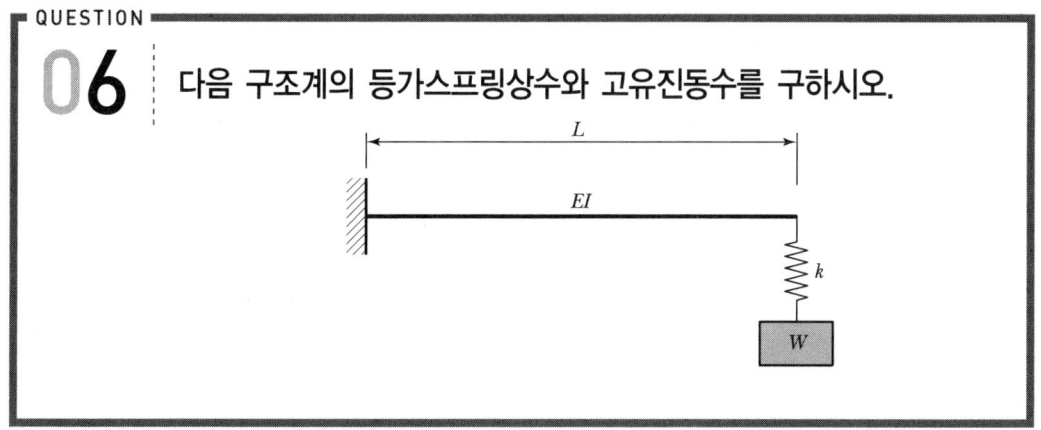

【풀이】 직렬 연결 스프링구조계의 고유진동수를 산정하는 문제이다. 등가스프링상수를 구한 뒤 고유진동수를 산정하기로 한다.

1. 등가스프링상수 산정

캔틸레버에 매달린 질량점의 변위는 캔틸레버의 자유단 처짐과 스프링의 늘음량을 더한 값이므로 직렬연결 스프링 구조계이다. 캔틸레버와 스프링의 상수를 사용하여 등가스프링상수를 구한다.

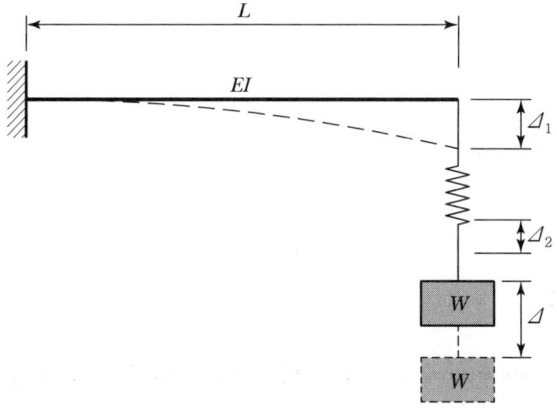

[처짐형상]

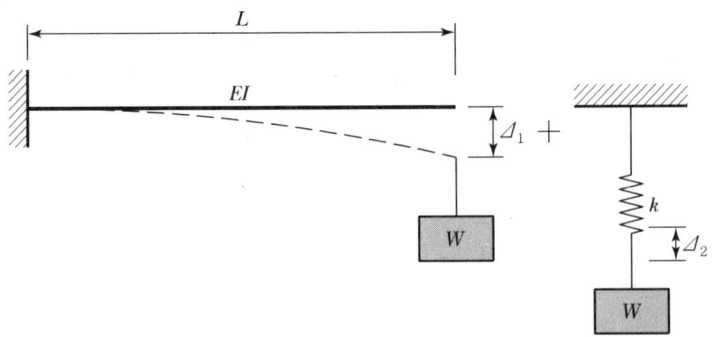

(1) 캔틸레버 스프링상수 산정

① 자유단 처짐 : $\Delta_1 = \dfrac{PL^3}{3EI}$

② 스프링방정식 : $P = \left(\dfrac{3EI}{L^3}\right)\Delta_1$

③ 스프링상수 : $k_1 = \dfrac{3EI}{L^3}$

(2) 등가스프링상수 산정

$$\therefore \dfrac{1}{k_e} = \dfrac{1}{k_1} + \dfrac{1}{k_2} = \dfrac{L^3}{3EI} + \dfrac{1}{k}$$

$$\therefore k_e = \dfrac{3EIk}{3EI + kL^3}$$

2. 고유진동수 산정

등가스프링상수와 질량을 단자유도계(SDOF) 고유진동수 산정식에 대입하여 고유진동수를 구한다.

$$\therefore f_n = \dfrac{1}{2\pi}\sqrt{\dfrac{k_e}{m}} = \dfrac{1}{2\pi}\sqrt{\left(\dfrac{3EIk}{3EI+kL^3}\right)\dfrac{g}{W}}$$

$$= \dfrac{1}{2\pi}\sqrt{\dfrac{3EIkg}{W(3EI+kL^3)}}$$

QUESTION 07

그림과 같이 길이 1.5L인 캔틸레버 보의 중앙에 탄성지점을 설치한 결과 자유단 A에서의 처짐이 원래 처짐의 1/4로 감소되었다. 스프링상수와 고유진동수를 구하시오.

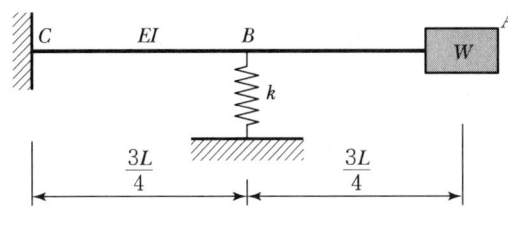

【풀이】 병렬 연결 스프링구조계의 고유진동수를 산정하는 문제이다. 등가스프링상수를 구한 뒤 고유진동수를 산정하기로 한다.

1. 스프링상수 산정

스프링 상향력에 의한 적합조건식이 문제에서 주어졌으므로 이를 이용하여 스프링상수를 구한다.

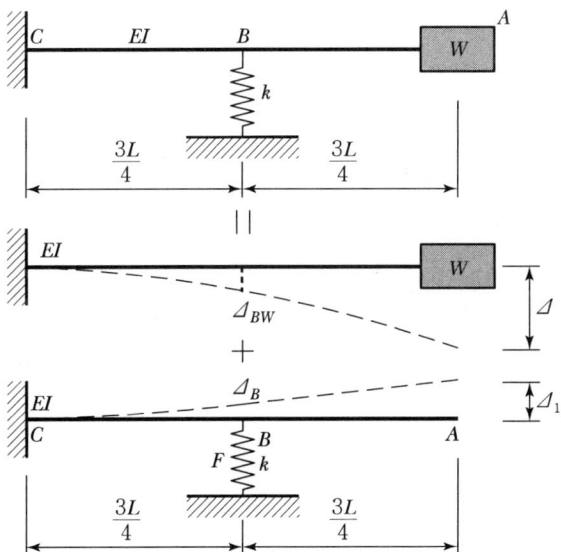

(1) 무게에 의한 자유단처짐

$$\Delta = \frac{W(1.5L)^3}{3EI} = \frac{3.375\,WL^3}{3EI}$$

(2) 스프링상향력에 의한 자유단처짐 : 공액보법

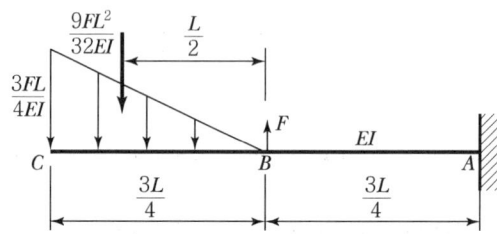

$$\Delta_B = M_B = \left(\frac{9FL^2}{32EI}\right)\frac{L}{2} = \left(\frac{9FL^3}{64EI}\right)$$

$$\Delta_A = \Delta_1 = \left(\frac{9FL^2}{32EI}\right)\frac{5L}{4} = \left(\frac{45FL^3}{128EI}\right)$$

(3) 적합조건식 적용 및 스프링 상향력 결정

$\Delta_1 = \dfrac{3}{4}\Delta$ 이므로

$$\therefore \left(\frac{45FL^3}{128EI}\right) = \frac{3}{4}\left(\frac{3.375\,WL^3}{3EI}\right) \quad \cdots\cdots (1)$$

따라서 스프링 상향력은 다음과 같다.

$$\therefore F = \left(\frac{108}{45}\right)W \quad \cdots\cdots (2)$$

(4) 스프링상수 산정

식 (2)을 이용하여 점에 대해 스프링방정식을 작성하여 스프링상수를 구한다.

무게 W에 의한 B점의 처짐 : $\Delta_{BW} = \dfrac{5W(1.5L)^3}{48EI} = \dfrac{45\,WL^3}{128EI}$

$$\Delta_B = \frac{F(0.75L)^3}{3EI} = \frac{0.3375\,WL^3}{EI}$$

$$F = \left(\frac{108}{45}\right)W = k \times (\Delta_{BW} - \Delta_B)$$

$$\Delta_{BW} - \Delta_B = \frac{45\,WL^3}{128\,EI} - \frac{9FL^3}{64\,EI} = \frac{0.0141\,WL^3}{EI}$$

$$k = \frac{F}{(\Delta_{BW} - \Delta_B)} = F\left(\frac{EI}{0.0141\,WL^3}\right)$$

$$= \left(\frac{108}{45}\right)W\left(\frac{EI}{0.0141\,WL^3}\right) = \frac{170.7\,EI}{L^3}$$

2. 고유진동수 산정

등가스프링상수와 질량을 단자유도계(SDOF) 고유진동수 산정식에 대입하여 고유진동수를 구한다.

(1) 처짐 산정(A점)

병렬 연결이므로 등가스프링상수를 산정하여 고유진동수를 산정해도 되나 질량 절점 위치의 변위를 알고 있으므로 이를 이용하여 고유진동수를 구한다.

변위의 적합조건식을 적용하여 구한다.

$$\therefore \Delta_A = \frac{1}{4}\Delta = \frac{1}{4} \times \frac{3.375\,WL^3}{3EI} = \frac{9\,WL^3}{32\,EI}$$

(2) 고유진동수 산정

$$\therefore f_n = \frac{1}{2\pi}\sqrt{\frac{k_e}{m}} = \frac{1}{2\pi}\sqrt{\frac{W}{\Delta_A} \times \frac{1}{m}}$$

$$= \frac{1}{2\pi}\sqrt{W\left(\frac{32\,EI}{9\,WL^3}\right)\frac{1}{m}} = \frac{1}{2\pi}\sqrt{\frac{32\,EI}{9mL^3}}$$

QUESTION 08

그림과 같은 구조계의 고유진동수를 구하시오.(단, *EI*는 일정하다고 가정한다.)

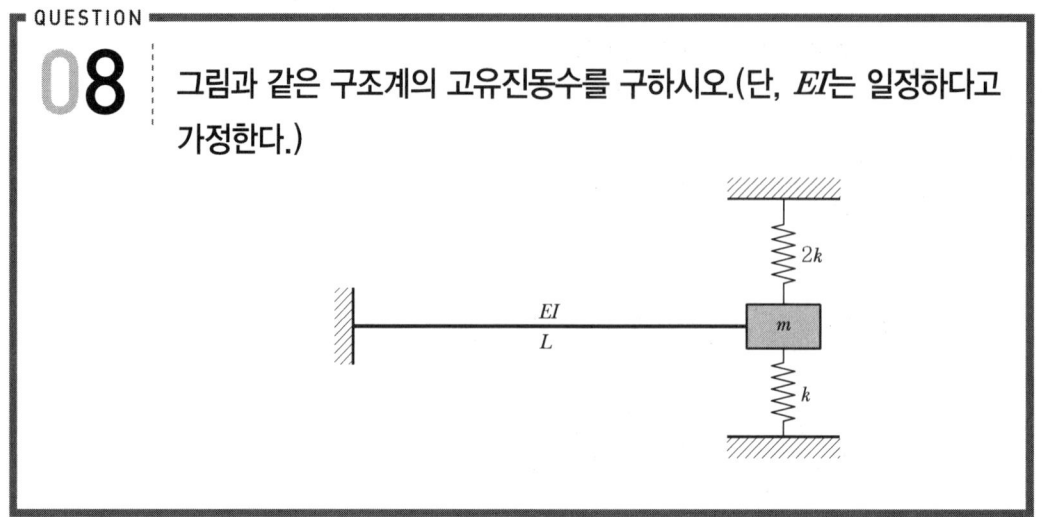

【풀이】 병렬 연결 스프링구조계의 고유진동수를 산정하는 문제이다. 등가스프링상수를 산정하여 고유진동수를 구하기로 한다.

1. 등가스프링상수 산정

질량절점의 변위가 모든 요소의 변위와 동일하므로 병렬연결스프링 구조계이다. 병렬스프링의 등가스프링상수를 구한다.

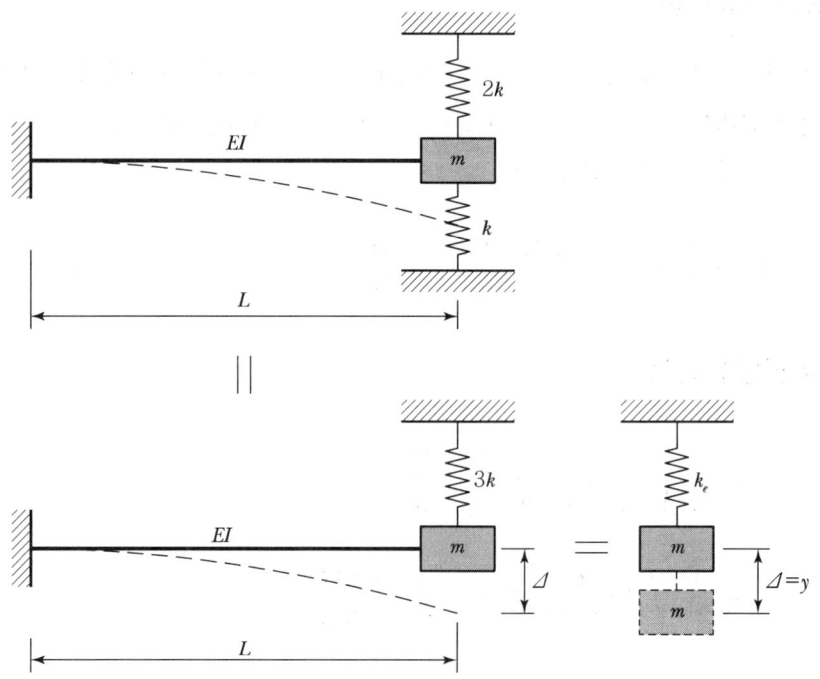

(1) 캔틸레버 보 스프링상수 산정

$$\therefore k_1 = \frac{3EI}{L^3}$$

(2) 스프링상수 산정

$$\therefore k_2 = 2k + k = 3k$$

(3) 등가스프링상수 결정

$$\therefore k_e = \sum k_i = k_1 + k_2$$

$$= \frac{3EI}{L^3} + 3k = \frac{3EI + 3kL^3}{L^3}$$

2. 고유진동수 산정

등가스프링상수와 질량을 고유진동수 산정식에 대입하여 고유진동수를 구한다.

$$\therefore f_n = \frac{1}{2\pi}\sqrt{\frac{k_e}{m}} = \frac{1}{2\pi}\sqrt{\frac{1}{m}\left(\frac{3EI + 3kL^3}{L^3}\right)}$$

$$= \frac{1}{2\pi}\sqrt{\frac{3EI + 3kL^3}{mL^3}}$$

QUESTION 09

그림과 같은 구조계의 고유진동수를 구하시오.(단, $E = 2 \times 10^7 \text{N/cm}^2$, $I = 500 \text{cm}^4$이다.)

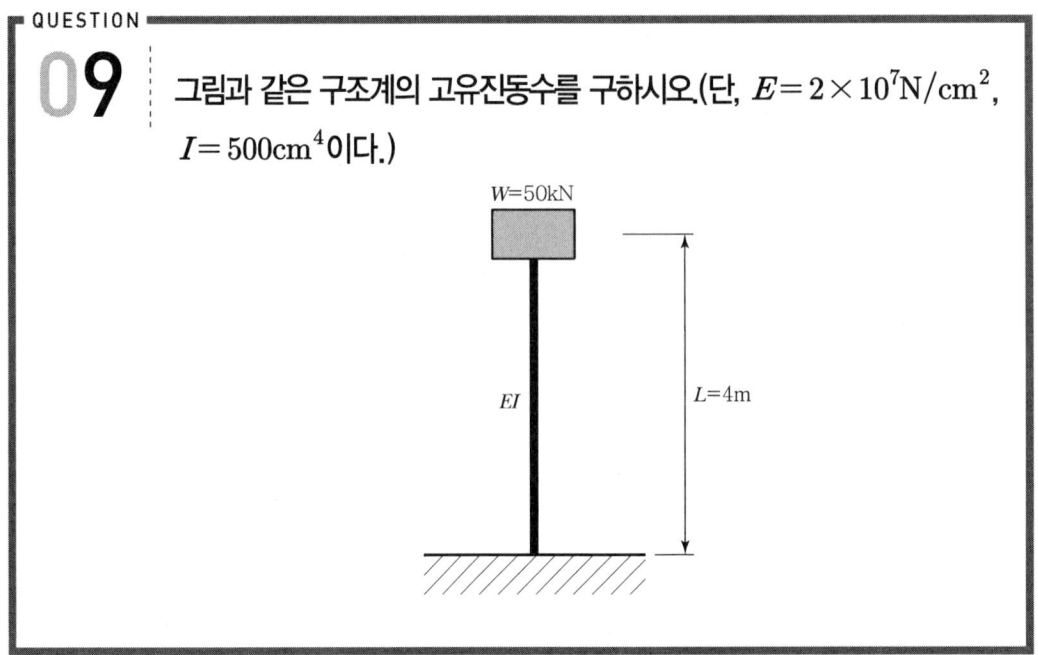

【풀이】 단자유도계 기둥의 고유진동수를 산정하는 문제이다. 캔틸레버의 스프링상수를 산정하여 고유진동수를 구하기로 한다.

1. 스프링상수 산정

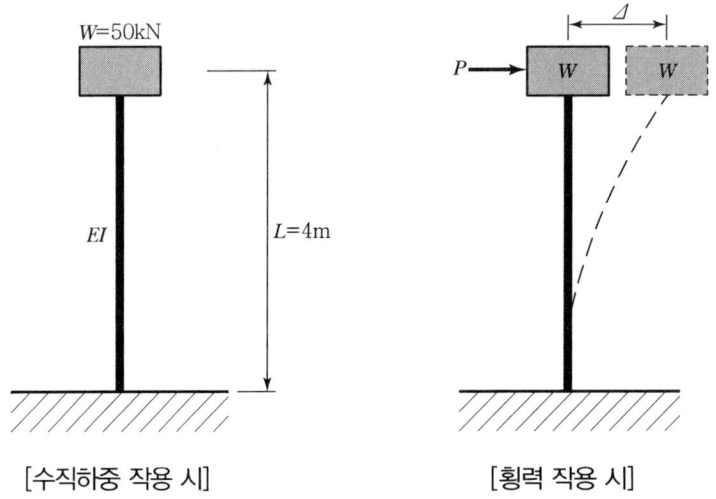

[수직하중 작용 시] [횡력 작용 시]

캔틸레버 기둥의 휨강성을 산정하여 스프링상수를 구한다.

캔틸레버에 횡력이 작용했을 때 자유단의 수평처짐 $\Delta = \dfrac{PL^3}{3EI}$ 이고,

스프링방정식 $(F = k \times \Delta)$으로 변환하면 $P = \dfrac{3EI}{L^3}\Delta$이 된다.

따라서 캔틸레버 기둥의 스프링상수는 다음과 같다.

$$\therefore k = \frac{3EI}{L^3} = \frac{3 \times (2 \times 10^7) \times 500}{400^3}$$

$$= 468.75 \text{N/cm} \approx 470 \text{ N/cm}$$

2. 고유진동수 산정

고유진동수 산정식에 질량과 스프링상수를 대입하여 고유진동수를 구한다.

$$\therefore f_n = \frac{1}{2\pi}\sqrt{\frac{k}{m}} = \frac{1}{2\pi}\sqrt{\frac{kg}{W}} = \frac{1}{2\pi}\sqrt{\frac{470 \times 980}{50 \times 10^3}}$$

$$= 0.483 \text{cycles/sec} = 0.483 \text{Hz}$$

QUESTION 10

다음 트러스의 연직방향에 대한 고유진동수를 구하시오.(단, $\dfrac{L}{EA}$로 동일하고 자중은 무시하며 절점 B에 질량 m이 집중하고 있다.)

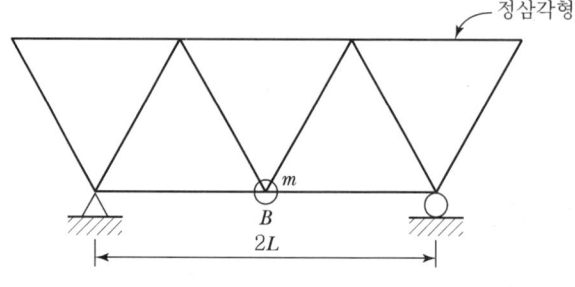

【풀이】단순트러스의 연직방향 고유진동수를 산정하는 문제이다. 질량작용점의 연직처짐과 등가 스프링상수를 구하여 고유진동수를 산정한다.

1. 수직처짐 산정

질량작용점의 수직방향 처짐을 단위하중법 $\Delta_V = \sum \dfrac{n_v N_i L_i}{E_i A_i}$으로 구한다.

(1) 부재력(N_i) 산정

수평하중이 작용하지 않고 좌우대칭의 단순트러스이므로 반력은 다음과 같다.

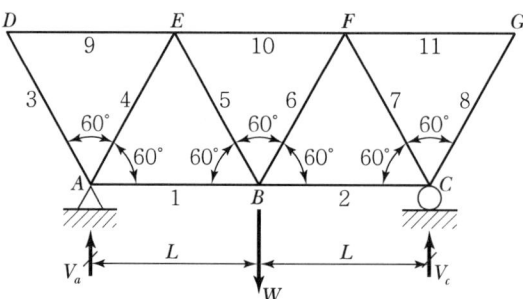

$$\therefore V_A = V_C = \dfrac{W}{2}$$

절점법으로 실제 작용하중에 대한 부재력을 산정한다.

1) D절점

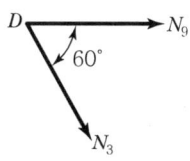

$\sum H = 0 \;:\; +N_3\cos 60° + N_9 = 0$

$\sum V = 0 \;:\; -N_3\sin 60° = 0$

$\therefore N_3 = N_8 = N_9 = N_{11} = 0$

2) A절점

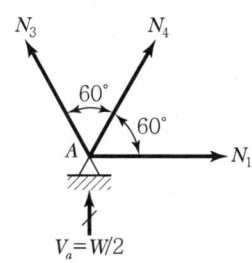

$\sum H = 0 \;:\; +N_1 + \dfrac{1}{2}N_4 = 0$

$\sum V = 0 \;:\; +\dfrac{\sqrt{3}}{2}N_4 + \dfrac{W}{2} = 0$

$\therefore N_1 = N_2 = +\dfrac{W}{2\sqrt{3}} \quad \therefore N_4 = N_7 = -\dfrac{W}{\sqrt{3}}$

3) B절점

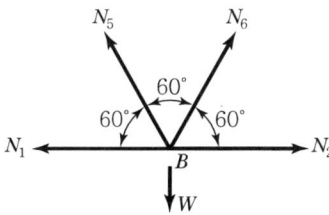

$\sum H = 0 \;:\; -N_1 + N_2 - \dfrac{1}{2}N_5 + \dfrac{1}{2}N_6 = 0$

$\sum V = 0 \;:\; +\dfrac{\sqrt{3}}{2}N_5 + \dfrac{\sqrt{3}}{2}N_6 - W = 0$

$\therefore N_5 = N_6 = +\dfrac{W}{\sqrt{3}}$

4) E절점

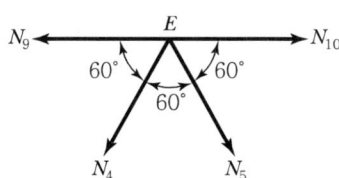

$\sum H = 0 \;:\; -\dfrac{1}{2}N_4 + \dfrac{1}{2}N_5 - N_9 + N_{10} = 0$

$\therefore N_{10} = -\dfrac{W}{\sqrt{3}}$

(2) 수직단위하중에 의한 부재력(n_i) 산정

모든 조건이 동일하고 하중크기만 바뀌었으므로 수직하중에 의한 부재력은 하중비만큼 줄이면 된다. $W = P = 1$이므로 $V_A = V_C = \dfrac{1}{2}$이다.

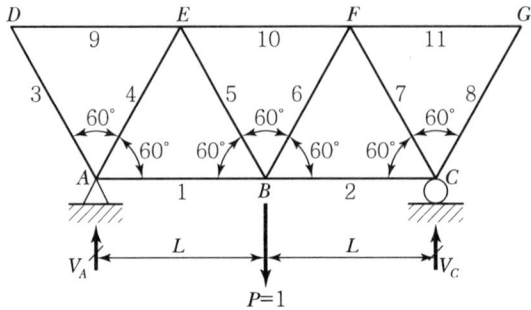

따라서 수직단위 하중에 대한 부재력은 다음과 같다.

$$\therefore n_1 = n_2 = +\dfrac{1}{2\sqrt{3}}$$

$$\therefore n_4 = n_7 = -\dfrac{1}{\sqrt{3}}$$

$$\therefore n_5 = n_6 = +\dfrac{1}{\sqrt{3}}$$

$$\therefore n_{10} = -\dfrac{1}{\sqrt{3}}$$

$$\therefore n_3 = n_8 = n_9 = n_{11} = 0$$

(3) 수직변위 산정

단위하중법으로 B점의 수직변위는(Δ_{BV}) 다음과 같다.

부재	n_v	N_i	$\dfrac{L}{EA}$ (일정)	$\dfrac{n_v\,N_i\,L}{EA}$
1	$+\dfrac{1}{2\sqrt{3}}$	$+\dfrac{W}{2\sqrt{3}}$	$\dfrac{L}{EA}$	$+\dfrac{1}{12}\dfrac{WL}{EA}$
2	$+\dfrac{1}{2\sqrt{3}}$	$+\dfrac{W}{2\sqrt{3}}$	$\dfrac{L}{EA}$	$+\dfrac{1}{12}\dfrac{WL}{EA}$
3	0	0	$\dfrac{L}{EA}$	0
4	$-\dfrac{1}{\sqrt{3}}$	$-\dfrac{W}{\sqrt{3}}$	$\dfrac{L}{EA}$	$+\dfrac{1}{3}\dfrac{WL}{EA}$

부재	n_v	N_i	$\dfrac{L}{EA}$ (일정)	$\dfrac{n_v N_i L}{EA}$
5	$+\dfrac{1}{\sqrt{3}}$	$+\dfrac{W}{\sqrt{3}}$	$\dfrac{L}{EA}$	$+\dfrac{1}{3}\dfrac{WL}{EA}$
6	$+\dfrac{1}{\sqrt{3}}$	$+\dfrac{W}{\sqrt{3}}$	$\dfrac{L}{EA}$	$+\dfrac{1}{3}\dfrac{WL}{EA}$
7	$-\dfrac{1}{\sqrt{3}}$	$-\dfrac{W}{\sqrt{3}}$	$\dfrac{L}{EA}$	$+\dfrac{1}{3}\dfrac{WL}{EA}$
8	0	0	$\dfrac{L}{EA}$	0
9	0	0	$\dfrac{L}{EA}$	0
10	$-\dfrac{1}{\sqrt{3}}$	$-\dfrac{W}{\sqrt{3}}$	$\dfrac{L}{EA}$	$+\dfrac{1}{3}\dfrac{WL}{EA}$
11	0	0	$\dfrac{L}{EA}$	0
B점 수직처짐 : $\Delta_{BV}=\sum\dfrac{nNL}{EA}$				$+\dfrac{11}{6}\dfrac{WL}{EA}$

2. 등가스프링상수 산정

$\Delta_{BV}=+\dfrac{11}{6}\dfrac{WL}{EA}$ 이므로 $F=k\times\Delta$인 스프링방정식으로 나타내면 등가스프링상수가 구해진다.

$$\therefore k_e = \dfrac{W}{\Delta_{BV}} = W\times\left(\dfrac{6EA}{11WL}\right) = \dfrac{6EA}{11L}$$

3. 고유진동수 산정

단자유도계(SDOF) 고유진동수 산정식에 대입하여 고유진동수를 구한다.

$$\therefore f_n = \dfrac{1}{2\pi}\sqrt{\dfrac{k_e}{m}} = \dfrac{1}{2\pi}\sqrt{\dfrac{6EA}{11L}\times\dfrac{1}{m}} = \dfrac{1}{2\pi}\sqrt{\dfrac{6EA}{11mL}}$$

QUESTION 11

그림에 보여준 구조계에서 질량 m에 의한 자유진동의 주파수(Cyclic Frequency)를 구하시오.(단, 봉은 무한강성체이고 스프링계수는 k이다. 봉의 자중은 무시한다.)

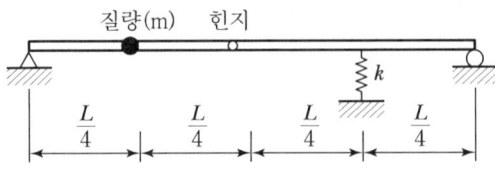

【풀이】 스프링과 힌지가 있는 단순보의 고유진동수를 산정하는 문제이다. 등가스프링상수를 구하여 고유진동수를 산정한다.

1. 스프링 상향력 산정

힌지절점에 대한 평형방정식을 적용하여 반력과 스프링 상향력을 구한다.

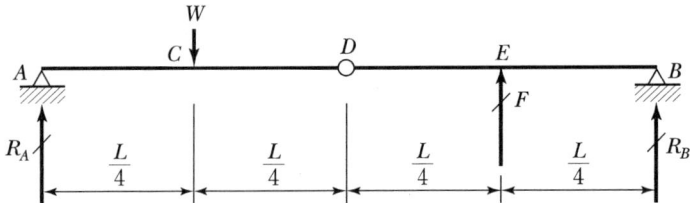

$\sum V = 0$

$$-W + R_A + R_B + F = 0 \quad \cdots \cdots (1)$$

$\sum M_D = 0$: D절점 좌측에 대하여 적용

$$+ R_A \times \frac{L}{2} - W \times \frac{L}{4} = 0 \quad \cdots \cdots (2)$$

$\sum M_D = 0$: D절점 우측에 대하여 적용

$$- R_B \times \frac{L}{2} - F \times \frac{L}{4} = 0 \quad \cdots \cdots (3)$$

식 (1), (2), (3)을 연립하여 반력과 스프링 상향력을 구한다.

$$\therefore R_A = \frac{W}{2},\ R_B = -\frac{W}{2},\ F = W$$

2. 등가스프링상수 산정

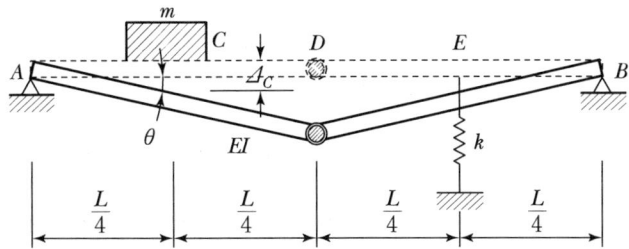

스프링의 강성에 비해 봉은 무한강성이라고 하였으므로 처짐은 좌우대칭으로 발생한다. 따라서 $\Delta_C = \Delta_E$ 이다.

$F = k \times \Delta$ 인 스프링방정식을 E점에 적용하면 등가스프링상수는 다음과 같다.

$$\therefore k_e = k = \frac{F}{\Delta_E} = \frac{W}{\Delta_C} = \frac{m \times g}{\theta \times \frac{L}{4}} = \frac{4mg}{\theta L}$$

3. 고유진동수 산정

단자유도계(SDOF) 고유진동수 산정식에 대입하여 고유진동수를 구한다.

$$\therefore f_n = \frac{1}{2\pi}\sqrt{\frac{k_e}{m}} = \frac{1}{2\pi}\sqrt{\frac{k}{m}}$$

$$= \frac{1}{2\pi}\sqrt{\frac{4mg}{\theta L} \times \frac{1}{m}} = \frac{1}{2\pi}\sqrt{\frac{4g}{\theta L}} = \frac{1}{\pi}\sqrt{\frac{g}{\theta L}}$$

QUESTION 12

그림과 같은 교각의 허용인장응력 고유주기를 계산하시오.

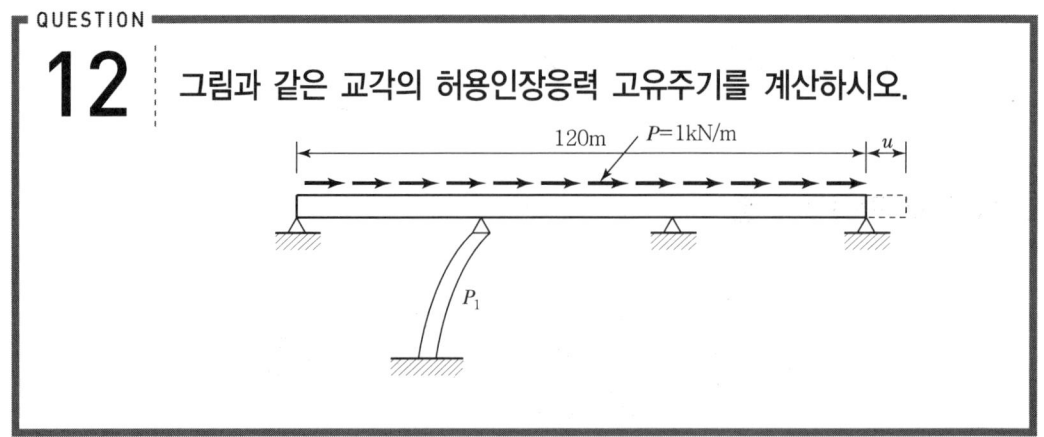

【풀이】 3경간 연속보인 교량에서 교각의 고유진동수를 산정하는 문제이다. 교각 캔틸레버의 스프링 상수를 산정하여 고유진동수를 구하기로 한다.

1. 해석모델링

교량의 교각에 대한 고유진동수를 산정하기 위한 해석 모델을 구축한다. 3경간 연속보에서 교각에 지지되는 지점의 형태는 힌지와 롤러이다. 수평제동하중이 교량상판에 재하될 때 저항하는 지점은 힌지 지점이며 다른 롤러지점은 수평하중에 대해 저항을 하지 못하므로 해석모델링은 다음과 같다.

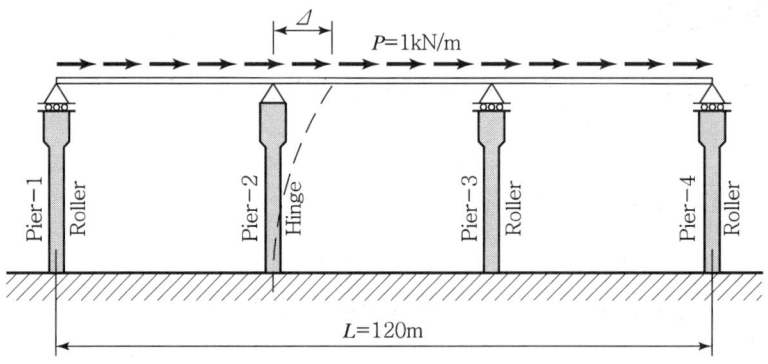

[실제 교량구조물]

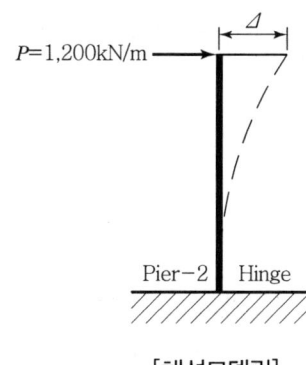

[해석모델링]

2. 스프링상수 산정

캔틸레버 기둥의 휨강성을 산정하여 스프링상수를 구한다.

캔틸레버 자유단의 수평처짐은 $\Delta = \dfrac{PL^3}{3EI}$ 이고, 스프링방정식 $F = k \times \Delta$ 으로 변환하면 $P = \dfrac{3EI}{L^3}\Delta$ 이 된다. 따라서 캔틸레버 기둥의 스프링상수는 다음과 같다.

$$\therefore k = \frac{F}{\Delta} = \frac{3EI}{L^3}$$

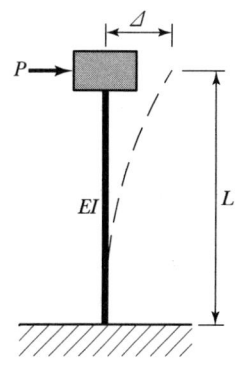

수평변위 Δ_s 가 주어졌으므로 스프링상수는 다음과 같다.

$$\therefore k = \frac{F}{\Delta} = \frac{1{,}200}{\Delta_s}\,\text{kN/m}$$

3. 고유진동수 산정

고유진동수 산정식에 질량과 스프링상수를 대입하여 고유진동수를 구한다.

$$\therefore f_n = \frac{1}{2\pi}\sqrt{\frac{k}{m}} = \frac{1}{2\pi}\sqrt{\frac{g}{\Delta}}$$

$$= \frac{1}{2\pi}\sqrt{\frac{F}{m \times \Delta}} = \frac{1}{2\pi}\sqrt{\frac{1{,}200 \times 10^3}{m \times \Delta_s}}$$

CHAPTER 04 라멘 구조물의 고유진동수 산정

QUESTION 01

그림과 같은 1층 구조계의 고유진동수를 구하시오.(단, $E = 2 \times 10^7$ N/cm², $I_1 = 1,000$ cm⁴이다.)

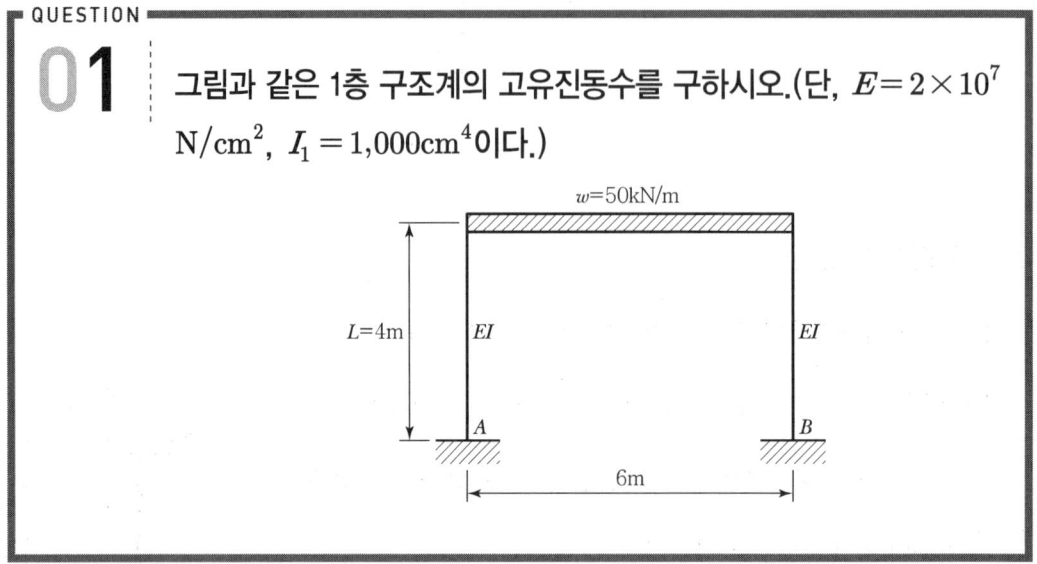

【풀이】 단자유도계 기둥의 고유진동수를 산정하는 문제이다. 양단고정 기둥의 스프링상수를 산정하여 고유진동수를 구하기로 한다.

1. 양단고정기둥의 스프링상수 산정

양단고정기둥의 휨강성은 처짐각법으로 산정하여 스프링상수를 구한다.

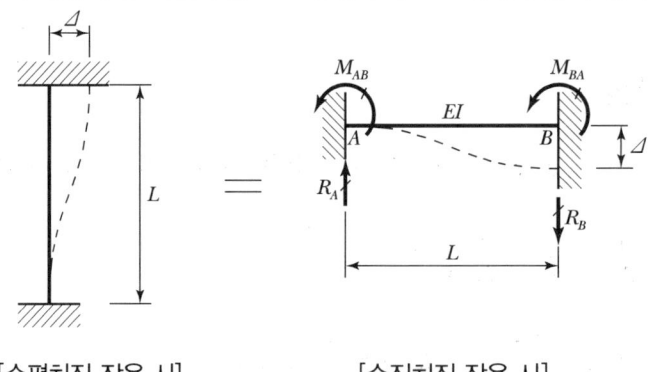

[수평처짐 작용 시]   [수직처짐 작용 시]

지점침하가 있는 양단고정보의 경계조건과 고정단모멘트는 다음과 같다.

(1) 고정단 경계조건 : $\theta_A = \theta_B = 0$

(2) 하중항 : $C_{AB} = C_{BA} = 0$

(3) 부재각 : $R_{AB} = R_{BA} = \dfrac{\Delta}{L}$

$$M_{AB} = 2EK_{AB}(2\theta_A + \theta_B - 3R_{AB}) + C_{AB}$$

$$= 2E\left(\dfrac{I}{L}\right)\left(-3 \times \dfrac{\Delta}{L}\right) = -\dfrac{6EI}{L^2}\Delta$$

$$M_{BA} = 2EK_{BA}(2\theta_A + \theta_B - 3R_{BA}) + C_{BA}$$

$$= 2E\left(\dfrac{I}{L}\right)\left(-3 \times \dfrac{\Delta}{L}\right) = -\dfrac{6EI}{L^2}\Delta$$

$$\sum M_A = 0 : -M_{AB} - M_{BA} + R_B \times L = 0$$

$$\therefore R_B = \dfrac{M_{AB} + M_{BA}}{L} = \dfrac{12EI}{L^3}\Delta \quad \cdots\cdots\cdots\cdots\cdots\cdots \text{지점침하부의 지점반력}$$

$$\therefore k = \dfrac{12EI}{L^3} = \dfrac{12 \times (2 \times 10^7) \times 1{,}000}{400^3} = 3{,}750\,\text{N/cm}$$

2. 등가스프링상수 산정

1층 슬래브에 고정된 기둥의 수평변위는 동일하므로 병렬 연결 스프링구조계이다. 병렬 스프링의 등가스프링상수를 구한다.

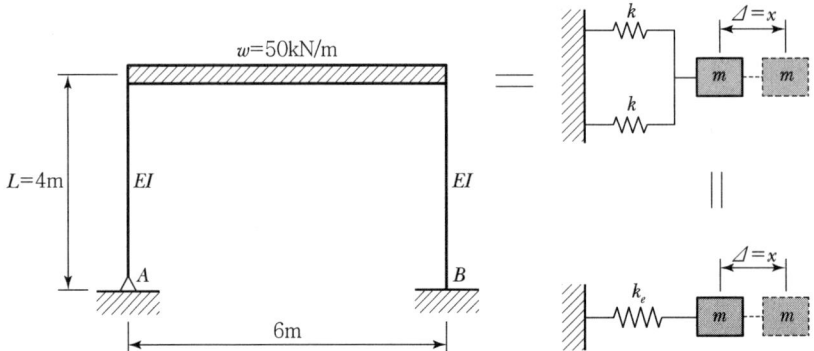

병렬 연결 스프링의 등가스프링상수는 다음과 같다.

$$\therefore k_e = \sum k_i = k_1 + k_2$$
$$= 2 \times 3,750 = 7,500 \text{N/cm}$$

3. 고유진동수 산정

고유진동수 산정식에 질량과 스프링상수를 대입하여 고유진동수를 구한다.

(1) 총 중량 산정

$$W = w \times L = 50 \times 6 = 300 \text{kN}$$

(2) 고유진동수 산정

$$\therefore f_n = \frac{1}{2\pi}\sqrt{\frac{k_e}{m}} = \frac{1}{2\pi}\sqrt{\frac{k_e g}{W}} = \frac{1}{2\pi}\sqrt{\frac{7,500 \times 980}{300 \times 10^3}}$$
$$= 0.78 \text{cycles/sec} \approx 0.80 \text{Hz}$$

QUESTION 02

그림과 같은 구조계의 고유진동수를 구하시오.(단, $E_1 = E_2 = 2 \times 10^7$ N/cm², $I_1 = 1,000$cm⁴, $I_2 = 500$cm⁴이다.)

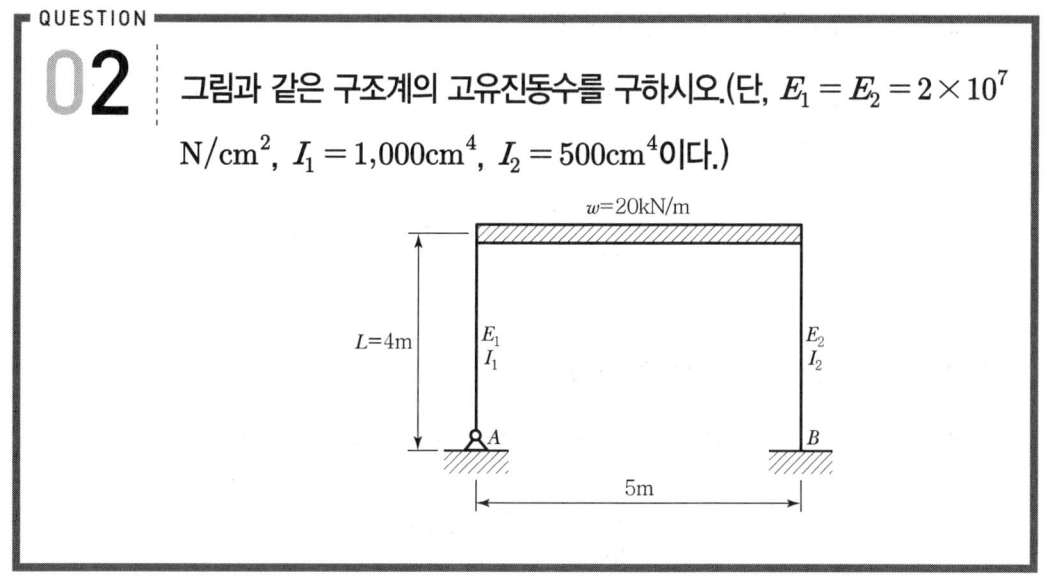

【풀이】 병렬 기둥으로 된 단자유도계의 고유진동수를 산정하는 문제이다. 일단고정-힌지인 기둥과 양단고정인 기둥의 스프링상수와 등가스프링상수를 산정하여 고유진동수를 구하기로 한다.

1. 스프링상수 산정

일단고정-힌지인 기둥과 양단고정인 기둥의 수평변위는 동일하므로 병렬 연결 스프링구조계이다. 고정-힌지 기둥과 양단고정기둥의 스프링상수를 구한다.

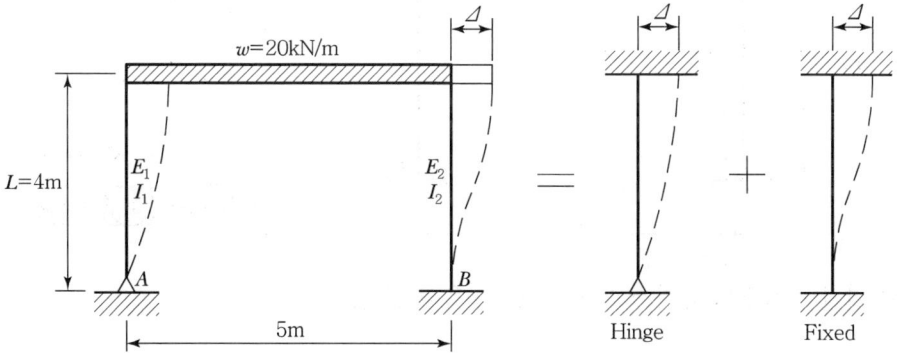

(1) 고정 – 힌지 기둥의 스프링상수 산정

고정–힌지인 기둥의 수평변위는 캔틸레버 기둥의 수평변위와 동일하므로 캔틸레버 기둥의 스프링상수를 사용한다.

$$\therefore k_1 = \frac{3E_1 I_1}{L_1^3} = \frac{3 \times (2 \times 10^7) \times 1{,}000}{400^3} = 937.5 \,\text{kN/cm}$$

(2) 양단고정 기둥의 스프링상수 산정

양단고정 기둥의 스프링상수는 처짐각법으로 구하면 다음과 같다.

$$\therefore k_2 = \frac{12 E_2 I_2}{L_2^3} = \frac{12 \times (2 \times 10^7) \times 500}{400^3} = 1{,}875 \,\text{N/cm}$$

2. 등가스프링상수 산정

1층 슬래브에 고정된 기둥의 수평변위는 동일하므로 병렬 연결 스프링구조계이다. 병렬 스프링의 등가스프링상수를 구한다.

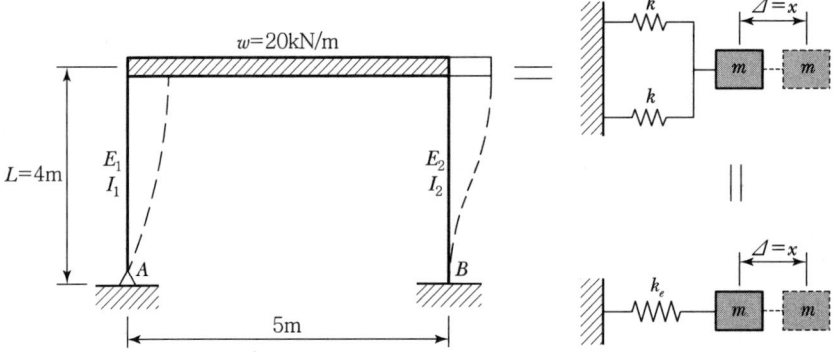

병렬 연결 스프링의 등가스프링상수는 다음과 같다.

$$\therefore k_e = \sum k_i = k_1 + k_2$$

$$= 937.5 + 1{,}875 = 2{,}812.5 \,\text{N/cm}$$

3. 고유진동수 산정

고유진동수 산정식에 질량과 스프링상수를 대입하여 고유진동수를 구한다.

(1) 총 중량 산정

$$W = w \times L = 2 \times 50 = 100 \text{kN}$$

(2) 고유진동수 산정

$$\therefore f_n = \frac{1}{2\pi}\sqrt{\frac{k_e}{m}} = \frac{1}{2\pi}\sqrt{\frac{k_e g}{W}} = \frac{1}{2\pi}\sqrt{\frac{2{,}812.5 \times 980}{100 \times 10^3}}$$

$$= 0.835 \text{cycles/sec} \approx 0.84 \text{Hz}$$

QUESTION 03

그림과 같은 구조계의 고유진동수를 구하시오.(단, 기둥의 $E = 2 \times 10^7$ N/cm², $I = 500$cm⁴는 모두 일정하다.)

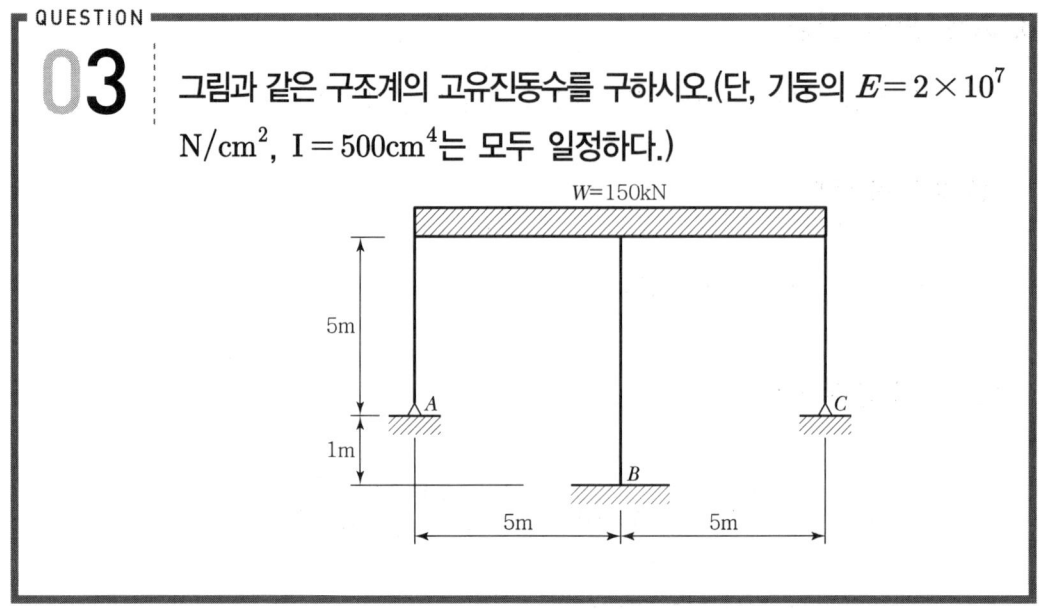

【풀이】 병렬 기둥의 단자유도 구조계의 고유진동수를 산정하는 문제이다. 2개의 일단고정-힌지인 기둥과 1개의 양단고정인 기둥의 등가스프링상수를 산정하여 고유진동수를 구하기로 한다.

1. 스프링상수 산정

일단고정-힌지인 기둥과 양단고정인 기둥의 수평변위는 동일하므로 병렬 연결 스프링구조계이다. 고정-힌지 기둥과 양단고정 기둥의 스프링상수를 구한다.

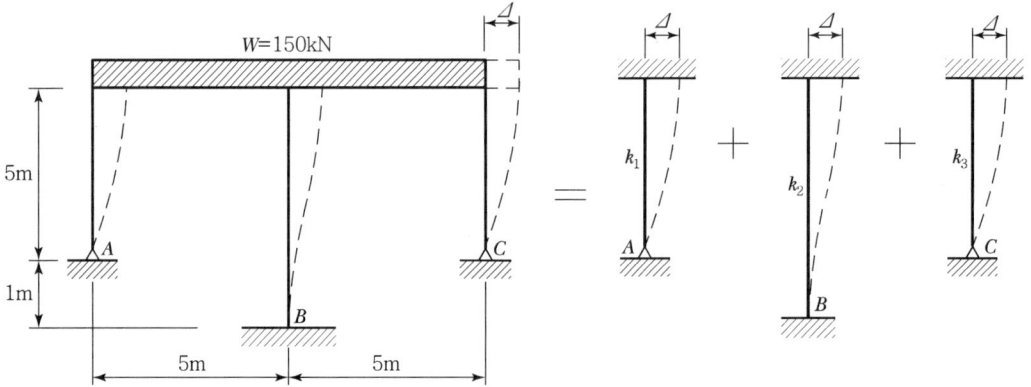

(1) 고정 – 힌지 기둥의 스프링상수 산정

$$\therefore k_1 = k_3 = \frac{3EI}{L_1^{\,3}} = \frac{3 \times 2 \times 10^7 \times 500}{500^3}$$

$$= 240\mathrm{N/cm}$$

(2) 양단고정 기둥의 스프링상수 산정

양단고정 기둥의 스프링상수는 처짐각법으로 구하면 다음과 같다.

$$\therefore k_2 = \frac{12EI}{L_2^{\,3}} = \frac{12 \times 2 \times 10^7 \times 500}{600^3}$$

$$= 555\mathrm{N/cm} \approx 560\mathrm{N/cm}$$

2. 등가스프링상수 산정

1층 슬래브에 고정된 기둥의 수평변위는 동일하므로 병렬 연결 스프링구조계이다. 병렬 스프링의 등가스프링상수를 구한다.

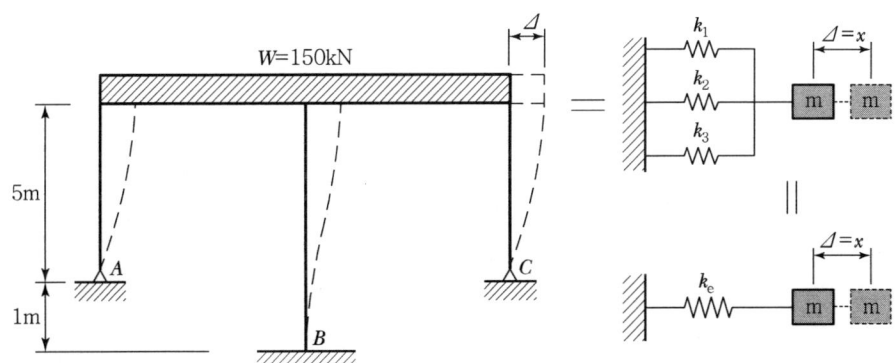

병렬 연결 스프링의 등가스프링상수는 다음과 같다.

$$\therefore k_e = \sum k_i = k_1 + k_2 + k_3$$

$$= 240 + 560 + 240 = 1{,}040\mathrm{N/cm}$$

3. 고유진동수 산정

고유진동수 산정식에 질량과 스프링상수를 대입하여 고유진동수를 구한다.

(1) 총 중량 산정

$$W = 150\text{kN}$$

(2) 고유진동수 산정

$$\therefore f_n = \frac{1}{2\pi}\sqrt{\frac{k_e}{m}} = \frac{1}{2\pi}\sqrt{\frac{k_e g}{W}} = \frac{1}{2\pi}\sqrt{\frac{1{,}040 \times 980}{150 \times 10^3}}$$

$$= 0.415 \text{cycle/sec} \approx 0.42\text{Hz}$$

CHAPTER 05 공진

> **QUESTION 01**
> 다음 구조물의 고유진동수를 구하고 설계 시 공진효과를 고려하는 이유에 대해 기술하시오.(단, 봉 AC는 강체이다.)

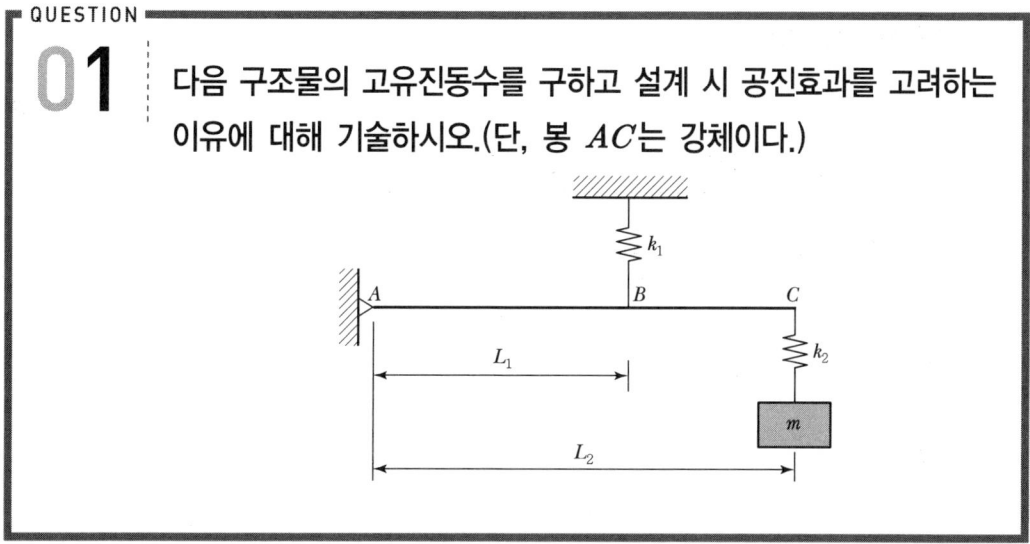

【풀이】 직렬연결 스프링구조계의 고유진동수를 산정하는 문제이다. 등가스프링상수를 구한 뒤 고유진동수를 산정하기로 한다.

1. 등가스프링상수 산정

힌지지점과 스프링지점으로 이루어진 정정구조계이다. 질량이 위치한 지점의 변위를 구하여 등가스프링상수를 결정한다.

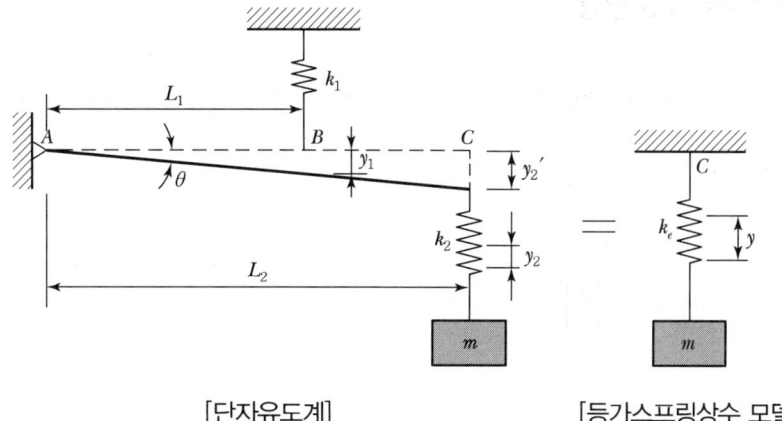

[단자유도계]　　　　　[등가스프링상수 모델]

(1) 스프링방정식

$$F_1 = k_1 \times y_1 \ , \ F_2 = k_2 \times y_2 \ , \ F = k_e \times y \ , \ \theta = \frac{y_1}{L_1} = \frac{y_2{'}}{L_2}$$

(2) 평형방정식 적용

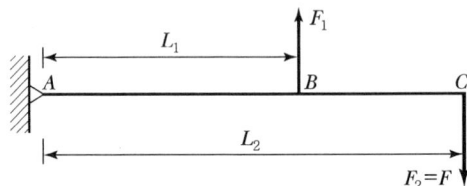

$\sum V = 0 : F = F_2$

$\sum M_A = 0 : -F_1 \times L_1 + F_2 \times L_2 = 0$

$$F_1 = +\left(\frac{L_2}{L_1}\right) F \quad \cdots\cdots\cdots\cdots\cdots\cdots\cdots\cdots\cdots\cdots\cdots\cdots\cdots\cdots\cdots\cdots\cdots (1)$$

(3) 질량점의 변위(y) 산정

$$y = y_2{'} + y_2 = \left(\frac{L_2}{L_1}\right) y_1 + y_2 = \left(\frac{L_2}{L_1}\right) \frac{F_1}{k_1} + \frac{F_2}{k_2} = \frac{F}{k_e} \quad \cdots\cdots\cdots\cdots (2)$$

(4) 등가스프링상수 결정

식 (1)을 식 (2)에 대입하여 정리하면 $\left(\frac{L_2}{L_1}\right)^2 \frac{F}{k_1} + \frac{F}{k_2} = \frac{F}{k_e}$ 이 되므로 등가스프링상수는 다음과 같다.

$$\therefore k_e = \frac{k_1 \times k_2}{k_1 + k_2 \left(\frac{L_2}{L_1}\right)^2} \quad \cdots\cdots\cdots\cdots\cdots\cdots\cdots\cdots\cdots\cdots\cdots\cdots\cdots\cdots (3)$$

2. 고유진동수 산정

등가스프링상수와 질량을 단자유도계(SDOF) 고유진동수 산정식에 대입하여 고유진동수를 구한다.

$$\therefore f_n = \frac{1}{2\pi}\sqrt{\frac{k_e}{m}} = \frac{1}{2\pi}\sqrt{\frac{k_1 k_2}{m\left[k_1 + k_2\left(\frac{L_2}{L_1}\right)^2\right]}}$$

3. 공진을 고려하는 이유

동하중이 구조물에 작용할 때 동하중의 가진진동수와 구조물의 고유진동수가 같으면 동적 응답이 최대로 발생하는데 이런 현상을 공진(Resonance)이라 하며, 공진을 고려하는 이유는 다음과 같다.
① 구조물의 동적응답이 증폭되어 구조물이 붕괴된다.
② 공진이 발생할 경우 기기는 정상운전이 불가능하다.
③ 피로하중의 유발이 구조물의 피로파괴를 유발한다.

(1) 공진 점검

공진발생 유무는 정상상태에 도달한 동적응답의 진폭과 정하중에 의해 발생된 최대 정적응답과의 비를 나타낸 동적증폭계수(DAF ; Dynamic Amplification Factor)를 사용하여 점검한다.

$$DAF = \frac{\rho}{|x_{static}|_{\max}}$$

$$= \frac{1}{\sqrt{(1-\beta^2)^2 + (2\xi\beta)^2}} = \frac{1}{2\xi}$$

여기서, $|x_{static}|_{\max} = \frac{P_o}{k}$, $\beta = \frac{w}{w_n}$

이를 도표로 나타내면 [그림]과 같으며, 가진진동수와 구조물의 고유진동수가 같은 $\beta = 1$ 인 경우 응답이 최대가 된다. 이 경우를 공진이라 하며, 공진 시 동적응답계수는 $\frac{1}{2\xi}$ 이다.

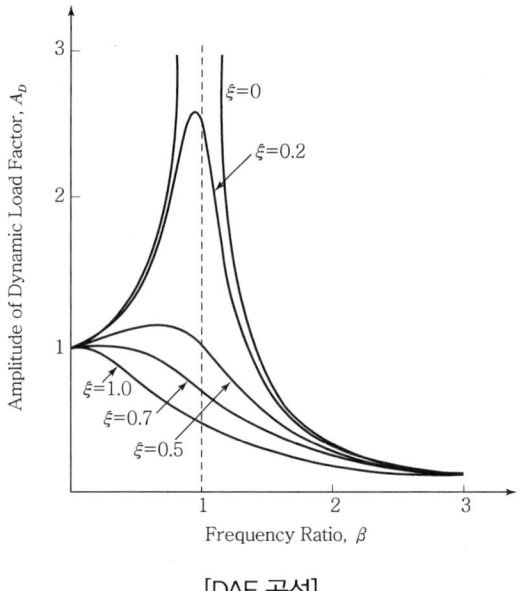

[DAF 곡선]

(2) 공진 응답

공진이 발생하는 조건이라도 감쇠비가 0.5보다 크면 공진이 발생할 확률이 낮다. 일반적으로 구조물의 감쇠비가 0.002~0.10 범위이므로 공진설계를 하지 않을 경우 구조물피해와 기기의 안전운전을 보장받지 못하기 때문에 공진설계를 수행하여야 한다.

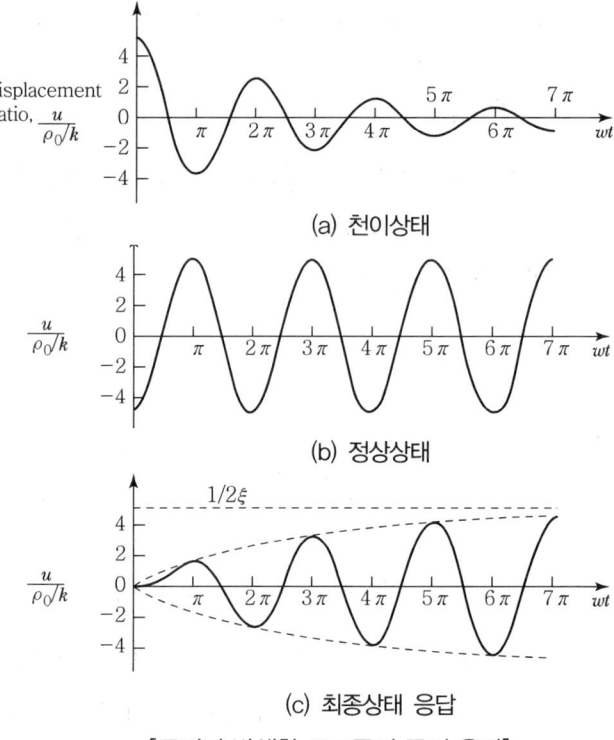

(a) 천이상태

(b) 정상상태

(c) 최종상태 응답

[공진이 발생한 구조물의 동적 응답]

(3) 공진설계

공진설계는 저동조 설계와 고동조 설계로 나누며 기준은 다음과 같다.

1) 저동조 기초 설계조건 : $\beta = \dfrac{w}{w_n} > \dfrac{4}{3}$

2) 고동조 기초 설계조건 : $\beta = \dfrac{w}{w_n} < \dfrac{2}{3}$

QUESTION 02. 공진현상에 대해 기술하시오.

1. 정의

구조물의 고유진동수와 지진력의 진동수가 같게 되면 변위가 무한대로 발생하게 되는 현상을 말한다.

2. 비감쇠 조화운동

(1) 구성방정식

$$my'' + ky = F(t) = F_o \sin w't$$

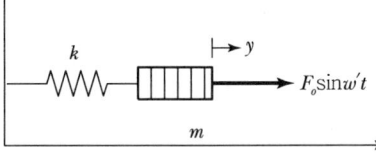

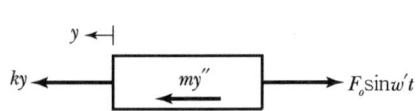

(2) 구성방정식의 해

$$y = 일반해 + 특수해 = y_g(t) + y_p(t)$$

$$= A\sin wt + B\sin wt + Y\sin w't$$

(3) 특수해를 구성방정식에 대입

$$-mw'^2 Y + kY = F_o$$

$$Y = \frac{F_o}{k - mw'^2} = \frac{F_o/k}{1-\gamma^2} \quad \gamma = \frac{w'}{w}$$

$$y = A\cos wt + B\sin wt + \frac{F_o/k}{1-\gamma^2}\sin w't$$

(4) 초기조건

$$y(0) = 0 \quad y'(0) = 0$$

$$A = 0 \quad B = \frac{-\gamma F_o/k}{1-\gamma^2}$$

$$\therefore y = \frac{F_o/k}{1-\gamma^2}(\sin w't - \gamma \sin wt) = y_{sr}(t) + y_{tr}(t)$$

$$y_{tr}(t) = \frac{\gamma F_o/k}{1-\gamma^2} \sin wt : \text{Transient Response}$$

$$y_{sta}(t) = \frac{F_o/k}{1-\gamma^2} \sin w't : \text{Steady-State Response}$$

(5) 공진현상

$$\therefore y = \frac{F_o/k}{1-\gamma^2}(\sin w't - \gamma \sin wt) \text{에서 } \gamma = \frac{w'}{w}$$

$w' = w$ 이라면 $\gamma = 1$ 이므로 $y = \infty$ 이다. 이를 공진현상이라 한다.

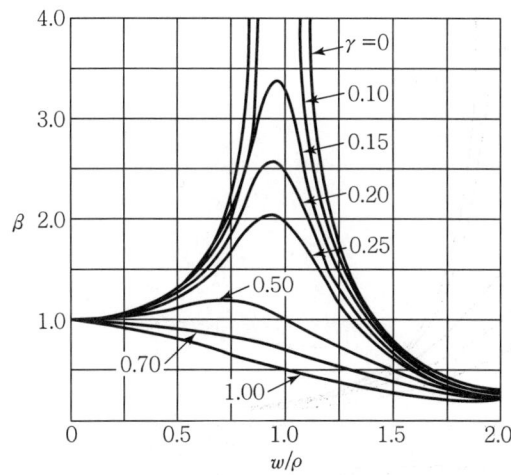

$\beta = \dfrac{y_{dyn}}{y_{sta}} = \dfrac{\text{동적최대변위}}{\text{정적변형}}$

$\gamma = \dfrac{c}{c_{cr}}$: 대수감쇠비

c_{cr} : 임계감쇠율
$w = w'$: 가진진동수
$\rho = w$: 구조물 고유진동수

QUESTION 03. 공진(Resonance)을 설명하시오.

1. 정의

동하중이 구조물에 작용할 때 동하중의 가진진동수와 구조물의 고유진동수가 같을 때 동적 응답이 최대로 발생한다. 이러한 현상을 공진(Resonance)이라 한다.

2. 공진 점검

정상상태(Steady State)에 도달한 동적 응답의 진폭과 정하중에 의한 최대 정적 응답의 비를 나타낸 동적 증폭계수(DAF ; Dynamic Amplification Factor)를 사용하여 공진 발생 유무를 파악한다.

$$DAF = \frac{\rho}{|x_{static}|_{\max}} = \frac{1}{\sqrt{(1-\beta^2)^2 + (2\xi\beta)^2}}$$

여기서, $|x_{static}|_{\max} = \frac{P_0}{k}$, $\beta = \frac{w}{w_n}$ 이다.

이를 도표로 나타내면,

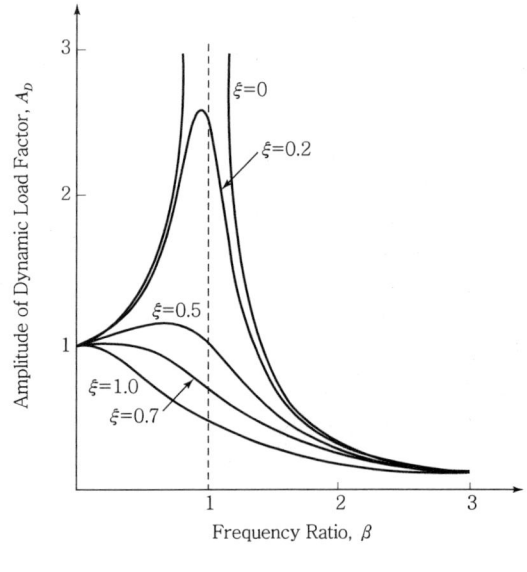

[DAF 곡선]

[그림]과 같이 가진진동수와 구조물의 고유진동수가 같은 $\beta = 1$인 경우 응답이 최대가 된다.

이 경우를 공진이라 하며, 공진 시 동적 응답계수는 다음과 같다.

$$DAF = \frac{\rho}{\mid x_{static} \mid _{max}} = \frac{1}{\sqrt{(1-\beta^2)^2 + (2\xi\beta)^2}} = \frac{1}{2\xi}$$

3. 공진 응답

공진이 발생하는 조건이 조성되었을지라도 감쇠비가 크면(0.5 이상) 공진은 발생되지 않으나, 일반적으로 구조물의 감쇠비가 0.002~0.10 범위이므로 공진설계를 하지 않았을 경우 공진발생으로 구조물 피해가 우려되므로 구조설계 시 공진이 발생하지 않도록 주의를 기울여야 한다.

공진이 발생되는 경우의 동적 응답을 살펴보면 아래와 같다.

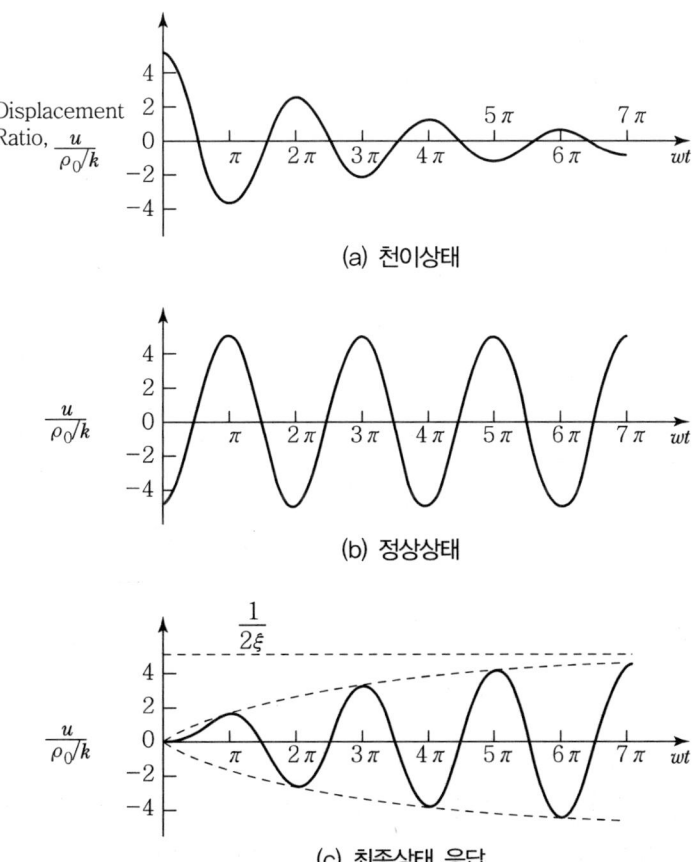

(a) 천이상태

(b) 정상상태

(c) 최종상태 응답

[공진이 발생하는 경우 구조물의 동적 응답]

QUESTION 04

감쇠조화운동에서 동적확대계수(DMF)에 대하여 정의하고, 진동을 저감시키기 위한 방안을 진동수비(외부하중의 진동수/고유진동수)를 고려하여 기술하시오.

【풀이】 감쇠조화운동을 하는 시스템의 공진을 피하는 방법을 설명하는 문제이다. 동적 확대계수와 공진설계방법에 대해 살펴본다.

1. 정의

동하중이 구조물에 작용할 때 동하중의 가진진동수와 구조물의 고유진동수가 같을 때 동적 응답이 최대로 발생하는 공진(Resonance)이라 한다.

구조물이 정상상태에 도달했을 때 동적 응답 진폭과 정하중에 의한 최대 정적응답 비를 나타낸 것을 동적 증폭계수라 한다.

2. 동적 증폭계수 산정

동적 증폭계수(Dynamic Amplification Factor)는 다음과 같다.

$$DAF = \frac{\rho}{|x_{static}|_{\max}}$$

$$= \frac{1}{\sqrt{(1-\beta^2)^2 + (2\xi\beta)^2}}$$

여기서, $|x_{static}|_{\max} = \frac{P_0}{k}$

$\beta = \frac{w}{w_n}$

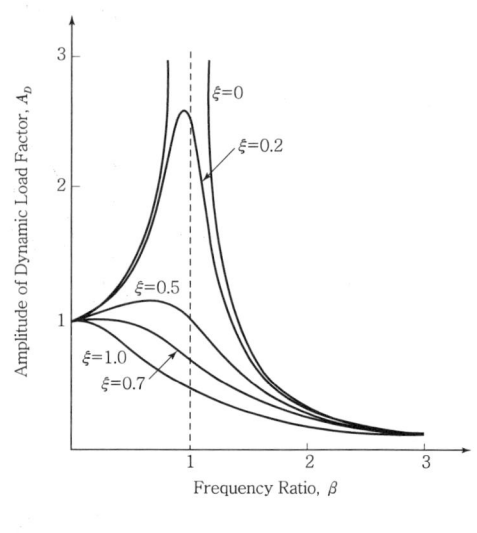

[DAF 곡선]

[그림]과 같이 가진진동수와 구조물의 고유진동수가 같은 $\beta = 1$인 경우 응답이 최대가 되며, 이를 공진이라 하며 공진 시 동적응답계수는 다음과 같다.

$$DAF = \frac{\rho}{|x_{static}|_{\max}} = \frac{1}{\sqrt{(1-\beta^2)^2 + (2\xi\beta)^2}} = \frac{1}{2\xi}$$

3. 진동저감방법

진동을 저감시키는 방법은 다음 두 가지이다.
- 감쇠비를 조정하여 공진을 유발시키지 않게 설계하는 방진설계
- 구조물의 고유진동수를 동하중 진동수와 피하게 설계하는 공진설계

이 중 공진설계방법에 대해 살펴본다.

(1) 공진설계 개념

동적 증폭계수의 최대 값을 발생시키지 않도록 동하중의 고유진동수와 구조물의 고유진동수 비를 조정하는 설계방법이다.

저동조기초와 고동조기초가 있다.

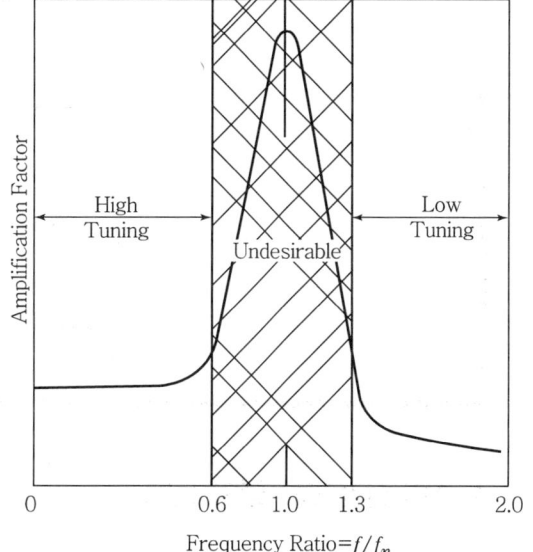

(2) 저동조기초 설계 개념

저동조기초는 동하중의 고유진동수와 구조물의 고유진동수 비가 1.3보다 크게 구조물을 설계하는 개념이다.

$$\beta = \left(\frac{f}{f_n}\right) = \left(\frac{w}{w_n}\right) > 1.3$$

여기서, f : 동하중의 고유진동수
f_n : 구조물의 고유진동수

(3) 고동조기초 설계 개념

고동조기초는 동하중의 고유진동수와 구조물의 고유진동수 비가 0.6보다 작게 구조물을 설계하는 개념이다.

$$\beta = \left(\frac{f}{f_n}\right) = \left(\frac{w}{w_n}\right) < 0.6$$

여기서, f : 동하중의 고유진동수
f_n : 구조물의 고유진동수

CHAPTER 06 MDOF 구조계의 고유진동수

QUESTION 01 아래의 그림과 같은 3층 전단건물모형의 운동방정식을 힘의 평형관계식을 사용하여 유도하시오.

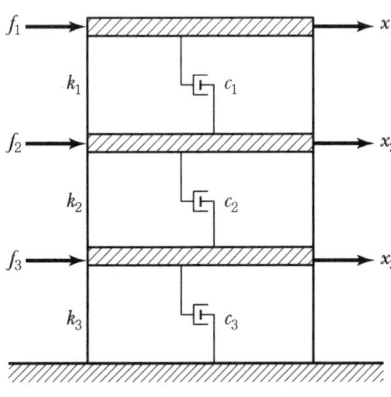

1. 1번 절점에서 힘의 평형

$$m_1\ddot{x}_1 + c_1(\dot{x}_1 - \dot{x}_2) + k_1(x_1 - x_2) = f_1$$

2. 2번 절점에서 힘의 평형

$$m_2\ddot{x}_2 + c_1(\dot{x}_2 - \dot{x}_1) + c_2(\dot{x}_2 - \dot{x}_3) + k_1(x_2 - x_1) + k_2(x_2 - x_3) = f_2$$

3. 3번 절점에서 힘의 평형

$$m_3\ddot{x}_3 + c_2(\dot{x}_3 - \dot{x}_2) + c_3\dot{x}_3 + k_2(x_3 - x_2) + k_3 x_3 = f_3$$

4. 행렬방정식

$$\begin{bmatrix} m_1 & 0 & 0 \\ 0 & m_2 & 0 \\ 0 & 0 & m_3 \end{bmatrix} \begin{Bmatrix} \ddot{x}_1 \\ \ddot{x}_2 \\ \ddot{x}_3 \end{Bmatrix} + \begin{bmatrix} c_1 & -c_1 & 0 \\ -c_1 & c_1+c_2 & -c_2 \\ 0 & -c_2 & c_2+c_3 \end{bmatrix} \begin{Bmatrix} \dot{x}_1 \\ \dot{x}_2 \\ \dot{x}_3 \end{Bmatrix}$$

$$+ \begin{bmatrix} k_1 & -k_1 & 0 \\ -k_1 & k_1+k_2 & -k_2 \\ 0 & -k_2 & k_2+k_3 \end{bmatrix} \begin{Bmatrix} x_1 \\ x_2 \\ x_3 \end{Bmatrix} = \begin{Bmatrix} f_1 \\ f_2 \\ f_3 \end{Bmatrix}$$

QUESTION 02

그림과 같은 비감쇠 구조물의 고유진동수를 구하고 모드형상을 작성하시오.(단, 기둥의 질량은 무시하고 보는 완전강체이고 1층과 2층의 기둥길이는 동일하다.)

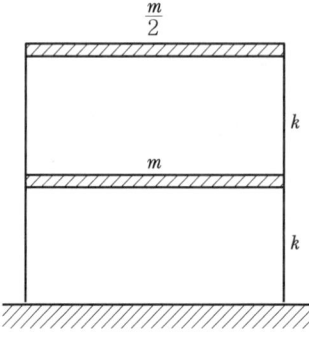

【풀이】 비감쇠 자유진동인 다자유도(MDOF) 구조계의 고유진동수를 산정하는 문제이다. MDOF에 대한 동적 운동방정식을 구하여 고유진동수와 고유진동모드 및 고유진동모드행렬을 구하기로 한다.

1. 해석모델링

Lumped Mass and Massless Stick으로 모델링하고 동적 운동방정식 작성을 위한 해석모델링을 만든다.

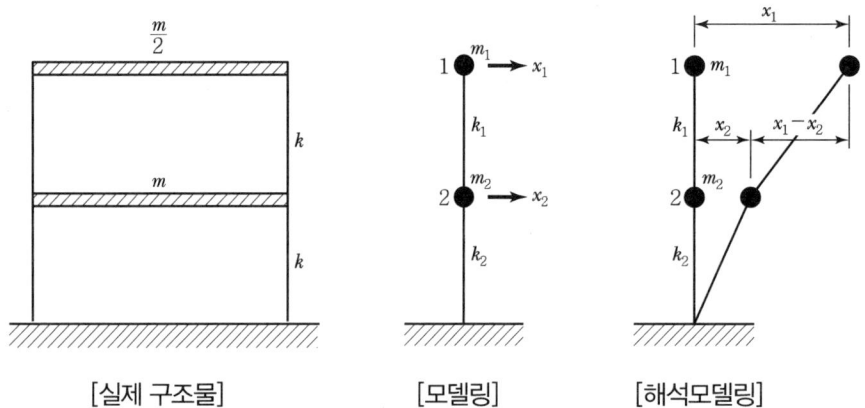

[실제 구조물]   [모델링]   [해석모델링]

2. 동적 운동방정식 산정

2개의 질량절점에 대한 비감쇠자유진동의 동적 운동방정식($m\ddot{x}+kx=0$)을 적용하면 다음과 같다.

(1) 절점 1에 대한 운동방정식

$$m_1\ddot{x}_1 + k_1(x_1 - x_2) = 0 \quad \cdots\cdots (1)$$

(2) 절점 2에 대한 운동방정식

$$m_2\ddot{x}_2 + k_2 x_2 - k_1(x_1 - x_2) = 0 \quad \cdots\cdots (2)$$

절점 1과 2에 대한 운동방정식 (1)과 (2)를 매트릭스 형태로 나타내면 다음과 같다.

$$\begin{bmatrix} m_1 & 0 \\ 0 & m_2 \end{bmatrix} \begin{Bmatrix} \ddot{x}_1 \\ \ddot{x}_2 \end{Bmatrix} + \begin{bmatrix} k_1 & -k_1 \\ -k_1 & (k_1+k_2) \end{bmatrix} \begin{Bmatrix} x_1 \\ x_2 \end{Bmatrix} = \begin{Bmatrix} 0 \\ 0 \end{Bmatrix}$$

$$\therefore [M] = \begin{bmatrix} m_1 & 0 \\ 0 & m_2 \end{bmatrix} = \begin{bmatrix} \dfrac{m}{2} & 0 \\ 0 & m \end{bmatrix} = m \begin{bmatrix} \dfrac{1}{2} & 0 \\ 0 & 1 \end{bmatrix}$$

$$\therefore [K] = \begin{bmatrix} k_1 & -k_1 \\ -k_1 & (k_1+k_2) \end{bmatrix} = k \begin{bmatrix} 1 & -1 \\ -1 & 2 \end{bmatrix}$$

3. 고유진동수 산정

MDOF의 고유진동수는 $Det([K] - \omega^2[M]) = 0$을 만족하는 ω를 구하면 된다.
$Det([K] - \omega^2[M]) = 0$이므로 $[M]$, $[K]$를 대입하여 ω를 구하면

$$\left| k \begin{bmatrix} 1 & -1 \\ -1 & 2 \end{bmatrix} - \omega^2 m \begin{bmatrix} \frac{1}{2} & 0 \\ 0 & 1 \end{bmatrix} \right|$$

$$\left| \begin{matrix} (k - \frac{\omega^2 m}{2}) & -k \\ -k & (2k - \omega^2 m) \end{matrix} \right| \text{이다.}$$

이를 정리하면 다음과 같은 식을 얻는다.

$$\frac{1}{2}(\omega^2 m)^2 - 2k\omega^2 m + k^2 = 0$$

$$\omega_1^2 m = \frac{-(-2k) - \sqrt{(-2k)^2 - 4\left(\frac{1}{2}\right)(k^2)}}{2\left(\frac{1}{2}\right)} = (2 - \sqrt{2})k = 0.585k$$

$$\omega_2^2 m = \frac{-(-2k) + \sqrt{(-2k)^2 - 4\left(\frac{1}{2}\right)(k^2)}}{2\left(\frac{1}{2}\right)} = (2 + \sqrt{2})k = 3.414k$$

따라서 $\omega_1 = \sqrt{\dfrac{0.585k}{m}} = 0.765\sqrt{\dfrac{k}{m}}$ ·· (3)

$$\omega_2 = \sqrt{\frac{3.414k}{m}} = 1.847\sqrt{\frac{k}{m}}$$

(1) 첫 번째 모드의 고유진동수

$$\therefore f_{n1} = \frac{\omega_1}{2\pi} = \frac{0.765}{2\pi}\sqrt{\frac{k}{m}}$$

(2) 두 번째 모드의 고유진동수

$$\therefore f_{n2} = \frac{\omega_2}{2\pi} = \frac{1.847}{2\pi}\sqrt{\frac{k}{m}}$$

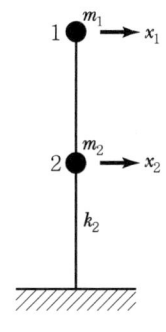 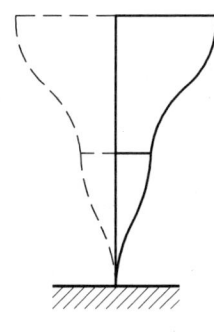 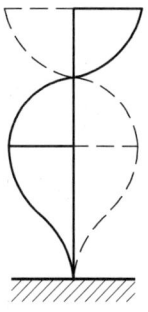

[모델링]　　　　　[첫 번째 모드]　　　　　[두 번째 모드]

4. 고유진동모드행렬 산정

고유진동수 산정식 $Det([K] - \omega^2[M]) = 0$에 식 (3)을 대입하면 고유진동모드행렬이 구해진다.

(1) 첫 번째 고유진동모드 산정 : $\omega_1^2 m = (2-\sqrt{2})k$ 대입

$$\left| k\begin{bmatrix} 1 & -1 \\ -1 & 2 \end{bmatrix} - \omega_1^2 m \begin{bmatrix} \frac{1}{2} & 0 \\ 0 & 1 \end{bmatrix} \right| = 0$$

$$\left| k\begin{bmatrix} 1 & -1 \\ -1 & 2 \end{bmatrix} - (2-\sqrt{2})k \begin{bmatrix} \frac{1}{2} & 0 \\ 0 & 1 \end{bmatrix} \right| = 0$$

따라서 첫 번째 고유진동모드행렬은 다음과 같다.

$$\begin{bmatrix} \frac{k}{\sqrt{2}} & -k \\ -k & \sqrt{2}k \end{bmatrix} \begin{Bmatrix} \phi_{11} \\ \phi_{21} \end{Bmatrix} = \begin{Bmatrix} 0 \\ 0 \end{Bmatrix} \qquad \therefore \begin{Bmatrix} \phi_{11} \\ \phi_{21} \end{Bmatrix} = \begin{Bmatrix} \sqrt{2} \\ 1 \end{Bmatrix}$$

(2) 두 번째 고유진동모드 산정 : $\omega_2^2 m = (2+\sqrt{2})k$ 대입

$$\left| k\begin{bmatrix} 1 & -1 \\ -1 & 2 \end{bmatrix} - \omega_1^2 m \begin{bmatrix} \dfrac{1}{2} & 0 \\ 0 & 1 \end{bmatrix} \right| = 0$$

$$\left| k\begin{bmatrix} 1 & -1 \\ -1 & 2 \end{bmatrix} - (2+\sqrt{2})k \begin{bmatrix} \dfrac{1}{2} & 0 \\ 0 & 1 \end{bmatrix} \right| = 0$$

따라서 두 번째 고유진동모드행렬은 다음과 같다.

$$\begin{bmatrix} -\dfrac{k}{\sqrt{2}} & -k \\ -k & -\sqrt{2}k \end{bmatrix} \begin{Bmatrix} \phi_{12} \\ \phi_{22} \end{Bmatrix} = \begin{Bmatrix} 0 \\ 0 \end{Bmatrix} \quad \therefore \begin{Bmatrix} \phi_{12} \\ \phi_{22} \end{Bmatrix} = \begin{Bmatrix} \sqrt{2} \\ -1 \end{Bmatrix}$$

(3) 고유진동모드 행렬 산정

$$\begin{Bmatrix} \phi_{11} & \phi_{12} \\ \phi_{21} & \phi_{22} \end{Bmatrix} = \begin{Bmatrix} \sqrt{2} & \sqrt{2} \\ 1 & -1 \end{Bmatrix}$$

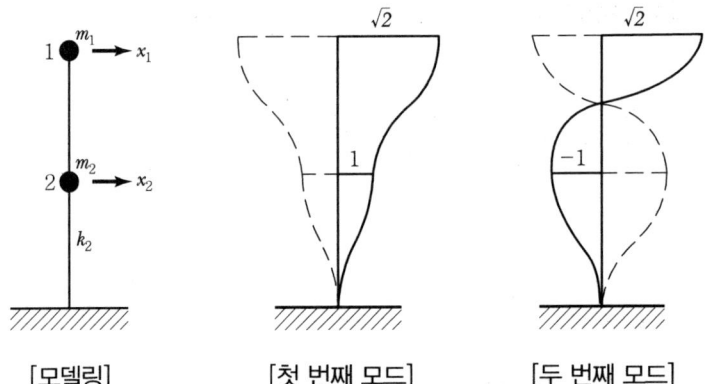

[모델링]   [첫 번째 모드]   [두 번째 모드]

QUESTION 03

축방향 진동의 자유진동수를 구하시오.

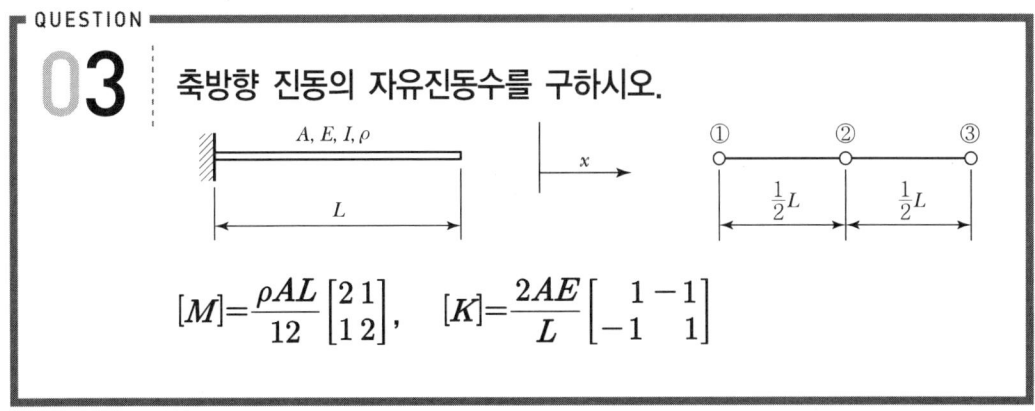

$$[M]=\frac{\rho AL}{12}\begin{bmatrix} 2 & 1 \\ 1 & 2 \end{bmatrix}, \quad [K]=\frac{2AE}{L}\begin{bmatrix} 1 & -1 \\ -1 & 1 \end{bmatrix}$$

1. 두 개의 요소에 대해 Assemble

$$\left|[K]-\omega^2[M]\right|=0$$

$$\left[\frac{2AE}{L}\begin{bmatrix} 1 & -1 & 0 \\ -1 & 2 & -1 \\ 0 & -1 & 1 \end{bmatrix}-\frac{\omega^2\rho AL}{12}\begin{bmatrix} 2 & 1 & 0 \\ 1 & 4 & 1 \\ 0 & 1 & 2 \end{bmatrix}\right]\begin{bmatrix} D_{X10} \\ D_{X20} \\ D_{X30} \end{bmatrix}=\begin{bmatrix} 0 \\ 0 \\ 0 \end{bmatrix}$$

2. B/C 적용 $D_{X10}=0$

$$\left|\frac{2AE}{L}\begin{bmatrix} 2 & -1 \\ -1 & 1 \end{bmatrix}-\frac{\omega^2\rho AL}{12}\begin{bmatrix} 4 & 1 \\ 1 & 2 \end{bmatrix}\right|=0$$

$$\left|\begin{bmatrix} 2 & -1 \\ -1 & 1 \end{bmatrix}-\frac{\omega^2 L^2\rho}{24E}\begin{bmatrix} 4 & 1 \\ 1 & 2 \end{bmatrix}\right|=0$$

$\nu^2=\dfrac{\omega^2 L^2\rho}{24E}$ 로 치환

$$\begin{vmatrix} 2-4\nu^2 & -1-\nu^2 \\ -1-\nu^2 & 1-2\nu^2 \end{vmatrix}=0$$

$$(2-4\nu^2)(1-2\nu^2)-(-1-\nu^2)^2=0$$

$$7\nu^4-10\nu^2+1=0$$

$$\nu^2 = \frac{5 \pm \sqrt{18}}{7} = \frac{5 \pm 3\sqrt{2}}{7}$$

$$\omega_1 = 1.6114\sqrt{\frac{E}{\rho L^2}} ,\ \omega_2 = 5.6293\sqrt{\frac{E}{\rho L^2}}$$

CHAPTER 07 회전기계 기초

QUESTION 01 회전기계 기초구조물 설계 시 고려사항을 설명하시오.

1. 개요

감쇠강제진동을 대표하는 회전기계 기초 구조물 설계 시 진동해석절차와 공진(Resonance)을 고려한 설계방법을 살펴본다.

2. 진동해석 수행

(1) 흙 – 기초를 단자유도계로 모델링

기초형상과 지반을 단자유도계로 모델링하고, 예상진동 형태에 대한 스프링상수(k)와 감쇠비(c)를 산정한다.

(2) 가진하중의 종류 결정

1) 가진하중 산정 : $F = F_0 \sin wt$

2) 가진하중 크기 산정 : $F_0 = m_e \cdot e \cdot w^2$

여기서, F : 가진하중(시간의 함수)
F_0 : 가진하중의 크기(일정)
$e : e_0$(편심하중의 편심거리 : 기기제작자 제시자료)

$$\frac{e_0}{1-\left(\frac{f}{f_c}\right)^2} (f_c : 한계진동수)(컴프레서인 경우)$$

3) 기계기초의 크기를 가정

4) 진동형태에 따른 고유진동수와 운전진동수 비를 계산

$$f_n = \frac{1}{2\pi}\sqrt{\frac{k}{m}} \text{ 또는 } w_n = \sqrt{\frac{k}{m}}$$

5) 정적변위를 산정

$$\Delta_{static} = \frac{F_0}{k}$$

6) 고유진동수에 대한 운전진동수의 비를 계산

$$\beta = \left(\frac{f}{f_n}\right) = \left(\frac{\beta}{\beta_n}\right)$$

7) 증폭계수를 결정하여 최대변위를 산정

약식계산 : $M = \left(\dfrac{f_n}{f}\right) = M_r$

정밀계산 : $M = \dfrac{1}{\sqrt{1 - \left(\dfrac{f}{f_n}\right)^2 + \left(\dfrac{2cf}{f_n}\right)^2}}$

최대변위산정 : $\Delta_{\max} = M \cdot \Delta_{static}$

여기서, M_r : 편심질량에 의해 진동이 발생되는 진동기초의 증폭계수

8) 최대변위가 허용범위 내에 들지 않으면 단면 재설정하여 반복 수행

$$\Delta_{\max} = M \cdot A_s \leq \Delta_{allow}$$

9) 기계기초의 크기를 결정

3. 공진설계 수행

(1) 고속회전 기계

작동속도가 1,000RPM 이상인 기계로서 이에 대한 기초는 고유진동수가 운전진동수의 1/2 이하가 되도록 설계하며 다음과 같이 기초설계를 검토한다.
① 기초 구조체의 질량을 증가시켜 고유진동수를 감소시킨다.
② 기계는 운전시작과 끝날 때 순간적으로 기초의 고유진동수와 같게 되는 한계속도(Critical Speed)에 의해 공진할 수 있으므로 공진 및 운전진동수에서의 발생 가능한 최대변위를 산정하여 이를 허용값과 비교함으로써 기초의 크기를 변경해야 하는지 검토한다.

(2) 저속회전기계

운전속도가 300RPM 이하인 기계로, 기초는 최소운전속도의 2배 이상인 고유진동수가 되도록 설계해야 하며 기초설계 시 다음을 고려해야 한다.
① 기초 구조체의 질량을 감소시키거나 저부면적을 증가시켜 고유진동수를 증가시킨다.
② 다짐 또는 그 외의 안정처리로 기초지반의 전단강성계수를 증가시킨다.
③ 기초의 소요 강성도를 얻기 위해 말뚝기초를 사용할 수도 있다.

(3) 합성진동

진동형태가 독립적이지 않고 다른 진동형태에 영향을 받는 합성진동을 하는 경우는 상호영향을 주는 진동을 고려하여 진동해석을 수행해야 한다.
일반적으로 수직진동과 비틀림 진동의 상호영향은 기초의 무게중심과 저면중심 사이의 거리에 따라 중요한 문제가 될 수 있는데 이러한 경우의 진동해석은 상호연관성이 복잡하여 정확한 해석을 도출하지 못하는 경우도 있다. Locking과 수평진동이 동시에 가해지는 합성진동 하한치(f_0)는 다음 식을 따른다.

$$\frac{1}{f_0^2} = \frac{1}{f_{nx}^2} + \frac{1}{f_{n\phi}^2}$$

여기서, f_{nx} : 수평진동 고유진동수
$f_{n\varphi}$: Locking에 대한 고유진동수

(4) 기초 근입깊이에 따른 영향검토 수행

강성토 및 감쇠는 기초 근입깊이에 따라 증가하며 뒤채움 흙의 조건에 민감한 영향을 받으므로 보정된 강성계수와 감쇠계수를 진동해석에 사용해야 한다.

(5) 강성지반 적용 시 검토사항

강성지반 위에 놓인 비교적 얇은 기초에 진동이 가해지는 경우 지반의 두께가 감소함에 따라 강성계수는 증가하고 감쇠계수는 감소하므로 기초진동 해석 시 이에 대한 보정치를 사용해야 한다.

(6) 말뚝기초 사용 시 검토사항

기계기초를 지지하고 지반이 좋지 않은 경우 말뚝기초를 설치할 수 있으며 이에 대한 설계는 말뚝-흙계의 고유진동수를 평가하여 설계를 수행한다.

4. 지지력 및 침하 검토

사질토 지반은 기계진동으로 조밀하게 되어 침하가 발생하며 포화된 느슨한 사질토는 진동에 의해 액상화 현상이 발생하고 국부적으로 지지력을 상실하게 된다.
이 경우의 지지력은 정하중의 지지력보다 작게 된다. 진동이 심한 경우의 허용지지력은 정하중 작용 시의 허용지지력을 반으로 감소시켜야 한다.

QUESTION 02

그림과 같이 강체인 탁자 위에 설치된 기계를 3m 길이의 4개 철골 기둥이 지지하고 있다. 각 기둥은 $W200 \times 17$ 부재로 이루어져 있고 지지점은 단단하게 고정되어 있다. 기계는 모터에 의하여 회전되는 회전편심질량이 있으며 편심질량의 무게=200kg, 편심=50mm이다. 그리고 강체탁자의 무게는 2,500kg이다. 기둥에서 허용휨응력이 100MPa일 때, 운전 가능한 모터 회전속도의 범위를 구하시오.(단, 기둥의 질량은 무시하고 감쇠는 없는 것으로 가정하며, 강체탁자와 기둥은 완전하게 용접되어 있는 것으로 가정한다.)

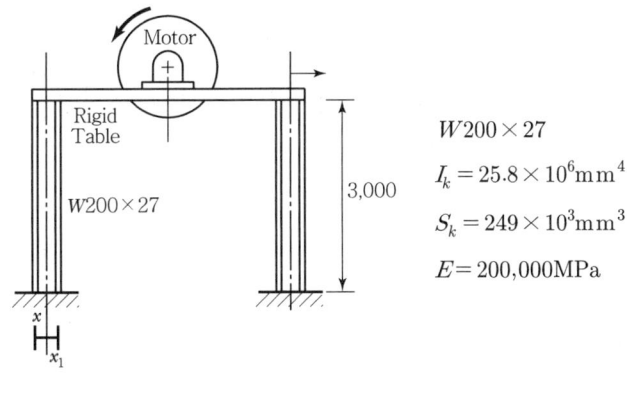

$W200 \times 27$
$I_k = 25.8 \times 10^6 \text{mm}^4$
$S_k = 249 \times 10^3 \text{mm}^3$
$E = 200,000 \text{MPa}$

1. 4개 기둥의 수평강성 계산

$$k = 4 \times \frac{12EI}{L^3} = 4 \times \frac{12 \times 200,000 \times (25.8 \times 10^6)}{3,000^3} \times 10^3$$

$$= 9,173 \times 10^3 \text{N/m}$$

2. 구조물의 수평운동의 자유진동수 계산

$$\omega_n = \sqrt{\frac{k}{m}} = \sqrt{\frac{9,173 \times 10^3}{2,500}} = 60.57 \text{rad/s}$$

$f = 9.64 \text{Hz}$

3. 휨응력(σ)과 수평변위(Δ) 사이의 관계식

$$M = \frac{6EI}{L^2}\Delta, \ \sigma = \frac{M}{S} \Rightarrow \sigma = \frac{6EI}{L^2 S}\Delta$$

4. 허용휨응력(σ_{all})에 대응되는 허용수평변위(Δ_{all}) 계산

$$\Delta_{all} = \frac{L^2 S}{6EI}\sigma_{all} = \frac{3,000^2 \times (249 \times 10^3)}{6 \times 200,000 \times (25.8 \times 10^6)} \times 100$$

$$= 7.24 \text{mm}$$

5. 허용수평변위(Δ_{all})에 대응되는 한계주파수비(β_c) 계산

$$\rho = \frac{em_0}{m} \times \frac{\beta^2}{\sqrt{(1-\beta^2)^2}} \text{ 에서}$$

(1) $\beta < 1$인 경우

$$\rho = \frac{em_0}{m} \times \frac{\beta^2}{(1-\beta^2)} = 7.24 \Rightarrow \frac{50 \times 200}{2,500} \times \frac{\beta^2}{1-\beta^2} = 7.24 \Rightarrow \beta_{c1} = 0.802$$

(2) $\beta > 1$인 경우

$$\rho = \frac{em_0}{m} \times \frac{\beta^2}{\beta^2 - 1} = 7.24 \Rightarrow \beta_{c2} = 1.495$$

6. 허용운전속도 결정 : [그림] 참조

$$\beta_{c1} = 0.802 \Rightarrow \beta_{c1}\omega_n = 0.802 \times 9.64 \text{Hz} = 464 \text{rpm}$$

$$\beta_{c2} = 1.495 \Rightarrow \beta_{c2}\omega_n = 1.495 \times 9.64 \text{Hz} = 865 \text{rpm}$$

그러므로 기계의 운전속도는 464rpm보다 작게 하거나 865rpm보다 크게 하여야 기둥에서 허용휨응력을 초과하지 않는다.

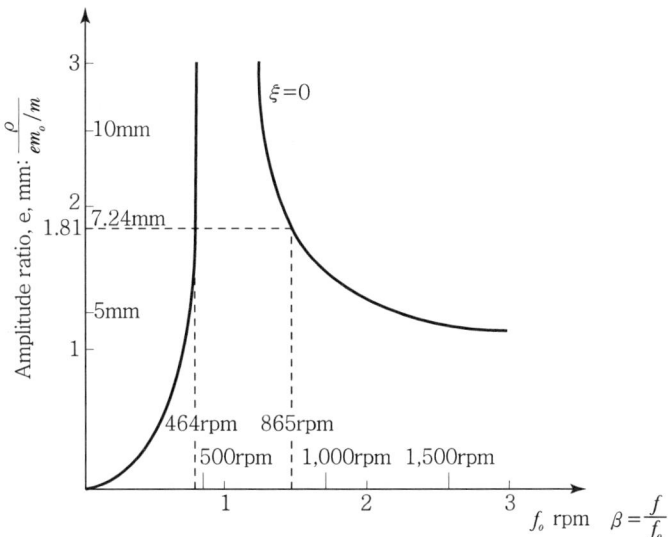

02편 내진설계

CHAPTER 01 지진 관련 일반
CHAPTER 02 응답 Spectrum
CHAPTER 03 내진 해석법
CHAPTER 04 내진성능 평가
CHAPTER 05 교량의 내진설계
CHAPTER 06 교량의 내진보강
CHAPTER 07 지진격리

CHAPTER 01 지진 관련 일반

QUESTION 01 지진의 규모와 진도를 설명하시오.

1. 지진의 규모(Magnitude) 정의

지진이 발생될 지진의 진원에서 방출된 에너지의 크기를 정량적으로 표현한 것을 지진의 규모(Magnitude)라고 하며 통상 리히터 지진계(Richter Scale)로 나타낸다. 리히터 지진계로 진도 6의 지진이 발생했다는 것은 실제로 Richter Scale로는 지진 진원지에서 규모가 6인 지진이 발생한 것을 의미한다. 리히터 스케일 1은 60톤의 TNT 폭약이 갖는 에너지와 같다.

$$M_L = \log\left(\frac{A'}{A_0'(\Delta)}\right)$$

2. 지진의 진도(Intensity) 정의

지진에 의한 자연과 인체에 대한 피해의 정도를 등급으로 분류하여 나타낸 것을 진도(Intensity)라 하며 등급은 12등급(Ⅰ ~ Ⅻ)으로 분류하고 있다.
통상 지진의 진도는 수정 메르칼리 진도 등급(MMI ; Modified Mercalli Intensity)을 많이 사용하고 있으며 그 내용은 아래 도표와 같다.

진도	피해상황	진도	피해상황
Ⅰ	민감한 기구로 감지	Ⅶ	보통 구조물은 모두 피해를 보며 운전 중인 상태에서 느끼는 정도
Ⅱ	고층구조물에 있는 민감한 사람에게 감지	Ⅷ	굴뚝이나 벽이 무너지며 자동차 운전이 어려운 정도
Ⅲ	실내에서 모든 사람이 감지	Ⅸ	보통 구조물은 큰 피해를 보며 내진구조물도 기울어지고 땅이 갈라지고 지하파이프 등이 부러지는 정도

진도	피해상황	진도	피해상황
IV	창문이나 문이 흔들리고 정지한 차가 흔들리는 정도	X	목조건물은 피해를 보고 석조건물은 붕괴되며 철로가 휘어지고 산사태가 발생하는 정도
V	잠자는 사람이 깨며 창문이 깨지는 정도	XI	내진구조물만 남으며 교량붕괴, 지하파이프 완전절단, 대규모 산사태가 발생되는 정도
VI	모든 사람이 놀라 실외로 도피하며 벽의 흙이나 석회 등이 떨어지는 정도	XII	전면적인 피해가 발생하며 육안으로 지표의 움직임이 보이며 수평선이 뒤틀리고 하늘로 물체가 던져지는 정도

3. 최대 지반 가속도

재현주기(Return Period) 내 발생 가능한 해당 지역의 가속도 값

내진설계에서 설계 지진력을 산정하기 위한 계수로서, 통상 중력가속도($g = 9.8 \text{ m/s}^2$)에 대한 비율로 나타낸다. 즉, 0.1g, 0.2g 등과 같이 지역별로 나타낸다.

- A_{cc}의 단위 : cm/sec^2(or gal)
- $1 gal = 980 \text{ cm/sec}^2$

4. 지진의 규모, 진도, 최대 지반 가속도의 관계

$$M = \frac{2}{3}MMI + 1$$

Trifunac & Brady(1975)

$\log_{10} A_{cc}(\text{cm/sec}^2) = 0.3 \times MMI + 0.014$

MMI 9 = 0.5g(500gal)

MMI 7 = 0.1g(100gal)

QUESTION 02 지진파(Seismic Wave)를 설명하시오.

1. 정의

지진파(Seismic Wave)란 지진 발생지인 진원지로부터 전달되는 지진에너지의 전달형태를 나타낸 것으로 그 형태와 특성에 따라 P파, S파, L파로 구분된다.

2. 종류

지진파의 종류로는 P파, S파, L파 및 Rayleigh파가 있으며 이들 파의 개념은 아래 [그림]과 같다.

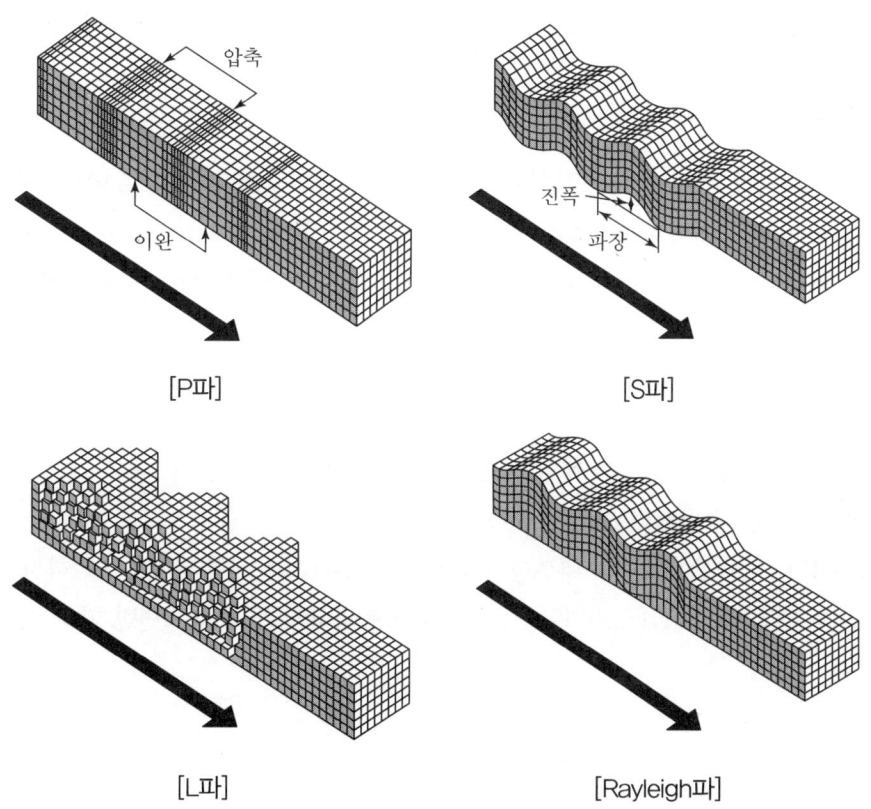

[P파]   [S파]

[L파]   [Rayleigh파]

(1) P파(Primary Wave)

지진에너지 중 수평력 성분이 전달되는 실제파로 지반의 매질이 압축과 이완의 반복작용으로 에너지가 전달되며 지진파 중 제일 먼저 도달하기 때문에 첫 번째 지진파(Primary Seismic Wave)라 하며 P파라고도 한다.

(2) S파(Secondary Wave)

지진에너지 중 수직력 성분이 전달되는 실제파로 지반의 매질이 상하의 반복작용으로 에너지가 전달되며 지진파 중 두 번째로 도달하기 때문에 두 번째 지진파(Secondary Seismic Wave)라 하며 S파라고 한다.

(3) L파(Love Wave)

지진에너지가 지표면에 전달되는 표면파로 수직 움직임은 없고 표면의 S자 모양의 수평움직임만 전달되는 파로 Love(Love Seismic Wave)라 하여 L파라고 한다.

(4) Rayleigh파

지진에너지가 지표면에 전달되는 표면파로 바다의 파도와 같은 파로 에너지를 표면에 전달하는 파를 말하며 L파와는 달리 수직과 수평방향으로 에너지를 전달하며 L파보다 속도가 느리다. 입자의 운동은 타원운동을 하며 진폭은 깊이에 따라 지수적으로 감소한다.

3. 특징

① S파와 Rayleigh파는 수직계의 지진에 대해 잘 관측된다.
② P파와 L파는 수평계의 지진에 대해 잘 관측된다.
③ 실제파인 P파와 S파는 지구 내부를 통과한다.(단, S파는 유체인 외핵을 통과하지 못한다.)
④ 표면파인 L파와 Rayleigh파는 지구 내부를 통과하지 못하고 표면만 따라 이동한다.

QUESTION 03

다음 용어를 간단히 정의하시오.

1) 응답수정계수
2) 가속도계수
3) 탄성 지진응답계수

1. 응답수정계수

건축법 또는 UBC코드에 따라 등가정적해석 또는 동적해석으로 내진해석을 수행할 경우 재료는 선형탄성거동을 기준으로 해석결과를 도출하므로 구조물이 항복상태에 도달하더라도 부가적인 저항능력이 있음을 고려하지 않는다. 따라서 응답수정계수(Response Reduction Factor)란 실제 설계에서 재료의 극한응력에 도달하기까지의 에너지 흡수능력을 고려하기 위해 경험적으로 개발된 응답저감계수를 말한다.

단, 내진해석 시 비탄성 스펙트럼을 사용한 선형탄성해석을 수행할 경우에는 응답저감계수를 적용하지 않는다.

2. 가속도계수

지진입력을 정의할 때는 통상 설계응답 스펙트럼(Design Response Spectrum) 또는 설계 응답 스펙트럼에 부합하는 가속도 시간이력(Acceleration Time History)으로 정의한다. 설계응답 스펙트럼의 영주기 가속도(Zero Period Acceleration)와 가속도 시간이력의 첨두가속도(Peak Acceleration)는 서로 동일한 값으로 정의된다.

이와 같이 지진입력의 가속도 크기를 나타낼 때는 실제 cm/s^2 또는 m/s^2 단위로 표현되는 가속도 값을 그대로 사용하지 않고 통상 중력가속도($g = 9.8 \ m/s^2$)에 대한 비율로 나타낸다. 즉, 0.1g, 0.2g 등과 같이 나타내는데, 이는 중력가속도의 0.1배에 해당한다는 것을 의미한다. 이와 같이 나타내는 계수를 가속도계수라고 한다.

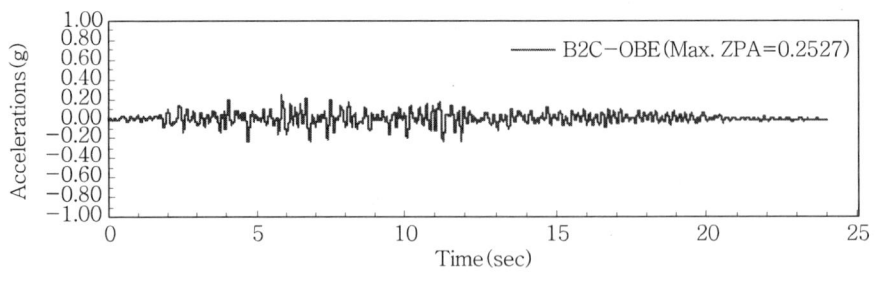

[가속도 시간이력의 형태]

3. 탄성 지진응답계수

응답스펙트럼해석법에 의한 내진해석을 수행할 경우에는 통상 구조물의 기본고유진동수(Fundamental Natural Frequency)만 고려하는 단일모드해석(Single Mode Analysis)과 구조물의 모든 고유진동수(Natural Frequencies)를 고려하는 복합모드해석법으로 대별한다.

이때 구조물의 설계를 위한 등가정적 내진해석에는 기본고유진동수 또는 고유진동수들에 대응되는 탄성 설계응답 스펙트럼의 스펙트럼가속도를 입력으로 작용시켜 구조부재력을 계산한다. 이와 같이 구조물의 고유진동수에 대응되는 탄성 설계응답 스펙트럼의 스펙트럼가속도 값을 탄성 지진응답계수라고 한다. 이는 건축법에서 정의하는 동적계수, C와 유사한 개념을 갖는다.

QUESTION 04. 탄성 지진응답계수(C_s)에 대하여 간단히 설명하시오.

1. 정의

지진 발생 시 구조물에 작용하는 탄성지진력은 구조물의 탄성주기를 계산하여 설계응답 스펙트럼으로부터 응답가속도의 크기를 구하여 결정한다.

이때 설계응답 스펙트럼으로부터 구한 응답가속도의 크기를 탄성지진 응답계수(C_s)라 한다. 즉, 구조물의 고유진동수에 대응되는 탄성 설계응답스펙트럼의 스펙트럼가속도 값을 탄성 지진응답계수라고 하며 건축법에서 정의하는 동적계수[C]와 유사한 개념이다.

2. 산정식

탄성 지진응답계수는 구조물의 주기(T)와 가속도계수와 위험도계수 등으로부터 구해진다.

$$C_s = \frac{1.2 \times A \times S}{T^{2/3}}$$

여기서, A : 가속도계수 × 위험도계수
S : 지반계수
T : 구조물의 주기

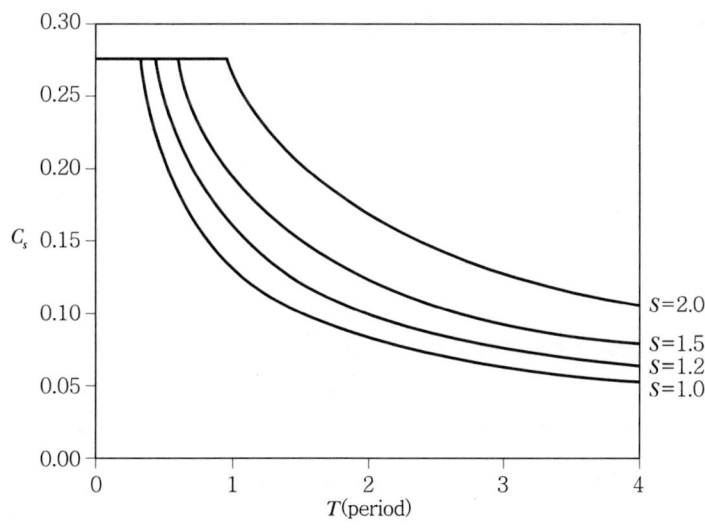

[A = 0.11일 때의 탄성 지진응답계수]

QUESTION 05

응답수정계수 R에 대하여 다음 사항을 설명하시오.

1) 응답수정계수 R 산정개념 설명(변위연성비, 에너지연성비)
2) 응답수정계수를 모멘트에만 적용하는 이유
3) 하부구조의 형식별 응답수정계수

【풀이】 응답수정계수에 대한 산정개념 및 수정계수에 대한 문제이다.

1. 응답수정계수 정의

응답수정계수는 구조물이 극심한 항복상태에 도달하더라도 부가적인 저항능력이 있음을 고려하여, 지진전단력 산정 시 분모의 항으로 밑면전단력의 크기를 감소시키는 설계지진력 저감계수를 말한다.

응답수정계수는 구조시스템의 초기 항복을 넘어 극한하중과 변위에 도달하기에 충분한 구조물의 연성과 감쇠능력을 반영하는 계수로, 구조물의 연성능력(Ductility), 초과강도(Overstrength), 잉여도(Redundancy) 및 감쇠특성(Damping)을 반영하기 위한 설계계수이다.

2. 응답수정계수 산정개념

응답수정계수는 $R = R_S \times R_\mu \times R_R$ 로 구해진다.

여기서, R_S : 강도계수
R_μ : 연성계수
R_R : 잉여도계수

(1) 강도계수(Strength Factor) : $R_S = \dfrac{V_{\max}}{V_{Design}}$

일반적으로 건물이 보유한 최대 수평강도는 설계수평강도를 초과하도록 설계한다. 강도계수는 최대 보유강도($V_{\max}$)를 설계밑면 전단력(V_{Design})으로 나누어 구한다.

(2) 연성계수(Ductility Factor)

연성계수는 시스템 전체의 비선형 응답을 판정하는 척도로 고려되는 계수로 구조시스템 연성과 부재연성, 재료연성으로 결정된다. 구조물에 요구되는 연성이나 반응수정계수를 확보하기 위해서는 구조물 전체 연성보다 각 부재의 회전연성, 곡률연성, 재료연성이 커야 한다.

(3) 감쇠계수(Damping Factor)

감쇠계수는 건물골조 시스템의 에너지 소산능력을 나타내는 계수로, 건물의 하중과 변위응답에 대한 부가적인 감쇠장치의 효과를 고려하기 위한 것이다.

(4) 잉여도계수(Redundancy Factor)

일반적으로 강진지역의 건물들은 큰 잉여도를 갖는 횡력 저항시스템으로 설계되며, 지진으로 유발된 관성력을 기초에 전달하는 역할을 수행한다. 이들 잉여도에 대한 여유치를 고려한 것이 잉여도계수이다.

3. 응답수정계수를 모멘트에만 적용하는 이유

철근콘크리트 교각에 소성힌지가 발생하여 충분한 변위가 발생된 이후에 파괴되는 소성거동을 보일 때까지 전단파괴가 발생되지 않도록 보장하기 위함이다.

4. 하부구조 형식별 응답수정계수

하부구조		연결부위	
벽식교각	2	상부구조와 교대	0.8
철근콘크리트 말뚝가구 ① 수직말뚝만 사용한 경우 ② 한 개 이상의 경사말뚝을 사용한 경우	 3 2	상부구조와 한 지간 내의 신축이음	0.8
단일 기둥	3	기둥, 교각 또는 말뚝가구와 캡빔 또는 상부구조	1.0
강재 또는 합성강재와 콘크리트 말뚝가구 ① 수직말뚝만 사용한 경우 ② 한 개 이상의 경사말뚝을 사용한 경우	 5 3	기둥 또는 교각의 기초	1.0
다주가구	5		

QUESTION 06. 연성설계 반응수정 계수와 연성비 관계를 유도하고 설명하시오.

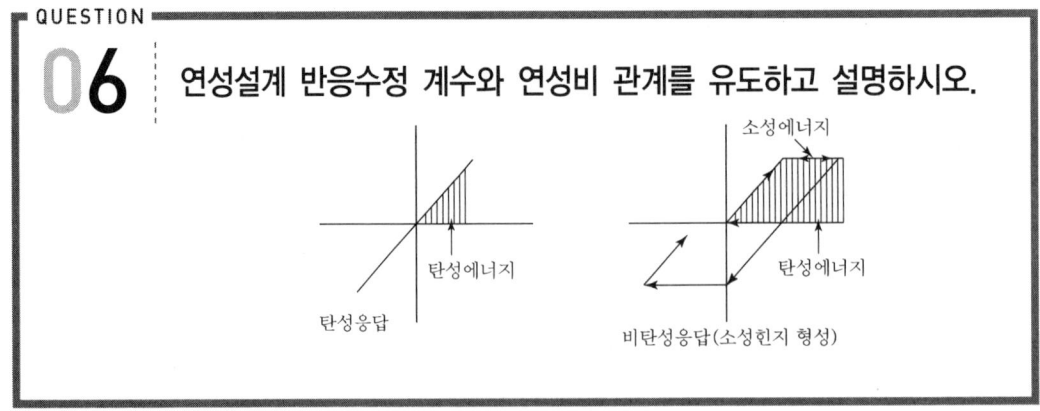

1. 변위연성비

탄·소성구조물의 최대변위와 탄성구조물의 최대변위의 차가 미소하고 구조물이 탄·소성 변형에서도 붕괴가 발생되지 않는다는 조건에서 최대 설계지진력은 탄성 설계지진력을 μ_d만큼 나누어서 줄여 사용할 수 있다.

즉, 최대설계력 = 탄성력에서 최대설계력/μ_d

변위연성비 $\mu_d = \dfrac{\Delta_u}{\Delta_y} = \dfrac{\text{소성영역 최대점에서 횡방향 변위}}{\text{항복점에서 횡방향 변위}}$

따라서 μ_d를 설계감소계수 R로 사용한다.

2. 에너지 연성비

탄성영역의 에너지와 탄·소성 영역의 에너지의 차가 미소하고 탄소성 변위에도 붕괴가 발생되지 않는다면 $\triangle OCD = OEFG$라는 조건에서

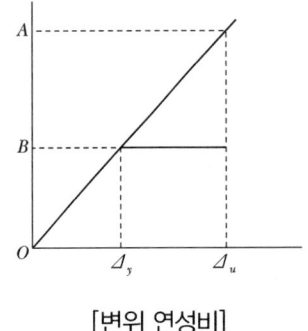

[변위 연성비]

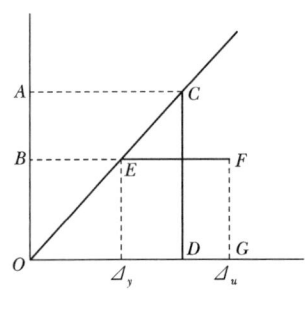

[에너지 연성비]

$$\triangle OCD = \frac{OA \times OD}{2}$$

$$OEFG = \frac{OB \times \Delta_y}{2} + (\Delta_u - \Delta_y) \times OB = OB\left(\Delta_u - \frac{\Delta_y}{2}\right)$$

$OD = \Delta_y \dfrac{OA}{OB}$ 이므로 $\triangle OCD = \dfrac{\Delta_y}{2}\dfrac{OA^2}{OB}$

$$\frac{\Delta_y}{2}\frac{OA^2}{OB} = OB\left(\Delta_u - \frac{\Delta_y}{2}\right)$$

$$\frac{OA^2}{OB} = \frac{2\left(\Delta_u - \dfrac{\Delta_y}{2}\right)}{\Delta_y} = 2\left(\frac{\Delta_u}{\Delta_y}\right) - 1$$

$\dfrac{OA}{OB} = R$, $\dfrac{\Delta_u}{\Delta_y} = \mu_d$ 라고 하면

$$R = \sqrt{2\mu_d - 1}$$

3. 연성설계의 문제점

- 설계진동단위가 저차 부정정 구조물로 구성되나 실제 아치교나 특수교량 등은 고차 부정정 구조물이므로 탄소성 설계법의 도입이 불가능하므로 탄성설계 후 탄소성 설계법을 별도로 검토
- 주요구조물이나 복잡한 구조물은 시간 이력해석에 의한 비선형 해석을 수행하여 유연도를 설정하여야 한다.

QUESTION 07 안전성 확보를 위한 내지진 구조방식을 설명하시오.

1. 개요

지진에 대한 구조물의 안전성 확보를 위한 내지진 구조방식으로는 면진구조방식, 제진구조방식, 내진구조방식이 있다. 이들 구조방식의 개념을 살펴본다.

2. 면진구조방식(Seismic Avoid)

면진구조는 구조물을 격리 베어링(Isolation Bearing) 등으로 기초지반과 절연하여 지진 발생 시 구조물에 지진력이 가해지지 않도록 설계하는 구조방식을 말한다.

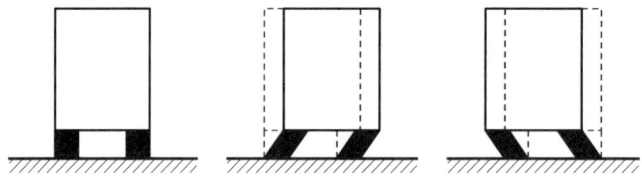

[지진 시 면진구조 거동]

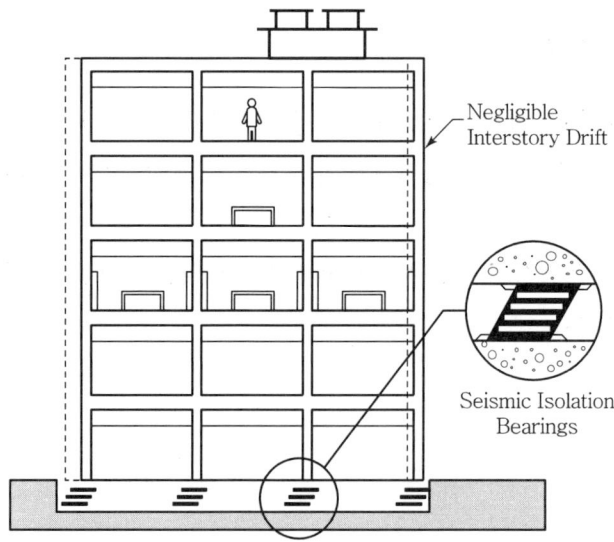

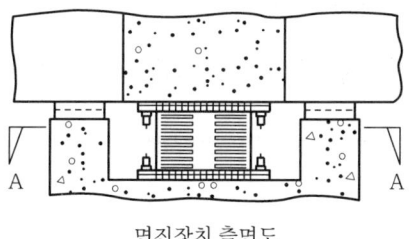

면진장치 측면도

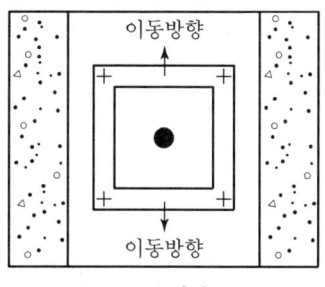

A-A 단면

[면진장치 설치위치와 상세도]

3. 제진구조방식(Seismic Control)

제진구조는 Oil Damper 등의 감쇠기구 등을 구조물 기초에 설치하여 지진 시 지진하중을 제어하는 구조방식을 말한다.

4. 내진구조방식(Seismic Design)

내진구조는 지진 에너지에 대하여 구조물이 파괴되지 않도록 강성과 탄성을 확보하는 설계방식을 말하며 가장 널리 쓰이는 설계방식이다.

QUESTION 08. 층간변위가 구조물에 미치는 영향을 설명하시오.

1. 정의

층간변위(Story Drift)가 구조물에 미치는 영향을 살펴보기로 한다.

2. 층간변위 산정

(1) 층간변위 산정

층간변위 Δx는 임의층 상하에서 생기는 수평변위차로 구한다.

$$\Delta x = R(\delta_x - \delta_{x-1}) \leq \Delta a = 0.015 h_x \text{(비선형 처짐)}$$

여기서, R : 비선형 거동을 고려한 수정 반응계수
δ_x : 선형탄성에 의한 상부처짐
δ_{x-1} : 선형탄성에 의한 하부처짐

(2) 층간변위각 산정

비구조적인 피해와 직접 관계가 되는 것은 층간변위가 아니라 층간변위각이다. 층간변위각이 크게 되면 유리창이나 벽 등의 비구조 요소에 피해가 발생하게 되며 층간변위각이 커지면 $P-\Delta$ 효과 증가로 구조물 안정성에 영향을 미친다.

3. $P-\Delta$ 효과

선형구조 해석과정에서 기둥이 수직으로 놓여 있다고 가정하고 소성변형이론을 적용시키지만 실제 변형이 커서 기둥이 수직이 아니고 얼마간 기울어졌을 경우의 효과를 고려하기 위하여 적용시키는 비선형 해석방법이다.
건물의 연직하중이 크고 편심력을 받는 경우에 층간변위의 수평성분 δ가 발생한다.
이 수평성분과 수직하중에 의하여 휨모멘트가 발생하고 이 휨모멘트에 의하여 다시 수평변위가 발생함으로써 건물의 수평 휨모멘트가 계속 증가하는 현상을 $P-\delta$ 효과라 하며, 이 효과를 줄이기 위한 대책으로 건물설계 시 층간변위의 제한치를 설정해야 한다.

QUESTION 09 지진발생 시 예상되는 피해 유발 요인을 설명하시오.

1. 개요

지진발생 시 예상되는 피해를 예측하기는 사실상 어려우나 피해를 유발하는 요인을 사전에 예측해 보는 것은 가능한 일이라 할 수 있다.
지진발생 시 예상되는 피해 유발 요인은 다음과 같이 분류할 수 있다.
① 구조물에 의한 요인
② 지반에 의한 요인
③ 기타 요인

2. 구조물에 의한 요인

지진 피해는 구조물의 파손이나 붕괴 혹은 구조물의 피해에 부차적으로 발생하는 화재, 교통 및 통신망의 두절, 급수관이나 가스관의 파손 등이 있다. 일반적으로 부차적으로 일어나는 피해는 구조물의 내진설계와 지진 발생 시 신속한 대응으로 어느 정도 예방할 수가 있다. 지진으로 인한 구조물의 피해 유발 요인을 살펴보자.

(1) 기둥의 취성파괴

지진의 진동기간이 긴 경우에 축방향의 철근 간격이 너무 작거나 띠철근의 간격이 클 때 발생한다.

(2) 구조물의 비대칭성

구조물의 질량이나 강성이 비대칭인 경우 비틀림 발생으로 파괴가 일어나기 쉽다.

(3) 짧은 기둥

조적벽이나 깊이가 큰 보에 의해 기둥의 변형구간이 짧아지면 연결 부위에서 파괴가 일어나기 쉽다.

(4) 인접층 강성의 급격한 변화

강성의 급격한 변화는 응력집중을 초래하여 파괴를 유발한다.

(5) 좌굴

주로 철골구조물의 경우 과다한 축하중이 부재의 좌굴이나 국부좌굴을 유발하여 피해가 발생할 수 있다.

(6) P-Delta 효과

중력방향의 하중이 크고 구조물의 유연성이 큰 경우 P-Delta 영향으로 구조물의 피해가 발생할 수 있다.

(7) Soft Story

구조물 하부의 강성을 상부에 비해 작게 설계했을 경우 하부의 파괴가 발생할 수 있다.

3. 지반에 의한 요인

지반에 의한 요인으로는 구조물의 부등침하, 구조물지반 상호작용(SSI), 지반운동의 증폭효과, 지반의 액상현상 등이 있다.

(1) 부등침하

지반의 부등침하는 직접적인 피해뿐만 아니라 구조물의 거동에 비대칭을 유발하여 피해를 최대화할 수도 있다.

(2) 구조물과 지반의 상호작용

지반의 고유 진동수가 구조물의 고유 진동수와 비슷하면 공진현상에 의해 피해가 증가되며 연약지반에서는 고층건물이, 암반에서는 저층의 건물이 더 크게 지진의 영향을 받는다.

(3) 지반운동의 증폭효과

지반이 연약하면 지반의 운동이 하부의 암반운동보다 증폭되어 더 심한 피해를 초래할 수 있다.

(4) 지반의 액상현상

지반이 모래질로 되어 있을 때 발생하는 현상으로 구조물의 전도 등의 피해를 초래하게 된다.

4. 기타 요인

앞에서 언급한 요인 외에 과거 지진이나 부실한 구조물의 설계와 시공이 피해 유발 요인으로 거론된다.

(1) 과거 지진에 의한 피해

과거 지진으로 인한 피해를 아직 보수하지 못했거나 제대로 보수하지 않았을 경우 피해는 가중된다.

(2) 부실한 설계 및 시공

지진의 효과를 제대로 고려하지 않고 설계를 하거나 부실한 시공을 하게 되면 많은 피해를 초래할 수 있다.

CHAPTER 02 응답 Spectrum

QUESTION 01 응답 스펙트럼과 설계응답 스펙트럼에 대하여 설명하라.

1. 응답 스펙트럼

단자유도 구조물계의 동적운동방정식은 질량, 감쇠, 강성으로 표현되며 어떤 특정한 지진 가속도에 대하여 구조물의 고유진동수(ω_n)와 감쇠비(ξ)를 변수로 구조물의 최대변위, 속도, 가속도를 계산한 후, ω_n과 ξ의 함수로 나타내어 도식화시킨 것을 각각 변위, 속도, 가속도 응답스펙트럼이라 한다.

즉, 스펙트럼 변위로부터 감쇠를 무시한다면 스펙트럼 가속도 값과 최대속도 값으로 변환시킬 수 있으며 이들 S_d, S_v, S_a를 각각 변위, 속도, 가속도 응답 스펙트럼이라고 하며 삼축좌표계(Tripartite Response Spectrum)로 나타낼 수 있다. [그림]은 변위응답 스펙트럼을 변환시키는 과정을 보여주고 있다.

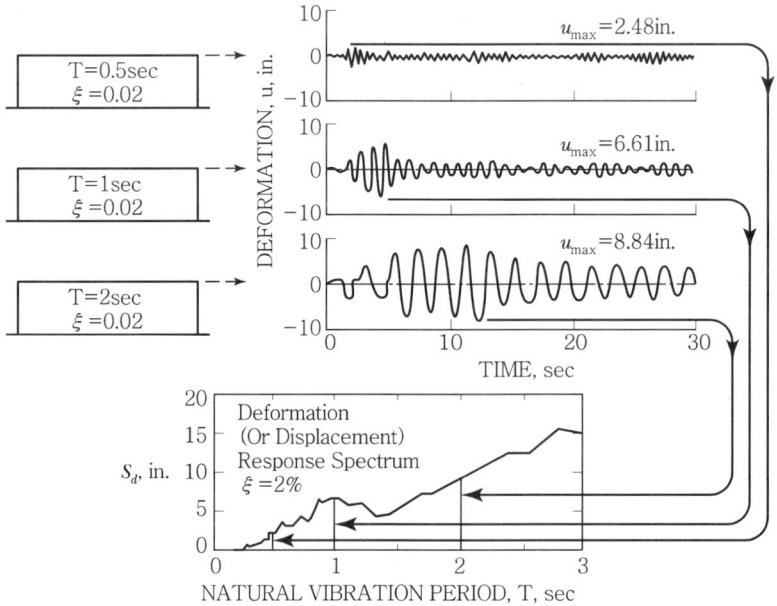

[변위응답 스펙트럼을 변환시키는 과정]

2. 설계응답 스펙트럼

내진설계 수행 시 지진의 입력형태는 지진동 가속도 시간이력 또는 응답스펙트럼으로 나타내며, 응답스펙트럼에서 지진의 최대지반 가속도, 변위 및 진동수 특성 등을 설계를 위한 지진입력의 형태 또는 크기를 정의해주는 것을 설계응답 스펙트럼(Design Response Spectrum)이라고 한다.

설계응답 스펙트럼은 미국의 UBC, API 및 NRC와 한국의 도로교, 건축법 등에서 각각 지반의 형태에 따라 고유하게 규정하고 있으며 아래 [그림]은 미국원자력규제위원회(NRC)가 규정하고 있는 설계응답 스펙트럼의 예를 보여주고 있다.

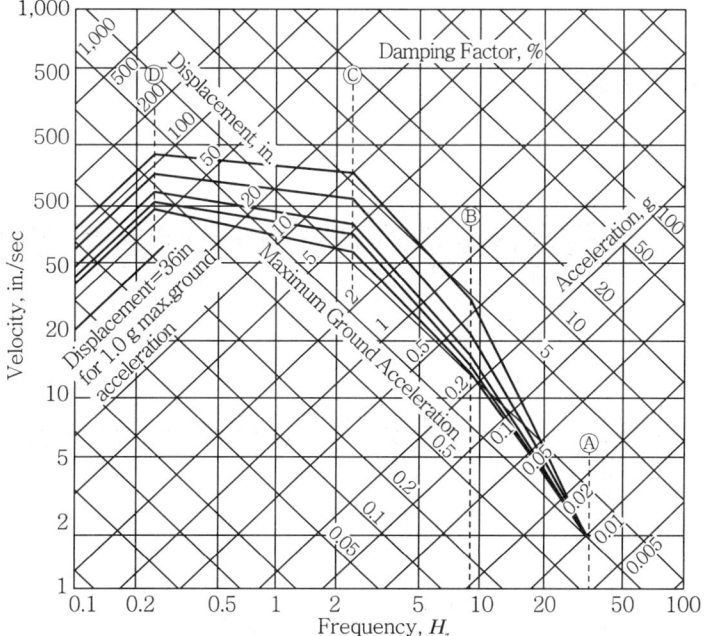

[NRC 설계응답 스펙트럼의 형태(수평, PGA=1.0g)]

QUESTION 02. 응답 스펙트럼을 설명하고, 이를 작성하는 과정을 설명하시오.

1. 정의

응답 스펙트럼(Response Spectrum)이란 주어진 지진에 대해 일정한 감쇠율을 가진 여러 가지 단자유도 구조물의 최대 응답거동(변위, 속도 및 가속도)을 미리 알아내어 가로축을 진동주기(혹은 진동수)로 하고, 세로축을 최대 응답으로 나타낸 그래프를 말한다.

2. 응답 스펙트럼의 종류

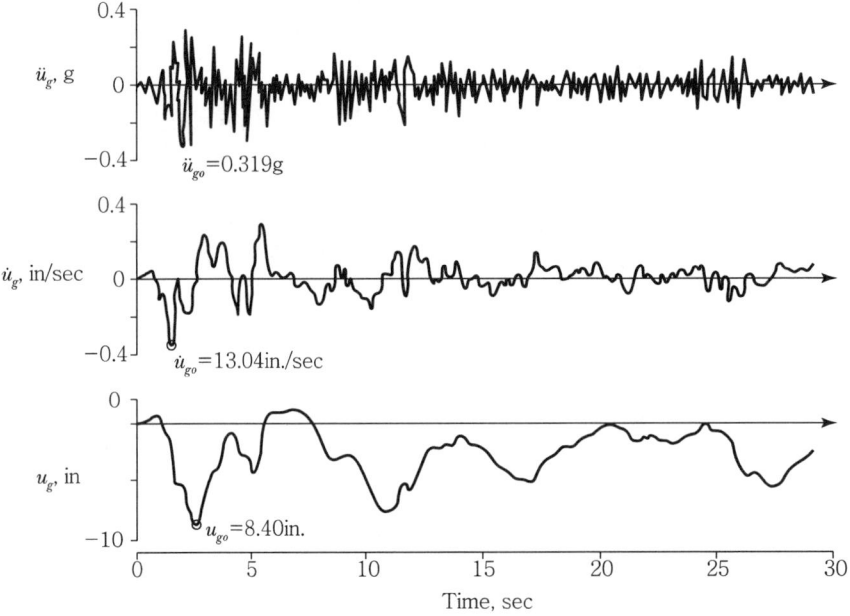

[그림]은 지반가속도가 임의의 시간 동안 작용할 때 지진계가 갖는 최대변위, 최대속도, 최대가속도를 나타낸 그래프이다. 진동수를 변화시켜 가며 이들 값을 전 진동수구간에 대해 그린 곡선으로 지진가속도, 지진속도, 지진변위에 대한 응답스펙트럼을 보여주고 있다.

3. 응답 스펙트럼 작성

응답 스펙트럼을 이용한 내진설계 시 사용하는 표준응답 스펙트럼은 각각 다른 고유 주기를 갖는 단자유도 진동계에 지금까지 발생되어 기록된 의미 있는 지진 가속도를 입력시켜 각각의 고유진동주기에 지진의 지속시간 동안의 최대응답(최대응답 가속도, 속도, 변위 등)을 Plotting하여 작성하면 된다.

그러나 이들 각각의 응답 스펙트럼은 설계 시 사용하기가 불편하다. 이런 불편을 해소하기 위해 동일한 진동수축에 변위, 속도, 가속도를 나타낸 Triplot Response Spectrum을 사용한다. 통상 이를 변위-속도-가속도 응답 스펙트럼 또는 응답 스펙트럼이라 한다.

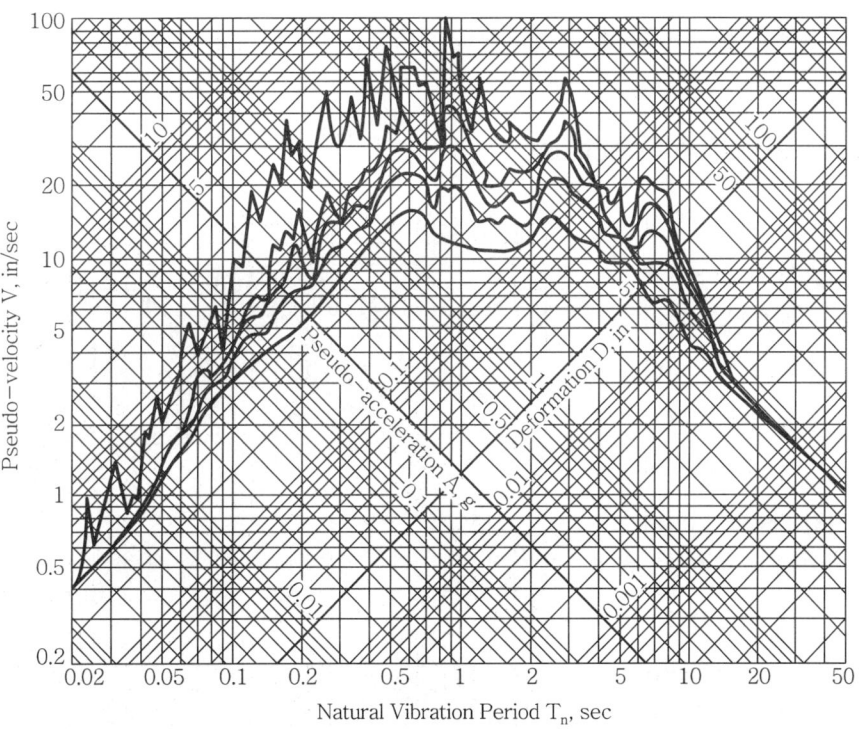

[변위-속도-가속도 응답 스펙트럼]

QUESTION 03

내진설계 시 사용되는 Triplot Response Spectrum의 개념, 작성과정, 문제점에 대하여 서술하시오.

1. 응답 스펙트럼 정의

응답 스펙트럼(Response Spectrum)이란 주어진 지진에 대해 일정한 감쇠율을 가진 여러 가지 단자유도 구조물의 최대 응답거동(변위, 속도 및 가속도)을 미리 알아내어 가로축을 진동주기(혹은 진동수)로 하고, 세로축을 최대응답으로 나타낸 그래프를 말한다.

2. Triplot Response Spectrum

응답 스펙트럼을 이용한 내진설계 시 사용하는 표준응답 스펙트럼은 각각 다른 고유주기를 갖는 단자유도 진동계에 지금까지 발생되어 기록된 의미 있는 지진 가속도를 입력시켜 각각의 고유진동주기에 지진의 지속시간동안의 최대응답(최대응답 가속도, 속도, 변위 등)을 Plotting하여 작성하면 된다.

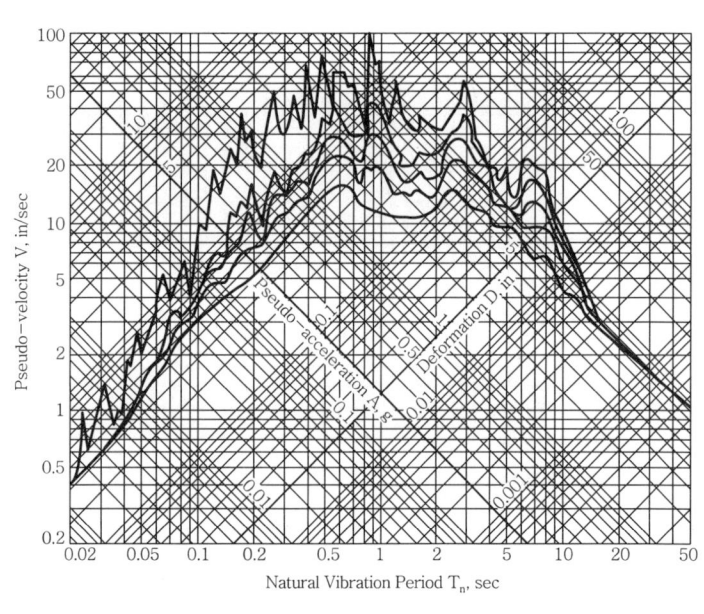

[변위-속도-가속도 응답 스펙트럼]

그러나 이들 각각의 응답 스펙트럼은 설계 시 사용하기가 불편하다. 이런 불편을 해소하기 위해 동일한 진동수축에 변위, 속도, 가속도를 나타낸 Triplot Response Spectrum을 사용한다. 통상 이를 변위-속도-가속도 응답 스펙트럼 또는 응답 스펙트럼이라 한다.

3. 작성과정

조화함수로 표현이 될 수 있다고 가정

$$x = D\sin\omega t \quad \cdots\cdots (1)$$

$$\dot{x} = D\omega\cos\omega t = D\frac{2\pi}{T}\cos\omega t$$

$$\ddot{x} = -D\omega^2\sin\omega t = -D\left(\frac{2\pi}{T}\right)^2\sin\omega t$$

변위, 속도, 가속도의 최대값(S_d, S_v, S_a)은 다음과 같은 상관관계를 가짐

$$S_v = \omega S_d = \frac{2\pi}{T}S_d, \ S_a = \omega S_v = \frac{2\pi}{T}S_v \quad \cdots\cdots (2)$$

$$\log S_v = \log\frac{2\pi}{T}S_d = \log 2\pi - \log T + \log S_d \quad \cdots\cdots (3)$$

$$\log S_a = \log\frac{2\pi}{T}S_v = \log 2\pi - \log T + \log S_v \quad \cdots\cdots (4)$$

$$\log S_v = -\log 2\pi + \log T + \log S_a \quad \cdots\cdots (5)$$

위의 식 (3), (4), (5)를 동일한 Graph에 나타낸 것이 Triplot Response Spectrum이다.

4. 문제점

구조물의 진동을 조화함수로 가정하였는데, 실제로 지진이 발생하였을 경우에 단자유도 구조물의 진동은 조화함수로 표현되기는 어렵다. 따라서 오차를 포함할 수 있는데, 가장 큰 오차는 진동주기가 매우 긴 경우에 속도응답이 과소평가되는 것이다.

QUESTION 04

[응답 스펙트럼 적용 지진력 산정]

길이 3.2m, 직경 12cm인 강재원형관 상단에 300N의 무게가 있다. 이 구조물이 세워진 부재에서 발생한 지표의 응답 스펙트럼이 그림과 같을 때 원형관의 최대 휨응력을 구하시오.(단, 강재원형관의 단면 2차 모멘트 $I=300\text{cm}^4$, 탄성계수는 $E_C=2.1\times 10^5\,\text{N/cm}^2$, 이 구조물의 고유진동수는 $w=4.34\,\text{rad/sec}$이며, 감쇠비는 5%를 가진다.)

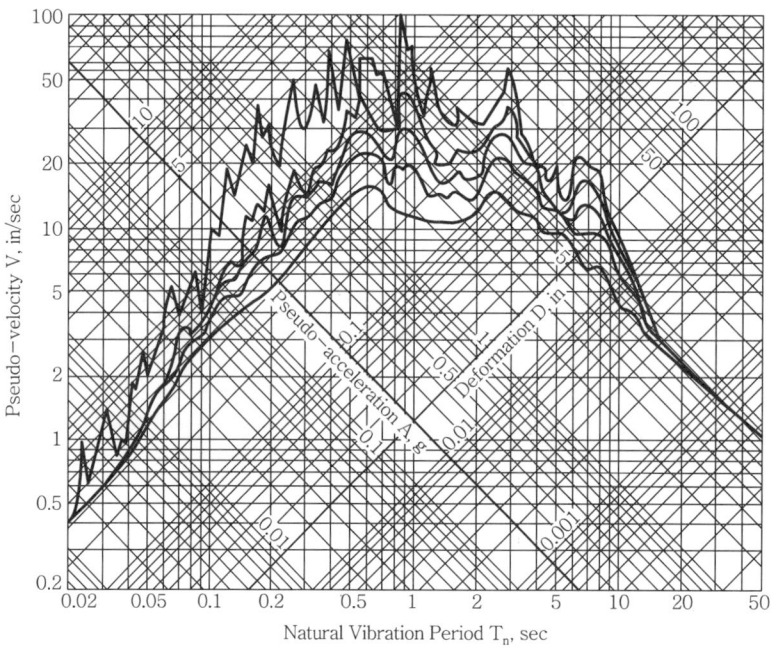

[감쇠비 0, 2, 5, 10, 20%의 응답 스펙트럼 곡선]

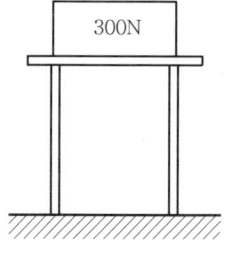

[구조물 형상]

【풀이】 비감쇠 단자유도계를 갖는 구조물의 내진설계문제이다. 고유진동수를 사용하여 응답 스펙트럼 곡선에서 가속도를 구하여 지진으로 발생하는 수평지진력과 수직정하중으로 단면에 작용하는 최대 휨응력을 구하기로 한다.

1. 단면성질 산정

$$I = \frac{\pi(D^4 - d^4)}{64} = \frac{\pi(12^4 - d^4)}{64} = 300$$

$$\therefore d = 10.977\text{cm} \approx 11\text{cm}$$

$$A = \frac{\pi(D^2 - d^2)}{4} = \frac{\pi(12^2 - 11^2)}{4} \approx 18\text{cm}^2$$

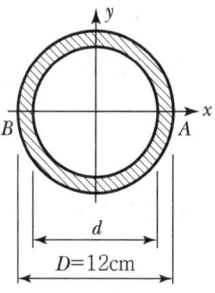

[단면]

2. 모델링

비감쇠 단자유도계를 갖는 구조물을 단자유도계로 모델링하면 아래와 같다.

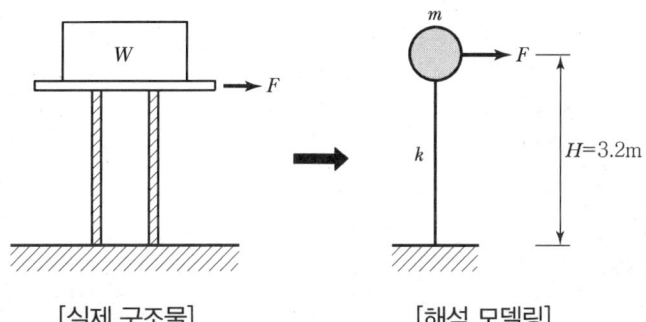

[실제 구조물]　　　　[해석 모델링]

(1) 질량 산정 : $m = \dfrac{W}{g} = \dfrac{300\,N}{980\text{cm/sec}^2} \approx 0.306\,\text{N} \cdot \text{sec}^2/\text{cm}$

(2) 강성 산정 : $k = \dfrac{3EI}{H^3} = \dfrac{3 \times 2.1 \times 10^5 \times 300}{320^3} \approx 5.77\,\text{N/cm}$

3. 고유진동수 산정

(1) 고유진동수 : $f = \dfrac{1}{2\pi}\sqrt{\dfrac{k}{m}} = \dfrac{1}{2\pi}\sqrt{\dfrac{5.77}{0.306}} = 0.691\,\text{cycles/sec}$

(2) 고유진동수 : $f = \dfrac{\omega}{2\pi} = \dfrac{4.34}{2\pi} = 0.691\,\text{cycles/sec}$

(3) 고유주기 산정 : $T = \dfrac{1}{f} = \dfrac{1}{0.691} = 1.45\,\text{sec}$

4. 수평지진력 산정

5%에 해당되는 응답스펙트럼으로부터 고유주기 1.45초에 해당되는 지진가속도를 구하여 수평지진력을 산정하기로 한다.

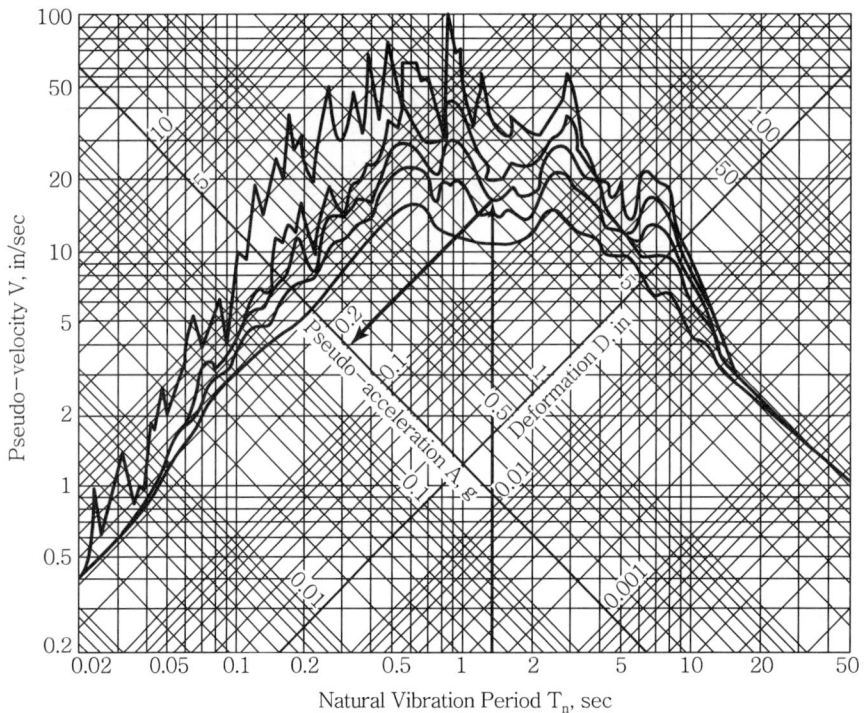

[감쇠비 0, 2, 5, 10, 20%의 응답스펙트럼 곡선]

[그림]에서 감쇠비 5%와 고유주기 1.45초에 해당되는 지진가속도는 $a = 0.2\text{g}$이다.

수평지진력 : $F = ma = \dfrac{W}{g} \times 0.2\text{g} = 0.2W = 0.2 \times 300 = 60\,\text{N}$

5. 최대 휨응력 산정

(1) 수평 휨모멘트 산정

$$M = F \times H$$

$$= 60 \times 320 = 19,200 \text{N} \cdot \text{cm} = 1.92 \times 10^4 \text{ N} \cdot \text{cm}$$

(2) 최대 휨응력 산정

$$f_{\max} = \frac{W}{A} + \frac{M}{I}y$$

$$= \frac{300}{18} + \frac{1.92 \times 10^4}{300}\left(\frac{12}{2}\right) = 400.7 \text{N/cm}^2$$

(3) 최소 휨응력 산정

$$f_{\min} = \frac{W}{A} - \frac{M}{I}y$$

$$= \frac{300}{18} - \frac{1.92 \times 10^4}{300}\left(\frac{12}{2}\right) = -367.3 \text{N/cm}^2$$

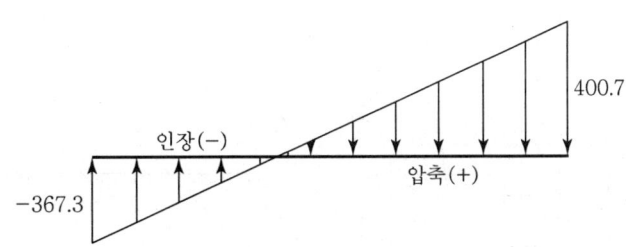

[휨응력도(단위 : N/cm²)]

QUESTION 05

[SDOF계의 지진해석]

그림과 같이 50N의 변압기가 지표에서 6m 높이의 원형관으로 된 기초에 지지되고 있다. 단위변위를 가지는 지지구조계를 수평으로 구속을 해제시켰더니 진폭이 0.882이었다. 만일 이 지지구조계의 고유진동수가 30Hz를 초과하는 경우 수평응답은 정적하중의 0.5g을 적용하고 수직응답은 수평응답의 50%를 동시에 적용할 때 다음 물음에 답하시오.

1) 수평방향의 고유진동수 및 고유주기
2) 수직방향의 고유진동수 및 고유주기
3) 수평방향의 대수감쇠비(δ) 및 감쇠비(ξ)
4) 수평 및 수직 지진력(응답 스펙트럼 이용)
5) 최대 응력

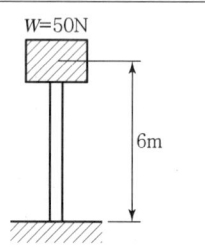

(단, 지지구조계는 휨 변형만 고려하며, 원형관은 $D=20$cm, $A=54$cm², $r=7.5$cm, $E=2.1 \times 10^5$N/cm², $I=3,000$cm⁴, $S=275$cm³이며, 아래는 이 변압기가 설치된 지역의 응답 스펙트럼이다.)

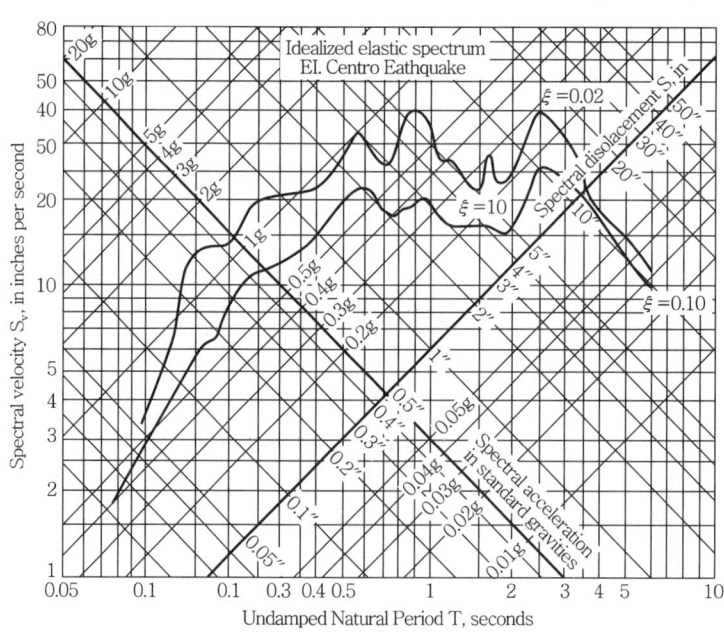

[응답 스펙트럼]

【풀이】 단자유도계를 지진해석하는 문제이다. 등가스프링상수를 산정하여 고유진동수를 구하고 감쇠비, 최대 지진력을 구한다.

1. 수평방향 고유진동수 및 고유주기 산정

일단고정-타단자유인 수직기둥이므로 등가스프링상수를 구하여 고유진동수와 고유주기를 구한다.

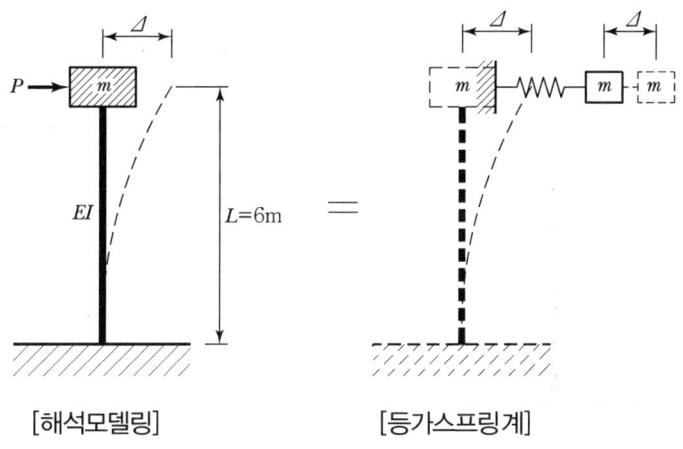

[해석모델링]　　　　　[등가스프링계]

(1) 등가스프링상수 산정

$$\therefore k_e = \frac{3EI}{L^3}$$

$$= \frac{3 \times 2.1 \times 10^5 \times 3{,}000}{600^3} \equiv 8.75 \text{N/cm}$$

(2) 고유진동수 산정

등가스프링상수와 질량을 단자유도계 고유진동수 산정식에 대입하여 구한다.

$$\therefore f_n = \frac{1}{2\pi}\sqrt{\frac{k_e}{m}} = \frac{1}{2\pi}\sqrt{k_e\left(\frac{g}{W}\right)} = \frac{1}{2\pi}\sqrt{8.75 \times \frac{980}{50}}$$

$$\approx 2.0 \text{cycle/sec} = 2.0 \text{Hz}$$

(3) 고유주기 산정

$$\therefore T_n = \frac{1}{f_n} = \frac{1}{2.0} = 0.50 \sec$$

2. 수직방향 고유진동수 및 고유주기 산정

수직기둥의 축방향 변형량을 고려하여 고유진동수와 고유주기를 구한다.

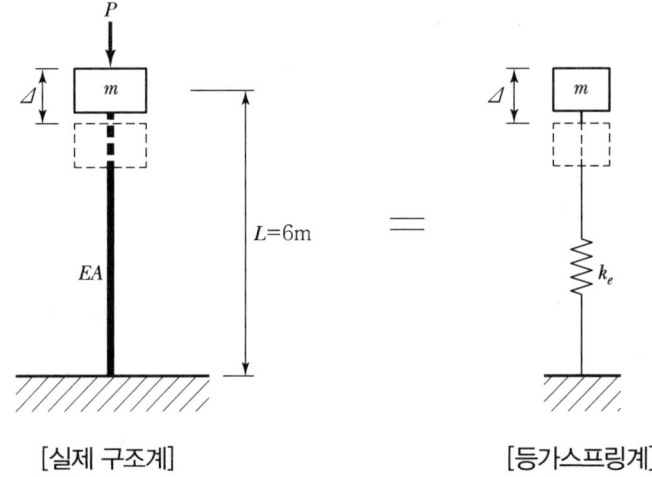

[실제 구조계]   [등가스프링계]

(1) 등가스프링상수 산정

① 자유단 처짐 : $\Delta = \dfrac{PL}{EA}$

② 스프링방정식 : $P = \left(\dfrac{EA}{L}\right)\Delta$

③ 등가스프링상수 : $k_e = \dfrac{EA}{L} = \dfrac{2.1 \times 10^5 \times 54}{600} = 1.89 \times 10^4 \text{N/cm}$

(2) 고유진동수 산정

$$\therefore f_n = \frac{1}{2\pi}\sqrt{\frac{k_e}{m}} = \frac{1}{2\pi}\sqrt{k_e\left(\frac{g}{W}\right)} = \frac{1}{2\pi}\sqrt{1.89 \times 10^4 \times \frac{980}{50}}$$

$$\approx 97.0 \text{cycle/sec} = 97.0 \text{Hz}$$

(3) 고유주기 산정

$$\therefore T_n = \frac{1}{f_n} = \frac{1}{97.0} \approx 0.01 \sec$$

3. 대수감쇠비 및 감쇠비 산정

(1) 대수감쇠율(δ) 산정

대수감쇠율(Logarithmic Decrement : δ)이란 한 주기가 지난 후 진폭이 감소되는 비율을 말하며, 단위 변위 후 구속을 해제시켰을 때 진폭이 0.882가 되었다고 하였으므로 대수감쇠율은 다음과 같이 구한다.

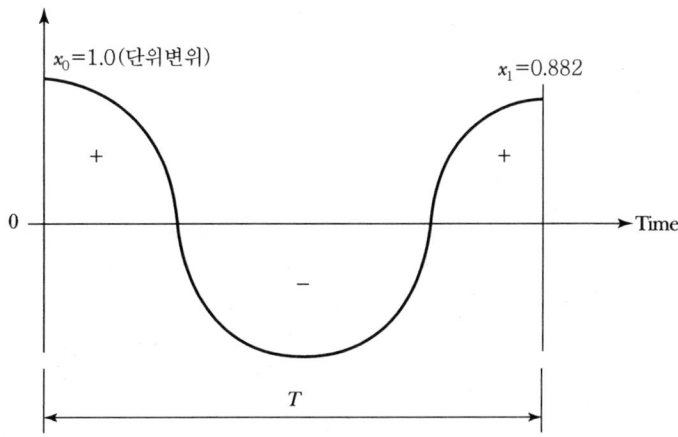

대수감쇠율(δ) 산정

$$\therefore \delta = \ln\left(\frac{x_0}{x_1}\right) = \ln\left(\frac{1.0}{0.882}\right) = 0.1256$$

(2) 감쇠비(ξ) 산정

감쇠비는 전체 진동시간으로부터 진폭이 감소되어 가는 비율을 말하며 대수감쇠율과 감쇠비의 관계로부터 구한다.

$$\therefore \xi = \frac{c}{c_c} = \frac{\delta}{2\pi} = \frac{\ln\left(\frac{x_0}{x_1}\right)}{2\pi} = \frac{0.1256}{2\pi} = 0.0199 \approx 2\%$$

(3) 감쇠계수(c) 산정

$$\therefore c = \xi \times c_c = \xi \times 2\sqrt{mk} = 0.02 \times 2\sqrt{\frac{50}{980} \times 8.75}$$

$$= 0.027 \text{N} \cdot \sec/\text{cm}$$

4. 수평지진력 및 수직지진력 산정

(1) 수평응답거동 산정

감쇠비 2%($\xi=0.2$), 고유주기 0.5초에 해당되는 응답 스펙트럼 곡선에서 가속도, 속도 및 변위를 구한다.

① 수평방향 가속도 : $S_{a.HOR} = 0.9g$

② 속도 : $S_v = 28 \text{in/sec}$

③ 변위 : $S_d = 2.2 \text{in}$

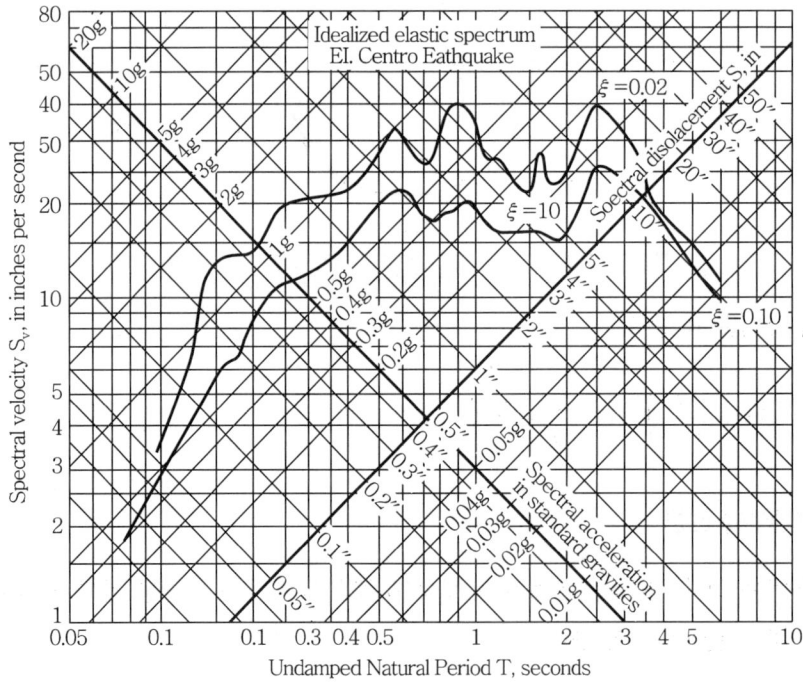

[응답 스펙트럼]

(2) 수평방향 지진력 산정

수평방향 지진력은 변압기질량과 수평방향 가속도를 곱하여 구한다.

$$\therefore V_{HOR} = m \times S_{a.HOR} = \left(\frac{W}{g}\right) \times 0.9g$$

$$= 0.9W = 0.9 \times 50 = 45\text{N}$$

(3) 수직방향 지진력 산정

문제에서 수직방향 가속도는 수평방향 가속도의 50%에 해당된다고 하였으므로 수직방향 지진력은 다음과 같다.

$$\therefore V_{VER} = m \times S_{a.VER} = \left(\frac{W}{g}\right) \times 0.5(0.9g)$$

$$= 0.45W = 0.45 \times 50 = 22.5\text{N}$$

5. 최대응력 산정

(1) 단면력 산정

① 축력

$$N = W + V_{VER}$$

$$= 50 + 22.5 = 72.5\text{N}$$

② 휨모멘트

$$M = V_{HOR} \times L$$

$$= 45 \times 600 = 2.7 \times 10^4 \text{N} \cdot \text{cm}$$

(2) 최대응력 산정

① 최대응력

$$\sigma_{\max} = \frac{P}{A} + \frac{M}{I}y$$

$$= \frac{72.5}{54} + \frac{2.7 \times 10^4}{3,000}\left(\frac{20}{2}\right) \approx +91.3 \text{N/cm}^2$$

② 최소응력

$$\sigma_{\min} = \frac{P}{A} - \frac{M}{I}y$$

$$= \frac{72.5}{54} - \frac{2.7 \times 10^4}{3,000}\left(\frac{20}{2}\right) \approx -88.7 \text{N/cm}^2$$

QUESTION 06

[SDOF계의 지진해석]

그림과 같이 무게 500N을 지탱하는 구조물이 있다. 수평가속도 $0.3g$의 지진이 작용하였을 때 A지점에서 비틀림을 고려한 최대응력을 구하시오.(단, 지지구조는 지름이 $D=50cm$인 원형관이며, $E=2.1 \times 10^5 N/cm^2$, $I_x = I_y = 1 \times 10^5 cm^4$, 수직가속도는 수평가속도의 2/3로 간주한다.)

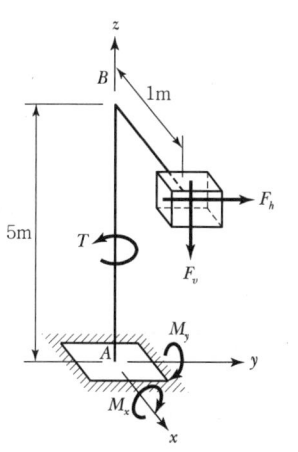

【풀이】 단자유도계를 해석하는 문제이다. 수직가속도는 수평가속도의 2/3로 간주하며 비틀림을 고려하기 위해 지진은 y방향의 수평지진과 수직방향의 지진이 동시에 작용하는 것으로 가정한다.

1. 단면력 산정

지진하중을 받을 때 A지점에서 받는 단면력을 산정한다.

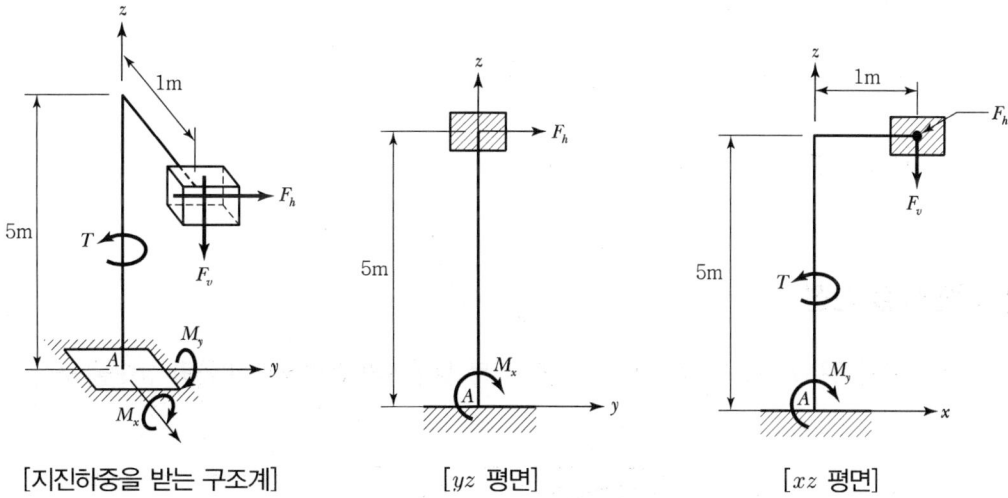

[지진하중을 받는 구조계]　　[yz 평면]　　[xz 평면]

(1) 지진력 산정

$$F_h = m \times g_h = \frac{W}{g} \times 0.3g = 0.3W = 0.3 \times 0.5 = 0.15 \text{kN}$$

$$F_v = m \times g_v = m \times \left(\frac{2}{3}g_h\right) = \frac{W}{g} \times \frac{2}{3} \times 0.3g = 0.2W = 0.2 \times 0.5 = 0.1 \text{kN}$$

(2) 축력 산정

$$N = W + F_v = 0.5 + 0.1 = 0.6 \text{kN}$$

(3) 전단력 산정

$$V = F_h = 0.15 \text{kN}$$

(4) 비틀림 산정

$$T = F_h \times L = 0.15 \times 1 = 0.15 \text{kN} \cdot \text{m}$$

(5) 휨모멘트 산정

$$M_x = -F_h \times H = -0.15 \times 5 = -0.75 \text{kN} \cdot \text{m}$$

$$M_y = +N \times L = +0.6 \times 1 = +0.6 \text{kN} \cdot \text{m}$$

2. 단면성질 산정

지름과 단면 2차 모멘트가 주어진 원형관이므로 원형관의 단면적과 비틀림 상수를 구한다.

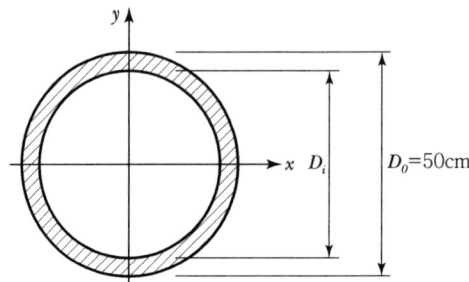

(1) 단면제원

$$D = D_o = 50\text{cm}$$

$$I_x = I_y = 1 \times 10^5 \text{cm}^4$$

(2) 원형관 내경(D_i) 산정

$$I_x = \frac{\pi}{64}(D_0^4 - D_i^4) = 1 \times 10^5 \text{cm}^4$$

$$D_i = \sqrt[4]{D_0^4 - \left(\frac{64}{\pi} I_x\right)} = \sqrt[4]{50^4 - \left(\frac{64}{\pi} \times 10^5\right)} = 45.3\text{cm}$$

(3) 단면적 산정

$$A = \frac{\pi}{4}(D_0^2 - D_i^2) = \frac{\pi}{4}(50^2 - 45.3^2) \approx 352\text{cm}^2$$

(4) 비틀림상수 산정

먼저 박판단면인지 후판단면인지 알 수 없으므로 박판단면과 후판단면 각각에 대한 비틀림상수를 구하여 단면을 판정한 뒤 비틀림상수를 결정한다.

① 박판단면 : $J = \dfrac{4tA_m^2}{\int ds} = \dfrac{4t\left(\dfrac{\pi D_m^2}{4}\right)^2}{\pi D_m} = \dfrac{\pi t D_m^3}{4}$

$$= \frac{\pi}{4}\left(\frac{50-45.3}{2}\right)\left(\frac{50+45.3}{2}\right)^3 = 1.997 \times 10^5 \text{cm}^4 \approx 2 \times 10^5 \text{cm}^4$$

② 후판단면 : $I_P = I_x + I_y = 2 \times \dfrac{\pi}{64}(50^4 - 45.3^4) = 2 \times 10^5 \text{cm}^4$

폐단면인 경우 박판단면과 후판단면의 비틀림상수가 일치하므로($J = I_P$), 원형관의 비틀림상수는 다음과 같다.

$$\therefore J = I_P = 2 \times 10^5 \text{cm}^4$$

3. 단면응력 산정

$N=0.6$ kN, $V=0.15$ kN, $M_x=-0.75$ kN·m, $M_y=0.6$ kN·m, $T=0.15$ kN·m 의 단면력으로 A 지점에 위치한 각 점에 대해 응력을 산정한다.

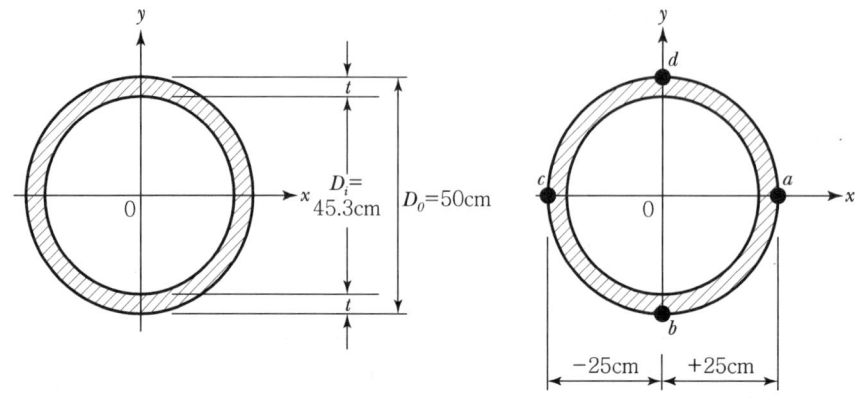

좌표	a	b	c	d
x(cm)	+25.0	0	-25.0	0
y(cm)	0	-25.0	0	+25.0

(1) 최대 휨응력 산정

$$\sigma_{zi} = \frac{P}{A} + \frac{M_x}{I_x}y + \frac{M_y}{I_y}x$$

$$= \frac{0.6 \times 10^3}{352} + \frac{0.6 \times 10^5}{1 \times 10^5}y + \frac{0.75 \times 10^5}{1 \times 10^5}x = +1.7 + 0.75x + 0.6y$$

응력(N/cm²)	a	b	c	d
σ_{zi}	+20.5	-13.3	-17.1	+16.7

(2) 전단응력 산정

① 비틀림응력

$$\tau_t = \frac{T}{J}r$$

$$= \frac{0.15 \times 10^5}{2 \times 10^5} \times 25 = +1.88 \text{N/cm}^2$$

② 전단응력

$$\tau_v = \frac{V}{A}$$

$$= \frac{0.15 \times 10^3}{352} = \pm 0.43 \text{N/cm}^2$$

응력(N/cm²)	a	b	c	d
τ_t	+1.88	+1.88	+1.88	+1.88
τ_v	+0.43	0.0	−0.43	0.0
τ_i	+2.30	+1.88	+1.45	+1.88

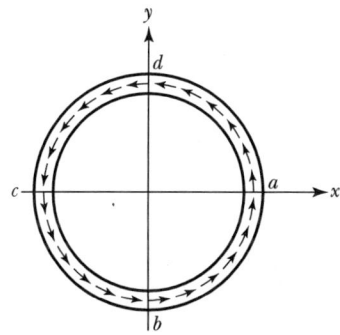
[비틀림응력]

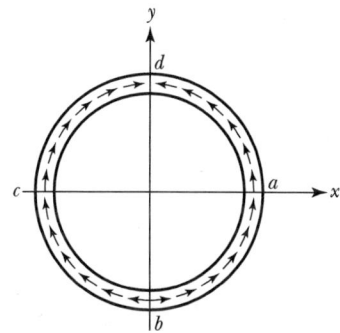
[전단응력]

(3) 주응력 및 최대전단응력 산정

$$\sigma_{\max/\min} = \frac{\sigma_x + \sigma_y}{2} \pm \sqrt{\left(\frac{\sigma_x - \sigma_y}{2}\right)^2 + \tau_{xy}^{\ 2}}$$

$$= \frac{\sigma_{zi}}{2} \pm \sqrt{\left(\frac{\sigma_{zi}}{2}\right)^2 + \tau_i^{\ 2}}$$

$$\tau_{\max/\min} = \pm \sqrt{\left(\frac{\sigma_x - \sigma_y}{2}\right)^2 + \tau_{xy}^{\ 2}}$$

$$= \pm \sqrt{\left(\frac{\sigma_{zi}}{2}\right)^2 + \tau_i^{\ 2}}$$

위치	σ_{zi}	τ_i	$\sigma_{\max}$	$\sigma_{\min}$	$\tau_{\max}$	비고
a	+20.50	+2.30	+20.70	-0.25	+10.48	최대 압축응력
b	-13.30	+1.88	+0.26	-13.56	+6.91	
c	-17.05	+1.45	+0.12	-17.17	+8.65	최대 인장응력
d	+16.70	+1.88	+16.91	-0.21	+8.56	

QUESTION 07

그림 (a)와 같은 테이블의 수평진동 시 고유주기는 0.5sec이다. 이 테이블 위에 그림 (b)와 같이 200N의 플레이트가 완전히 고정되었을 때, 수평진동 시 고유주기는 0.75sec이다. 플레이트 고정 전 테이블의 무게와 수평강성을 구하시오.

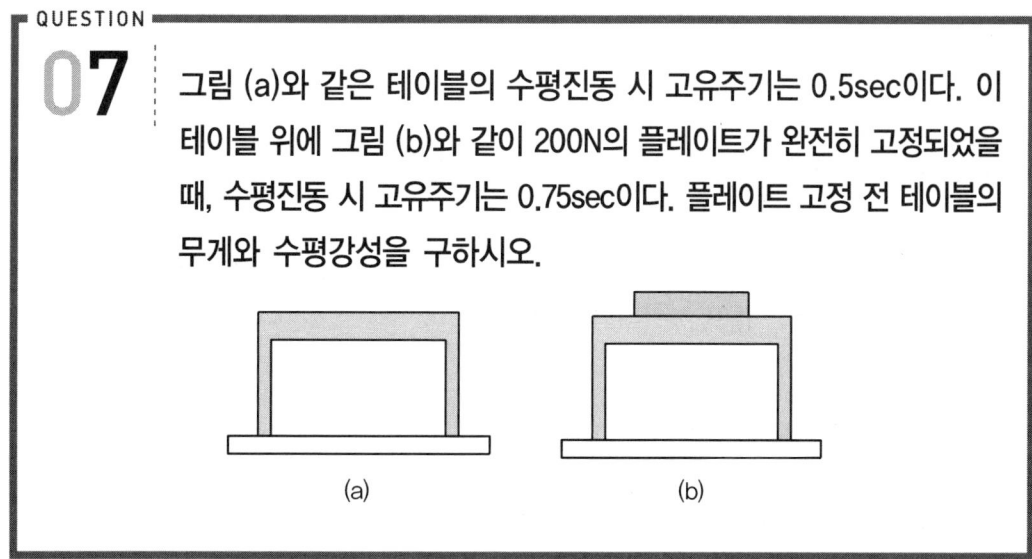

1. 구조물의 고유주기 T

$$T = 2\pi \frac{\sqrt{m}}{k} = 2\pi \sqrt{\frac{w}{kg}}$$

2. 상호 관련 식

그림 (a)에서 Table의 중량을 w_T, 수평강성을 k라 하면

$$2\pi \sqrt{\frac{w_T}{kg}} = 0.5 \quad \cdots\cdots (1)$$

그림 (b)에서

$$2\pi \sqrt{\frac{(w_T + 200)}{kg}} = 0.75 \quad \cdots\cdots (2)$$

3. w_T

식 (1), (2)에서

$(1) \div (2)$: $\dfrac{\sqrt{w_T}}{\sqrt{(w_T+200)}} = \dfrac{0.5}{0.75}$

$$\dfrac{w_T}{(w_T+200)} = \left(\dfrac{0.5}{0.75}\right)^2 = 0.444$$

$w_T = 0.444(w_T + 200)$

$0.555 w_T = 88.89$

$\therefore w_T = 160\text{N}$

4. Table의 수평강성 k

$$2\pi \sqrt{\dfrac{160}{kg}} = 0.5$$

$$\sqrt{\dfrac{160}{kg}} = \dfrac{0.5}{2\pi}$$

$$\dfrac{160}{kg} = \left(\dfrac{0.5}{2\pi}\right)^2 = 0.0063$$

$g = 9.8 \text{m/sec}^2$

$\therefore k = \dfrac{160}{9.8 \times 0.0063} = 2{,}592 \text{N/m}$

QUESTION 08

그림과 같이 3개의 철골 기둥에 7,000mm(길이)×1,000m(폭)× 400mm(두께)의 콘크리트 보가 pin으로 연결되어 있으며 기둥 하부는 기초에 고정되어 있다. 이 구조물에 0.3g의 지진가속도가 작용할 때 가장 큰 휨감성을 가진 기둥의 휨응력을 구하시오.(단, 기둥의 질량은 무시하고 $E = 2.1 \times 10^5 \text{N/mm}^2$, 그림의 단위는 mm임)

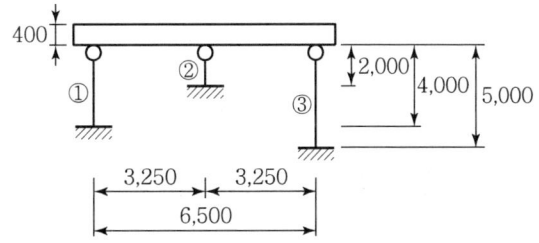

부재번호	부재	A(mm²)	I(mm⁴)
①번	□-150×150×6	3.363×10^3	1.15×10^7
②번	□-125×125×6	2.76×10^3	6.41×10^6
③번	H-200×200×8×2 (강축으로 설치)	6.353×10^3	4.72×10^7

1. 각 기둥의 휨강성 $\left(\dfrac{3EI}{L^3}\right)$

① $\dfrac{3 \times 2.1 \times 10^5 \times 1.15 \times 10^7}{4,000^3} = 113.2 \text{N/mm}$

② $\dfrac{3 \times 2.1 \times 10^5 \times 6.41 \times 10^6}{2,000^3} = 504.79 \text{N/mm}$

③ $\dfrac{3 \times 2.1 \times 10^5 \times 4.72 \times 10^7}{5,000^3} = 237.9 \text{N/mm}$

2. 밑면 전단력 산정

$$V = m \cdot a = \frac{W \cdot a}{g}$$

$$W = 7,000 \times 1,000 \times 400 \times 24 \times 10^{-9} = 67.2 \text{kN}$$

$$V = \frac{67.2 \times 0.3g}{g} = 20.16 \text{kN}$$

3. 휨강성이 제일 큰 ②번 부재에 작용하는 밑면 전단력

$$V_② = 20.16 \times \frac{504.76}{113.2 + 504.79 + 237.9} = 11.89$$

4. 휨응력 산정

$$\sigma = \frac{M \cdot c}{I} = \frac{11,890 \times 2,000 \times \left(\dfrac{125}{2}\right)}{6.41 \times 10^6} = 231.9 \, \text{N/mm}^2$$

CHAPTER 03 내진 해석법

QUESTION 01 내진설계 해석방법을 간단히 설명하시오.

1. 개요

내진설계 해석법으로는 지진하중을 등가의 정적하중으로 치환하여 해석하는 등가정적 해석법과 응답스펙트럼이나 모드를 중첩하여 해석하는 동적 해석법 등이 있다. 해석의 정밀성을 요구할 것인지 아니면 간단해석법을 적용할 것인지는 설계목적이나 건물의 중요도에 따라 설계자가 선택해야 할 것이다.

2. 등가정적 해석법

등가정적 해석법은 지진하중을 등가정적 하중으로 치환하여 사용하는 간편법으로 아래와 같은 경우에 사용된다.
① 구조물 거동이 기본 진동모드(1차 모드)에 의하여 지배적인 영향을 받고 고차 진동모드(2, 3차 모드)의 영향은 크게 받지 않을 때 사용
② 구조물의 거동을 특정 범위 내에서 고려할 때 사용
③ 구조물은 독립적으로 거동하며 지반과 상호작용을 무시할 때 사용

3. 동적 해석법

동적 해석법(Dynamic Analysis)으로는 모드해석법과 모드중첩법 등이 있다.

(1) 모드 해석법(Modal Analysis) : 응답 스펙트럼

구조물의 동적 특성을 고려할 수 있고 계산이 쉬우므로 내진설계에 널리 사용되나, 비선형 해석이나 피로 해석에는 사용할 수 없으며, 시간에 따른 구조물의 거동을 알 수 없다는 단점이 있다.

(2) 시각적 해석법 : 모드중첩법 & 직접적분법

지진발생 시 시간에 따른 응답을 알 수 있으므로 중요한 구조물을 설계하거나 비선형 해석 등의 정밀해석이 요구되는 경우 적용하며, 정확하기 때문에 기존 구조물의 안전점검수단으로도 사용된다.

QUESTION 02 내진설계 해석방법의 종류와 특징을 기술하시오.

1. 해석방법의 종류

해석방법	응답 스펙트럼 해석법	시간이력해석법
종류	• 단일모드 스펙트럼해석 • 다중모드 스펙트럼해석	• 모드중첩법 • 직접적분법

2. 해석방법의 특징

(1) 단일모드 스펙트럼 해석법

1) 적용대상

   구조물의 형상이 단순하여 기본모드가 구조물의 동적 거동을 대표할 수 있는 경우

2) 해석방법

   교량의 기본주기로부터 탄성지지력 및 변위예측 가능

3) 특징
   - 손쉽게 적용 가능한 해석법이며 수계산 가능
   - 형상이 단순한 단순교나 연속교에 적용 가능
   - 일반적으로 다른 해석법에 비해 응답값이 크게 산정됨
   - 구조물의 형상이 복잡하여 기본모드 이외에 모드에 의해 영향이 큰 경우에는 적용이 어려움

(2) 다중모드 스펙트럼 해석법

1) 적용대상
   - 기본모드 이외의 모드들이 구조물의 동적 응답에 대한 기여도가 큰 경우
   - 여러 개의 진동모드가 구조물의 전체 거동에 기여하는 구조형식
   - 일반적으로 중간 정도 지간의 연속교에 적용하며 해석모델을 잘 적용하는 경우로 장대교량 및 특수교량에도 적용 가능

2) 해석방법

선형해석 프로그램 사용해석

3) 특징
- 시간이력 해석법에 비해 시간과 노력이 적게 들고 정밀해석 가능
- 기하학적 형상이 복잡하여 직교좌표축으로 모드를 분리하기 힘든 교량에 대해서는 적절한 응답 값을 기대하기 곤란하다.
- 다중모드 해석법은 전체 질량이 한쪽 방향으로만 기여하는 것이 아니라 전체 유효질량 중에서 해당 방향의 유효질량만이 그 방향으로 작용하게 되므로 좀 더 정확한 해석결과를 얻을 수 있을 뿐만 아니라 단일모드해석법으로는 예상할 수 없었던 부분의 손상도 방지할 수 있다.

(3) 시간이력 해석법

1) 적용대상
- 하중의 지속시간이 짧은 경우
- 모드 간 구분이 명확하지 않아 Coupling 모드가 나타나기 쉬운 경우
- 높은 안전성이 요구되어 비선형 해석이 필요한 경우

2) 해석방법
- 입력으로서 실측된 지진파형이나 인공파형이 필요
- 선형 또는 비선형 해석프로그램을 이용하여 해석

3) 특징
- 응답해석이 필요한 모드의 개수가 많은 경우 효과적임
- 동적 비선형 해석 가능
- 해석 및 결과분석에 많은 시간과 노력이 필요

QUESTION 03 구조물 내진해석방법을 기술하시오.

구조물의 내진해석은 일반적으로 크게 탄성해석방법(Elastic Analysis Method)과 비탄성해석방법(Nonlinear Analysis Method)으로 분류하며 그 각 해석방법의 요약은 다음과 같다.

- 등가정적해석법(Equivalent Static Analysis Method)
- 동적해석법(Dynamic Analysis Method)
  - 응답스펙트럼해석법 – 모드해석법
  - 시간이력해석법
    - 시간 영역
      - 직접적분법
      - 모드해석법
    - 진동수 영역 – 푸리에 변환법

1. 탄성해석방법

(1) 등가정적해석법

지진해석은 크게 정적해석과 동적해석으로 나눌 수 있다. 정적해석법(Static Analysis Method)이라는 것은 흔히 등가정적해석법(Equivalent Static Analysis Method)이라고도 한다. 이는 말 그대로 실제 지진하중을 등가의 정적하중으로 변환하여 정적해석을 수행함으로써 지진해석을 하는 것이다.

구조물의 밑면에 작용하는 것이 지진하중이므로 등가의 밑면전단력으로 치환을 하여야 한다. 치환하는 방법은 내진설계기준에서 제시되어 있는 중요도계수, 지역계수, 반응수정계수, 지반계수, 동적계수 등을 고려하여 변환을 한다. 이렇게 해서 등가의 밑면전단력을 산정하고 나서는 이것을 건물의 각 층별로 분배하는데 구조물의 층높이와 층질량 등을 따져서 분배한다. 분배하는 방법도 여러 가지지만 내진설계기준에서는 층높이와 층질량을 고려하여 분배를 하는 것이 일반적이다. 그런 다음 우리가 흔히 하는 횡력이 가진되었을 경우에 대한 정적해석을 수행하여 여기서 나온 변위와 부재력(전단력, 모멘트)을 이용하여 설계에 반영하는 것이다.

(2) 동적해석법

1) 모드해석법

구조물의 진동모드를 이용하여 응답을 산정하는 방법으로 이 모드해석법에는 크게 두 가지가 있다.

① 응답스펙트럼해석법

응답스펙트럼해석법(Response Spectrum Analysis Method)은 다자유도계 시스템을 단자유도계 시스템의 복합체로서 가정하여 미리 수치적분 과정을 통해 준비된 임의 주기(또는 진동수) 영역범위 내의 최대응답치에 대한 스펙트럼(변위, 속도, 가속도)을 이용하여 조합해석하는 방법으로 설계용 응답스펙트럼을 이용하여 주로 내진설계에서 이용된다. 응답스펙트럼해석법에서는 임의모드에서의 최대응답치를 각 모드별로 구한 다음 적정한 조합방법을 이용하여 조합함으로써 최대응답치를 예상할 수 있다.

임의 주기치에 대한 스펙트럼 데이터가 입력되면 해석된 고유주기에 해당하는 스펙트럼 값(Spectrum Value)을 찾기 위해 일반적으로 선형보간법을 사용하기 때문에 Spectral Curve의 변화가 많은 부위에 대해서는 가능한 세분화된 데이터를 사용한다. 그리고 Spectrum Data의 주기범위는 반드시 고유치 해석 시 산출된 최소, 최대 주기범위를 포함할 수 있도록 입력되어야 한다. 그리고 내진해석 시 사용되는 Spectral Data는 동적계수항과 지반계수항을 고려하여 입력하고 매 해석 시에는 조건에 따라 변할 수 있는 지역계수, 중요도계수만 Scale Factor로 입력하여 사용한다. 그리고 반응수정계수는 부재설계 시 적용하는 것이 보다 타당한 방법이다.

산정된 모드별 응답에 대해서는 모드중첩법(Mode Superposition Method)이라는 방법이 적용되는데, 응답스펙트럼해석법에서는 이 모드별 응답을 SRSS, ABS, CQC 등의 방법을 이용하여 중첩을 하게 되며 각각의 특성을 살펴보면 다음과 같다.

㉠ 제곱의 합의 제곱근 방법(SRSS ; Square Root of Sum of Square)

제 j번째 자유도에 관련된 변위와 부재력은 아래와 같이 구한다.

$$X_{j,\max} \cong [X_{j(1),\max}^2 + X_{j(2),\max}^2 + X_{j(3),\max}^2 + \Lambda]^{1/2}$$

$$f_{j,\max}^{(e)} \cong [f_{j(1),\max}^{(e)2} + f_{j(2),\max}^{(e)2} + f_{j(3),\max}^{(e)2} + \Lambda]^{1/2}$$

ⓛ 절대값의 합성방법(ABS ; ABsolute Sum)

제 i번째 자유도에 대한 변위와 부재력은 아래와 같이 구한다.

$$X_{j,\max} \cong |X_{j(1),\max}| + |X_{j(2),\max}| + |X_{j(3),\max}| + \Lambda$$

$$f_{j,\max}^{(e)} \cong |f_{j(1),\max}^{(e)}| + |f_{j(2),\max}^{(e)}| + |f_{j(3),\max}^{(e)}| + \Lambda$$

ⓒ 근접 모드의 영향을 고려한 SRSS 방법

인접한 모드의 고유진동수가 비슷할 경우에는, 해당되는 모드들에 관련된 구조 응답 성분이 비슷한 시점에서 최대값을 갖게 된다. 따라서 모드들의 영향에 관하여는 절대값의 합성방법을 사용하고, 그 결과를 나머지 모드들의 영향과 SRSS 방법으로 조합한다. 예로 제2번째와 3번째 모드의 진동수의 차이가 10% 이내일 경우, 아래와 같이 조합한다.

$$X_{j,\max} \cong [X_{j(1),\max}^2 (|X_{j(2),\max}| + |X_{j(3),\max}|)^2 + X_{j(4),\max}^2 + \Lambda]^{1/2}$$

$$f_{j,\max}^{(e)} \cong [f_{j(1),\max}^{(e)2} + (|f_{j(2),\max}^{(e)}| + |f_{j(3),\max}^{(e)}|)^2 + \Lambda]^{1/2}$$

또는

$$X_{j,\max} \cong [X_{j(1),\max}^2 + 2|X_{j(2),\max} \cdot X_{j(3),\max}| + |X_{j(4),\max}^2| + \Lambda]^{1/2}$$

ⓔ 모드 간 상관도를 고려한 합성법(CQC ; Complete Quadratic Combination)

앞의 3가지 방법은 특정한 경우에만 합리적인 결과를 얻을 수 있는 방법으로서 일반적인 경우에 합리적인 결과를 얻을 수 없다. 반면에 CQC 방법은 모드 간의 확률적인 상관도를 고려하기 위한 방법 중의 하나로서, Der Kiureghian(1981)과 Wilson(1981) 등에 의해 제안된 방법이다. 이 방법에서는 다음과 같이 최대값을 구한다.

$$X_{j,\max} = \left\{ \sum_{p=1}^{N} \sum_{q=1}^{N} X_{j(p),\max} \, \rho_{pq} \, X_{j(q),\max} \right\}^{1/2}$$

이때 ρ_{pq}는 p번째 모드와 q번째 모드의 확률적인 상관도로서 근사적으로 다음과 같은 식이 많이 사용된다.

$$\rho_{pq} = \frac{8\sqrt{\xi_p \xi_q}(\xi_p + \beta_{pq}^{3/2})}{(1-\beta_{pq}^2)^2 + 4\xi_p \xi_q \beta_{pq}(1+\beta_{pq}^2) + 4(4\xi_p^2 + \xi_q^2)\beta_{pq}^2}$$

여기에서, $\beta_{pq} = \omega_q/\omega_p$로서 p번째와 q번째 모드의 자유진동수 비율이고, ξ_p는 p번째 모드의 감쇠비이다. 모든 모드에 대하여 균일한 감쇠비를 사용할 경우, 위 식은 다음과 같이 간단해진다.

$$\rho_{pq} = \frac{8\xi^2(1+\beta_{pq})\beta_{pq}^{3/2}}{(1-\beta_{pq}^2)^2 + 4\xi^2(1+\beta_{pq})^2 \beta_{pq}}$$

만약 $p = q$이면 $\rho pq = 1$이고, $\xi = 0$이면, $\rho_{pq} = \delta_{pq}$이므로 이 방법은 SRSS방법과 동일하다. 바닥판과 같은 구조물을 동적해석하는 경우에는 비슷한 진동수를 가지는 모드가 몇 개 모드에 걸쳐서 모여 있다. 이러한 구조물의 동적해석의 경우는 CQC방법 등을 적용하여야 보다 신뢰성 있는 응답을 얻을 수 있다.

위에서 제시된 방법들 중에서 절대값의 합성분이 가장 큰 결과를 주며, CQC방법이 가장 합리적인 방법이다.

② **시간이력해석법**

수치해석적인 방법에서의 시간이력해석(Time History Analysis)은 광의로는 해석이고, 협의로는 시간이력해석이다. 이 방법은 모드해석법의 일종이므로 각 모드별 응답을 뽑는 것은 동일하다. 하지만 응답스펙트럼 해석이 이 모드별 응답을 조합하는 방법에 따라서 해석 종류가 나누어지지만, 시간이력해석은 바로 이 모드별 응답을 선형으로 중첩한다. 각 시간에 따라 나타나는 모드별 응답을 선형적으로 그냥 더해버리는 것이다. 아마도 지진해석에서는 이 방법이 가장 유용하게 또는 정확하게 해를 구할 수 있는 적절한 방법이라고 할 수 있다.

단, 가장 중요한 것은 지진하중에 대한 신뢰성이 있다는 가정하에서 성립하게 된다. 설계하고자 하는 대지에 발생할 수 있는 확률적으로 신뢰성 있는 지진하중을 우리가 산정할 수 있다면 이러한 모드별 응답을 산정한 뒤에 시간이력해석을 하는 것이 지진응답을 어느 정도 정확하게 산출할 수 있는 방법이 된다. 물론 이것은 선형탄성적인 관점에서 가능한 이야기이다.

시간이력해석법(Time History Analysis Method)은 구조물에 지진하중이 작용할 경우에 동적평형방정식의 해를 구하는 것으로 구조물의 동적특성과 가해지는 하중을 사용하여 임의의 시각에 대한 구조물의 거동(변위, 부재력 등)을 계산하는 방법이다.

일반적으로 대규모의 지진이 발생하면 대부분의 구조물은 비탄성 거동을 보이는데, 이 경우에 대해서는 단순한 응답스펙트럼 해석만으로는 구조물의 응답특성을 정확히 규명하기가 어렵다. 이러한 경우에 시간이력해석을 통하여 구조물의 최대부재력 및 최대변위를 검토할 필요가 있다. 다음은 시간이력 해석법의 몇 가지를 간단히 소개한 것이다.

㉠ Normal Mode Method

다자유도 구조물에 대하여 각 진동모드의 직교성을 이용하여 각 모드별로 분리시킨 다음 각 모드별로 단자유도계 시스템으로 간주하여 시간이력해석을 하고 전체 모드에 대하여 중첩시키는 방법이다. 이 방법은 강성의 변화가 없는 선형이론에서 많이 적용되는 해석법이다.

㉡ Direct Integration Method(Numerical Method)

비선형의 경우, 특히 강성의 변화가 발생하는 구조물에서 적용되는 방법으로 수치해석적인 방법이다. 매 시간마다 강성의 변화를 고려하여 적분을 취함으로써 해석을 하는 방법이다. 가장 중요한 점이 바로 이 시간스텝(Time Step)을 어떻게 취하느냐에 따른 방법으로 몇 가지 해석법으로 분류할 수 있다.

- Linear Acceleration Method

  Duhamel Integral Method가 속하는 방법으로 시간 구간을 여러 개의 미소시간구간으로 분할한 후, 각 구간에서의 하중이 선형으로 변화한다고 가정하여 해를 구하는 방법이다. 해석이 간단하고 비교적 정확한 값을 알 수 있지만 시간간격이 너무 크면 해가 수렴하지 않고 발산하는 경우가 있다는 것이 단점이다.

- Average Acceleration Method

  시간 스텝 사이의 평균값을 취함으로써 미소면적을 결정하고 적분함으로써 해석하는 방법이다. 계산과정에 있어서는 상당히 안정적이나 정확성에 있어서는 조금 떨어진다고 할 수 있다.

- Wilson $-\theta$ Method

  이 방법은 구조응답의 가속도가 관심을 가지는 미소구간에서 선형적으로 변화한다는 선형가속도법(Linear Acceleration Method)에 기초한 방법이며, 많이 사용되고 있는 전산프로그램인 SAP에서 사용하고 있다. Wilson $-\theta$법에서는 시점 t에서의 응답이 주어졌을 때 이를 바탕으로 시점 $t + \Delta t$의 응답을 구하기 위하여 시간구간$(t,\ t + \theta \Delta t)$에서 가속도 응답이 선형적으로 변화한다는 가정에서 출발한다.

시간구간에서 시간스텝에 곱해지는 값을 조정함으로써 해석을 하는데, $\theta \geq 1.37$ 이어야 수치적으로 안정한(Unconditionally Stable) 결과를 얻을 수 있다.

- Newmark $-\beta$ Method

  Newmark $-\beta$ 방법은 Wilson $-\theta$ 방법과 유사한 방법이며 몇 가지 가정을 통하여 시작이 되는데, β와 γ라는 계수가 사용된다.

  이 두 변수는 해의 정확도와 수치적 안정성을 보장하는 범위 내에서 사용자가 정하는 계수들이라고 생각하면 된다.

  $\beta = 1/6$, $\gamma = 1/2$이면 $\theta = 1$을 사용한 Wilson $-\theta$ 방법 즉 Linear Acceleration Method과 동일하며, Newmark가 수치적 안정성을 보장하는 것으로 제안한 $\beta = 1/4$, $\gamma = 1/2$은 Average Acceleration Method와 같은 방법이다.

  이외에도 많은 수치해석 방법들이 있다. Central Difference Method, Runge-Kutta Method, Houbolt Method, Hilber-Hughes-Taylor Method, Zienkiwicz Method 등이 있다. 이러한 직접적분법의 계산소요시간은 시간단계의 수에 비례하기 때문에 계산시간이 적게 소요되도록 적분 시간 간격이 충분히 커야 하고, 정확한 결과를 얻기 위해서는 적분 시간 간격이 충분히 작아야 한다. 이러한 상반되는 두 조건을 만족하기 위해서 적절한 적분 시간 간격을 선택하여야 하며 적분 시간 간격 선택에 지침이 되는 것이 안정성과 정확성 분석이라고 할 수 있다.

2. 비탄성해석방법

대규모 지진은 구조물과 각 부재의 비탄성 거동을 유발하므로 정확한 구조물의 응답을 구하기 위해서는 비탄성 해석(Inelastic Analysis)이 필수적이다. 현재까지는 구조물의 비탄성 거동을 가정하여 감소된 지진하중에 대하여 설계하는 법을 사용하고 있으나, 이러한 해석 및 설계방법의 한계를 인식하면서 비탄성해석 및 설계기법이 개발되고 있으며 보다 정확한 해석이 요구되고 있는 기존구조물의 성능 평가를 중심으로 사용되고 있다. 그러나 이 해석방법의 문제점이 완전히 해결되지 않았으며, 또한 일반 실무 구조 엔지니어가 이해하고 사용하기에는 어려운 해석 및 설계방법을 사용하므로 아직까지는 보편적으로 사용되고 있지 않다. 비선형 해석 설계방법은 다음과 같다.

- 동적 비선형해석(Dynamic Nonlinear Analysis) – 직접적분법
- 정적 비선형해석(Static Nonlinear Analysis) – 성능 스펙트럼법, 직접변위 설계법 등

(1) 동적 비선형해석

각 부재의 비선형 거동을 반영하면서 실제의 지진이력에 대하여 시간대별로 구조물의 동적 이력을 구하는 방법이다. 비선형 해석에서는 모드의 분리 및 중첩의 원리가 허용되지 않으므로 직접적분법을 사용하여야 한다.

입력자료로는 탄성 시간이력 해석에서 요구하는 자료 이외에 각 부재의 비선형 주기거동, 예를 들어서 보 단부의 모멘트-회전 관계 등에 대한 입력자료가 필요하다.

시간이력의 주기거동을 나타내기 위해서는 정확한 부재의 거동특성을 모델링하여야 하며 또한 해석기능도 복잡하므로 연구용이 아닌 일반 상용프로그램에서는 이 방법을 거의 수용하고 있지 않다.

CHAPTER 04 내진성능 평가

QUESTION 01 내진성능 평가방법에 대하여 서술하시오.

1. 개요

교량의 내진성능 평가는 대상교량의 선정 및 우선순위 결정 결과에 의해 내진성능의 정밀평가가 요구되는 교량을 대상으로 교량의 사용성 손실 및 붕괴와 관련된 위험도를 산출하는 것을 목적으로 하며, 이 위험도를 근거로 내진성능 보강 혹은 교체의 여부를 합리적으로 결정하기 위해 수행한다.

2. 내진성능 평가절차

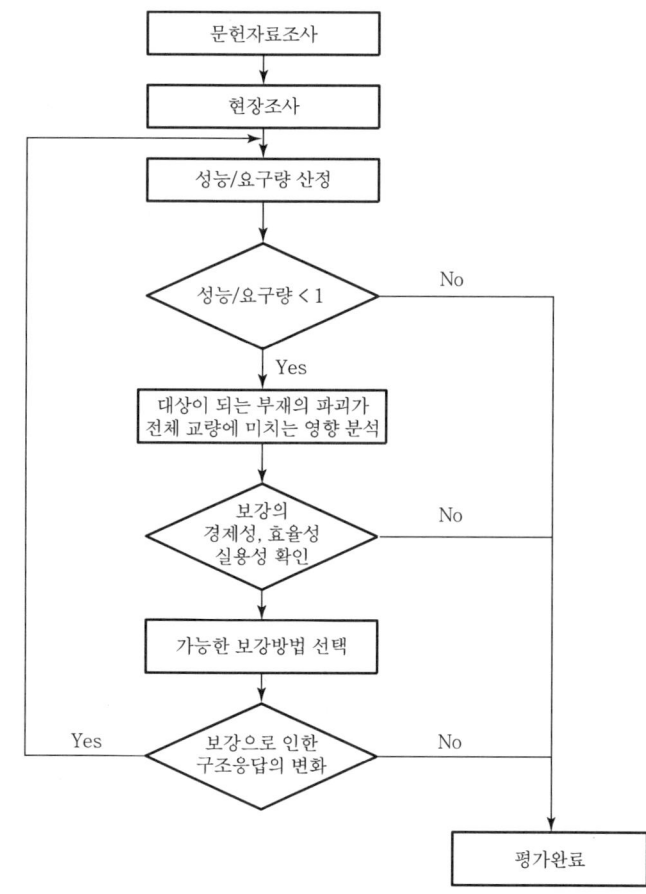

[도로교의 내진성능 평가(C/D 방법) 절차의 예]

3. 정량적 내진성능 평가방법

(1) 보유 내하력과 소요 내하력의 비를 이용하는 방법(Capacity/Demand Method : C/D Method)

- 1983년 미연방도로국(FHWA)의 내진성능 지침에서 제안된 이래 캘리포니아 도로국(Caltrans)에 의해 주로 사용 : ATC-6-2방법이라고도 함
- 교량의 각 부재에 대한 탄성 스펙트럼 해석 결과로부터 하중과 변위에 대한 "소요 내하력(Demand)"을 구하고 이것을 해당 부재의 내진 "보유 내하력(Capacity)"과 비교하고, 이 결과로부터 내진성 향상을 위한 보강 여부 결정
- 보유 내하력과 소요 내하력의 비(C/D ratio) < 1 : 설계 지진 시 구조 요소 파괴 발생 가능 → 내진성능 향상을 위한 보강 필요

(2) 소성붕괴 해석법(Pushover Analysis)

- 탄성이론에 의한 평가기법의 부족함을 보완하기 위하여 근래에 보다 많이 쓰이는 기법으로 이 방법은 교량 전체 혹은 일정 구간을 하나의 시스템으로 간주하여 횡강도를 구하고 점증적 붕괴해석을 통해 교량이 붕괴될 때까지의 하중-변형 특성을 조사하는 방법으로서 횡강도법이라고도 한다.
- 구조물의 전체적인 하중-변위(Capacity Curve)와 설계 지진에 대한 응답스펙트럼을 동일한 그래프, 즉 역량스펙트럼상에 변환시켜 비교함으로써 내진성능을 평가한다.
- 하중변위곡선으로부터 얻어지는 소요역량스펙트럼을 상회하면 대상 구조물이 내진성능을 확보하고 있는 것으로 간주

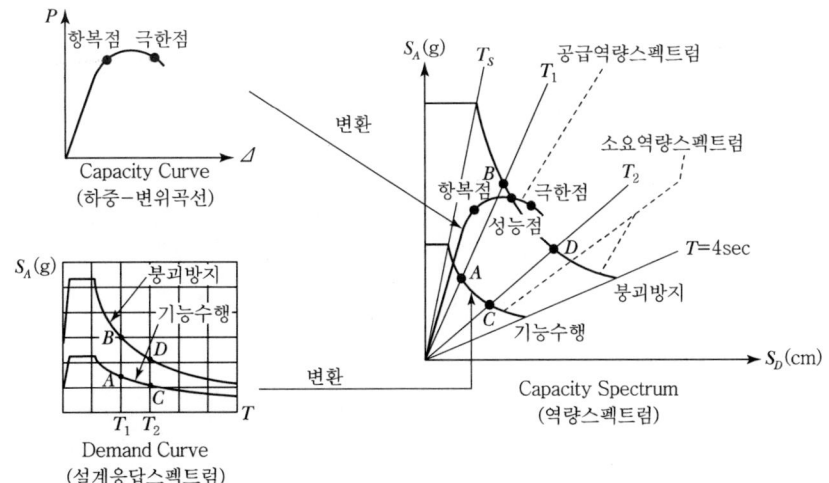

[역량스펙트럼(Capacity Spectrum)]

(3) 비선형 시간이력 해석법(Inelastic Time History Analysis)

① 가장 발전된 방법이지만 내진성능 향상을 위한 정량적 평가기법으로 사용하기에는 적지 않은 문제점이 있다.

② 문제점
- 프로그램이 복잡하여 해석경험이 많은 사람을 제외하고는 사용하기에 힘들다.
- 전단파괴나 전단파괴와 휨파괴의 상호작용에 관한 모델이 불충분하다.
- 철근의 슬립, 겹침 이음부의 파손, 후크의 열림 등 파괴에 동반되는 매우 일반적인 현상을 모델링하기가 곤란하다.
- 피복 콘크리트의 박리나 철근의 좌굴과 같은 국부 파괴를 예측하거나 누적 손상도를 표현하는 모델이 없다.

③ 입력지진 운동은 구조물의 동특성이나 동적 상호작용과 같은 불확실성을 포함하고 있기 때문에 시간 이력 응답해석은 내진성능평가의 마지막 단계에서 이용하는 것이 바람직하다.

QUESTION 02. 역량스펙트럼에 의한 내진해석기법을 기술하시오.

1. 정의

역량스펙트럼(Acceleration Displacement Respose Spectrum ; Capacity Spectrum)은 교각의 비선형거동 특성을 고려한 공급역량곡선(Capacity Curve)과 설계지진 시 교량에 요구되는 소요역량곡선(Demand Spectrum)을 동일한 그래프 위에 함께 도시하여 비교함으로써 교각의 내진성능을 시각적으로 평가하는 방법을 말한다.

2. 소요역량 스펙트럼

응답가속도 – 주기의 관계식으로 표현되는 설계응답 스펙트럼을 응답가속도 – 응답변위의 관계로 변환한 스펙트럼을 말한다.

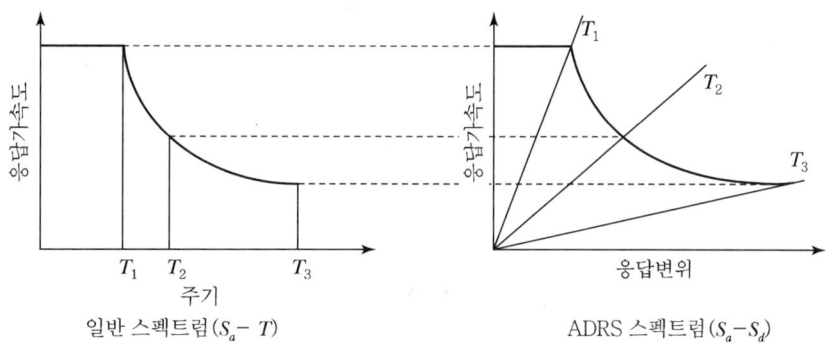

[일반적인 응답변위 스펙트럼과 ADRS]

3. 내진성능 평가방법

① 소요역량곡선과 공급역량곡선을 함께 도시하여 다음과 같이 내진성능을 평가한다.
  - 기능수행수준
    공급역량곡선의 항복점의 위치가 기능수행수준 스펙트럼의 외부에 놓이면 내진성능을 만족하는 것으로 한다.

- 붕괴방지수준

    공급역량곡선의 극한점의 위치가 붕괴방지수준 스펙트럼의 외부에 놓이면 내진성능을 만족하는 것으로 한다.

② 붕괴방지수준의 소요스펙트럼과 공급역량곡선의 교차점이 성능점이 되고 이는 붕괴방지수준의 설계지진 하중 시 교각의 응답변위 크기를 나타낸다.

소요역량곡선과 공급역량곡선을 변환하여 아래 [그림]과 같이 함께 도시한다(Capacity Spectrum). 이때 공급역량곡선의 변위소성도의 증가에 따른 이력감쇠비의 증가로 "붕괴방지수준"의 스펙트럼은 감소시켜 사용하는 것이 경제적인 평가방법이 된다.

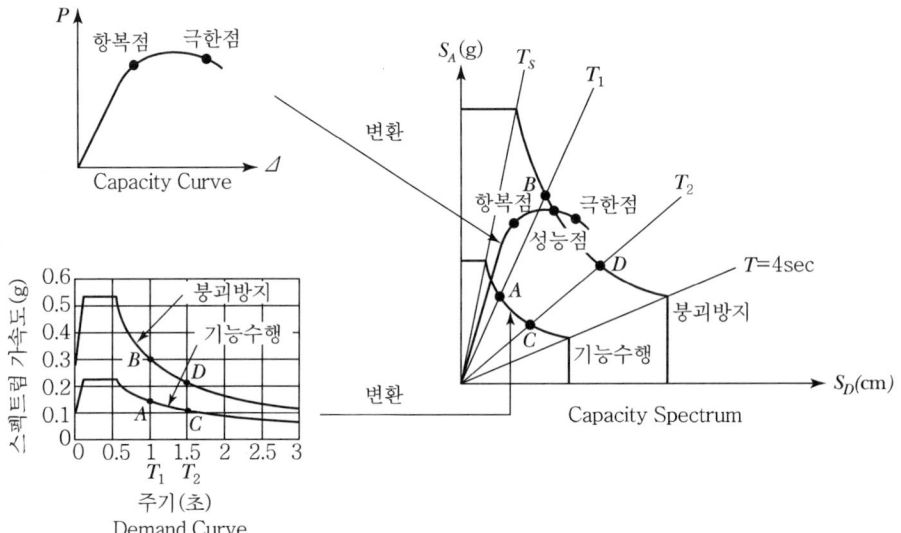

[역량스펙트럼]

▶ **해설 - 1**

이력감쇠는 기초전단력 - 변위의 관계식으로 표현되는 구조물의 이력곡선 루프의 내부면적으로부터 식 (1)과 같이 등가점성 감쇠비 β_0로 나타낼 수 있다.

$$\beta_0 = \frac{1}{4\pi} \frac{E_D}{E_{S0}} \quad \cdots \cdots (1)$$

여기서, E_D : 감쇠에 의한 소산에너지로 [그림 1]에서 이력곡선으로 싸인 평행사변형의 면적
E_{S0} : 최대변형에너지로 [그림 1]에서 삼각형 면적

따라서 비선형거동을 하는 구조물의 감쇠는 식 (2)와 같이 계산한다.

$$\beta_{eq} = \beta_0 + 0.05 \quad \cdots \cdots (2)$$

여기서, β_0 : 등가점성감쇠비로 표현되는 이력감쇠, 0.05는 구조물에 본래부터 존재하는 5%의 점성감쇠비

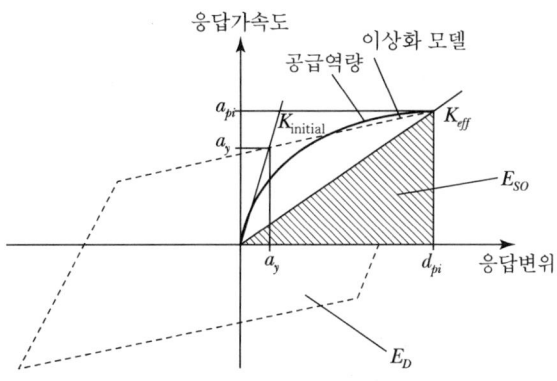

[그림 1] 응답스펙트럼 감소를 위한 감쇠비 산정

▶ **해설 - 2**

등가점성감쇠비는 이력곡선의 형태에 따라 [그림 2]와 같은 감쇠수정계수(k)를 도입하여 식 (3)과 같이 수정한다. 여기서, 타입 A는 이력곡선이 안정적인 경우, B는 이력곡선 면적 저하율이 중간정도인 경우, C는 저하율이 매우 큰 경우이다.

$$\beta_{eff} = k \cdot \beta_0 + 0.05 \quad \cdots \cdots (3)$$

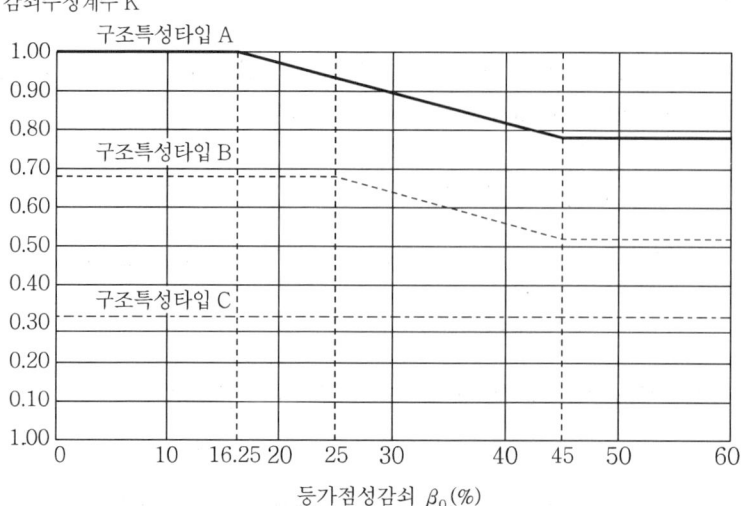

[그림 2] A, B, C 타입에 따른 감쇠수정계수 k

▶ **해설-3**

식 (4)와 같이 변위소성도에 따른 유효감쇠비를 계산하는 간이식을 사용하여 유효감쇠비를 산정할 수도 있다. 이때, 하중제거(Unloading) 시의 강성의 변화특성을 표현하는 α를 0.5로 가정하는 경우이다.

$$\beta_{eff} = 0.05 + \frac{1-(1-\gamma)/\sqrt{\mu}-\gamma\sqrt{\mu}}{\pi} \quad \cdots\cdots\cdots (4)$$

여기서, 0.05 : 구조물 본래의 점성감쇠비
μ : 변위소성도로 항복변위에 대한 변위비
γ : 초기강성에 대한 항복 후의 2차 강성비로 전형적인 구조물에서는 대략 0.05 정도[그림 3]

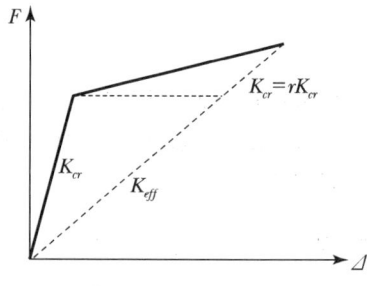

[그림 3] 2차 강성비

식 (4)를 그림으로 나타내면 [그림 4]와 같다.

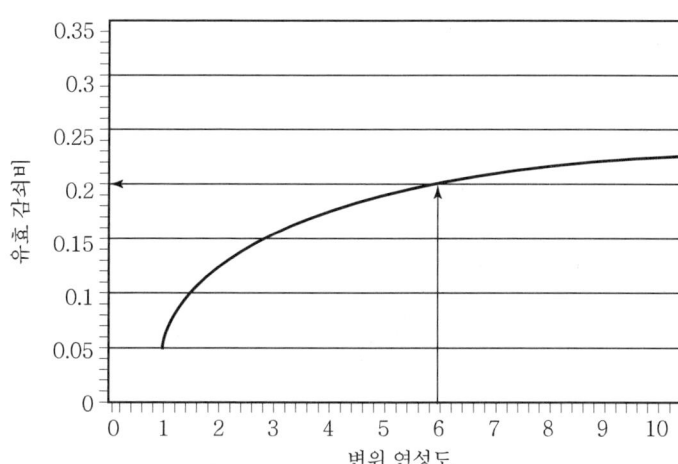

[그림 4] 변위연성도와 유효감쇠비의 관계

▶ **해설 - 4**

스펙트럼의 감소는 감소계수 SR_A, SR_V를 도입하여 식 (5), (6)과 같이 계산한다. 단, SR_A, SR_V 값은 아래 [표]의 값 이상이어야 한다. 여기서, 구조물의 타입은 이력곡선의 형태에 따라 결정되는 값으로 안전측 평가를 위해서는 C타입으로 하는 것이 바람직하다.

$$SR_A \approx \frac{3.21 - 0.68\ln(\beta_{eff})}{2.12} \quad \cdots\cdots (5)$$

$$SR_V \approx \frac{2.31 - 0.41\ln(\beta_{eff})}{1.65} \quad \cdots\cdots (6)$$

▼ SR_A와 SR_V의 최소허용치

구조물 거동 방식	SR_A	SR_V
A타입	0.33	0.50
B타입	0.44	0.56
C타입	0.56	0.67

▶ **해설 – 5**

감소된 응답스펙트럼은 [그림 5]와 같이 5% 감쇠비의 응답스펙트럼에 SR_A, SR_V를 곱하여 구한다.

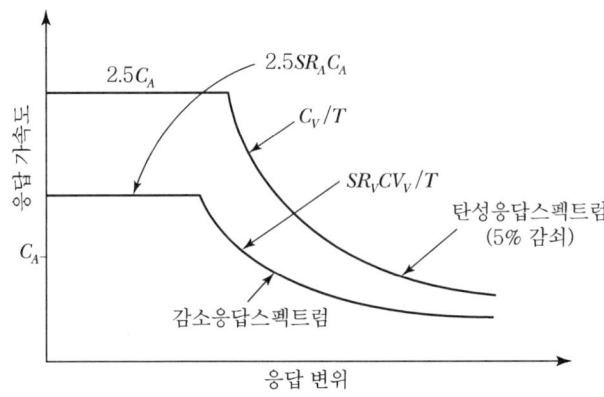

[그림 5] 감소된 응답 스펙트럼

내진성능 평가는 다음과 같다.
- 공급역량스펙트럼상에 항복점, 극한점, 성능점을 결정한다.
- 소요역량스펙트럼은 "기능수행수준" 및 "붕괴방지수준"으로 나타낸다.
- 성능점은 공급역량스펙트럼과 소요역량스펙트럼의 교차점이다. 이 점에서는 공급역량의 이력감쇠비와 소요역량의 감쇠비가 같게 된다. 안전측 평가를 위해서는 소요역량의 감쇠비를 공급역량의 이력감쇠비보다 작게 선정하여 성능점을 결정할 수도 있다.
- 항복점이 "기능수행수준"의 소요역량스펙트럼의 외측에 놓이게 되면 "기능수행수준" 성능을 만족하는 것으로 한다. 내측에 놓이는 경우에는 강도 증가를 위한 내진성능 향상이 요구된다.
- 극한점이 "붕괴방지수준"의 소요역량스펙트럼의 외부에 놓이게 되면 "붕괴방지수준" 성능을 만족하는 것으로 한다. 내측에 놓이는 경우에는 연성도 증가를 위한 내진성능 향상이 요구된다.
- 성능점으로부터 설계지진 시의 최대응답변위를 알 수 있다. 받침지지길이와 비교하여 낙교 등의 검토를 수행한다.

CHAPTER 05 교량의 내진설계

QUESTION 01 지진발생 시 교량의 주요 피해와 원인을 설명하시오.

1. 교량의 주요 피해 및 원인

교량부위	주요 피해	피해 원인
상부구조	낙교	• 사교에서 많이 발생 • 강성 중심과 무게 중심의 불일치로 과대변위 발생 • 받침파손 및 지지길이 부족으로 인한 낙교 • 지반액상화에 의한 낙교
교량받침	받침 본체의 파손	• 받침 본체의 파손(로커 받침이 취약) • 받침지지길이가 부족한 경우 낙교
교량받침	받침과 상·하부 구조 연결부 파손	• 앵커볼트의 길이가 부족한 경우 인발 및 파단 • 모르타르 파괴 및 손상
교량받침	이동제한장치의 손상	• 이동제한장치 및 부상방지장치의 손상
교량받침	낙교방지장치의 피해	• 케이블 구속장치의 피해 • 낙교방지 핀의 피해 • 스토퍼의 파손
교각	휨파괴	• 연성 부족으로 소성힌지부에 휨파괴 발생 • 주철근 겹침이음부 • 주철근의 매입길이 부족으로 인한 인발 • 띠철근 및 나선철근 부족으로 취성파괴
교각	휨-전단파괴	• 소성힌지부 전단강도 부족 휨-전단파괴 발생
교각	전단파괴	• 전단강도 부족으로 전단 취성파괴
교각	기타	• 유효길이 부족에 의한 파괴 • 나팔형 교각의 파괴 • 경계조건 변화에 따른 휨파괴 • 주철근 단락부의 파손
교대	본체 및 지반이동의 피해	• 지반액상화에 따른 교대의 이동과 전도

교량부위	주요 피해	피해 원인
기초	말뚝기초 및 지반이동 피해	• 액상화에 따른 횡지지력의 부족 및 잔류수평변위의 발생으로 인한 말뚝본체 및 Footing의 파손 • 직접기초 및 우물통 기초는 손상이 경미하다.
지반	침하, 이동	• 액상화
기타	교각두부, 이음부 파손	• 수평력 집중에 따른 교각두부의 파손
	강교의 변형	• 강교의 좌굴, 변형
	신축이음장치의 파손	• 과도한 상부구조의 변위차가 발생되는 경우 충돌에 의한 신축이음장치의 파손
	강교각 변형	• 강교각의 좌굴, 변형

QUESTION 02. 교량의 내진설계 시 주요사항을 설명하시오.

1. 교량계획 시

① 연속경간 수를 3경간 또는 5경간으로 제한한다.
② 고정단의 위치는 가능한 활동량이 작게 배치한다.
③ 5경간을 초과하는 경우 고정단을 최소 2개소 이상 두는 방안을 강구한다.
④ 상·하행선을 분리할 때는 양측교량의 간격을 20mm 이상 이격시킨다.
⑤ 내진성이 우수한 교각형식을 선정한다. T형보다는 π형 교각이 더 유리하다.
⑥ 가능한 질량이 적은 형식의 교량을 선정한다. 강교를 선정하는 것이 바람직하며, 콘크리트 교량의 경우 수평변위량이 더 크다.

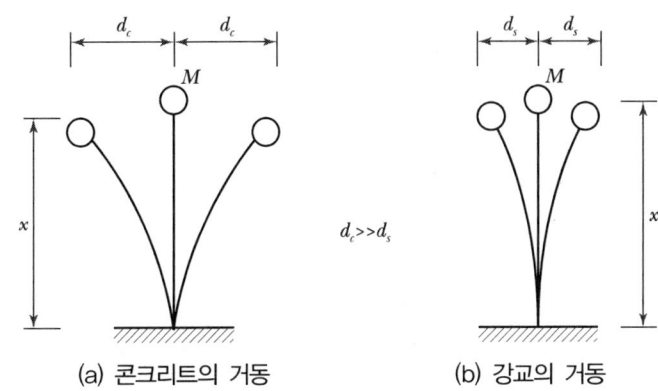

(a) 콘크리트의 거동   (b) 강교의 거동

여기서, M : 상부구조의 질량(사하중 w/중력가속도 g)
  d_c : 지진시 콘크리트교의 수평변위(진폭)
  d_s : 지진시 강교의 수평변위(진폭)

[교량형식별 진폭비교]

2. 지진수평력에 의한 부가하중 배제

교량받침 배치 시 상부구조 질량 중심선과 하부구조의 중심을 일치하여 하부구조에 전달되는 전단력 및 비틀림을 최소화한다.

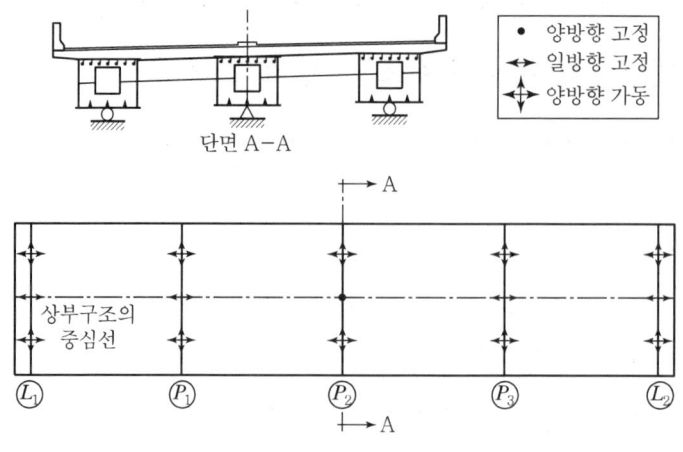

[교량받침의 배치 평면도]

3. 수평력에 저항하는 교량받침 설치검토

내진설계를 수행할 경우 수평력이 3~4배 이상 증가하여 수평력 저항성이 향상된 교량받침 사용이 요구된다. 받침 종류로는 Spherical Shoe, Pot Shoe가 있다.

4. 지진수평력 분산장치 설치방안

지진발생 시 교량에 전달되는 수평에너지를 교량 받침에서 흡수하여 교각에 전달되는 하중을 감소시킴으로써 교량의 안전성을 확보하는 장치로 평상시에는 원래의 가동단으로 활동하나 지진과 급격한 하중이 작용될 때는 고정단과 같은 역할을 하여 각 교각이 하중을 분담하는 역할을 수행하는 장치이다. 수평하중 분산장치로는 면진받침, 댐퍼, 전단키가 있다.

(1) 댐퍼(Damper)

지진수평력을 흡수하는 장치

(2) 전단 키(Shear Key)

설치비가 저렴하여 가장 많이 사용되는 방법으로 상부구조의 수평이동 변위에 제한을 두어 그 이상은 전단 키가 부담하도록 하고 일부 낙교방지기능을 갖는 것으로 되어 있다. 전단 키의 설치 시 부분적으로 발생되는 과도한 수평력에 의한 주형거더 파손이나 구조적 거동의 불확실성 등이 있으므로 적용 시 충분히 검토하여야 한다.

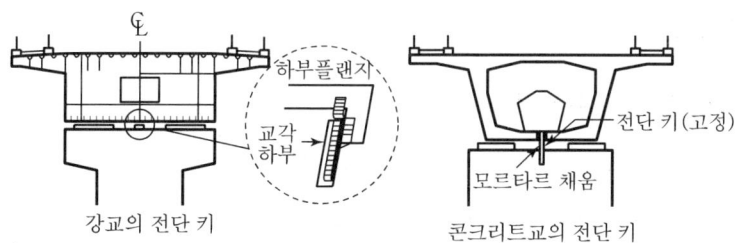

[전단 키 설치 형태]

(3) 면진장치

면진장치가 갖는 탄성기능으로 에너지를 흡수하여 하부구조에 전달되는 하중을 저감시킬 수 있는 장치를 말한다.

구분	개요도	특징	교량형식(주로 적용)
탄성받침 (Rubber Bearing)		고무와 강판을 반복 설치하여 강판으로 안정적 거동을 확보 선형응답을 보이는 고무재료에 의해 높은 고유 감쇠를 유지할 수 있다. 고무 총두께는 진동주기, 변위 결정	P.S.C Beam교, Preflex Beam교 단순교
LRB (Lead Rubber Bearing)		탄성받침에 납플러그를 넣어 지진응답에서 에너지분산과 정적하중에 대한 강성을 제공한다. 초기 강도는 납플러그, 2차 강도는 고무에 의해 이중선형을 나타낸다.	P.S.C Box Girder Steel Box Girder교 단순교
Sliding Bearing		PTFE(스테인리스강)의 마찰계수는 주유 시 0.02~0.03(비주유 시 0.10~0.15)으로 온도 및 크리프 하중에 저항한다. 설치 구조물은 없으나 댐퍼와 같이 사용 가능하다.	—
Steel Hysteretic Damper Bearing		구조적으로 추가 부재를 설치하여 그 부재가 소성변형으로 지진력에 저항하여 에너지 분산과 등가감쇠는 증가시키도록 한다. 캔틸레버, 비틀림 보, 댐퍼의 형태로 사용한다.	P.S.C Box Girder Steel Box Girder교 연속교

5. 기타 검토사항

(1) 낙교방지시설의 요구조건

① 주요 구조물 간의 유격 확보에 지장이 없는 구조
② 최소 지지길이 확보에 지장이 없는 구조
③ 지진시 발생되는 초과변위를 제한할 수 있는 이동제한기능을 갖는 구조
④ 받침의 원상회복에 지장이 없는 구조

(2) 낙교방지시설의 종류

① 받침부 상부가 하부에서 이탈되지 않도록 설치된 이동제한장치
② 최소받침 지지길이가 확보된 경우
③ 주형과 주형을 연결하는 구조
④ 교대 또는 교각과 주형을 연결하는 구조
⑤ 교대나 교각 거더에 돌기를 설치하는 경우

(3) 낙교방지를 위한 연단거리 확보

① 내진 2등교

$$N(\text{m}) = (200 + 1.67L + 6.66H)(1 + 0.000125\theta^2)(\text{mm})$$

② 내진 1등교
2등교 최소받침 지지길이(L)와 교량 상부구조의 탄성변위량 중 큰 값을 적용한다.
여기서, L : 인접 신축이음부까지 또는 교량 단부까지의 거리(m)
H : 교대높이
θ : 받침선과 교축직각방향의 사잇각(도)

(4) 받침지지길이 확보

받침의 연단거리와 하부구조 정부 연단 사이의 거리 S(cm)

$$S = 20 + 0.5L \, (L < 100\text{m})$$

$$S = 30 + 0.4L \, (L > 100\text{m})$$

6. 교대 교각의 보강방안

(1) 소성힌지부 보강

일반적으로 교각의 연결부(상부, 하부)와 말뚝의 두부 부분은 큰 지지력을 받게 되면 소성영역이 발생되어 파괴에 이르게 된다. 따라서 이들 부분은 연성능력을 갖출 필요가 있어 이에 대한 보강으로 횡방향 철근을 배치하고 종방향으로는 기둥의 종방향 좌굴을 방지하는데 기둥 심부를 구속하여 교각기둥으로서의 역할을 유지토록 한다.

(2) 말뚝 두부 보강

말뚝기초의 경우 기초와의 연결부에서 소성힌지가 발생할 수 있으므로 연성을 갖도록 보강한다.

(3) 교대부 이탈방지장치(Knock-off)

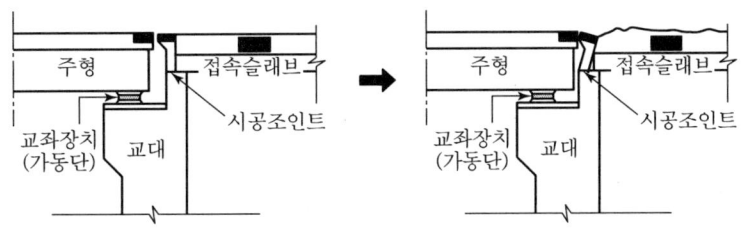

[이탈장치의 구조 개념도]

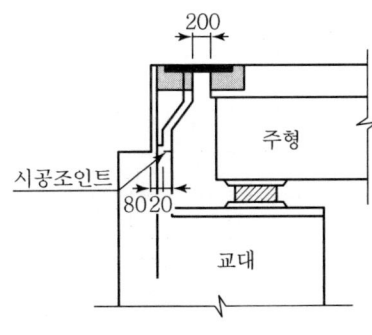

[이탈장치의 상세도]

QUESTION 03
국내 교량의 내진설계기준 기본개념과 지진력 산정방법에 대해 설명하시오.

1. 내진설계의 기본개념

① 인명피해를 최소화한다.
② 지진 시 교량 부재들의 부분적인 피해는 허용하나 전체적으로 붕괴는 방지한다.
③ 지진 시 가능한 한 교량의 기본 기능은 발휘할 수 있게 한다.
④ 교량의 정상 수명 기간 내에 설계 지진력이 발생할 가능성은 희박하다.
⑤ 설계기준은 남한 전역에 적용될 수 있다.
⑥ 본 규정을 따르지 않더라도 창의력을 발휘하여 보다 발전된 설계를 할 경우 이를 인정한다.

2. 지진력 산정방법

(1) 설계 일반사항

1) 가속도계수(A)

지진지역	행정구역	지역계수(A)
I	지진지역 2를 제외한 전지역	0.11
II	강원도북부, 전라남도 남서부, 제주도	0.07

2) 위험도계수(지진 평균 재현주기에 의해 결정)

재현주기(년)	500	1,000
위험도 계수	1.0	1.4

내진등급	교량	설계지진의 평균재현주기
내진 I 등급교	• 고속도로, 자동차 전용도로, 특별시도, 광역시도, 일반국도상의 교량 • 지방도, 시도 및 군도 중 지역의 방재계획상 필요한 도로에 건설된 교량, 해당 도로의 일일계획 교통량을 기준으로 판단했을 때 중요한 교량 • 내진 I등급교가 건설되는 도로 위를 넘어가는 고가 교량	1,000년
내진 II 등급교	• 내진 I등급교가 속하지 않는 교량	500년

3) 지반종류

지반은 전단파속도, 표준관입시험치, 비배수 전단강도에 따라 5등분으로 세분화해 구분하고 있다.

지반종류	지반호칭	상부 30m에 대한 평균 지반특성		
		전단파속도 (m/sec)	표준관입시험치(N치)	비배수전단강도(KPa)
I	경암지반, 보통암지반	760 이상	–	–
II	매우 조밀한 토사지반 및 연암지반	360~760	>50	>100
III	단단한 토사지반	180~360	50<	100<
IV	연약한 토사지반	<180	<15	<50
V	부지 고유의 특성평가가 요구되는 지반			

4) 응답수정계수

하부구조		연결부위	
벽식교각	2	상부구조와 교대	0.8
철근콘크리트 말뚝기둥 ① 수직말뚝만 사용한 경우 ② 한 개 이상의 경사말뚝을 사용	3 2	상부구조와 한 지간 내의 신축이음	0.8
단일기둥	3	기둥, 교각 또는 말뚝구조와 캡빔 또는 상부구조	1.0
강재 또는 합성강재와 콘크리트 말뚝 ① 수직말뚝만 사용한 경우 ② 한 개 이상의 경사말뚝을 사용	5 3	기둥 또는 교각의 기초	1.0
다주기둥	5		

(2) 해석방법

1) 일반사항
   - 단일모드 스펙트럼 해석방법
   - 다중모드 스펙트럼 해석방법

2) 단일모드 스펙트럼 해석방법

   ① 교각의 강성 산정

   교각의 강성을 산정한다. 라멘교량은 기초와 상부가 강결로 연결되어 있으므로 강성은 아래 식으로 구한다.

$$K = \left(\frac{12 E_c I_c}{h^3} \right)$$

여기서, E_c : 콘크리트 탄성계수
I_c : 기둥의 관성모멘트
n : 1개 교각에 기둥의 개수
h : 기초상단에서 슬래브 도심까지의 거리

② 고유진동주기 산정

$$T = 2\pi \sqrt{\frac{m}{k}}$$

여기서, m : 상부구조 전체무게 = $W/9.81$

③ 탄성지진응답계수 산정

$$C_s = \frac{1.2 AS}{T^{2/3}}$$

여기서, A : 가속도계수 × 위험도계수
S : 지반계수

④ 응답수정계수 결정

응답수정계수 R 결정

⑤ 정적 변위 산정
㉠ $v(x)$ 산정
교축방향 전 길이에 교축방향 등분포하중을 적용하여 변위를 산정한다.
㉡ $v(y)$ 산정
교축방향 전 길이에 교축직각방향 등분포하중을 적용하여 변위를 산정한다.

⑥ α, β, γ 산정
㉠ 교축방향(x방향)

$$\alpha = \int_L^0 v(x) dx = \sum v(x) dx$$

$$\beta = \int_L^0 w(x) v(x) dx = \sum w(x) v(x) dx$$

$$\gamma = \int_L^0 w(x)v(x)^2 dx = \sum w(x)v(x)^2 dx$$

여기서, $w(x)$: x 거리까지의 무게

  ⓒ 교축직각방향(y방향)

$$\alpha = \int_L^0 v(y)dx = \sum v(y)dx$$

$$\beta = \int_L^0 w(x)v(y)dx = \sum w(x)v(y)dx$$

$$\gamma = \int_L^0 w(x)v(y)^2 dx = \sum w(x)v(y)^2 dx$$

여기서, $w(x)$: x 거리까지의 무게

⑦ 각 위치별 등가정적 지진하중 $P_e(x)$ 산정
 ㉠ 교축방향

$$P_e(x) = \frac{\beta C_s}{\gamma} w(x)\, v_s(x)$$

$$C_s = \frac{1.2AS}{T^{2/3}}$$

$$T = 2\pi \sqrt{\frac{\gamma}{P_0\, g\, \alpha}}, \quad g = 9.81 \mathrm{m/sec^2}$$

 ㉡ 교축직각방향

$$P_e(x) = \frac{\beta C_s}{\gamma} w(x)\, v_s(y)$$

$$C_s = \frac{1.2AS}{T^{2/3}}$$

$$T = 2\pi \sqrt{\frac{\gamma}{P_0\, g\, \alpha}}, \quad g = 9.81 \mathrm{m/sec^2}$$

⑧ 지진력에 의한 단면력 산정

$P_e(x)$를 이용하여 교축방향 및 교축직각방향 단면력 산정

⑨ 직교 지진력의 조합

㉠ 하중 1=1.0×종방향 탄성지진력+0.3×횡방향 탄성지진력

㉡ 하중 2=0.3×종방향 탄성지진력+1.0×횡방향 탄성지진력

⑩ 설계지진력 결정

최대 설계하중=1.0×$(D+B+F+H+E_M)$

여기서, D : 사하중 B : 부력
F : 유체압 H : 횡토압
E_M : 조합된 지진력/R R : 응답수정계수

3) 다중모드 스펙트럼 해석방법

① 일반사항

비정형 교량의 3방향 연계 효과와 최종 응답에 대한 다중모드의 기여 효과를 결정하기 위해 공인된 공간 뼈대 선형 동적 해석 프로그램을 사용하여 수행하여야 한다.

② 수학적 모형

㉠ 3차원 공간 뼈대 구조물로 모형

㉡ 각 절점부는 6개의 자유도 가짐

㉢ 구조 질량은 최소한 3개의 이동 관성항을 갖는 집중 질량으로 모형화

③ 진동모드의 형상과 주기

㉠ 고정 지반 조건

㉡ 전체 시스템의 질량과 강성을 고려하여 이론적으로 확립된 방법에 의해 계산

④ 다중모드 스펙트럼 해석

응답 해석 시 고려모드의 수는 지간 수의 3배 이상

⑤ 부재력과 변위

부재의 단면력과 변위는 개별 모드들로부터 각각의 응답성분은 CQC방법으로 조합하여 계산

QUESTION 04

내진설계 시 기둥의 상부·하부의 최소 횡방향 철근 규정에 대하여 설명하시오.

1. 횡방향 철근을 두는 이유

(1) 내진설계목표

내진설계에서는 경제적인 설계를 하기 위하여 교각이 연성거동을 하도록 유도하며 이를 위하여 교각 하단에는 소성힌지의 발생을 허용한다.

(2) 연성거동 유도기법

도로교 설계기준에서는 탄성 스펙트럼에 의한 설계력으로부터 비탄성 응답 설계력을 구하기 위해 응답수정계수를 사용하고 있으며 연성부재와 연결부재에 대해 다른 응답수정계수를 규정하는데, 이는 연성부재에서는 소성힌지 발생을 유도하고 휨 작용에 의하여 콘크리트 기둥이 항복한 이후에도 충분한 연성능력(비탄성 변형 능력)을 발휘할 수 있어야 한다. 즉 지진하중에 의해 기둥은 항복을 허용하지만 연결부위 및 기초부위는 극히 작은 손상만을 허용한다는 가정으로부터 도입되었다.

(3) 시방규정에 의한 응답수정계수

- 하부구조의 응답수정계수 > 1
- 연결부위의 응답수정계수 < 1

하부구조		연결부위	
벽식교각	2	상부구조와 교대	0.8
철근콘크리트 말뚝기둥 ① 수직말뚝만 사용한 경우 ② 한 개 이상의 경사말뚝을 사용	 3 2	상부구조와 한 지간 내의 신축이음	0.8
단일기둥	3	기둥, 교각 또는 말뚝구조와 캡빔 또는 상부구조	1.0
강재 또는 합성강재와 콘크리트 말뚝 ① 수직말뚝만 사용한 경우 ② 한 개 이상의 경사말뚝을 사용	 5 3	기둥 또는 교각의 기초	1.0
다주기둥	5		

(4) 횡방향 보강의 목적

- 연성을 확보하기 위해서는 횡방향 보강철근으로서 나선철근과 띠철근을 이용
- 횡방향 보강철근의 주요기능 : 종방향 철근의 좌굴을 방지
  : 교각의 연성거동능력을 향상

2. 심부구속을 위한 횡방향 철근 설계기준

(1) 소성힌지부 보강

기둥과 말뚝가구에서 소성영역이 예상되는 상부와 하부의 심부(Core)는 연성능력을 갖출 필요가 있어 횡방향 철근으로 구속해야 한다.

(2) 원형 기둥의 횡방향 철근

1) 원형 기둥의 나선철근비

$$0.9f_{ck}(A_g - A_c) = 2f_y \rho A_c (A_c\text{는 기둥 심부의 단면적})$$

$$\rho A_c = \frac{0.9f_{ck}}{2f_y}(A_g - A_c)$$

$$\therefore \rho_s = 0.45\left(\frac{A_g}{A_c} - 1\right)\frac{f_{ck}}{f_y} \text{ or } \rho_s = 0.12\frac{f_{ck}}{f_y}$$

(3) 사각기둥 횡방향 철근

사각기둥에서 횡방향 철근의 총 단면적은 다음 값 중 큰 값을 사용

$$A_{sh} = 0.3ah_c\frac{f_{ck}}{f_y}\left[\frac{A_g}{A_c} - 1\right]$$

$$A_{sh} = 0.12ah_c\frac{f_{ck}}{f_y}$$

여기서, a : 띠철근의 수직 간격, 최대 150mm
A_c : 기둥 심부의 면적(mm^2)
A_g : 기둥의 총 단면적(mm^2)

A_{sh} : 수직간격이 a이고, 심부의 단면치수가 h_c인 단면을 가로지르는 보강 띠철근을 포함하는 횡방향 철근의 총 단면적(mm²)

h_c : 띠철근 기둥의 고려하는 방향으로의 심부의 단면 치수(mm)

ρ_s : 콘크리트 심부 전체의 부피에 대한 나선철근 부피의 비

3. 심부 구속을 위한 횡방향 철근 배근 기준

- 구속을 위한 횡방향 철근은 소성힌지의 발생이 예상되는 기둥의 상부나 하부에 설치되는데 그 배근구간의 길이는 고정점으로부터 기둥의 최대단면치수 또는 기둥 순높이의 1/6, 450mm 중 가장 큰 값 이상
- 소성힌지 영역 내에서의 횡방향 철근의 최대간격 : 부재 최소단면 치수의 1/4 또는 축방향 철근지름의 6배 중 작은 값을 초과해서는 안 된다.

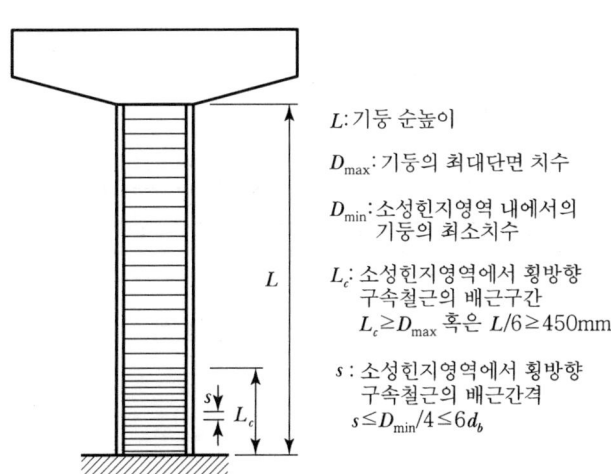

L : 기둥 순높이
D_{max} : 기둥의 최대단면 치수
D_{min} : 소성힌지영역 내에서의 기둥의 최소치수
L_c : 소성힌지영역에서 횡방향 구속철근의 배근구간
$L_c \geq D_{max}$ 혹은 $L/6 \geq 450$mm
s : 소성힌지영역에서 횡방향 구속철근의 배근간격
$s \leq D_{min}/4 \leq 6d_b$

QUESTION 05. 교량의 지진 시 주기 T를 유도하시오.

1. 구조물 변형에 필요한 등분포 하중에 의한 외부일 W_E

$$W_E = \frac{P_o}{2}\int_0^L v_s(x)dx = \frac{P_o}{2}\alpha \quad \cdots\cdots (1)$$

여기서, $\alpha = \int_0^L v_s(x)dx$

변형에너지 U의 형태로 탄성구조물의 내부에 저장

$$U = W_E$$

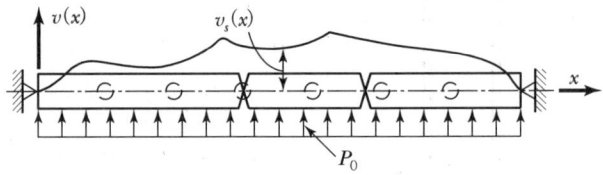

[균일한 정적하중에 의한 처짐형상]

2. 최대 운동에너지

$$T_{\max} = \frac{\omega^2}{2g}\int_0^L w(x)v_s(x)^2 dx = \frac{\omega^2 \gamma}{2g} \quad \cdots\cdots (2)$$

$$\gamma = \int_0^L w(x)v_s(x)^2 dx$$

여기서, ω : 진동계의 원 진동수
$w(x)$: 교량상부구조의 단위 길이당 무게

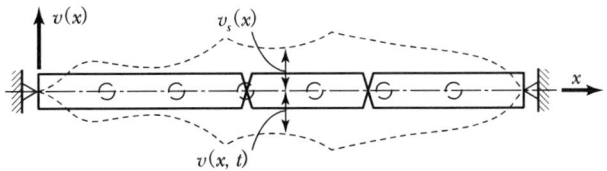

[가정된 모드형상에서 교량의 횡방향 자유진동]

3. 교량 주기산정

$$T_{\max} = U_{\max}$$

$$\frac{P_o}{2}\alpha = \frac{\omega^2 \gamma}{2g}$$

$$\omega = \frac{2\pi}{T}$$

$$P_o \alpha = \frac{\left(\frac{2\pi}{T}\right)^2 \gamma}{g}$$

$$\therefore T = 2\pi \sqrt{\frac{\gamma}{P_o\, g\, \alpha}} \quad \cdots\cdots\cdots\cdots\cdots\cdots\cdots\cdots\cdots\cdots\cdots\cdots\cdots\cdots\cdots\cdots\cdots\cdots\cdots\cdots\cdots\cdots\cdots\cdots\cdots (3)$$

QUESTION 06 라멘교량의 내진설계과정을 설명하시오.

1. 교각의 강성 산정

교각의 강성을 산정한다. 라멘교량은 기초와 상부가 강결로 연결되어 있으므로 강성은 아래 식으로 구한다.

$$K = \left(\frac{12 E_c I_c}{h^3} \right)$$

여기서, E_c : 콘크리트 탄성계수
I_c : 기둥의 관성모멘트
n : 1개 교각에 기둥의 개수
h : 기초상단에서 슬래브 도심까지의 거리

2. 고유진동주기 산정

$$T = 2\pi \sqrt{\frac{m}{k}}$$

여기서, m : 상부구조 전체무게 $= W/g$

3. 탄성지진응답계수 산정

$$C_s = \frac{1.2AS}{T^{2/3}}$$

여기서, A : 가속도계수 × 위험도계수
S : 지반계수

4. 응답수정계수 결정

하부구조		연결부위	
벽식교각	2	상부구조와 교대	0.8
철근콘크리트 말뚝기둥 ① 수직말뚝만 사용한 경우 ② 한 개 이상의 경사말뚝을 사용	 3 2	상부구조와 한 지간 내의 신축이음	0.8
단일기둥	3	기둥, 교각 또는 말뚝구조와 캡빔 또는 상부구조	1.0
강재 또는 합성강재와 콘크리트 말뚝 ① 수직말뚝만 사용한 경우 ② 한 개 이상의 경사말뚝을 사용	 5 3	기둥 또는 교각의 기초	1.0
다주기둥	5		

5. 정적 변위 산정

(1) $v(x)$ 산정

교축방향 전길이에 교축방향 등분포하중을 적용하여 변위를 산정한다.

(2) $v(y)$ 산정

교축방향 전길이에 교축직각방향 등분포하중을 적용하여 변위를 산정한다.

6. α, β, γ 산정

(1) 교축방향(x방향)

$$\alpha = \int_L^0 v(x)dx = \Sigma v(x)dx$$

$$\beta = \int_L^0 w(x)v(x)dx = \Sigma w(x)v(x)dx$$

$$\gamma = \int_L^0 w(x)v(x)^2 dx = \Sigma w(x)v(x)^2 dx$$

여기서, $w(x)$: x 거리까지의 무게

(2) 교축직각방향(y방향)

$$\alpha = \int_L^0 v(y)dx = \Sigma v(y)dx$$

$$\beta = \int_L^0 w(x)v(y)dx = \Sigma w(x)v(y)dx$$

$$\gamma = \int_L^0 w(x)v(y)^2 dx = \Sigma w(x)v(y)^2 dx$$

여기서, $w(x)$: x 거리까지의 무게

7. 각 위치별 등가정적 지진하중 $P_e(x)$ 산정

(1) 교축방향

$$P_e(x) = \frac{\beta C_s}{\gamma} w(x) \, v_s(x)$$

$$C_s = \frac{1.2AS}{T^{2/3}}$$

$$T = 2\pi \sqrt{\frac{\gamma}{P_0 \, g \, \alpha}}, \quad g = 9.81 \mathrm{m/sec^2}$$

(2) 교축직각방향

$$P_e(x) = \frac{\beta C_s}{\gamma} w(x) \, v_s(y)$$

$$C_s = \frac{1.2AS}{T^{2/3}}$$

$$T = 2\pi \sqrt{\frac{\gamma}{P_0 \, g \, \alpha}}, \quad g = 9.81 \mathrm{m/sec^2}$$

8. 지진력에 의한 단면력 산정

$P_e(x)$를 이용하여 교축방향 및 교축직각방향 단면력 산정

9. 직교 지진력의 조합

① 하중 1 = 1.0 × 종방향 탄성지진력 + 0.3 × 횡방향 탄성지진력
② 하중 2 = 0.3 × 종방향 탄성지진력 + 1.0 × 횡방향 탄성지진력

10. 설계지진력 결정

최대 설계하중 = $1.0 \times (D + B + F + H + E_M)$

여기서, D : 사하중 B : 부력
F : 유체압 H : 횡토압
E_M : 조합된 지진력/R R : 응답수정계수

CHAPTER 06 교량의 내진보강

QUESTION 01 교량의 내진보강방안을 서술하시오.

1. 내진보강 방향설정

(1) 하중개념 : 내진구조 개념

① 작용 외력에 저항할 수 있는 개념
② 예상 수명 동안 1~2회 발생 가능성이 있는 지진규모에 대해 설계
③ 보강방향은 소요단면강도가 확보되도록 할 것

(2) 변위개념 : 면진구조 개념

① 비탄성 거동을 허용하되 붕괴를 방지하는 개념
② 상당히 큰 규모의 지진에 대해서 설계
③ 보강방향 : 단면강도 및 변형성능의 확보 요망

2. 내진공법 선정 시 주의사항

(1) 지진 후의 보수성

① 약한 부재를 보강하면 다른 부재에 피해를 유발할 수 있다.
② 지진하중이 연성부재에서 비연성부재 및 취성부재로 전달되면 연성부재는 보강하지 않는다.

(2) 보강부재의 유지관리

지진발생 시 효과를 기대하기 위해서는 유지관리가 가능해야 한다.

3. 내진보강 설계절차

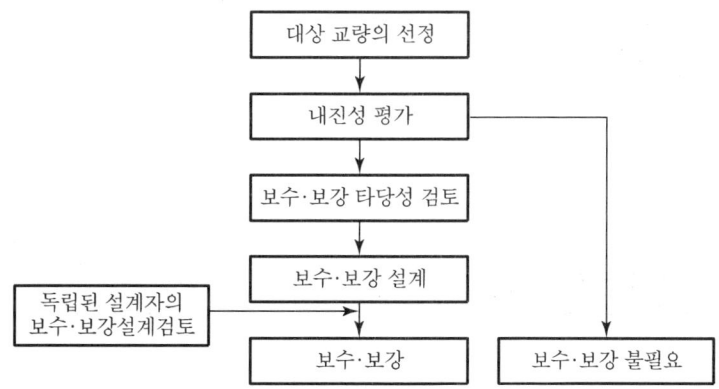

4. 대표적 내진보강공법

구분	보강방안	보강효과
작은 규모의 보강	받침장치의 보수, 보강 낙교 방지장치의 설치	받침수평저항력 증대 낙교 방지
중간 규모의 보강	받침장치의 교체 RC 교각의 보강 지진저감장치의 설치	받침수평저하력 증대 교각의 강도 변형능력 증대 지진수평력 감소
큰 규모의 보강	기초보강 지반보강	기초강도 증대 액상화에 따른 지지력 수평저항력 증대

5. 받침보강공법

부위	상태	공법
받침 본체	롤러 탈락, 받침판 균열	받침 및 파손 부재 교체
받침과 상하부 구조의 연결보	앵커볼트 파손 볼트, 너트 누락	교체
	받침 모르타르 파손	경미한 균열 시 균열확대 방지 모르타르 재시공
	받침 콘크리트 파손	받침부 확대
이동제한장치 및 부상방지장치	기능 상실	교체

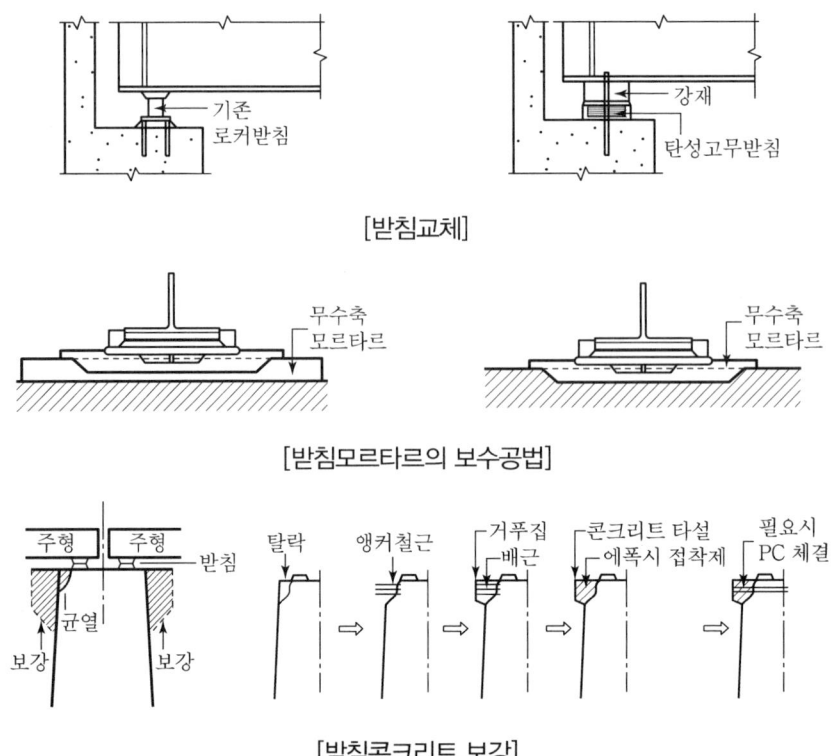

[받침교체]

[받침모르타르의 보수공법]

[받침콘크리트 보강]

6. 낙교방지장치

보강공법	보강공법의 개요
케이블 구속장치	거더와 하부구조, 거더와 거더를 연결하여 과도한 수평변위를 제한하며 거더의 이탈을 억제함
이동제한장치	거더 또는 하부구조에 돌기를 설치하여 지진 발생 시 과도한 수평변위 및 영구 잔류변위를 제한하여 거더의 이탈을 억제함
단면받침 지지길이 확대	노후화된 받침부 콘크리트가 파손된 경우와 받침 지지길이가 부족한 경우, 하부구조 연단의 콘크리트를 증가 타설하거나, 브래킷 등을 설치하여 받침지지길이를 확보함

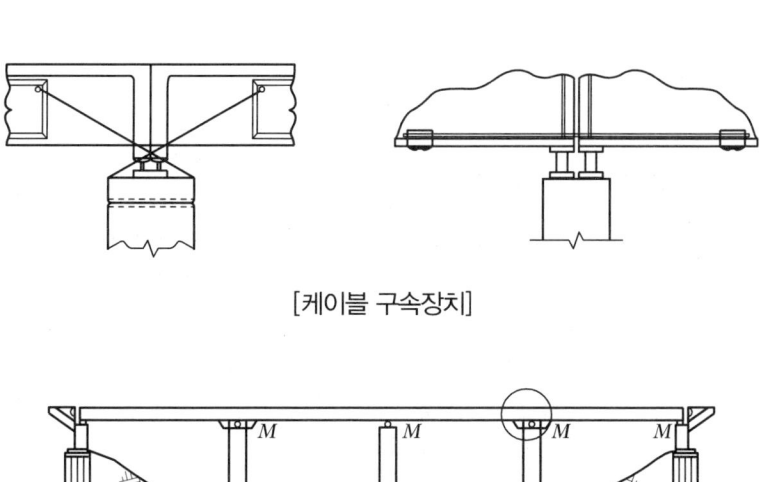

[케이블 구속장치]

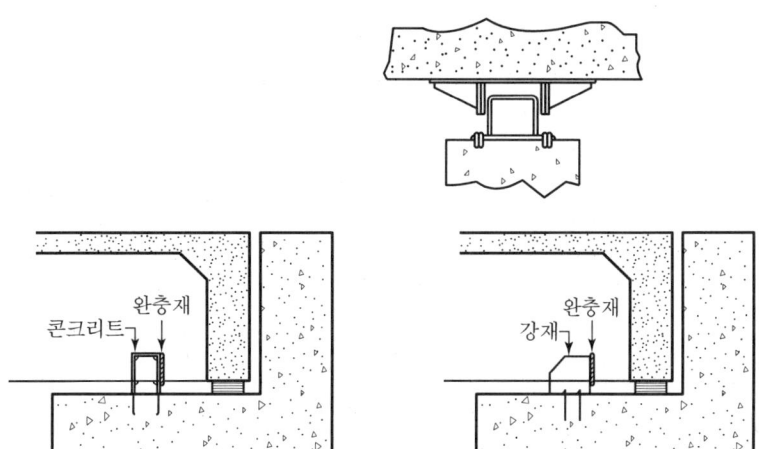

[이동제한장치(전단 키)]

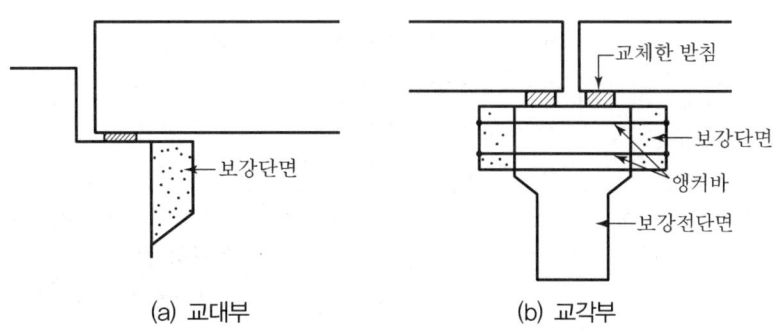

(a) 교대부   (b) 교각부

[받침지지길이 확대]

7. 교각 및 교대보강

분류	보강공법	보강공법의 개요
부재 단면 증가	콘크리트 피복공법	기존 부재에 철근을 배근하고 콘크리트를 보완 타설하여, 단면을 증가시켜 보강하는 공법이다. 비교적 큰 단면의 교각을 보강하는 데 적용되고 있다. 철근 대신에 PC 강봉을 이용하는 경우도 있다.
	모르타르 피복공법	기존 부재에 띠철근이나 나선철근을 배근하고 모르타르를 뿜어 붙여 일체화하는 공법이다. 일반적으로 콘크리트 피복공법보다 부재단면의 증가를 줄일 수 있어 라멘교 등에 적용하기 쉽다. PC 강선을 이용하는 경우도 있다.
	프리캐스트 패널 조립공법	내부에 띠철근을 배근한 프리캐스트 패널을 기둥 주위에 배치시켜 접합 키로 배합한다. 기둥과 패널의 공극에 그라우드를 주입하여 일체화시키는 공법이다.
보강재 피복	강관 피복공법	가설부재에 강관을 씌워 강관과 교각 사이에 무수축 모르타르나 에폭시를 충전하여 전단 및 연성도를 보강한다. 휨보강도를 기대하는 경우에는 부재접합부나 기초부에 강관을 정착한다.
	FRP(탄소섬유, 아라미드 섬유) 시트 접착공법	탄소 섬유 시트 또는 아라미드 섬유 시트 등의 신소재를 이용하여 부재 표면에 접착시켜 보강하는 공법이다. 크레인과 같은 중기가 필요하지 않고 보강 두께도 얇아 건축한계 등의 지장이 적다.
	FRP 부착공법	유리섬유와 수지를 스프레이 건(Spray Gun)으로 직접 부재표면에 뿜어 붙여 보강하는 공법이다. 보강두께가 얇아 건축한계에 지장이 없다. 스틸크로스 등을 병용하여 보강효과를 높일 수 있다.
보강재 삽입	철근 삽입 공법	가설 교각에 천공한다. 철근을 삽입하고 모르타르 등을 충전하여 구체 단면 내에 소요철근량을 증가시켜 전단강도 및 연성도를 보강한다.
	PC 강봉 삽입 공법	상기의 철근 대신에 PC 강봉을 삽입한다. 필요에 따라 프리스트레스를 도입한다.
부재 증설	벽 증설	라멘교 등의 교각 사이에 벽을 증설하여 휨 및 전단강도를 대폭적으로 증가시키는 공법이다.
	브레이스 증설	라멘교 등의 교각 사이에 브레이싱을 증설하여 기존 교각 부재에 작용하는 데 지진 시의 수평력을 줄이는 공법이다.
병용 공법	콘크리트 피복 + 강관피복	대단면의 교각에 있어서 휨 보강은 주로 철근콘크리트 피복에 의해, 전단 및 연성도는 강관피복에 의해 보강한다.
	철근 삽입 + 콘크리트 피복	대단면의 교각에 있어서 콘크리트의 구속효과를 향상시키기 위해 철근콘크리트 증설공법에 철근삽입공법을 병용하는 경우
	PC 강봉 삽입 + 강관피복	대단면의 교각에 있어서 강관피복공법에 의한 콘크리트의 구속효과를 높이기 위해 PC 강봉을 삽입하여 강관을 연결하는 경우

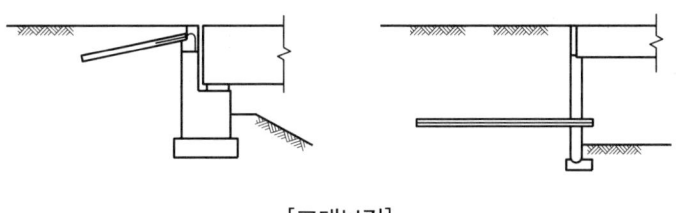

[교대보강]

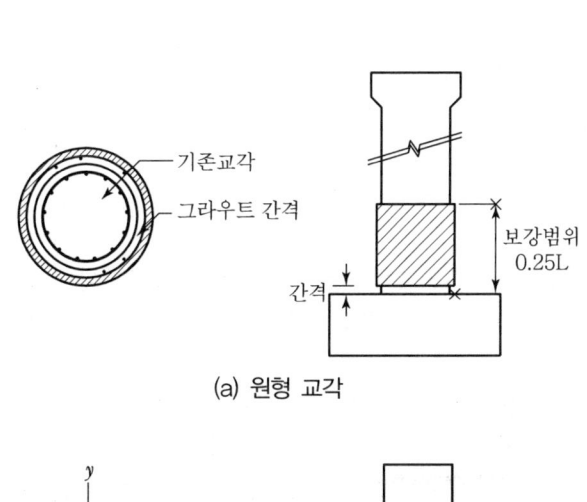

[콘크리트 증설공법]

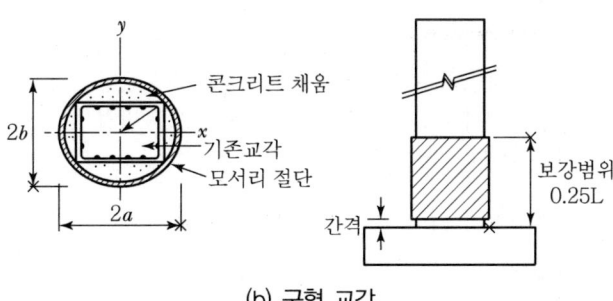

(a) 원형 교각

(b) 구형 교각

[강관보강]

8. 내진기초 및 지반보강

보강부위	보강하여야 할 결함	내진보강방법
기초	• 직접기초의 단면 부족 • 말뚝 부족 • 기초 상부철근 부족 • 말뚝 두부 연결부 저항력 부족 • 교각과 연결부 저항강도 부족 • 교각 주철근 정착 부족	• 기초 확대 • 기초 잡아주기 • 현장타설 말뚝 • 천공피어
지반	• 단층 근처 • 불안정한 사면 • 액상화 지반	• 지반지지력 증대

9. 지진저감장치

구분	장치	특징	역학적 모델
충격전달장치	댐퍼 (Damper)	감쇠기를 이용하여 에너지를 흡수하는 장치로 납, 점성유체 등을 사용한다.	
	스토퍼 (Stopper)	댐퍼와 비슷한 원리로 일본에서 주로 사용한다.	
지진격리받침	탄성고무받침 (Rubber Bearing)	원형이나 사각형의 고무에 철판을 보강한다. 주요기능은 주기의 이동으로서 자체적으로는 감쇠능력이 적다.	
	납고무받침 (Lead Rubber Bearing)	탄성고무받침 중앙에 원통형 납을 넣어 추가적인 에너지 분산장치로 사용한다. 고무에 의해 중앙복원력이 제공되고 납으로 에너지를 흡수한다. 단점은 지진 후 내부의 손상을 외부에서 확인하기 어렵고, 강진 후 모든 받침을 교체할 수도 없다.	
	마찰받침 (Sliding Bearing)	구조물과 기초 지반의 마찰을 이용하여 구조물을 지진으로부터 보호하는 장치이다.	

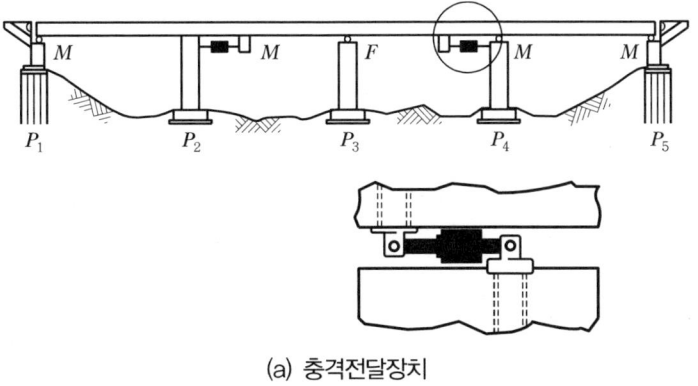

(a) 충격전달장치

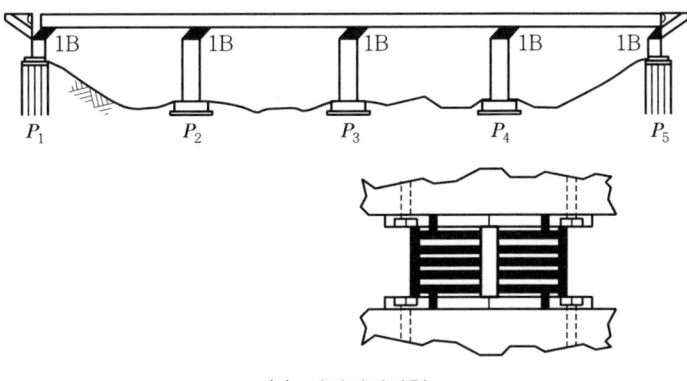

(b) 지진격리받침

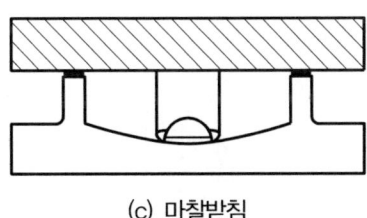

(c) 마찰받침

[연속교의 지진저감장치]

QUESTION 02. 지진에 대한 기초의 보강에 대해 설명하시오.

1. 개요

지진력에 의해 교각에 작용하는 모멘트 및 전단력에 따라 지반지지력이 부족하거나 기초판 자체의 단면이 부족한 경우에 적용하는 방법으로 기초의 내진보강은 기초의 지지력 부족에 의한 하부구조의 과대한 변위를 방지하는 것을 목적으로 한다.

보강부위	보강하여야 할 결함	내진보강방법
기초	• 직접기초의 단면부족 • 말뚝부족 • 기초상부철근 부족 • 말뚝기초 연결부 저항력 부족 • 교각과 연결부 저항강도 부족 • 교각 주철근 정착부족	• 기초판의 확대 및 단면보강 • 기초잡아주기 • 현장타설 말뚝 • 천공피어 • 강시트파일 및 그라우트 주입 • 말뚝의 증설 • 지중연속벽이나 지중보연결로 기초판 간의 하중분담 • 어스앵커에 의한 하중분담 • 기초 방호 공법
지반	• 단층 근처 • 불안정한 사면 • 액상화 지반	• 지반지지력 증대

2. 기초의 보강방법

(1) 기초판의 확대 및 단면보강

지진력에 대하여 기초단면 저항능력이 부족하거나 기초하부 지지력이 부족할 경우에는 기초판 자체의 확대 및 단면보강을 통한 직접적인 기초보강이 필요하다.

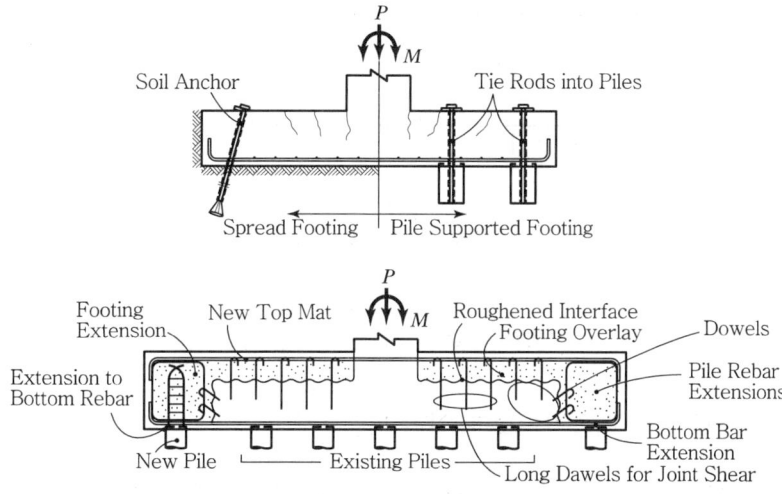

[기초판의 확대 및 단면보강]

(2) 강시트파일 및 그라우트 주입

지반 액상화의 위험성이 높은 경우 또는 기초의 지지력이 부족한 경우에 대해 지반지지력 또는 지반강도를 높이는 보강공법이다.

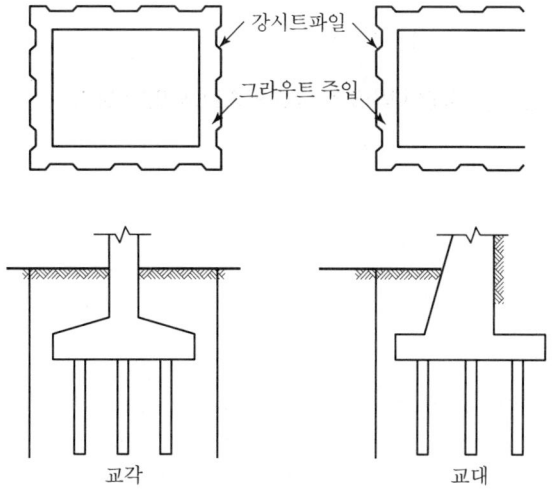

[강시트파일 및 그라우트 주입공법]

(3) 말뚝의 증설 및 푸팅확대

지반 액상화의 위험성이 높은 경우 또는 기초의 지지력이 부족한 경우에 대해서, 말뚝을 증설하면서 기초부에 의한 하중을 도모하고, 기초의 지지력을 높이는 보강공법이다.

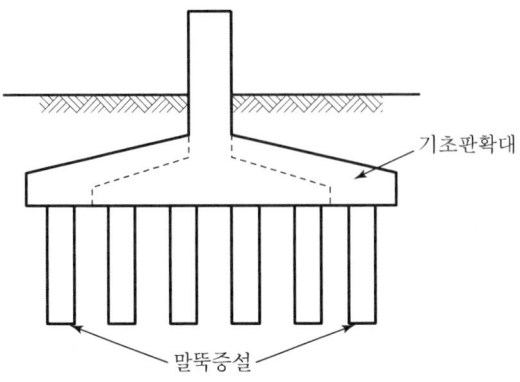

[말뚝증설 및 기초판확대 공법]

(4) 지중연속벽 또는 지중연속보에 의한 보강

지반 액상화의 위험성이 높은 경우 또는 기초의 지지력이 부족한 경우에 대해서, 지중연속벽 또는 지중연속보에 의한 하중의 분담을 도모하고, 기초의 지지력을 높이는 보강공법이다.

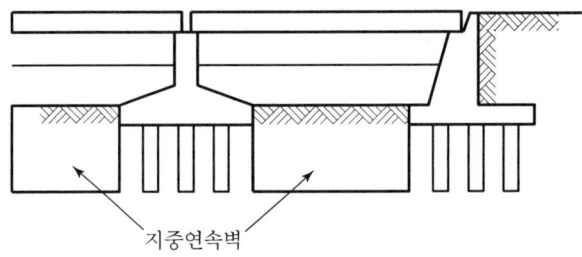

[지중연속벽 또는 지중연속보에 의한 보강]

(5) 흙막이앵커(어스앵커)

기초지지력이 부족해 교대의 측면이동이 발생하고 있는 경우 등에 대해서 흙막이 앵커에 의한 하중의 분담을 도모하고, 기초의 지지력을 높이는 보강공법이다.

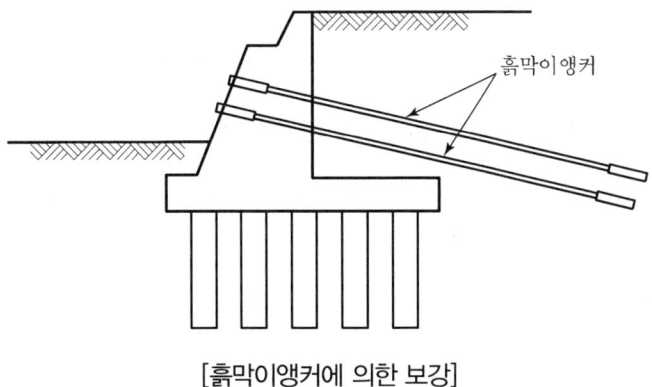

[흙막이앵커에 의한 보강]

(6) 기초방호공법

세굴에 의해 기초의 지지력이 부족해진 경우에 대해서는 기초방호공에 의한 지반지지력을 높이는 보강공법이다.

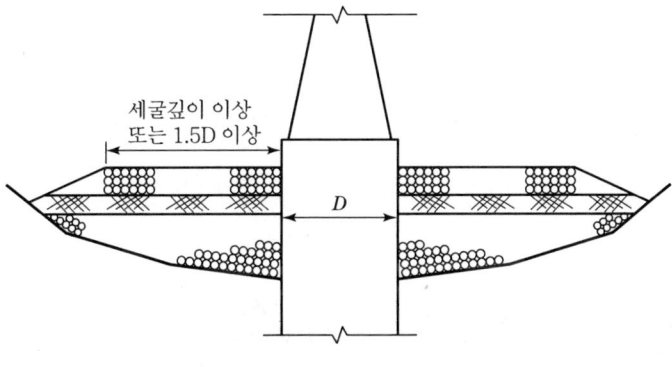

[기초방호공에 의한 보강]

CHAPTER 07 지진격리

QUESTION 01 지진격리(Base Isolation)이론 및 장치의 예를 설명하시오.

1. 개요

지진 지반운동의 에너지는 유한한 주파수대에 모여 있으므로 구조물의 고유 주기가 길수록 구조물의 지진응답은 현저히 낮아지므로 이 원리를 이용하여 여러 방안이 강구되었다.
① 구조물의 고유주기를 길게 하는 방안
- 수평방향으로 유연한 요소를 구조물과 기초 사이에 두는 방법
- 롤러나 Sliding 요소를 사용하는 방법

2. 이론

증폭구간을 피하여 고유주기를 늘리는 것이 근본원리이다.

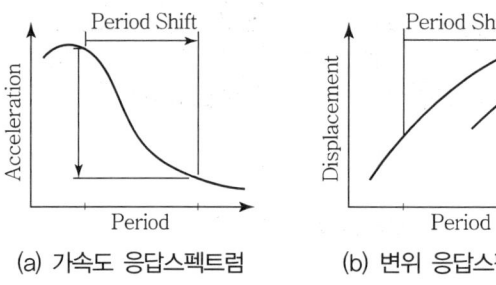

(a) 가속도 응답스펙트럼   (b) 변위 응답스펙트럼

[가속도와 변위 응답스펙트럼]

(1) 지진격리시스템

1) 지진격리시스템 구성요소
① 수직방향으로는 충분한 강성과 강도를 보유하고 있으며 수평방향으로 유연성을 제공하는 장치

② 지진격리장치 상하 간의 상대변위를 현실적인 설계한계범위로 제한할 수 있는 감쇠기 또는 에너지 소산장치
③ 풍하중이나 제동하중 등의 사용하중 작용 시 과다한 변위나 불필요한 진동이 발생하는 것을 제한하는 충분한 강성을 제공하는 억제장치

2) 수평방향 유연성 제공 격리장치
- 적층고무받침(LRB)
- Sliding요소 : 롤러나 미끄럼판 등을 사용하여 수평방향으로 쉽게 미끄러짐

3) 감쇠장치
- 외부감쇠기를 지진격리장치와 병행 사용
- LRB 내에 납봉을 넣어서 납의 이력감쇠를 이용하는 격리장치

4) Wind Restraint System
Mechanical Fuse 등을 사용하여 지진격리요소의 작동
① LRB
- 고무에 강재 철판 보강하여 수직방향 강성 증가
- 고유주기를 이동하여 지진격리

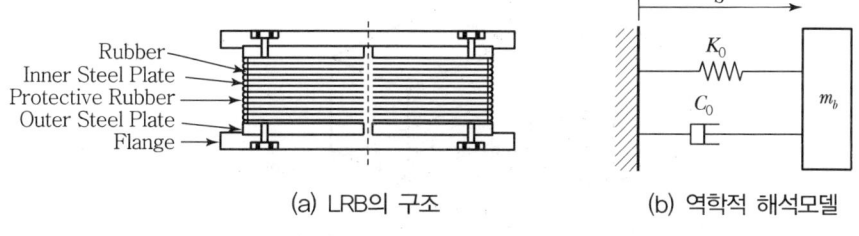

(a) LRB의 구조   (b) 역학적 해석모델

[Laminated Rubber Bearing]

② P-F(Pure Friction) Base Isolation System
구조물과 기초지반과의 마찰을 이용하여 구조물을 지진으로부터 보호함

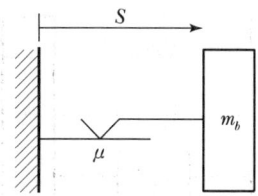

[P-F 시스템의 역학적 해석모델]

③ Friction Pendulum Bearing System

지진 시 발생하는 에너지를 구조물의 수평변위에 의한 마찰력으로 소산

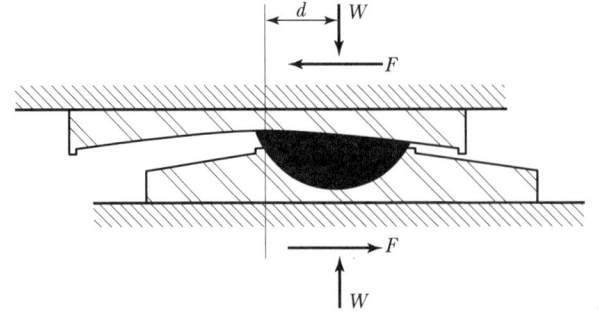

d : Design Displacement
W : Vertical Load
$F : uW + \left[\dfrac{W}{R}\right]D$
u : Dynamic Friction
R : Radius of Curvature

[Friction Pendulum Bearing System의 구조]

④ R-FBI System

LRB시스템과 P-F시스템의 특성을 모두 가지고 있음

⑤ NZ System

LRB시스템을 개선하여 만든 장치인데 LRB의 중앙에 원통형의 납봉을 넣어 추가적인 에너지 분산장치로 사용

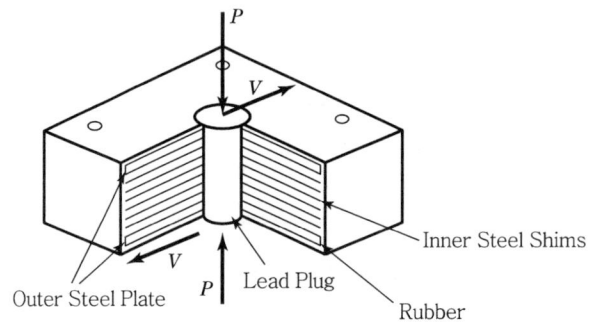

⑥ High Damping Rubber Bearing(HDRB)

외관은 LRB와 동일하나 사용된 고무가 높은 감쇠효과를 가짐

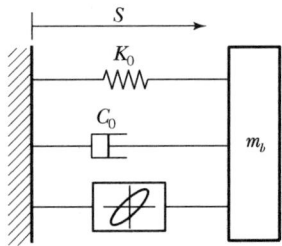

[NZ System, HDRB System의 역학적 해석모델]

3. 결론

- 현재에도 지진격리의 원리는 변하지 않았지만 다양한 장치들이 계속 개발되고 실용화되고 있다. 특히 최근 발생한 미국 Northridge 지진과 효고현 남부지진 시 지진격리 구조물이 좋은 거동을 보임에 따라 지진격리는 종래의 내진설계 방법을 대체할 수 있는 설계법으로 확실하게 자리를 잡고 있다.
- 지진격리는 비단 신규구조물의 내진설계뿐 아니라 기존 구조물의 내진성능 향상에 널리 활용되고 있다.

QUESTION 02

지진격리설계에 대한 도로교 설계기준의 기본개념, 해석법 등에 대해 서술하시오.

1. 개요

교량의 고유주기를 길게 함으로써 교량에 작용하는 지진력을 줄여주고, 지진에너지 흡수 성능 향상을 통하여 지진 시 응답을 감소시킨다.

2. 기본개념

① 지진 격리설계의 적용은 교량의 장주기화 혹은 지진에너지 흡수성능 향상효과를 상시와 지진 시의 양 측면에서 검토한 후 판단해야 한다. 다음 조건에 해당하는 경우에는 지진격리 설계를 적용하지 않는 것으로 한다.
- 하부구조가 유연하고 고유주기가 긴 교량
- 기초주변의 지반이 연약하고 지진격리 설계의 적용에 따른 교량 고유 주기의 증가로 지반과 교량의 공진가능성이 있는 경우
- 받침에 부반력이 발생하는 경우

② 교량의 장주기화로 인한 지진 시 상부구조의 변위가 교량의 기능에 악영향을 주지 않도록 해야 한다.
③ 지진격리 받침은 역학적 거동이 명확한 범위에서 사용하여야 한다. 또한 지진 시의 반복적인 횡변위와 상하 진동에 대하여 안정적으로 거동하여야 한다.
④ 이 절에서 규정하고 있는 지진격리 받침 이외에도 그 특성의 안정성이 확인된 각종 감쇠기, 낙교방지장치, 지진보호장치 등에 의하여 보다 발전된 설계를 할 경우에는 이를 인정한다.

3. 해석법

(1) 등가 정적 해석법

- 등가지진력 : $F_e = C_s W$

- 탄성지진응답계수 : $C_s = \dfrac{K_{eff}\, d}{W} = \dfrac{AS_i}{T_{eff}\, B}$

- 유효주기 : $T_{eff} = 2\pi \sqrt{\dfrac{W}{K_{eff}\, g}}$

  K_{eff} = 지진격리교량의 유효강성

(2) 단일모드 스펙트럼 해석법

등가지진력 : $P_e(x) = w(x) C_s$

(3) 다중모드 스펙트럼 해석법

$C_{si} = \dfrac{AS_i}{T_i}\ (T_i \leq 0.8\, T_{eff})$

$C_{si} = \dfrac{AS_i}{T_i B}\ (T_i > 0.8\, T_{eff})$

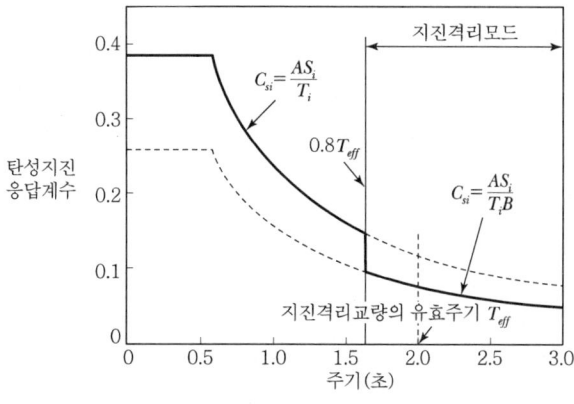

[지진격리교량의 탄성지진응답계수]

(4) 시간이력 해석법

① 지진격리 받침의 비선형 특성을 고려

② 시간이력해석을 위한 지진입력 시간이력은 감쇠율 5%에 대한 설계지반 응답스펙트럼에 부합되도록 실제 기록된 지진운동을 수정하거나 인공적으로 합성된 최소한 4개 이상의 지진운동을 작성하여 사용

③ 작성된 시간이력이 설계지반 응답스펙트럼에 부합되기 위해서는 작성된 시간 이력의 평균 응답 스펙트럼이 다음 요건을 만족해야 한다.
  - 시간이력의 응답스펙트럼 값이 설계지반 응답스펙트럼 값보다 낮은 주기의 수는 5개 이하이고, 낮은 정도는 10% 이내이어야 한다.
  - 시간이력의 응답스펙트럼을 계산하는 주기의 간격은 스펙트럼 값의 변화가 10% 이상 되지 않을 정도로 충분히 작아야 한다.

④ 시간이력의 지속시간은 10~25초, 또 강진구간 지속시간은 6~10초가 되도록 하여야 한다.

⑤ 두 방향 이상의 시간이력을 동시에 고려할 경우 각 직교방향의 시간이력은 통계학적으로 독립되어야 한다. 여기서 두 시간이력 사이의 시작시간 차이를 고려하여 계산된 상관관계수함수의 최대절대값이 0.3을 넘지 않는다면 두 시간이력은 통계학적으로 독립이라고 간주할 수 있다.

⑥ 7쌍 미만의 지반운동시간이력에 의한 해석결과로부터 얻어진 응답치의 최대값 혹은 7쌍 이상의 해석결과로부터 얻어진 평균값을 설계값으로 한다.

QUESTION 03. 지진격리설계에 관하여 다음에 대해 설명하시오.

1) 지진격리의 기본개념
2) 도로교 설계기준에 정한 지진격리설계를 적용하지 않아도 되는 조건
3) 일반지진 시와 지진격리 시의 탄성지진응답계수 C_s의 차이점
4) 대표적 지진격리장치의 예를 1가지만 들고 간략히 설명하시오.

1. 지진격리의 기본개념

(1) 개요

지진 지반운동의 에너지는 유한한 주파수대에 모여 있으므로 구조물의 고유주기가 길수록 구조물의 지진응답은 현저히 낮아지므로 이 원리를 이용하여 여러 방안이 강구되었다.

① 구조물의 고유주기를 길게 하는 방안
- 수평방향으로 유연한 요소를 구조물과 기초 사이에 두는 방법
- 롤러나 Sliding 요소를 사용하는 방법

(2) 이론

증폭구간을 피하여 고유주기를 늘리는 것이 근본원리이다.

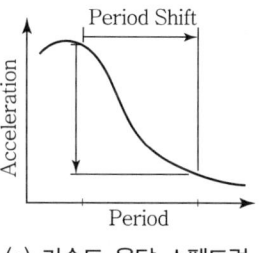
(a) 가속도 응답 스펙트럼

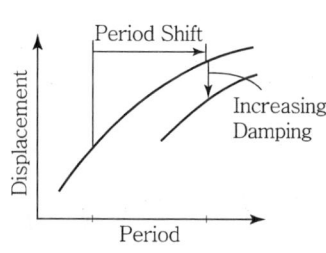
(b) 변위 응답 스펙트럼

2. 도로교 설계기준에 정한 지진격리설계를 적용하지 않아도 되는 조건

다음 조건에 해당하는 경우에는 지진격리 설계를 적용하지 않는 것으로 한다.
① 하부구조가 유연하고 고유주기가 긴 교량
② 기초주변의 지반이 연약하고 지진격리 설계의 적용에 따른 교량 고유 주기의 증가로 지반과 교량의 공진가능성이 있는 경우
③ 받침에 부반력이 발생하는 경우

3. 일반지진 시와 지진격리 시의 탄성지진응답계수 C_s의 차이점

(1) 일반지진 시

탄성지진 응답계수는 구조물의 주기(T)와 가속도계수와 위험도계수 등으로부터 구해진다.

$$C_s = \frac{1.2 \times A \times S}{T^{2/3}}$$

여기서, A : 가속도계수×위험도계수
S : 지반계수
T : 구조물의 주기

(2) 지진격리 시

- 탄성지진응답계수 : $C_s = \dfrac{K_{eff}\, d}{W} = \dfrac{AS_i}{T_{eff}\, B}$

- 유효주기 : $T_{eff} = 2\pi \sqrt{\dfrac{W}{K_{eff}\, g}}$

여기서, $K_{eff} A$: 지진격리교량의 유효강성
- B : 등가 감쇠비에 따른 지진격리교량의 감쇠계수

(3) 탄성지진응답계수 C_s의 차이점

지진격리 시에는 등가 감쇠비에 따른 지진격리 교량의 감쇠계수 B를 감안하여 탄성지진응답계수 C_s를 산정한다.

(4) 대표적 지진격리장치의 예

면진받침으로 가장 많이 사용하는 교량받침은 지진에 대한 저항성을 높인 탄성고무받침인 적층납면진받침(LRB ; Laminated Lead Rubber Bearing)이다. 이들 기능은 다음과 같다.

① 중심부에는 납을 이용한 코어를 형성하고 주변은 여러 겹의 철판과 고무를 적재하여 복원력을 증대시킨다.
② 강판은 수직하중에 대해 저항하고 납은 수평하중에 대해 저항한다.

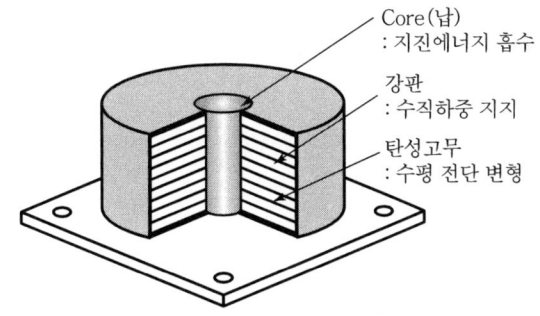

[대표적 지진격리장치의 개요도]

03편 강구조

CHAPTER 01 　강재의 성질 및 용어
CHAPTER 02 　강구조 설계법
CHAPTER 03 　인장재의 설계
CHAPTER 04 　압축재의 설계
CHAPTER 05 　휨재의 설계
CHAPTER 06 　조합력을 받는 부재
CHAPTER 07 　합성부재
CHAPTER 08 　접합부설계

CHAPTER 01 강재의 성질 및 용어

QUESTION 01 Strain Offset과 바우싱거 효과에 대해 설명하시오.

1. Strain Offset(0.2% off-set)

강재의 가공 및 재질에 따라서 뚜렷한 항복점을 나타내지 않는 경우가 있는데, 이 때는 하중 제거 후 0.2% 영구변형을 남기는 응력도를 항복점으로 잡는다. 실제로 적당한 시간이 흐르면 다소 회복되는데 이것을 탄성여효(탄성여력 : Elastic After Effect)라 한다.

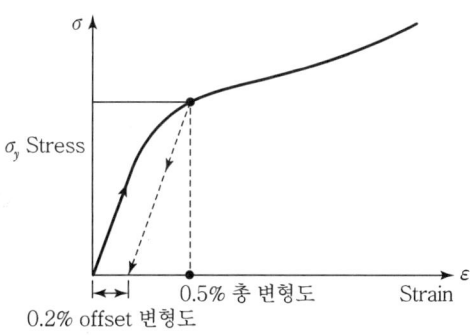

2. 바우싱거 효과(Bauschinger's Effect)

강재가 같은 금속재료는 인장과 압축에서 같은 성향을 나타내지만 O → A → B 이후 압축하면 A점에 대응하는 인장응력보다 훨씬 작은 압축응력에서 탄성을 잃어버린다. 이러한 현상을 바우싱거 효과라 한다.

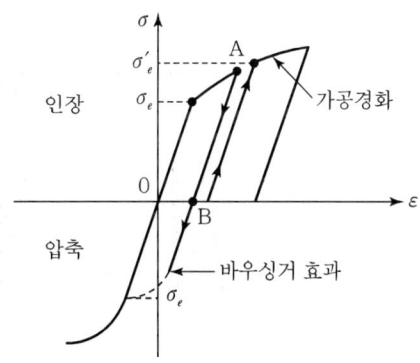

QUESTION 02 전단지연에 대하여 설명하고 발생원인을 기술하시오.

1. 정의

강구조는 두께가 얇고 플랜지폭이 큰 I형 단면이나 박스(Box) 단면에서 플랜지 길이방향으로 인접단면에 전단변형차가 있을 경우 그 내적 구속에 의해 축방향 응력의 분포상태가 일정하지 않고 거의 포물선으로 나타나는 현상을 말한다.

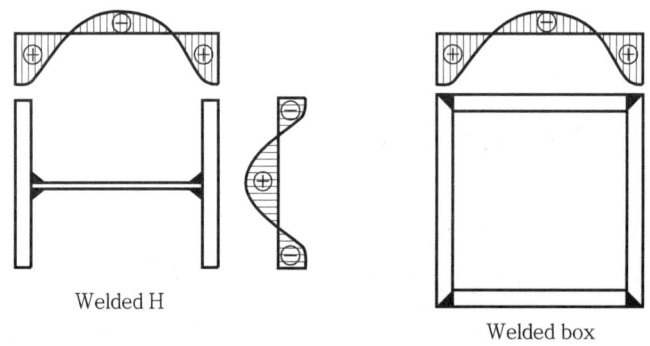

[전단지연현상을 나타낸 I형 단면 & Box 단면]

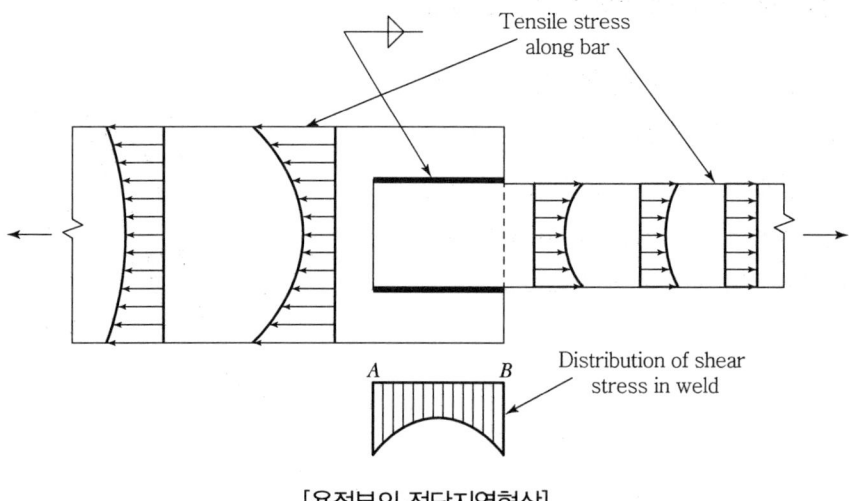

[용접부의 전단지연현상]

2. 발생위치

① 전단변형의 차가 큰 곳
② 집중하중 작용하는 곳(연속형의 중간지점, 라멘교각의 우각부)

3. 대책

① 최대 축응력이 작용하는 웨브 바로 위 또는 아래의 응력을 플랜지 유효폭에 균일하게 작용하는 것으로 가정하는 방안
② 유효폭 범위 외의 플랜지부에 좌굴 안전상 필요한 판두께를 확보하거나 보강재로 보강하는 방안

QUESTION 03. 잔류응력(Residual Stress)을 설명하시오.

1. 정의

잔류응력이란 하중을 받았다가 하중을 제거한 후에도 구조물에 응력이 남는 현상을 말한다.

2. 잔류응력의 종류

(1) 소성변형에 의한 잔류응력

과다하중으로 탄성한계를 초과하여 소성상태에 있는 보의 하중을 제거하면 잔류변형으로 잔류응력이 발생한다.

(2) 용접에 의한 잔류응력

용접에 의한 가열 또는 급속한 냉각으로 인한 열응력을 받았을 때 하중을 제거하여도 영구변형이 존재하여 구조물에 응력이 남는 경우이다.

3. 잔류응력에 의한 파괴

잔류응력이 가장 큰 부분에서 균열이 시작되면 잔류응력이 상대적으로 적은 다른 곳도 점차 붕괴의 위험성에 노출된다. 플레이트 거더의 웨브와 플랜지의 연결부에는 길이방향의 높은 구속인장응력이 존재하는데 이와 같은 용접 또는 용접부 부근의 잔류응력이 균열파괴를 유발시킬 가능성이 있다.

4. 잔류응력 해결책

잔류응력을 제거하기 위한 해결책을 정리하면 다음과 같다.
① 반복하중은 잔류응력을 감소시키므로 반복하중을 재하시킨다.
② 열처리로 잔류응력을 감소시킨다.

QUESTION 04. 강교의 장력장(Tension Field)을 설명하시오.

1. 정의

축압축부재는 좌굴 후 즉시 붕괴하나 평판에 면내력(面內力)이 작용할 때 좌굴 후에도 계속 저항력을 나타내어 바로 극한상태에 도달하지 않는 경우가 있는데, 이를 후좌굴(Post Buckling) 현상이라 하며 발생면을 장력장(Tension Field)이라고 한다.

2. 발생위치

후좌굴이 발생하는 경우

① 판형 거더의 상·하 플랜지와 복부판의 수직보강재로 둘러싸인 Panel 부분에 큰 전단력이 작용하는 경우에 발생한다.

즉, 복부판에 전단응력이 크게 발생되어 전단좌굴 후에도 바로 파괴되지 않는데 판형의 상·하 Flange와 복부판의 수직보강재는 각각 Pratt Truss의 현재와 수직재로 작용하여 약 45° 방향으로 주름이 생기면서 인장응력이 작용하는 인장력장(Tenion Field)이 발생되기 때문이다. 인장력장은 Truss의 사재로 작용하며 보작용의 전단력 이외의 추가적인 전단력을 저항할 수 있다.

[복부판에 인장장(Tension Field)이 발생한 모습]

② 복부판의 전단응력이 작아 보 이론에 의한 응력상태로 있는 경우도 후좌굴이 발생한다.

3. 인장장(Tension Field) 해석 개념

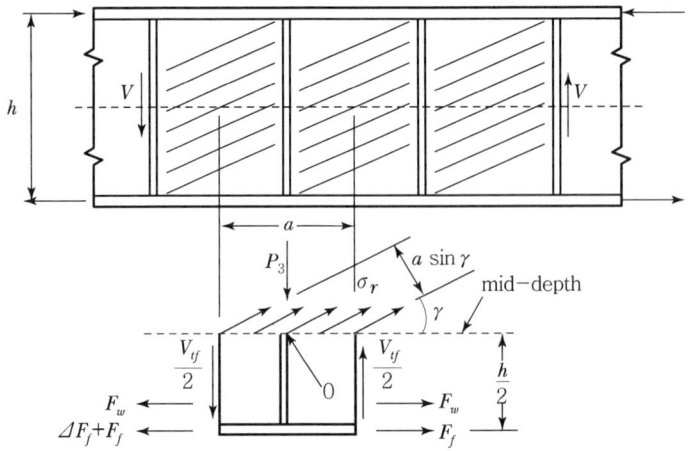

[보강재를 고려한 복부판 단면력 해석개념]

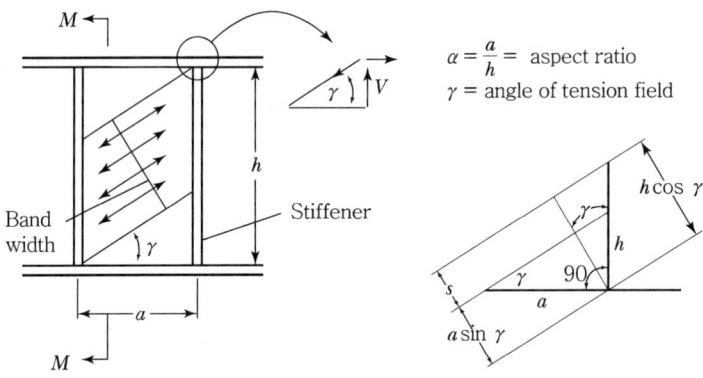

$\alpha = \dfrac{a}{h} =$ aspect ratio

$\gamma =$ angle of tension field

[보강재 부담하중 해석]

QUESTION 05

강재의 용접부 불연속 원인 중 모재에 의한 층과 층분리(lamination and delamination)에 대하여 설명하시오.

1. 정의

층상분리란 견고한 완전구속 조건상태에 있는 용접접합부에서 용접부의 용착금속이 냉각시 수축함으로써 발생되는 두께방향의 변형에 의해 모재가 갈라지는 것을 말하며 층상균열(Lamellar Tearing)이라고도 한다.

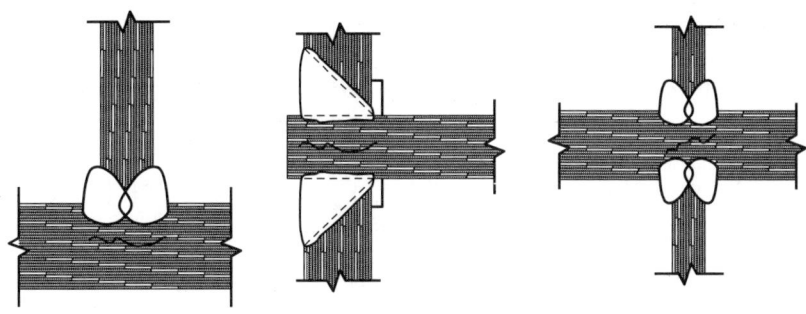

[층상형상 발생모습]

2. 발생원인

① 용착금속의 여러 층에 대한 국부변형도가 항복변형도보다 커서 발생
② 국부적으로 큰 변형도와 내적구속이 결합으로 층상균열 유발시킴

3. 발생현상

강재는 두께방향으로는 높은 강도를 갖고 있으나 탄성한계변형을 초과하는 변형에 대해서는 내하력의 한계를 갖는다. 층상 필렛균열의 단면은 수직방향보다 수평방향으로 뻗은 다층모양을 하고 있다.

내적구속(Internal restraint)이란 용착금속의 국부적인 수축에 의한 큰 변형을 억제하는 내적인 구속을 뜻하며 비탄성 변형을 일으키는 성질이 연성이다. 구조재료 중 압연방향에 평행 또는 직각방향으로 하중을 받는 강재만이 이 같은 연성을 나타낸다.

4. 특성

층상균열은 주로 T형 접합 또는 접합 모서리부에서 용접작업이 실시될 때 발생하는데 연결부의 용접수축 변형과 같은 상당한 구속력이 원인이 된다.

용접이 진행되는 동안 용접작업이 끝나면 냉각이 되면서 비금속 모재물과 철금속 사이의 접촉면에서는 격리가 발생될 정도까지 용접수축 변형도가 증가되며 이때 강에 미시균열이 형성된다. 용접이 완료되었을 때 주위 온도는 계속 하강하므로 변형도는 증가하여 전단파괴에 의한 접촉면 격리로 일어난 단층들은 층상 필렛균열을 이룬다.

5. 층상균열 발생인자

(1) 연결된 재료의 특성

강재에 두께방향으로 응력을 주게 되는 연결부들이 반드시 불리한 작용을 하는 것은 아니지만 강하게 구속된 설계에 있어서 용착금속 수축변형이 두께방향으로 흡인작용을 한다면 수축력이 부재면에 작용된 경우보다 연결부가 층상균열되는 경향이 커진다.

(2) 용착금속의 특성

모재에 가장 적합한 전극, 용접봉 또한 용제에 대한 규정 등 용착금속의 특성을 잘 결정해야 한다. 전기에 대한 변형도는 연결된 재료에 강제력으로 작용하게 되므로 높은 항복전극은 변형도에 문제가 되고, 낮은 항복전극은 변형도 재분배에 도움이 된다.

(3) 구속영향

층상균열은 높은 구속이 존재하는 플랜지에 용접을 실시할 때 일어난다. 이러한 구속은 재료의 두께, 특별한 연결부의 강성, 용착금속의 용적 또는 연결부나 국부에서의 변형 집중에 의해 일어나게 된다.

6. 대책

① 재료의 적절한 선정
② 용접설계 시 부재방향을 고려한 적절한 절개와(Grooving) 용접방향을 선정하면 재료의 결함에도 불구하고 층상균열을 피할 수 있다.

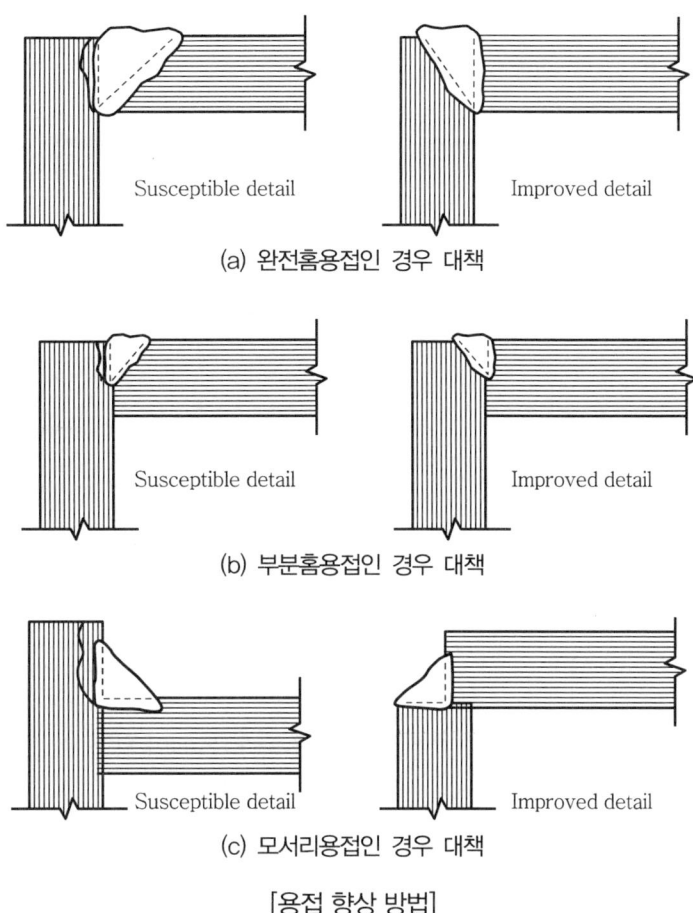

[용접 향상 방법]

QUESTION 06. TMC강에 대하여 설명하시오.

1. 정의

TMC강(Thermo Mechanical Control Process Steels)이란 열가공 제어 프로세스로 제조되는 강재를 말한다.

2. 특징

① TMC강은 제어냉각을 통해 강도를 확보함으로써 동일 강도의 일반강에 비해 탄소당량(C_{eq})을 낮출 수 있다.
② 판두께 방향으로 균일한 경도와 안정적인 품질을 얻을 수 있기 때문에 판두께가 40mm를 초과하더라도 설계기준강도를 저하시킬 필요가 없다.
③ 일반강에 비해 탄소당량(C_{eq})이나 용접균열감응도(P_{cm})이 낮기 때문에 예열 조건을 대폭 완화할 수 있으며 용접성이 뛰어난 장점이 있다.

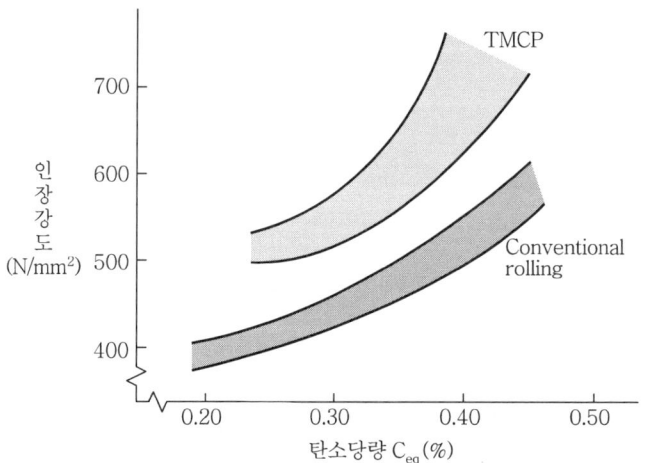

[탄소당량에 따른 일반강과 TMC강 인장강도 비교]

QUESTION 07 고장력강 사용의 특징을 설명하시오.

1. 목적

고장력강을 사용하는 목적은 다음과 같다.
① 부재단면강도, 하부구조부담 감소로 구조물 경량화
② 제작 및 가설작업 간소화
③ 시공의 단순화 및 급속화

2. 장점

① 부재단면감소로 재료가 감소되어 경제적이다.
② 구조물이 경량화되어 가설기기의 용량이 줄어진다. Block 단위 가설이 용이하게 되고 시공속도가 빨라진다.
③ 판두께의 감소로 후판 시공 시 용접상 문제점을 피할 수 있다.
④ 단면감소로 제작시 절단량, 용접량이 감소되어 경제성을 기하고 작업의 간소화를 기대할 수 있다.
⑤ 장대지간의 교량건설이 가능하고 구조형식 선정 시 자유도가 증가한다.
⑥ Slender한 설계가 가능하여 미관이 수려하다.
⑦ 상부구조물이 경량화되어 하부구조의 부담감소로 경제적이다.

3. 단점

고장력강을 사용하면 다음과 같은 단점이 있다. 즉, 단면감소에 의한 강성저하로 처짐과 진동이 크고, 항복비가 높으며, 용접성이 좋지 못하다.

(1) 강성 저하

① 단면감소로 구조물의 처짐과 변형에 따른 2차응력이 발생하며 진동 등으로 사용성이 떨어진다.
② 시방서의 처짐제한규정으로 단면강성이 결정되어 고장력강의 사용 이점이 감소된다.

③ 압축부재에서 허용압축응력이 단면크기의 세장비에 관계되어 고장력강 사용 이점이 감소된다.

(2) 항복비가 높다.

항복비가 높으면 항복 후 신장능력이 작아져 예측 못한 하중에 대해 강재 파단의 신장에 의한 에너지 흡수가 불가능해진다.

(3) 용접가공성

강재는 강도가 높을수록, 판두께가 두꺼울수록 용접성이 나빠지므로 설계단계에서 강종 선정 시 강재강도와 판두께를 용접가공성에 대해 충분한 검토가 필요하다.

(4) 경제성 검토 필요

고장력강으로 사용할 경우 최소판두께 사용은 시방서 규정과 형상 유지를 위해 만족할 경우 경제적으로 이득이 있으나 강재 사용량을 경감시킬 경우 강재단가와 제작단가의 관계로 인해 경제적이지 못한 경우도 있다.

4. 결론

고장력강에 요구되는 특성을 요약하면 다음과 같다.
① 인장강도, 항복강도 및 피로강도가 클 것
② 용접성이 좋을 것
③ 가공성이 좋을 것
④ 내식성이 양호할 것
⑤ 값이 저렴해야 할 것

설계 단계에서는 고장력강의 강종 선정에 신중을 기해야 하며, 고장력강의 이해득실을 충분히 검토하여야 할 것이다.

시공 단계에서는 고장력강, 용접 시공 시 안전한 시공법의 확립이 필요하며, 주의 깊은 시공관리가 요구된다.

QUESTION 08. 강재의 취성파괴원인과 취성감소대책을 설명하시오.

1. 정의

Notch, 볼트구멍 및 용접부와 같이 응력집중부가 많은 강재나, 저온으로 강재가 냉각되거나, 급작스런 충격하중 등의 여러 가지 요인이 강재에 중복되어 작용할 때 강재의 인장강도나 항복강도 이하에서 소성변형을 일으키지 않고 갑작스럽게 파괴되는 현상을 취성파괴라 한다.

2. 피해사례

① 파괴의 진행속도가 빠르다.
② 비교적 저온에서 발생한다.
③ 강재의 절취부나 용접결함부에 유발되기 쉽다.
④ 낮은 평균응력에서 파괴된다.

3. 발생원인

(1) 강재의 인성부족

① 재료의 화학성분 불량으로 금속조직에 결함이 있을 때
② 과도한 잔류응력이 있을 때
③ 설계응력 이상의 인장응력이 발생할 때
④ 취성파괴에 저항이 낮은 강재를 사용했을 때
⑤ 온도저하로 인한 인성이 감소됐을 때
⑥ 경도가 너무 큰 고강도강재를 사용했을 때

(2) 강재결함에 따른 응력집중

① 용접열 영향으로 재료의 이상경화 시
② 용접결함으로 응력이 집중될 때
③ 응력부식이 진행될 때

④ 강재 단면의 급격한 변화가 있을 때
⑤ Bolt 및 리벳구멍, Notch와 같은 응력집중부가 있을 때

(3) 반복하중에 의한 피로현상

4. 취성감소대책

① 부재 설계 시 응력집중계수 최소화
② 고강도 강재 선택 시 충격흡수에너지 점검
③ 동절기 강재용접 시 예열 등의 열처리 실시
④ 구조물 설치 시 과도한 외력작용 방지

5. 고찰

강재의 취성파괴는 소성변형을 동반하지 않고 갑자기 파괴되는 매우 불안정한 파괴형태이므로 파괴원인이 되는 재료의 인성부족과, 강재결함에 의한 응력집중 및 반복하중에 의한 피로현상 등이 발생하지 않도록 설계, 부재제작 및 설치에 기술자의 보다 세심한 배려가 필요하다.

6. 온도와 취성파괴의 상관관계

고온에서 강재의 취성은 감소되나 저온에서는 이와 반대효과를 갖는다.
리벳연결 구조물에 있어서 비교적 얇은 강판 [3/8 in.(20mm)]은 $\alpha_K = 3.5$의 응력집중계수를 가지며 영점에 가까운 온도에서 공용되면 일반적으로 취성파괴를 일으키지 않는다. 용접교량에서 취성파괴가 높은 온도에서 일어났다는 사실은 응력집중계수가 리벳구조물에 대한 가정치를 초과하였을 가능성을 뜻하는 것이다.
후판이 사용되었을 때 냉온효과는 심각해진다. 저온에서 취화작용의 증가율이 매우 큰 것은 림드강(rimmed steel)이고 제일 작은 것은 조립 킬드강이다. 두께뿐만 아니라 하중의 특성도 고려되어야 하는데, 사하중은 영구적 재하특성 때문에 짧은 기간의 혹한의 가능성과 함께 고려되어야 한다. 빈도가 높은 활하중 작용에 대해서도 같은 규정을 적용한다.

QUESTION 09

기둥과 보의 용접연결에서 스캘럽(Scallop)의 역할과 문제점을 설명하시오.

1. 정의

스캘럽(Scallop)이란 H형강의 부재를 기둥이나 벽체에 모멘트 접합시킬(Rigid Joint) 때 상하부 플랜지를 완전 홈용접시키기 위하여 플랜지와 간섭이 발생하는 웨브의 일정부분을 사전에 도려낸 부분을 말한다.

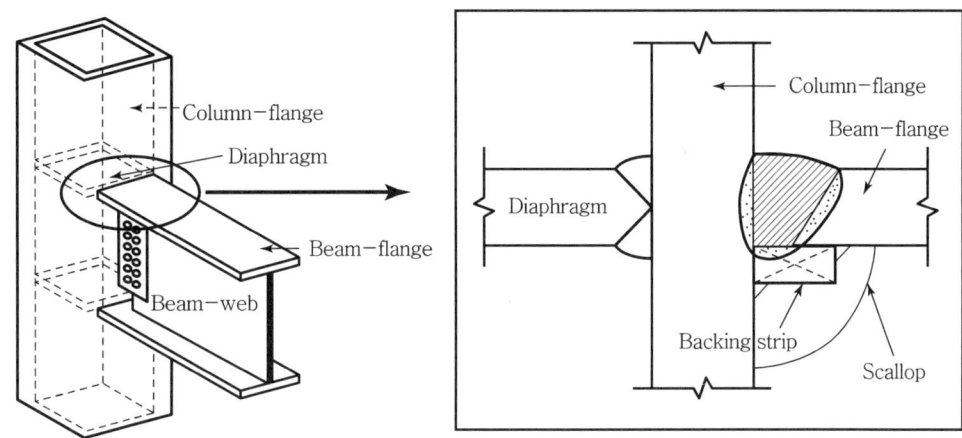

2. 스캘럽 종류

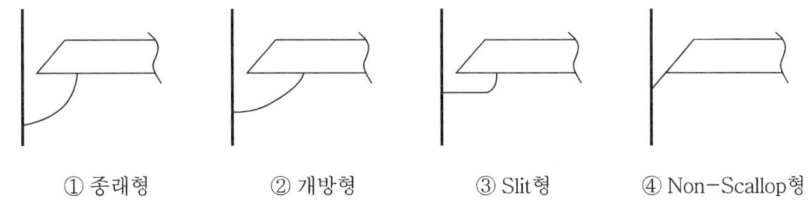

① 종래형　　② 개방형　　③ Slit형　　④ Non-Scallop형

3. 스캘럽 역할

① 플랜지부의 완전 홈용접으로 강결구조가 되도록 작업공간을 제공한다.
② Backing Strip(Bar)를 설치하는 공간을 제공한다.

4. 스캘럽 문제점

① 웨브의 전단단면이 감소되어 전단력 저항력이 저하된다.

② 용접잔류응력으로 지진 시 파괴유발 위치가 되어 구조물 붕괴를 가져올 수 있다.

QUESTION 10

강재 구조물의 용접이음을 한 경우, 용접의 비파괴 검사방법 및 용접이음의 장단점에 대해 기술하시오. 또한, 용접부의 잔류응력의 영향과 그 대책에 대해 기술하시오.

1. 비파괴 검사방법

용접부에 대한 비파괴 검사방법은 다음과 같으며 특징은 아래 표와 같다.
① 육안검사법(VT ; Visual Test)
② 방사선검사법(RT ; Radiation Test)
③ 자분탐상검사법(MT ; Magnetic Test)
④ 약액침투검사법(PT ; Penetration Test)
⑤ 초음파검사법(UT ; Ultrasonic Test)

검사방법	적용부분	검사내용	장단점	비고
육안검사	전용접부	균열, 오버랩, 언더컷, 용접부족, 비드불량, 뒤틀림, 용접 누락	• 비용이 적게 든다. • 즉시 수정 가능 • 표면결함에 한정 • 기록이 어렵다.	확대경 각장게이지 휴대용 자
방사선 검사	V용접 X용접 홈용접	내부균열, 기포, 슬래그 용입, 용입 부족, 언더컷	• 증거를 보존가능 • 즉석 결과파악 가능 • 결과분석에 많은 경험 필요 • 취급상 위험	검사비가 비싸다.
자분탐상 검사	홈용접 필렛용접	표면의 갈라짐, 용입 부족, 표면 가까이에 있는 균열	• 표면결함조사 가능 • 신속하다. • 즉석판단 가능 • 자성물체만 적용 가능 • 현장, 해석 경험 필요	전원 필요
약액침투 검사		눈으로 판별할 수 없는 미세 표면균열	• 사용 간편 • 비용 저렴 • 표면결함만 조사가능	세척액 침투액 현상액
초음파 검사		표면 및 깊은 곳의 결함 탐사, 미세한 내부결함 및 부식상태 검사	• 정밀검사 가능 • 신속한 결과 도출 • 현장파악 가능 • 고도의 기술과 숙련 필요	초음파 탐사기

2. 용접이음의 특징

① 연결부재가 필요치 않아 구조물이 단순화 및 경량화 가능하다.
② 연속접합으로 응력전달이 확실하고 시공 시 소음이 적다.
③ 확실한 인장이음이 보장된다.
④ 현장용접은 신뢰성이 저하된다.
⑤ 용접부에 응력집중현상이 발생한다.
⑥ 용접부 변형으로 2차응력이 발생한다.
⑦ 용착금속부의 열변화로 잔류응력이 발생한다.

3. 잔류응력 영향과 대책

(1) 정의

잔류응력이란 하중재하로 재료가 변형된 후 외력을 제거한 뒤에도 재료에 남아있는 응력을 말한다.

(2) 발생원인

① 탄소성 반복하중 작용 시
② 용접하중 작용 시

(3) 잔류응력 영향

① 소성변형 발생
② 피로수명과 파괴강도 저하(인장응력 발생 시)
③ 부식 및 부식균열 촉진
④ 좌굴(Buckling)영향 증가
⑤ 뒤틀림(Twisting) 발생

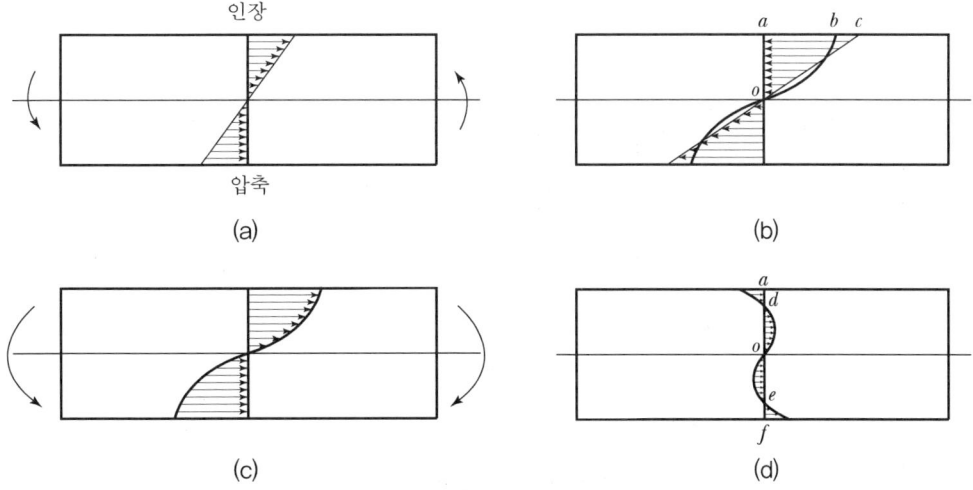

[휨작용 시 발생하는 잔류응력]

[잔류응력이 있는 소재를 절삭한 후 발생하는 변형]

(4) 대책

① 응력제거 풀림처리 또는 열처리

② 소성변형을 추가하는 방법

③ 응력이완 작용을 통한 잔류응력의 감소

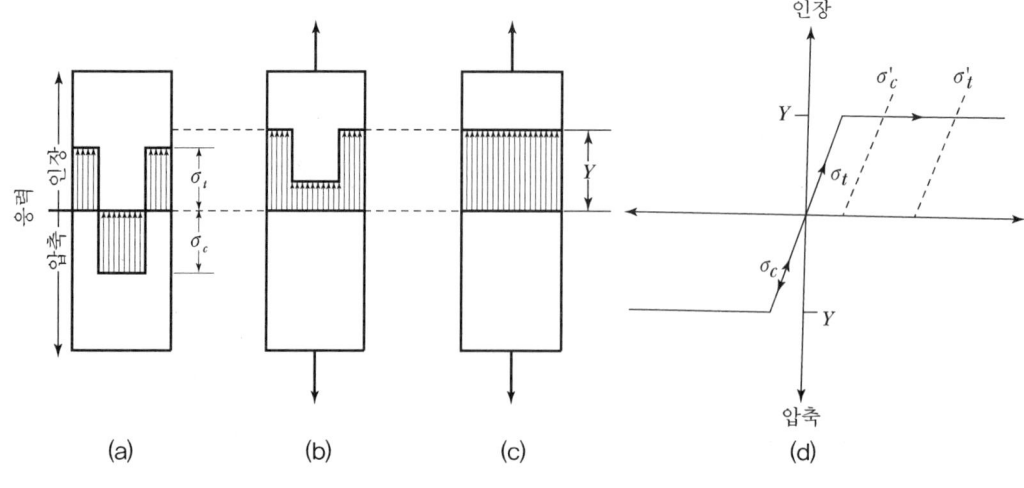

[인장에 의한 잔류응력 제거법]

QUESTION

11 강구조의 좌굴현상과 설계상의 대책을 설명하시오.

1. 개요

강구조물의 좌굴현상이란 주요부재가 압축을 받아 한계치를 초과하게 되면 이에 대응하는 변형상태가 급하게 변하여 불안정상태가 되는 것을 말한다. 일반적으로 좌굴에 의해 부재는 내하력을 잃고 구조물은 파괴된다.

2. 좌굴 분류

강구조물의 좌굴은 아래와 같이 분류하고 있다.
① 구조물 전체가 동시에 불안정하게 되고 내하력을 잃어 분리하는 전체좌굴
② 구조계를 구성하는 합성부재의 좌굴

3. 좌굴 요인

(1) 중심압축재(기둥)

이상적인 중심압축 탄성좌굴로 Euler좌굴이라 하며, 실제 부재는 피할 수 없는 초기변형과 하중의 편심이 단면 내에 존재하여 강도를 저하시켜 좌굴이 발생되는 경우이다.
① 잔류응력의 영향 ⇒ 세장비가 작은 범위에서 나타남
② 초기변형의 영향 ⇒ 세장비가 큰 범위에서 크게 나타남

(2) 휨부재(보)

휨모멘트를 받은 고형단면의 flange의 허용응력은 ⇒ 거리의 횡좌굴응력을 기본 내하력으로 규정된다. 횡좌굴이란 도형 단면의 강축면 내에서 휨이 작용할 때 깊이 어느 일정치에 도달하면 → 부재는 처짐면 내에서 처짐면 외로 비틀림을 동반한 횡방향변형이 크게 되어 → 거리의 휨 내하력을 잃는 상태를 말한다. 횡좌굴은 거리 전체로서도 안전도 조사가 필요한 경우가 있다.

(3) 축방향 압축력과 휨을 동시에 받는 부재

축방향압축력과 휨을 동시에 받는 부재는 휨모멘트가 강축에 대해 작용하는 것이 보통이다. 이 경우 휨작용면 내의 휨좌굴과 휨작용면 외의 휨과 비틂이 일어나 휨비틀림 좌굴이 생길 가능성이 있다.

따라서 2가지의 안전성을 조사해야 하나 일반적으로 작용면 외의 좌굴강도가 작다.

(4) 판(Plate)

강부재를 구성하는 판이 면내의 순압축력과 휨을 받아 압축응력이 어느 일정치에 도달하면 면외방향으로 휘는 현상을 말한다. 판의 국부좌굴이라 하여 실제구조물에서는 초기 변형 및 잔류응력의 영향을 받으며 판의 좌굴에는 거더의 복부판 및 강관에서 많이 나타난다.

후좌굴현상은 판에 좌굴이 생겨도 축하중을 받는 축에서 하중과 달리 급격히 파괴하지 않고 서서히 변형되는 좌굴현상을 말한다.

4. 설계상 대책

좌굴에 대한 설계상 대책은 다음과 같이 요약된다.

(1) 허용압축응력 저감

(2) 각종 보강재를 이용한 세부구조설계 추가

강구조의 허용압축응력은 기둥의 좌굴강도, 보의 횡좌굴강도를 기본내하력으로 하여 결정된다. 기본내하력은 부재가 갖는 불완전성(잔류응력, 초기변형 등)을 개정하여 계산될 수 있고 실험적 방법에 의해 결정할 수 있다. 즉, 허용응력을 기본내하력에 안전율로 나누어 결정한다.

1) 기둥 설계 시

세장비에 의해 허용압축응력이 결정되며 세장비는 기둥의 유효좌굴길이에 의해 결정된다. 기둥부재의 양단지지조건에 따라 기둥의 좌굴형태 및 유효좌굴길이가 다르며 시방서에 따른다.

2) 보 설계 시

압축 Flange의 고정점 간의 거리(l)와 폭(b)의 l/b에 의해 허용휨압축응력을 결정한다.

l/b가 크게 되면 횡좌굴현상에 의해 허용휨압축응력이 크게 저하되므로 상한치를 정하여 그 이하로 제한한다.

3) 판설계 시

판좌굴의 대책은 ① 판의 목, 두께 제한 ② 보강재를 설치하여 판두께와 판의 지지상태 및 하중조건에 의해 국부좌굴이 발생하지 않는 범위가 결정된다. 보강재를 설치하는 방법은 국부좌굴과 전체좌굴을 연관성을 고려하여 판에 가로 및 세로 보강재를 설치하여 간격 및 강도를 결정한다. 보의 복부판에서 휨 및 전단좌굴에 대한 대책은 최근 복부판 두께를 정하고 필요한 간격 및 강도를 갖는 수평·수직보강재를 배치한다.

QUESTION 12 무도장강재의 정의와 유의해야 할 사항을 기술하시오.

1. 정의

일반적으로 강재는 대기 중에서 부식되기 쉬우나 대기 중에서 부식에 잘 견디고 녹슬음의 진행이 지연되도록 개선시킨 강재를 내후성(耐候性) 강재(SMA로 분류)라 말한다. 특히, P-Cu-Ni-V계의 내후성 고장력강은 내후성이 우수하여 무도장(無塗裝)으로 사용할 수 있는데 이와 같이 도장 없이 사용하는 내후성 고장력강을 내후성 무도장 강재라 한다.

2. 특징

(1) 내후성 강재의 특징

① 내식성이 우수
② 저온에서 인성(Toughness)이 좋음
③ 내부식이 우수
④ 녹슬음이 지연
⑤ 무도장으로 사용가능
⑥ 두께 증가 시 용접성 저하
⑦ 외피 녹 발생 시 부실시공 오해 발생

(2) 내후성 강재의 구성성분

① 구리(Cu)
② 인(P)
③ 크롬(Cr)
④ 바나듐(V)

(3) 내후성 강재의 종류

① 1종(SMA 400 A, B, C)
② 2종(SMA 490 A, B, C)
③ 3종(SMA 570)

(4) 내후성 강재 사용 시 유의사항

1) 용접성 저하

내후성 강재는 내후성을 증가시키기 위하여 인(P)량을 증가시켰기 때문에 강재두께가 두꺼울수록 용접성이 떨어지는 단점이 있으므로, 가능한 용접연결을 지양하고 볼트연결을 사용해야 한다.

2) 내후성 강재 종류 선정주의

내후성 강재종류 중 W(Weathering) 표기는 보통 녹에 대한 안정화처리를 시행한 강재이므로 무도장을 의미하며, P(Painting) 표기는 도장하여 사용해야 한다.

3) 내후성 강재에 대한 이해 주지

내후성 강은 녹이 발생되지 않는 것이 아니라 보통 붉은 녹 아래층에서 특유한 흑갈색 녹이 발생하여 밑바탕 강재와 밀착되어 붉은 녹이 더 이상 발생되지 않게하여 녹슬음을 지연시키는 특징이 있으므로, 내후성 무도장강재를 사용할 때 녹이 발생하는 것이 부실시공이 아니라는 사실에 유의해야 한다.

3. 제한사항

(1) 가능한 용접연결 자제

(2) 용접성이 저하되므로 사용두께 제한

① 열간압연강재는 16mm 이하
② 냉간압연강재는 0.6~2.3mm 사용

(3) 도장강재(P)와 무도장강재(W)에 대한 올바른 이해 요구

QUESTION 13: SRC 구조물의 해석방법과 문제점을 논하시오.

1. 정의

철골 철근콘크리트(SRC ; Steel Reinforced Concrete) 구조물이란 콘크리트 속에 철골을 매설하고 철근을 배근하여 외력에 저항하도록 한 철골과 철근 및 콘크리트가 합성되어 이루어진 구조물을 말한다.

2. SRC 특징

(1) RC 구조물에 비해

1) 장점
   ① 단면치수 감소로 경제적
   ② 인성이 증가되어 내진성이 우수
   ③ 자중감소 기대
   ④ 큰 단면설계 시 철골단면 사용으로 다단철근 배근 불필요
   ⑤ 극한하중 작용 시 철골의 소성저항능력으로 안전성 기대
   ⑥ 구조체로서 신뢰성 향상
   ⑦ 철골의 우선시공으로 시공성 향상

2) 단점
   ① 콘크리트와 부착력이 낮아 분리가능
   ② 철골비율이 큰 경우 콘크리트 균열폭이 증가되는 경향 발생
   ③ 강재비율이 많은 경우 콘크리트 타설이 곤란할 수 있음
   ④ RC 구조에 비해 고가임
   ⑤ 철근설계가 복잡

(2) 강구조물에 비해

1) 장점
① 방청, 방화 등의 유지관리 불필요
② 강성이 커 변형량이 작음
③ 소음과 진동이 경감
④ 공사비 감소

2) 단점
① 자중이 증대
② 철골 조립 후 콘크리트 타설로 공사기간이 다소 길어짐

3. SRC 사용처

① RC 구조에서 내진성이 약한 경우
② 강구조물에서 강성이 부족한 경우
③ 장지간 보를 지지하는 기둥구조인 경우
④ RC 구조로는 강도가 부족하고 강구조물에는 진동이 예상되는 경우
⑤ 전단파괴가 예상되는 기둥
⑥ 응력과 변형집중이 예상되는 경우

4. SRC 해석방법

(1) 철골방식

콘크리트를 피복으로 간주하고 철근을 철골단면으로 고려하여 해석하는 방식

(2) 철근콘크리트방식

철골을 철근으로 간주하여 철근콘크리트 단면으로 고려하여 해석하는 방식으로 철골과 콘크리트의 부착 확보가 문제로 대두되는 해석방법

(3) 누가강도방식

철근콘크리트의 허용내력과 철골부분의 허용내력을 독립적으로 고려하여 그 합을 합성단면의 허용내력으로 간주하는 해석방법으로 가장 널리 쓰이고 있는 방식

5. SRC 설계 시 유의사항

SRC 구조물의 극한내하력 해석과 설계는 누가강도방식을 적용하여 해결하고 있으나 구조물 변형 문제에 대해서는 다음과 같은 사항의 검토가 요구되므로 SRC 구조물 설계 시 이를 고려해야 한다.

설계 시 고려해야 할 검토사항은 다음과 같다.

① 기둥에 작용하는 축압축력과 변형의 상관관계
② 철골단면과 변형의 상관관계
③ 횡방향 구속철근과 변형의 상관관계

상기와 같이 철골과 콘크리트가 어떤 상호작용을 하는지 정확하게 예측하여 설계에 반영할 필요가 있다.

CHAPTER 02 강구조 설계법

QUESTION 01 강구조물의 설계법에 대해 설명하시오.

1. 개요

강구조물의 설계방법은 다음과 같다.
① 허용응력 설계법
② 소성설계법
③ 하중·저항계수 설계법(LRFD)

2. 설계 방법

(1) 허용응력 설계법

① 강구조물의 설계에서 가장 오래된 설계법
② 강재가 공칭항복응력(Nominal yielding stress)에 도달하면 파손이 일어난다고 하는 기준과 후크의 법칙을 따르는 이상적 선형 탄성 거동에 기초를 두고, 구조물 내의 응력이 허용응력을 넘을 수 없다는 가정에 기초를 두는 설계법
③ 법규나 시방서는 항복점 응력을 적당한 안전율(Safety factor)로 나누어 줌으로써 최대 허용응력을 결정
④ 응력 변화는 중립축에서 0이고 연단의 응력이 항복응력에 도달할 때까지 선형적으로 변화함
⑤ 보의 저항 모멘트 : $M_y = f_y S_x$

(2) 소성 설계법(Plastic design)

① 구조물 내 어떤 점에서의 응력이 항복점에 도달한 후에도 구조물이 파괴되지 않고 항복변형 이후 단면의 소성변형(소성흐름)을 허용하며 응력 재분배에 의한 상당한 추가 외력에 저항할 수 있다는 소성이론에 근거한 설계법
② 응력변화는 보의 전 단면에서 항복응력상태이며 이렇게 되면 단면 전체가 항복하게 되며 더 이상의 추가적인 모멘트에 저항할 수 없게 되는데, 이때의 저항 휨모멘트를 소성 모멘트라 하고 M_p로 나타낸다.
③ 소성 모멘트 M_p : 부재 단면이 완전 소성상태가 되어 소성 힌지(Plastic hinge)가 생기게 되는 모멘트 : $M_p = f_y Z_x (Z_x$: 소성단면계수)
④ 소성설계에서는 실사용 하중에 하중계수를 곱한 극한하중을 설계하중으로 사용

(3) 하중 – 저항계수 설계법(LRFD)

① 하중 – 저항계수 설계법은 지난 1986년에 미국의 AISC에서 채택한 새로운 설계법
② LRFD는 강구조 부재의 극한 내력강도 또는 한계내력에 기초를 두고 극한 또는 한계하중에 의한 부재력이 부재의 극한 또는 한계내력을 초과하지 않도록 하는 설계법
③ 하중 및 하중저항 관련 안전모수, 즉 계수 안전율의 결정을 허용응력설계법과 같이 오랜 경험에만 의존하지 않고 모든 불확실성을 확률 통계적으로 처리하는 구조 신뢰성 이론에 의해 처리하는 보다 합리적이고 새로운 설계법
④ 강도 한계상태(Strength Limit State)와 사용성 한계상태(Serviceability Limit State)로 대별

3. 각 설계법의 차이점 비교 분석

구분	WSD (Working Stress Design)	PD (Plastic Design)	LRFD(Load and Resistance Factor Design)
기본 개념	철근콘크리트를 탄성체로 보고 탄성이론에 의해 구한 응력이 허용응력을 넘지 않도록 설계하는 방법 $f_c \leq f_{ca}$ $f_s \leq f_{sa}$	항복변형 이후 단면의 소성변형(소성흐름)을 허용하며 응력 재분배에 의한 상당한 추가 외력에 저항할 수 있다는 소성이론에 근거한 설계법	부재의 극한내력강도 또는 한계내력에 기초를 두고 한계하중에 의한 부재력이 한계내력을 초과하지 않도록 하는 설계법 $\phi R_n \geq \sum r_i Q_{ni}$

구분	WSD (Working Stress Design)	PD (Plastic Design)	LRFD(Load and Resistance Factor Design)
장점	• 전통성(Tradition) • 친숙성(Familiarity) • 단순성(Simplicity) • 경험(Experience) • 편리성(Convenience)	• 극한하중 사용 • 하중특성 설계반영 • 설계 과정은 탄성 설계와 유사	• 신뢰성(Reliability) • 안전율 조정성 • 거동(Behavior) • 재료무관시방서 • 경제성(Economy) • 설계형식
단점	• 신뢰도(Reliability) • 임의성(Arbitary) • 보유내하력(Capacity) • 설계형식(Design Format)	• 사용성 별도 검토 • 소성설계를 위한 형강의 소성단면 계수 제원을 사용하여 적합한 단면 선택	• 변화(Change) • S/W(Software) • 이론에의 치중(Theory) • 보정(Calibration)

4. 결론

확률이론에 기초한 LRFD설계법은 안전성은 극한상태를 검토함으로써 확보하고, 사용성은 사용한계상태를 검토함으로써 확보함으로써 강도설계법의 결점을 개선한 일보 진전된 설계법인데 균일한 안전수준을 확보할 수 있으며 궁극적으로 모든 시방서가 나아가야 할 방향으로 사료된다.

QUESTION 02
강구조 설계에서 허용응력 설계법과 하중저항계수 설계법의 안전도 개념을 비교 설명하고 장단점을 기술하시오.

1. 한계상태 설계법

(1) 정의

한계상태 설계법(Limit State Design)은 구조물이 파괴될 파괴확률과 구조물이 파괴되지 않을 신뢰성 확률로 나타내어 안전성을 평가하는 설계방법이다.
구조물에 작용하는 실제하중과 재료의 실제강도가 하중과 강도의 변동을 고려하여 확률론적으로 구조물의 안전성을 평가하며, 구조물이 그 사용목적에 적합하지 않게 되는 어떤 한계상태에 도달되는 확률이 허용한도 이하로 되게 하려는 설계법이다.

(2) 적용방법

하중작용이나 재료강도 등에 대한 통계자료가 충분하지 못하므로 하중작용과 재료강도에 대한 안전계수를 부분적으로 도입하여 구조물에 작용하는 극한 또는 한계하중으로 발생되는 부재력이 부재의 극한 또는 한계내력을 초과하지 않도록 하는 설계하는 방법이다.

(3) 적용국가

1970년초 영국의 설계기준 BS8810에 등장하였으며, 1986년 미국의 AISC에서 채택한 설계기법으로서, 영국과 캐나다에서는 한계상태설계법이라 부르고 있으나 미국에서는 하중저항계수설계법(LRFD ; Load and Resistance Factored Design)이라 부르고 있다.

(4) 의미

하중과 재료의 저항관련 안전계수를 확정적인 설계안전율에 의하지 않고, 하중과 재료의 저항에 관련된 모든 불확실성을 확률 통계적으로 처리하는 신뢰성 이론에 기초하여 결정하므로 일관성 있는 적정수준의 안전율을 확보할 수 있어 구조물의 신뢰도를 높이는 보다 합리적이고 새로운 설계방법이라 하겠다.

(5) 안전도 개념

구조물의 안전도와 신뢰도는 불확실량들의 통계적인 추정에 기초한 확률모형 즉, 구조신뢰성 방법에 의해 파손확률 P_f 또는 신뢰성 지수 β를 척도로 하여 해석해야 하고, 따라서 종래에 사용해 오던 공칭 안전율도 신뢰성 지수와 저항과 하중의 통계적 불확실량(평균, 분산)의 함수로 유도되어야 한다.

1) 구조물의 파괴 확률

확률적인 구조 안전도는 구조물의 신뢰도 P_r 또는 한계상태 확률, 파괴확률 $P_f(=1-P_r)$에 의해 정의된다.

① 구조 부재의 안전도 : 랜덤변량인 안전여유 $Z = R - S$에 의해 좌우
② $Z \leq 0$일 때 안전성을 상실한 파손 또는 파괴상태
③ 구조부재의 파손 확률 P_f

$$P_f = P(R \leq S) \quad \cdots\cdots (1a)$$
$$= P(R-S \leq 0) \quad \cdots\cdots (1b)$$
$$P_f = P(R/S \leq 1) \quad \cdots\cdots (1c)$$
$$= P(\ln R - \ln S \leq 0) \quad \cdots\cdots (1d)$$

2) 신뢰성 지수

확률적인 안전도의 정의로 파손 확률 대신에 상대적인 안전 마진을 나타내는 신뢰성 지수 즉, 안전도 지수(Safety Index)를 사용

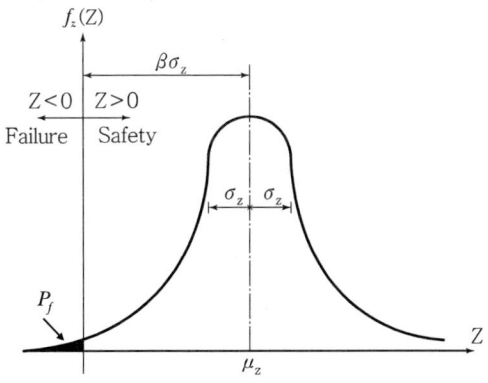

[안전여유의 분포]

β : 안전도 지수 또는 신뢰성 지수

$$P_f = \phi\left[\frac{-(\mu_R - \mu_s)}{\sqrt{(\sigma_S^2 + \sigma_R^2)}}\right] = \phi(-\beta)$$

$$\beta = \frac{\mu_z}{\sigma_Z} = \frac{\mu_R - \mu_S}{\sqrt{\sigma_S^2 + \sigma_R^2}}$$

2. 허용응력법

(1) 개념

강재가 공칭항복응력(Nominal yielding stress)에 도달하면 파손이 일어난다고 하는 기준과 후크의 법칙을 따르는 이상적 선형 탄성 거동에 기초를 두고, 구조물 내의 응력이 허용응력을 넘을 수 없다는 가정에 기초를 두는 설계법

(2) 안전도 개념

1) 안전율 사용하여 구조물의 허용내력 사용하는 방법

구조물에 사용되는 공칭 항복 강도를 안전율로 나눈 허용내력을 사용

$$F_a = \frac{F_y}{n}$$

2) 구조물에 작용하는 하중을 실제보다 크게 가정하여 사용

하중계수를 사용하여 안전율이 적용된 계수 하중에 의해 구조물을 설계하는 방법

3. 각 설계법의 비교

(1) 설계법 비교

구분	ASD (Allowable Stress Design)	LSD (Limit State Design)
기본개념	재료를 탄성체로 보고 탄성이론에 의해 구한 응력이 재료의 허용응력을 초과하지 않도록 설계하는 방법 $f \leqq f_a$	한계하중에 의한 부재력이 부재의 극한 또는 한계내력을 초과하지 않도록 하는 설계법 $\phi R_n \geqq \sum r_i Q_{ni}$
장점	전통성, 친숙성, 단순성, 편리성 있음	• 신뢰성, 안전성, 조정성 있음 • 재료와 무관한 시방서 • 경제성 있는 설계형식
단점	• 신뢰도 저하 • 임의성 내포	이론에 치중되어 보정 필요

(2) 고찰

확률이론에 기초한 LRFD설계법의 안전성은 극한상태를 검토하여 확보하고 사용한계상태를 검토하여 사용성을 확보하므로 강도설계법의 결점을 개선한 설계법으로 일정한 안전수준을 확보할 수 있는 장점이 있다고 판단된다.

CHAPTER 03 인장재의 설계

1. 유효순단면적

접합부에서 어느 정도 떨어진 위치에서는 인장재 내의 응력은 단면에 걸쳐 균등하게 분포된다. 그러나 접합부 부근에서는 접합의 형태에 따라 응력의 분포가 달라질 수 있다. [그림 3.1]과 같이 인장재의 한 변만이 접합에 사용된 경우에는 접합의 중심이 인장재의 중심과 일치하지 않게 되어 편심에 의한 영향이 발생하게 된다. 이처럼 편심이 발생하는 접합부에서의 응력의 흐름을 살펴보면 인장력은 먼저 접합에 사용된 면을 통해 전단응력의 형태로 점차 전체 단면으로 전달되게 된다. 이때 접합에 사용된 면은 전체가 인장력을 받게 되나 접합에 사용되지 않은 면에는 인장력이 불균등하게 생기게 되는데 이러한 현상을 전단지연(전단뒤짐, shear lag)이라 한다.

이러한 전단지연의 영향을 고려하기 위해 순단면적 대신에 다음과 같은 유효순단면적 A_e를 사용한다.

$$A_e = UA_n \quad \cdots\cdots (3.1)$$

여기서, U : 전단지연계수

$$U = 1 - \overline{x}/l, \ \overline{x} = \left(\overline{x_1}, \ \overline{x_2}\right)_{max} \quad \cdots\cdots ([그림 3.1] 참조)$$

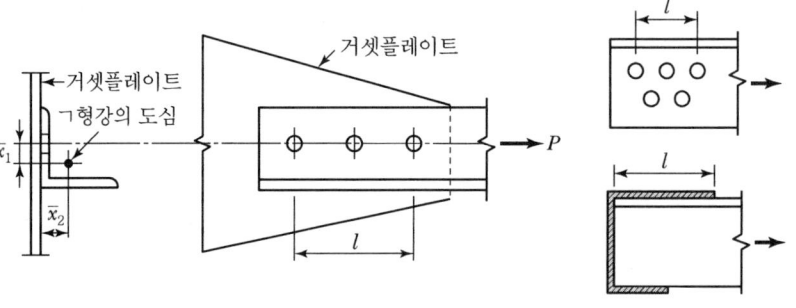

[그림 3.1] 유효순단면적

▼ [표 3.1] 인장재 접합부의 전단지연계수(U)

사례	요소 설명		전단지연계수, U	예
1	인장력이 용접이나 파스너를 통해 각각의 단면 요소에 직접적으로 전달되는 모든 인장재		$U = 1.0$	−
2	H형강 또는 T형강	하중방향으로 매 열당 3개 이상의 파스너로 접합한 플랜지의 경우	$b_f \geq (2/3)d \cdots U = 0.9$ $b_f < (2/3)d \cdots U = 0.85$	d : 형강의 높이
		하중방향으로 매 열당 4개 이상의 파스너로 접합한 웨브 연결의 경우	$U = 0.70$	−

2. 블록전단파단

고장력볼트의 사용이 증가함에 따라 접합부의 설계는 보다 적은 개수의 그리고 보다 큰 직경의 볼트를 사용하는 경향으로 되었다. 그러나 이러한 경향은 접합부에서 블록전단파단(block shear rupture)이라는 파괴양상이 일어날 수 있는 가능성이 커지게 되었다. 블록전단파단이란 [그림 3.2] (a)에서와 같이 a-b 부분의 전단파단과 b-c 부분의 인장파단에 의해 접합부의 일부분이 찢어져 나가는 파단형태이다(Ricles와 Yura, 1983, Hardash와 Bjorhovde, 1985).

전단파괴선을 따라 발생하는 전단파단과 직각으로 발생하는 인장파단의 블록전단파단 한계상태에 대한 설계강도는 다음과 같이 산정한 공칭강도에 $\phi = 0.75$을 적용하여 구한다.

$$R_n = [0.6F_u A_{nv} + U_{bs} F_u A_{nt}] \leq [0.6F_y A_{gv} + U_{bs} F_u A_{nt}] \cdots\cdots (3.2)$$

여기서, A_{gv} : 전단저항 총단면적(mm²)
A_{nv} : 전단저항 순단면적(mm²)
A_{nt} : 인장저항 순단면적(mm²)
U_{bs} : 인장응력이 균일할 경우 1.0, 불균일할 경우 0.5 적용

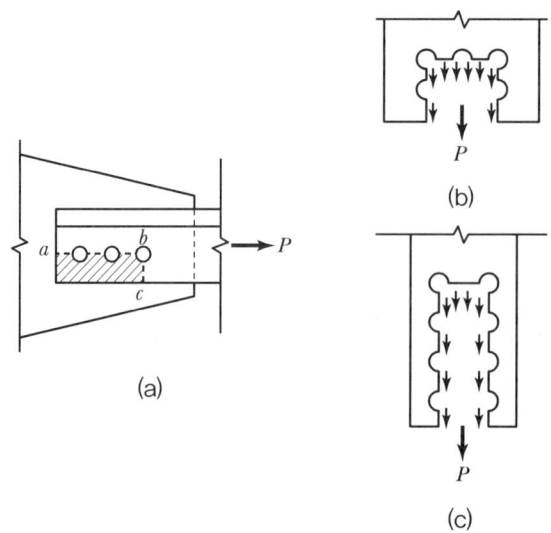

[그림 3.2] 블록전단파단

3. 인장재의 설계

$$P_u \leq \phi_t P_n \quad \cdots\cdots (3.3)$$

인장재의 설계인장강도는 한계상태에 대한 강도 식 (3.4), 식 (3.5)에 의한 $\phi_t P_n$과 식 (3.2)에 의한 블록전단파단강도 중 작은 값으로 결정된다(Kulak, 1987).

① 총단면의 항복

$$P_n = F_y A_g \quad \cdots\cdots (3.4)$$

$\phi_t = 0.90$

② 유효순단면의 파단

$$P_n = F_u A_e \quad \cdots\cdots (3.5)$$

$\phi_t = 0.75$

여기서, F_y : 항복강도(N/mm^2)
F_u : 인장강도(N/mm^2)
A_e : 유효순단면적(mm^2)
A_g : 총단면적(mm^2)
P_n : 공칭인장강도(N)

QUESTION 01

인장재의 순단면적을 구하시오.(단, 볼트의 직경은 22mm, 판의 두께는 6mm이다.)

1. 파단선 $A-1-3-B$

$$A_n = \{300-(2)(24)\}(6) = 1{,}512\,\text{mm}^2$$

2. 파단선 $A-1-2-3-B$

$$A_n = \left\{300-(3)(24)+(2)\frac{(55^2)}{(4)(80)}\right\}(6) = 1{,}482\,\text{mm}^2$$

$$\therefore\ A_n = 1{,}482\,\text{mm}^2$$

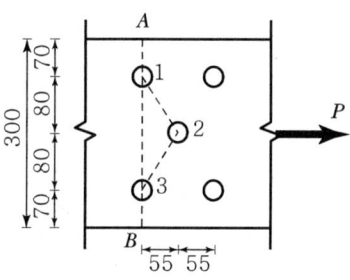

QUESTION 02

인장력을 받는 등변 L형강(L-150×150×12)의 순단면적을 구하시오.(단, 볼트구멍의 지름은 22mm, 등변 L형강의 단면적은 3,477mm² 이다.)

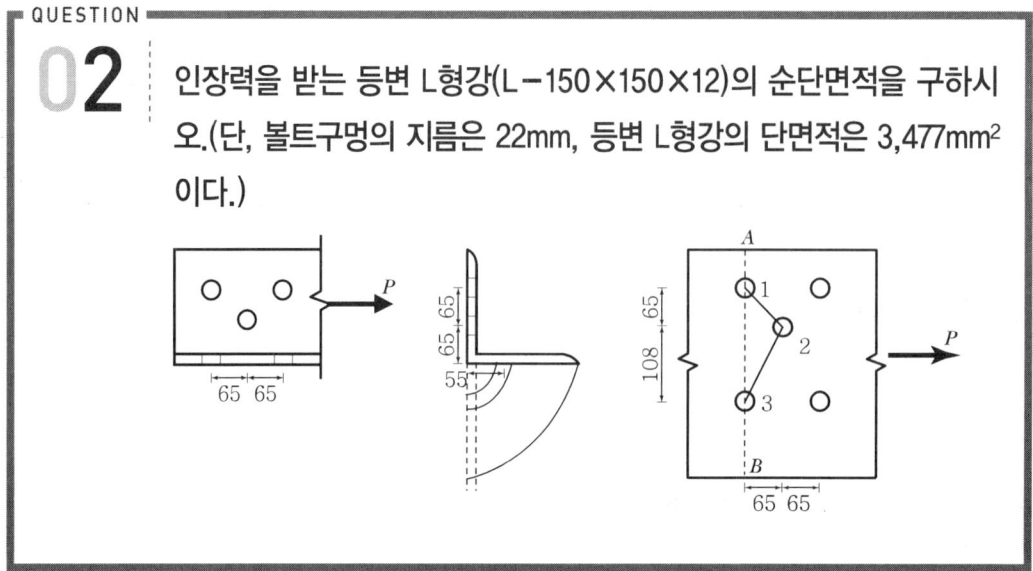

$g = 65 + 55 - 12 = 108\,\text{mm}$

1. 파단선 A-1-3-B

$A_n = 3,477 - (2)(24)(12) = 2,901\,\text{mm}^2$

2. 파단선 A-1-2-3-B

$A_n = 3,477 - (3)(24)(12) + \left\{ \dfrac{65^2}{4(65)} + \dfrac{65^2}{4(108)} \right\}(12) = 2,925\,\text{mm}^2$

$\therefore A_n = 2,901\,\text{mm}^2$

QUESTION 03

그림과 같이 두께 19mm SM400 강판에 직경 22mm 볼트를 배치할 경우 인장력 T=525kN을 지지할 수 있는 피치 s를 결정하시오. ($f_a = 140$MPa)

1. 순단면적 산정

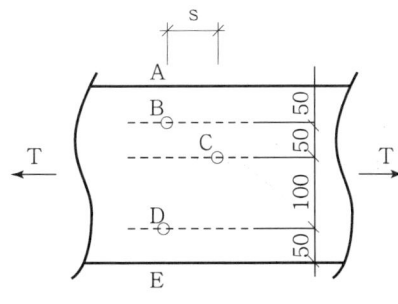

① 사용볼트 직경 : $d = 22$mm

② Plate 폭 : $b = 250$mm

③ Plate 두께 : $t = 19$mm

④ Plate 순폭 산정

$$b_n = b - n(d+2\text{mm}) + \sum \frac{s^2}{4g}$$

$$= 250 - 3(22+2) + \left(\frac{s^2}{4 \times 50} + \frac{s^2}{4 \times 100}\right) = 178 + \frac{3s^2}{400}$$

⑤ Plate 순단면적 산정

$$A_n = b_n \times t = \left(178 + \frac{3s^2}{400}\right) \times 19 = 3{,}382 + \frac{57s^2}{400}$$

2. 피치(s) 결정

① Plate 허용응력

$$f_a = 140\,\text{N/mm}^2\,[\text{SM400}]$$

② Plate 인장응력 산정

$$f = \frac{T}{A_n} = \frac{525 \times 10^3}{\left(3{,}382 + \dfrac{57s^2}{400}\right)} \leq f_a = 140$$

③ 피치(s) 결정

$$s \geq \sqrt{\left(\frac{525 \times 10^3}{140} - 3{,}382\right)\frac{400}{57}} = 50.8\,\text{mm}$$

$$\therefore s_{used} = 60\,\text{mm} > s_{req'd} = 50.8\,\text{mm}$$

QUESTION 04

다음 그림과 같이 L−150×150×12를 인장재로 하여 볼트접합을 할 때 설계 블록전단파단강도를 구하시오.[다만, 형강의 재질은 SM 400($F_y = 235\text{N/mm}^2$, $F_u = 400\text{N/mm}^2$)이며 사용고장력볼트는 M24(F10T)이다.]

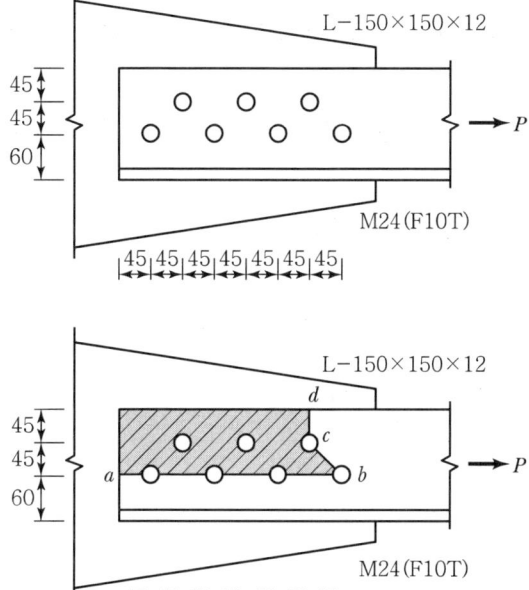

1. 전단영역(파단선 a−b)

$$A_{gv} = (45 \times 7) \times 12 = 3{,}780\text{mm}^2$$

$$A_{nv} = \{(45 \times 7) - (27 \times 3.5)\} \times 12 = 2{,}646\text{mm}^2$$

2. 인장영역(파단선 b−c−d)

$$A_{gt} = \left(45 \times 2 + \frac{45^2}{4 \times 45}\right) \times 12 = 1{,}215\text{mm}^2$$

$$A_{nt} = \left\{45 \times 2 + \frac{45^2}{4 \times 45} - (27 \times 1.5)\right\} \times 12 = 729 \text{mm}^2$$

인장응력이 균일하므로, $U_{bs} = 1.0$

$0.6 \, F_u \, A_{nv} + U_{bs} F_u \, A_{nt} = 0.6 \times 400 \times 2{,}646 + 1.0 \times 400 \times 729 = 926{,}640 \text{N}$

$0.6 \, F_y \, A_{gv} + U_{bs} F_u \, A_{nt} = 0.6 \times 235 \times 3{,}780 + 1.0 \times 400 \times 729 = 824{,}580 \text{N}$

식 (3.2)에서 $R_n = [0.6 \, F_u \, A_{nv} + U_{bs} F_u \, A_{nt}] > [0.6 \, F_y \, A_{gv} + U_{bs} F_u \, A_{nt}]$ 이므로

∴ 설계블록전단파단강도

$\phi R_n = 0.75[0.6 F_y \, A_{gv} + U_{bs} F_u \, A_{nt}]$

$\quad = 0.75 \times 824{,}580 \text{N}$

$\quad = 618{,}435 \text{N} = 618 \text{kN}$

QUESTION 05

다음 그림과 같은 ㄱ형강 $L-150 \times 150 \times 12 (A_g = 3,477\mathrm{mm}^2)$으로 구성된 650kN의 계수하중을 받는 인장재를 설계하고자 한다. 안전성을 검토하시오. [형강의 재질은 SM 400($F_y = 235\mathrm{N/mm}^2$, $F_u = 400\mathrm{N/mm}^2$)이며 사용 고장력볼트는 M20(F10T)이다. 블록전단파단은 고려하지 않으며, 거셋플레이트는 안전한 것으로 가정한다.]

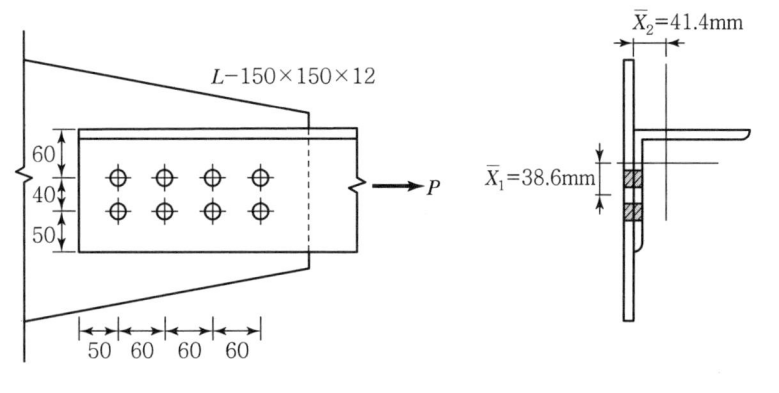

1. 순단면적의 계산

볼트구멍의 지름 $d = 20 + 2 = 22\mathrm{mm}$ (∵ 볼트 축부지름 ≤ 27mm)

$$A_n = A_g - n \times d \times t = 3,477 - 2 \times 22 \times 12 = 2,949\mathrm{mm}^2$$

∴ 순단면적 $A_n = 2,949\mathrm{mm}^2$

2. 유효 순단면적의 계산

인장재의 한 변만이 접합부에 접합되어 있으므로 Shear lag 영향 고려

$$A_e = U \times A_n$$

$$U = 1.0 - \frac{\overline{x}}{l} \quad (\overline{x_1} = 38.6\mathrm{mm},\ \overline{x_2} = 41.4\mathrm{mm}) \quad \therefore \overline{x} = 41.4\mathrm{mm}$$

$$U = 1.0 - \frac{41.4}{180} = 0.77$$

$$\therefore A_e = 0.77 \times 2,949 = 2,271 \text{mm}^2$$

3. 설계강도의 계산

① 총단면의 항복

$$\phi_t P_n = \phi_t F_y A_g = 0.9 \times 235 \times 3,477 \times 10^{-3} = 735 \text{kN}$$

② 순단면의 파단

$$\phi_t P_n = \phi_t F_u A_e = 0.75 \times 400 \times 2,271 \times 10^{-3} = 681 \text{kN}$$

$$\therefore \text{설계강도 } \phi_t P_n = 681 \text{kN}$$

4. 인장강도의 검토

$$\phi_t P_n = 681 \text{kN} > P_u = 650 \text{kN} (계수하중) \qquad \therefore \text{OK}$$

CHAPTER 04 압축재의 설계

1. 압축재의 설계

$$P_u \leq \phi_c P_n, \ \phi_c = 0.9 \quad \cdots\cdots\cdots\cdots\cdots\cdots\cdots\cdots\cdots\cdots\cdots\cdots\cdots\cdots\cdots\cdots\cdots (4.1)$$

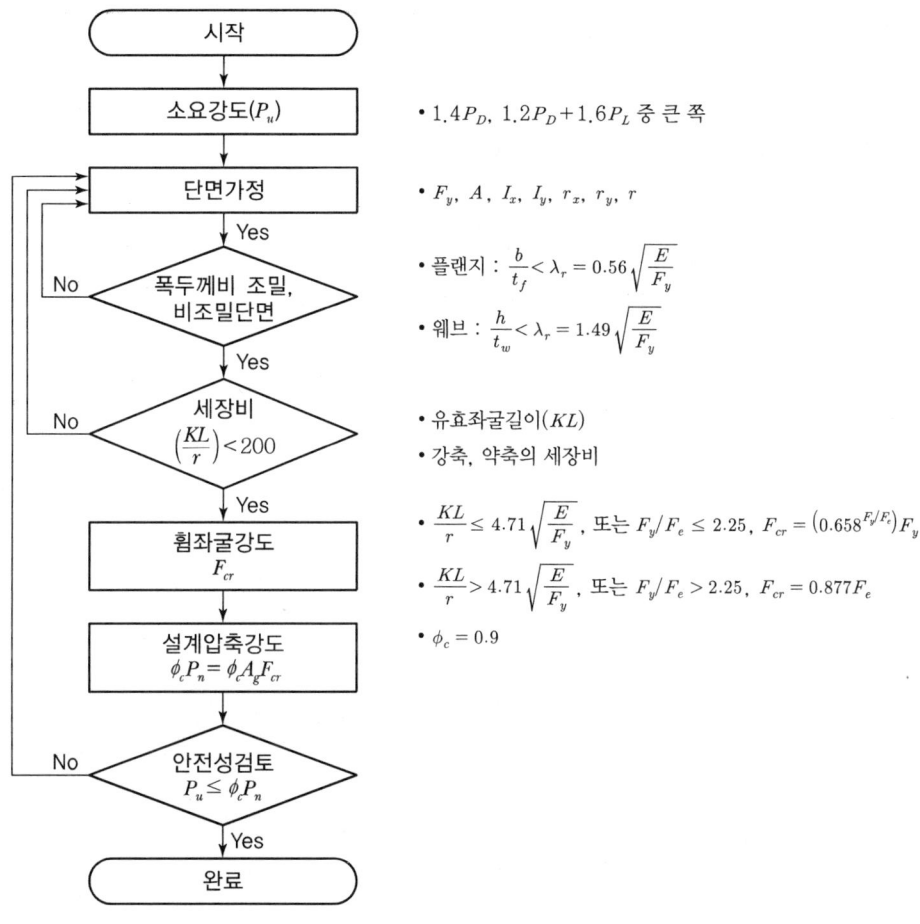

[그림 4.1] 압축재(H형강) 설계흐름도

① 휨좌굴에 대한 압축강도

$$P_n = F_{cr}A_g \quad \cdots\cdots\cdots\cdots\cdots\cdots\cdots\cdots\cdots\cdots\cdots\cdots\cdots\cdots\cdots\cdots\cdots\cdots\cdots\cdots (4.2)$$

- $\dfrac{KL}{r} \leq 4.71\sqrt{\dfrac{E}{F_y}}$ 또는 $F_y/F_e \leq 2.25$인 경우

$$F_{cr} = \left[0.658^{\frac{F_y}{F_e}}\right]F_y \quad \cdots\cdots\cdots\cdots\cdots\cdots\cdots\cdots\cdots\cdots\cdots\cdots\cdots\cdots (4.3)$$

- $\dfrac{KL}{r} > 4.71\sqrt{\dfrac{E}{F_y}}$ 또는 $F_y/F_e > 2.25$인 경우

$$F_{cr} = 0.877F_e \quad \cdots\cdots\cdots\cdots\cdots\cdots\cdots\cdots\cdots\cdots\cdots\cdots\cdots\cdots\cdots\cdots (4.4)$$

여기서, F_e : 탄성휨좌굴강도(N/mm^2) $\left(= \dfrac{\pi^2 E}{(KL/r)^2}\right)$

A_g : 부재의 총단면적(mm^2)
F_y : 강재의 항복강도(N/mm^2)
E : 강재의 탄성계수(N/mm^2)
K : 유효좌굴길이계수
L : 부재의 길이(mm)
r : 좌굴축에 대한 단면2차반경(mm)

QUESTION 01

다음 그림과 같이 1단 고정, 타단 핀고정이고 절점이동이 없는 중심압축재에 1,000kN의 소요압축강도가 필요할 때 중심압축재의 단면을 산정하시오. 압축재의 길이는 8m이고 부재 중간에 약축 방향으로 횡지지되어 있다. 강재는 SM 490을 사용한다.

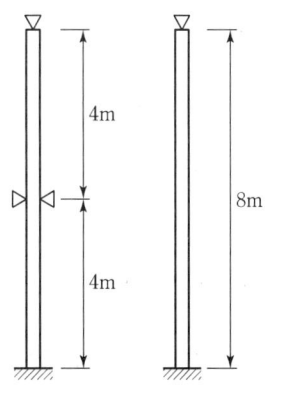

1. 단면가정

$H-200 \times 200 \times 8 \times 12$, SM490, $F_y = 315(N/mm^2)$ 사용

① 단면성질

$A_g = 63.53 \times 10^2 (mm^2)$, $I_x = 4,720 \times 10^4 (mm^4)$,

$r_x = 86.2(mm)$, $r_y = 50.2(mm)$, $r = 13(mm)$

2. 폭두께비 검토

① 플랜지

$b/t_f = (200/2)/12 = 8.3$

$\lambda_r = 0.56\sqrt{E/F_y} = 0.56\sqrt{205,000/315} = 14.3$

$b/t_f < \lambda_r$

② 웨브

$h/t_w = [200 - 2 \times (12+13)]/8 = 18.8$

$$\lambda_r = 1.49\sqrt{E/F_y} = 1.49\sqrt{205,000/315} = 38$$

$$h/t_w < \lambda_r$$

∴ 비조밀단면

3. F_{cr}의 산정

① 강축(유효좌굴길이계수 $K = 0.7$, 부재길이 $L = 8,000\mathrm{m}$)

$$\left(\frac{KL}{r}\right)_x = \frac{0.7 \times 8,000}{86.2} = 65$$

② 약축(상부)(유효좌굴길이계수 $K = 1.0$, 부재길이 $L = 4,000\mathrm{m}$)

$$\left(\frac{KL}{r}\right)_{y1} = \frac{1.0 \times 4,000}{50.2} = 79.7$$

③ 약축(하부) (유효좌굴길이계수 $K = 0.7$, 부재길이 $L = 4,000\mathrm{m}$)

$$\left(\frac{KL}{r}\right)_{y2} = \frac{0.7 \times 4,000}{50.2} = 55.8$$

큰 값의 세장비가 좌굴에 취약하므로 약축(상부)세장비 선택

$$\frac{KL}{r} = 79.7 < 4.71\sqrt{\frac{E}{F_y}} = 4.71\sqrt{\frac{205,000}{315}} = 120.2$$

혹은 $F_e = \dfrac{\pi^2 E}{\left(\dfrac{KL}{r}\right)^2} = 318.5\mathrm{N/mm^2} \Rightarrow F_y/F_e = 0.99 \leq 2.25$

그러므로 $F_{cr} = (0.658^{\frac{F_y}{F_e}})F_y = 208\mathrm{N/mm^2}$

4. 설계압축강도 산정

$\phi_c = 0.9$

$P_n = A_s F_{cr} = 6,353 \times 208 = 1,321,424 \text{N} = 1,321 \text{kN}$

$\phi_c P_n = 0.9 \times 1,321 = 1,189 \text{kN}$

5. 안전성 검토

$P_u = 1,000 \text{kN} \leq \phi_c P_n = 1,189 \text{kN}$ ∴ OK

∴ 안전함

QUESTION 02

아래 그림에서 골조의 2층 AB의 압축재(H형강 H-400×408×21×21)에 고정하중 $P_D = 2,000\text{kN}$, 활하중 $P_L = 1,500\text{kN}$이 작용할 때, 이 부재의 안전성을 검토하시오.(단, KBC2009 적용)

- 골조는 횡 이동이 있고, 압축재 길이(L_C)는 3층은 3.0m, 1층과 2층은 각각 4.0m, L_B는 9.0m이고, 강종은 SM490이다.
- SM490은 $f_y = 325\text{N/mm}^2$, $E = 205,000\text{N/mm}^2$이다.
- 보부재 단면은 H형강 H-606×201×12×20($I_x = 9.04 \times 10^8 \text{mm}^4$)이다.
- 1층, 2층 기둥은 H-400×408×21×21($A_s = 2.5070 \times 10^4 \text{mm}^2$, $I_x = 7.09 \times 10^8 \text{mm}^4$, $r_x = 1.68 \times 10^2 \text{mm}$, $r_y = 9.75 \times 10 \text{mm}$, $r = 22 \text{mm}$), 3층 기둥은 H-350×350×12×19($I_x = 4.03 \times 10^8 \text{mm}^4$)이다.

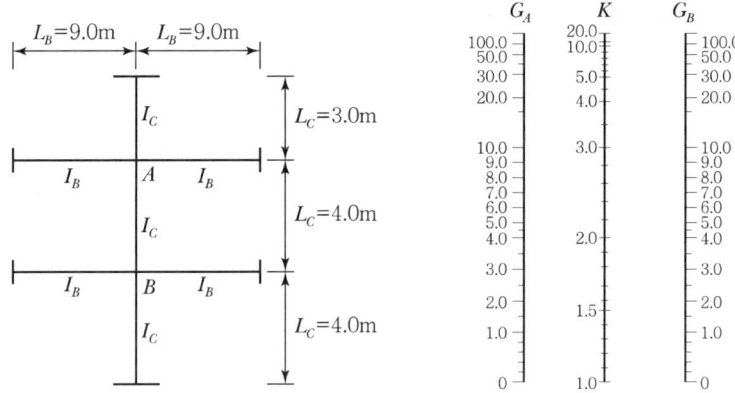

[유효좌굴길이계수 산정 계산도표]

횡 이동이 있을 때(비가새골조)

1. 소요강도

$P_u = 1.2(2,000) + 1.6(1,500) = 4,800 \text{kN}$

2. 판폭두께비 검토

(1) 플랜지 검토

$$\lambda = \frac{408/2}{21} = 9.714$$

$$\lambda_r = 0.56\sqrt{\frac{205,000}{325}} = 14.06$$

$\lambda < \lambda_r$ 세장판 요소가 아니다.

(2) 웨브 검토

$$\lambda = \frac{400 - 2 \times (21 + 22)}{21} = 14.95$$

$$\lambda_r = 1.49\sqrt{\frac{205,000}{325}} = 37.42$$

$\lambda < \lambda_r$ 세장판 요소가 아니다.

(3) 유효좌굴길이계수 K값 계산

$$G_A = \frac{\sum(I_c/L_c)}{\sum(I_g/L_g)} = \frac{(7.09 \times 10^8/4,000) + (4.03 \times 10^8/3,000)}{2(9.04 \times 10^8/9,000)} = 1.55$$

$$G_B = \frac{\sum(I_c/L_c)}{\sum(I_g/L_g)} = \frac{2(7.09 \times 10^8/4,000)}{2(9.04 \times 10^8/9,000)} = 1.76$$

G_A와 G_B를 산정한 후 그림에서 K값을 읽으면 K값은 약 1.7보다 작다. 따라서 K값을 1.7로 하면 안전하다.

$KL = 1.7 \times 4,000 = 6,800$

(4) F_{cr} 계산

$$\left(\frac{KL}{r}\right)_x = \frac{6,800}{168} = 40.48$$

$$\left(\frac{KL}{r}\right)_y = \frac{4,000}{97.5} = 41.03 \quad \text{지배}$$

$$\left(\frac{KL}{r}\right)_y = \frac{4,000}{97.5} = 41.03 < 4.71\sqrt{\frac{205,000}{325}} = 118.29 \text{이므로}$$

$$F_{cr} = \left[0.658^{\frac{F_y}{F_e}}\right] F_y \text{를 적용}$$

$$F_e = \frac{\pi^2 E}{\left(\frac{KL}{r}\right)^2} = \frac{\pi^2(205,000)}{41.03^2} = 1,201 \text{N/mm}^2$$

$$F_{cr} = \left[0.658^{\frac{F_y}{F_e}}\right] F_y = \left[0.658^{\frac{325}{1,201}}\right] 325 = 290.19 \text{N/mm}^2$$

(5) 안정성 검토

$$\phi_c = 0.90$$

$$\phi_c P_n = 0.90 F_{cr} A_g = 0.9 \times 290.19 \times 2.5070 \times 10^4 \times 10^{-3}$$

$$= 6,547 \text{kN} > 4,800 \text{kN} \qquad \qquad \therefore \text{OK}$$

CHAPTER 05 휨재의 설계

1. 설계의 목표

- 보의 설계휨강도 : $\phi_b M_n$

$$M_u \leq \phi_b M_n \quad \cdots\cdots\cdots\cdots\cdots\cdots\cdots\cdots\cdots\cdots\cdots\cdots\cdots\cdots\cdots\cdots\cdots\cdots\cdots\cdots (5.1)$$

여기서, ϕ_b : 휨강도저항계수(=0.9)
M_n : 공칭휨강도(N·mm)
M_u : 소요휨강도(N·mm)

- 보의 설계전단강도 : $\phi_v V_n$

$$V_u \leq \phi_v V_n \quad \cdots\cdots\cdots\cdots\cdots\cdots\cdots\cdots\cdots\cdots\cdots\cdots\cdots\cdots\cdots\cdots\cdots\cdots\cdots\cdots (5.2)$$

여기서, ϕ_v : 전단강도저항계수(=0.9)
다만, $h/t_w \leq 2.24\sqrt{E/F_y}$ 인 압연 H형강의 웨브(=1.0)
V_n : 공칭전단강도(N)
V_u : 소요전단강도(N)

2. 조밀단면과 비조밀단면의 폭두께비 제한값

$$\lambda = \frac{b}{t_f} = \frac{b_f}{2t_f} \quad \cdots\cdots\cdots\cdots\cdots\cdots\cdots\cdots\cdots\cdots\cdots\cdots\cdots\cdots\cdots\cdots\cdots\cdots\cdots\cdots (5.3)$$

$$\lambda = \frac{h}{t_w} \quad \cdots\cdots\cdots\cdots\cdots\cdots\cdots\cdots\cdots\cdots\cdots\cdots\cdots\cdots\cdots\cdots\cdots\cdots\cdots\cdots\cdots\cdots\cdots (5.4)$$

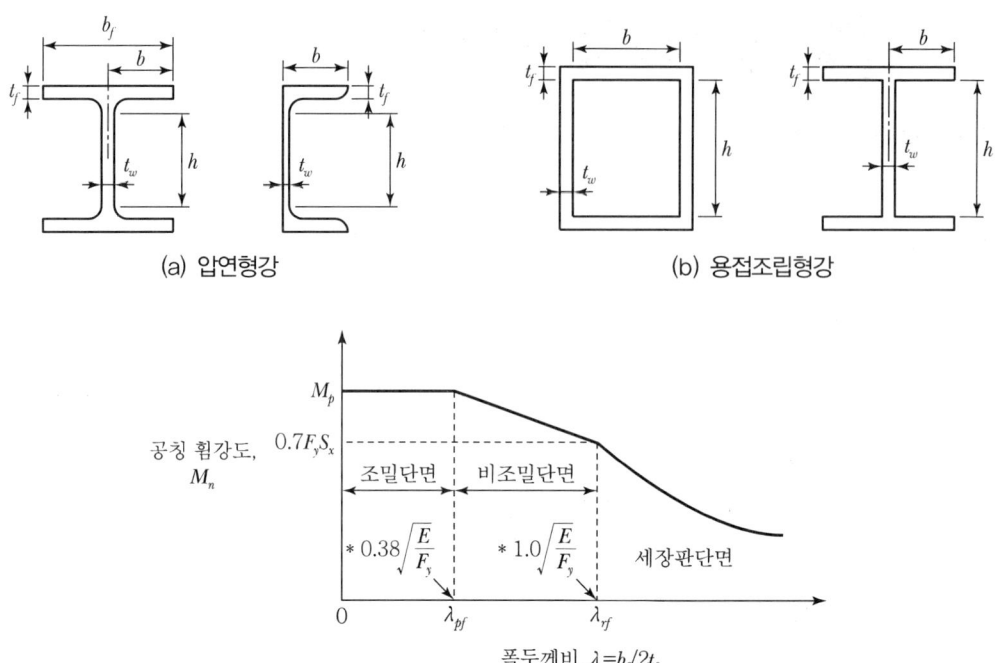

[그림 5.1] 압연 H형강 플랜지의 폭두께비 – 공칭휨강도(웨브가 조밀단면인 경우)

▼ [표 5.1] 압축판 요소의 폭두께비 제한

요소	판요소에 대한 설명	폭두께비	폭두께비 제한값	
			λ_p(조밀단면 한계)	λ_r(비조밀단면 한계)
플랜지	• 압연 H형강과 ㄷ형강 휨재의 플랜지	b/t_f	$0.38\sqrt{E/F_y}$	$1.0\sqrt{E/F_y}$
	• 2축 또는 1축 대칭인 용접 H형강 휨재의 플랜지	b/t_f	$0.38\sqrt{E/F_y}$	$0.95\sqrt{k_c E/F_L}$ [1), 2)]
웨브	휨을 받는 • 2축 대칭 H형강의 웨브 • ㄷ형강의 웨브	h/t_w	$3.76\sqrt{E/F_y}$	$5.70\sqrt{E/F_y}$

1) $k_c = \dfrac{4}{\sqrt{h/t_w}}$, $0.35 \le k_c \le 0.76$

2) $F_L = 0.7F_y$: 약축 휨을 받는 경우, 웨브가 세장판요소인 용접 H형강이 강축 휨을 받는 경우, 그리고 웨브가 조밀단면 또는 비조밀단면이고 $S_{xt}/S_{xc} \ge 0.7$인 용접 H형강이 강축 휨을 받는 경우

$F_L = F_y S_{xt}/S_{xc} \ge 0.5F_y$: 웨브가 조밀단면 또는 비조밀단면이고 $S_{xt}/S_{xc} < 0.7$인 용접 H형강이 강축 휨을 받는 경우

3. 휨재의 공칭휨강도

C_b는 횡좌굴모멘트 수정계수(lateral buckling modification factor)로 정의하며, 이는 보의 비지지길이 내에서 휨모멘트가 균일하지 않은 경우, 보의 공칭휨강도는 증가한다. 비지지구간 내에서 보 양단부의 휨모멘트가 균일하지 않는 경우에 이를 보정하기 위해서 사용하는 변수로 이해하면 된다. C_b의 적용 시 보의 휨모멘트가 균일한 경우가 가장 불리(캔틸레버보 포함)하며 $C_b = 1.0$으로 된다.

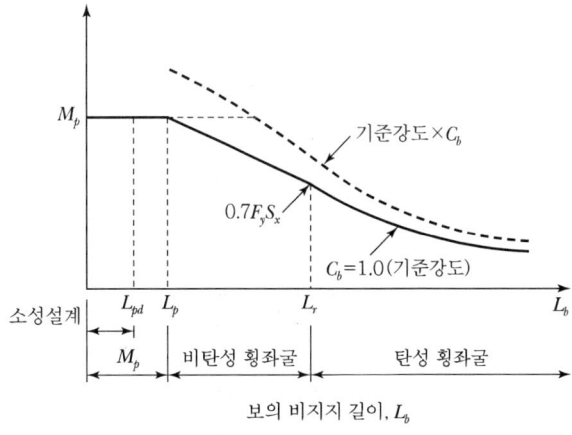

[그림 5.2] L_b값과 공칭휨강도의 관계

$$C_b = \frac{12.5 M_{\max}}{2.5 M_{\max} + 3M_A + 4M_B + 3M_C} R_m \leq 3.0 \quad \cdots \cdots (5.5)$$

여기서, M_A : 비지지구간에서 1/4 지점의 휨모멘트 절대값(N · mm)
M_B : 비지지구간에서 중앙부 휨모멘트 절대값(N · mm)
M_C : 비지지구간에서 3/4 지점의 휨모멘트 절대값(N · mm)
R_m : 단면형상계수

$R_m = 1.0$ (2축대칭부재, 1축대칭 단곡률부재)

$= 0.5 + 2\left(\dfrac{I_{yc}}{I_y}\right)^2$ (1축대칭 복곡률부재)

I_y : 약축에 대한 단면 2차 모멘트
I_{yc} : y축에 대한 압축플랜지의 단면 2차 모멘트 또는 복곡률의 경우 압축플랜지 중 작은 플랜지의 단면 2차 모멘트

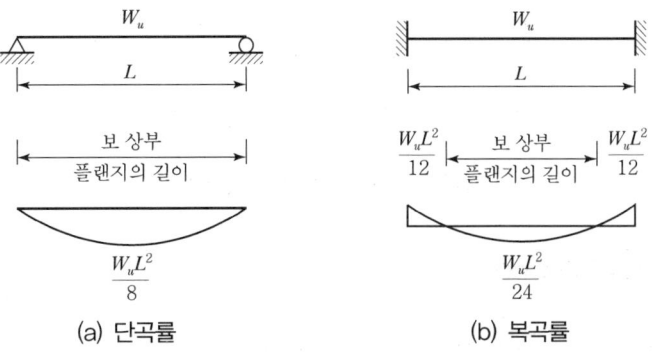

[그림 5.3] 단곡률-복곡률의 모멘트

[그림 5.4]는 등분포하중을 받는 단순보의 C_b 값의 변화를 나타내며, 보에 표기되어 있는 '×' 표시는 그 지점에서 횡비틀림지지되었다는 것을 의미한다.

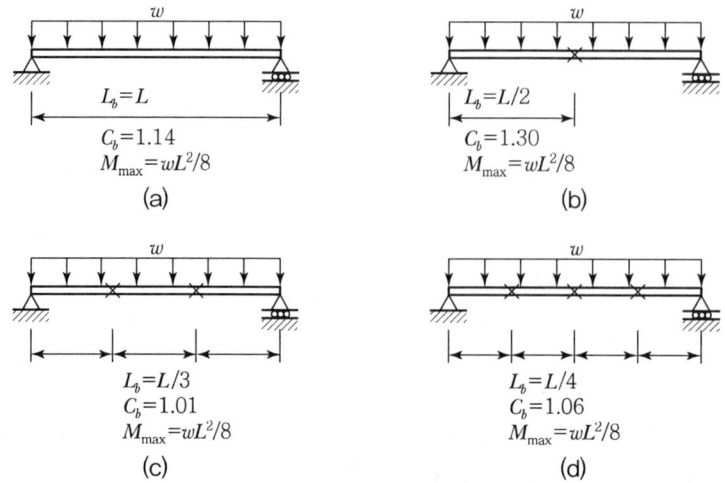

[그림 5.4] 등분포하중하의 단순보의 C_b값

4. 횡 비틀림 좌굴강도

조밀단면인 휨재인 경우 L_p, L_b, L_r의 관계로부터, 횡좌굴영역(Zone 1, Zone 2, Zone 3)을 다음과 같이 세 가지로 구분하여 횡비틀림좌굴강도를 구한다([그림 5.5] 참조).

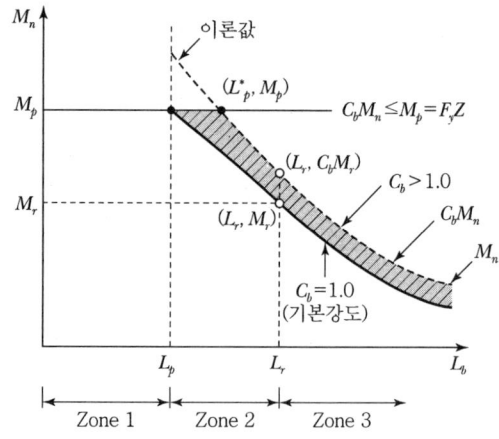

[그림 5.5] 횡좌굴영역별 횡좌굴강도

(1) $L_b \leq L_p$ 인 경우(Zone 1)

보의 압축플랜지가 횡방향으로 매우 좁은 간격으로 지지되어 보가 소성모멘트를 발휘할 수 있는 경우이다. 따라서 횡비틀림좌굴강도는 소성모멘트로 된다. 이 구간은 횡-

비틀림좌굴이 발생하지 않는 구간이며, 이때 소성모멘트는 식 (5.6)과 같다.

$$M_n = M_p = F_y Z_x \quad \cdots\cdots\cdots\cdots\cdots\cdots\cdots\cdots (5.6)$$

(2) $L_p < L_b \leq L_r$인 경우(Zone 2)

보의 압축 플랜지가 횡비틀림지지 간격이 충분치 않아서 비탄성거동을 보이면서 횡비틀림좌굴이 발생하는 경우로서 [그림 5.5]의 비탄성 횡좌굴구간에 해당된다.

$$M_n = C_b \left[M_p - (M_p - 0.7 F_y S_x) \left\{ \frac{L_b - L_p}{L_r - l_p} \right\} \right] \leq M_p \quad \cdots\cdots (5.7)$$

여기서, $L_p = 1.76 r_y \sqrt{\dfrac{E}{F_{yf}}}$

(3) $L_b > L_r$인 경우(Zone 3)

보의 압축플랜지의 횡지지 간격이 너무 길어서 단면의 어느 부분도 항복하지 않고 조기에 횡좌굴이 발생하는 경우이다. 이때의 횡비틀림좌굴강도는 탄성횡비틀림좌굴모멘트와 같으며, 강축에 휨을 받는 탄성횡비틀림좌굴모멘트 M_{cr}은 식 (5.8)과 같다.

$$M_n = M_{cr} = F_{cr} S_x \leq M_p \quad \cdots\cdots\cdots\cdots\cdots\cdots (5.8)$$

$$F_{cr} = \frac{C_b \pi^2 E}{\left(\dfrac{L_b}{r_{ts}}\right)^2} \sqrt{1 + 0.078 \frac{Jc}{S_x h_0} \left(\frac{L_b}{r_{ts}}\right)^2} \quad \cdots\cdots\cdots\cdots (5.9)$$

$$L_r = 1.95 r_{ts} \frac{E}{0.7 F_y} \sqrt{\frac{Jc}{S_x h_0}} \sqrt{1 + \sqrt{1 + 6.76 \left(\frac{0.7 F_y}{E} \frac{S_x h_0}{Jc}\right)^2}} \quad \cdots\cdots (5.10)$$

$$r_{ts} = \sqrt{\frac{I_y h_0}{2 S_x}} \text{ (H형강) : 뒤틀림회전반경} \quad \cdots\cdots\cdots\cdots\cdots (5.11)$$

여기서, E : 강재의 탄성계수(N/mm²)
J : 비틀림 상수(mm⁴)
L_r : 비탄성한계 비지지길이
h_0 : 상하부플랜지 간 중심거리(mm)
c : 1.0(2축 대칭인 H형강)

비탄성횡비틀림좌굴과 탄성횡비틀림좌굴의 경계인 L_r값은 식 (5.9)에서 C_b를 안전 측으로 1.0으로 하고, 탄성횡좌굴응력도 F_{cr}를 탄성과 비탄성횡비틀림좌굴의 경계값인 $0.7F_y$와 같다고 하면 식 (5.12)과 같이 된다.

$$F_{cr} = \frac{C_b \pi^2 E}{\left(\dfrac{L_b}{r_{ts}}\right)^2} = 0.7F_y \text{로부터}$$

$$L_r = \pi r_{ts} \sqrt{\frac{E}{0.7F_y}} \quad \cdots\cdots\cdots\cdots\cdots\cdots\cdots\cdots\cdots\cdots\cdots\cdots\cdots\cdots\cdots (5.12)$$

5. 국부좌굴강도

(1) 횡좌굴강도

횡좌굴강도는 앞절에서 설명한 2축 대칭 H형강 또는 ㄷ형강 조밀단면의 설계법을 따른다.

(2) 비조밀단면 플랜지 경우($\lambda_{pf} < \lambda \leq \lambda_{rf}$인 경우)

플랜지의 폭두께비가 [표 5.1]의 조밀단면의 한계판폭두께비 λ_{pf}보다 크고 비조밀단면의 한계폭두께비 λ_{rf}보다 작은 경우 판요소는 비탄성 국부좌굴을 일으키게 된다.

$$M_n = M_p - (M_p - 0.7F_y S_x)\left(\frac{\lambda - \lambda_{pf}}{\lambda_{rf} - \lambda_{pf}}\right) \quad \cdots\cdots\cdots\cdots\cdots\cdots (5.13)$$

(3) 세장판단면 플랜지의 경우($\lambda > \lambda_{rf}$인 경우)

플랜지의 폭두께비가 [표 5.1]의 비조밀단면의 한계폭두께비 λ_{rf}인 경우 판요소는 탄성 국부좌굴을 일으키게 된다.

세장한 단면에서는 다만 플랜지가 탄성국부좌굴을 일으키는 경우만 해당되며, 이때 공칭 휨강도 M_n은 식 (5.14)와 같다. 구조물에서 세장판단면의 사용은 유의해야 할 것이다.

$$M_n = \frac{0.9 E k_c S_x}{\lambda^2} \quad \cdots\cdots\cdots\cdots\cdots\cdots\cdots\cdots\cdots\cdots\cdots\cdots\cdots\cdots (5.14)$$

여기서, $\lambda = \dfrac{b_f}{2t_f}$

$\lambda_{pf} = \lambda_p, \ \lambda_{rf} = \lambda_r$

$k_c = \dfrac{4}{\sqrt{h/t_w}}, \ 0.35 \leq k_c \leq 0.76$

6. 휨재의 설계 전단강도

$$\phi_v V_n = \phi_v(0.6F_y)A_w C_v \quad \cdots\cdots (5.15)$$

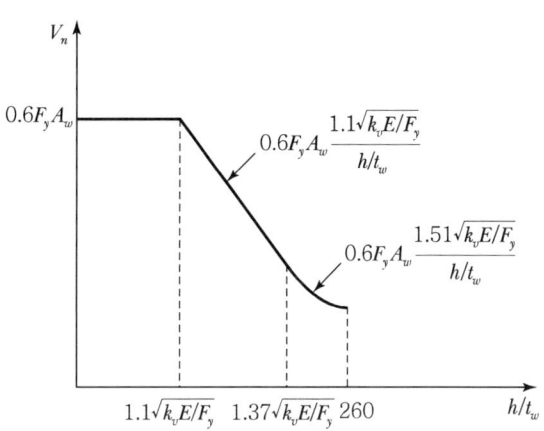

[그림 5.6] 폭두께비와 공칭전단강도 관계

① $h/t_w \leq 2.24\sqrt{E/F_y}$ 인 압연 H형강의 웨브

$$\phi_v V_n = \phi_v(0.6F_y)A_w C_v \quad \cdots\cdots (5.16)$$

여기서, $\phi_v = 1.0$
A_w : 압연 H형강 웨브의 단면적
C_v : 전단좌굴감소계수($=1.0$)

② 원형강관을 제외한 모든 2축 대칭단면, 1축 대칭 단면 및 ㄷ형강의 전단좌굴감소계수 C_v 및 ϕ_v는 다음과 같이 산정한다.

- $h/t_w \leq 1.10\sqrt{k_v E/F_y}$ 일 때

$$\phi_v = 0.9, \ C_v = 1.0 \quad \cdots\cdots (5.17)$$

- $1.10\sqrt{k_v E/F_y} < h/t_w \leq 1.37\sqrt{k_v E/F_y}$ 일 때, C_v는 식 (5.18)과 같다.

    $\phi_v = 0.9$

    $$C_v = \frac{1.10\sqrt{k_v E/F_y}}{h/t_w} \quad\quad\quad\quad\quad\quad\quad\quad\quad\quad\quad\quad\quad\quad (5.18)$$

- $260 > h/t_w > 1.37\sqrt{k_v E/F_y}$ 일 때, C_v는 식 (5.19)과 같다.

    $\phi_v = 0.9$

    $$C_v = \frac{1.51 E k_v}{(h/t_w)^2 F_y} \quad\quad\quad\quad\quad\quad\quad\quad\quad\quad\quad\quad\quad\quad\quad\quad (5.19)$$

QUESTION 01

다음 그림과 같이 스팬 7m의 단순지지된 보에 활하중 W_L=18kN/m, 고정하중 W_D=10kN/m가 작용하고 있으며 보의 비지지길이 L_b= 7.0m이다. 압연 H형강보의 단면을 H−500×200×10×16(SM 490) 사용할 때 다음 사항에 대해 검토하시오.

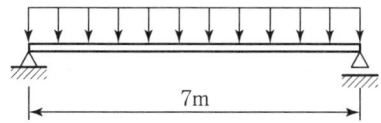

〈H−500×200×10×16(SM 490)의 단면 성질〉
$S_x = 1.91 \times 10^6 \text{mm}^3$, $Z_x = 2.18 \times 10^6 \text{mm}^3$, $r = 20\text{mm}$, $r_y = 43.3\text{mm}$, $J = 702 \times 10^3 \text{mm}^4$, $I_y = 21.4 \times 10^6 \text{mm}^3$

1) 소요강도
2) 공칭휨강도
3) 공칭전단강도
4) 안전성 검토

1. 소요강도 산정

$W = 1.2 W_D + 1.6 W_L$

$\quad = 1.2 \times 10 + 1.6 \times 18 = 40.8 \text{kN/m}$

$M_u = \dfrac{WL^2}{8} = \dfrac{40.8 \times 7^2}{8} = 249.9 \text{kN} \cdot \text{m}$

$M_{u,1.75\text{m}} = 187.4 \text{kN} \cdot \text{m}$, $M_{u,3.50\text{m}} = 249.9 \text{kN} \cdot \text{m}$, $M_{u,5.25\text{m}} = 187.4 \text{kN} \cdot \text{m}$

$V_u = \dfrac{WL}{2} = \dfrac{40.8 \times 7}{2} = 142.8 \text{kN}$

2. 공칭휨강도

(1) 폭두께비 검토

① 플랜지 폭두께비

$$\lambda = \frac{b}{t_f} = \frac{200/2}{16} = 6.25$$

$$\lambda_p = 0.38\sqrt{\frac{E}{F_y}} = 0.38\sqrt{\frac{205,000}{315}} = 9.69$$

② 웨브 폭두께비

$$\lambda = \frac{h}{t_w} = \frac{600 - 2 \times (16+20)}{10} = 52.80$$

$$\lambda_p = 3.76\sqrt{\frac{E}{F_y}} = 3.76\sqrt{\frac{205,000}{315}} = 95.92$$

∴ 플랜지 및 웨브 모두 $\lambda < \lambda_p$ 이므로 조밀단면

(2) 소성한계 및 비탄성한계 비지지길이 산정

$$L_p = 1.76 r_y \sqrt{\frac{E}{F_y}} = 1.76 \times 43.3 \times \sqrt{\frac{205,000}{315}} \times 10^{-3} = 1.94\,\text{m}$$

$$L_r = \pi r_{ts} \sqrt{\frac{E}{0.7 F_y}} = 3.14 \times 52.1 \times \sqrt{\frac{205,000}{0.7 \times 315}} \times 10^{-3} = 4.99\,\text{m}$$

여기서, $r_{ts} = \sqrt{\frac{I_y h_0}{2 S_x}} = \sqrt{\frac{21.4 \times 10^6 \times (500-16)}{2 \times 1.91 \times 10^6}} = 52.1\,\text{mm}$

$L_b > L_r$ 이므로 횡좌굴영역은 탄성횡좌굴구간(Zone 3)에 해당

(3) 횡좌굴강도 산정

1.에서 산정한 소요휨강도를 식 (5.5)에 대입하면 횡좌굴모멘트 수정계수 C_b

$$C_b = \frac{12.5 \times 249.9}{2.5 \times 249.9 + 3 \times 187.4 + 4 \times 249.9 + 3 \times 187.4} \times 1 = 1.14 \leq 3.0$$

([그림 5.4] (a) 참조, $C_b = 1.14$)

$$F_{cr} = \frac{C_b \pi^2 E}{\left(\dfrac{L_b}{r_{ts}}\right)^2} \sqrt{1 + 0.078 \frac{Jc}{S_x h_0}\left(\frac{L_b}{r_{ts}}\right)^2}$$

$$= \frac{1.14 \times \pi^2 \times 205{,}000}{\left(\dfrac{7.0 \times 10^3}{52.1}\right)^2} \sqrt{1 + 0.078 \times 0.00076 \times \left(\frac{7.0 \times 10^3}{52.1}\right)^2} = 183.7\,\text{N/mm}^2$$

여기서, $\dfrac{Jc}{S_x h_0} = \dfrac{702 \times 10^3 \times 1}{1.91 \times 10^6 \times (500-16)} = 0.00076$

∴ 공칭휨강도 $M_n = F_{cr} S_x = 183.7 \times 1.94 \times 10^6 \times 10^{-6} = 356.4\,\text{kN}\cdot\text{m}$

(4) 공칭전단강도 산정

$$\frac{h}{t_w} = \frac{500 - 2 \times (16+20)}{10} = 42.8$$

$$2.24\sqrt{\frac{E}{F_y}} = 2.24\sqrt{\frac{205{,}000}{315}} = 57.1$$

$\dfrac{h}{t_w} = 42.8 < 2.24\sqrt{\dfrac{E}{F_y}} = 57.1$ 이므로, $C_v = 1.0$

∴ $V_n = 0.6 F_y A_w C_v = 0.6 \times 315 \times (500 \times 10) \times 1.0 \times 10^{-3} = 945.0\,\text{kN}$

(5) 안전성 검토

$M_u = 249.9\,\text{kN}\cdot\text{m} < \phi_b M_n = 0.9 \times 356.4 = 321\,\text{kN}\cdot\text{m}$ ∴ OK

$V_u = 142.8\,\text{kN} < \phi_v V_n = 1.0 \times 945 = 945.0\,\text{kN}$ ∴ OK

QUESTION 02

다음 그림과 같이 스팬 5.0m 캔틸레버보에 강축방향으로 12kN/m의 등분포하중이 작용하고 있고, 보의 횡변위는 구속되어 있지 않다. H-500×200×10×16(SM 400)의 압연 H형강을 사용할 때, 공칭휨강도를 구하고, 안전성을 검토하시오.

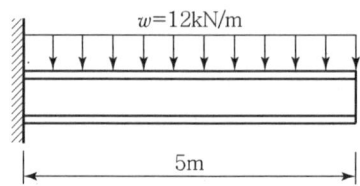

$I_y = 2.14 \times 10^7 \text{mm}^4$, $S_x = 1.91 \times 10^6 \text{mm}^3$, $Z_x = 2.18 \times 10^6 \text{mm}^3$

1. 계수하중 산정

$$M_u = \frac{wL^2}{2} = 150 \text{kN} \cdot \text{m}$$

2. 폭두께비 검토

(1) 플랜지 검토

$$\lambda = \frac{b}{t_f} = \frac{200/2}{16} = 6.25$$

$$\lambda_p = 0.38\sqrt{\frac{E}{F_y}} = 0.38\sqrt{\frac{205{,}000}{235}} = 11.22 \quad \therefore \lambda < \lambda_p$$

(2) 웨브 검토

$$\lambda = \frac{h}{t_w} = \frac{500 - 2 \times (20+16)}{10} = 42.8$$

$$\lambda_p = 3.76\sqrt{\frac{E}{F_y}} = 3.76\sqrt{\frac{205{,}000}{235}} = 111.05 \quad \therefore \lambda < \lambda_p$$

∴ 플랜지 및 웨브 단면 모두 조밀단면

3. 공칭휨강도 산정

(1) 횡좌굴영역 산정

$L_b = 5\mathrm{m}$

$L_p = 1.76\, r_y \sqrt{\dfrac{E}{F_y}} = 1.76 \times 43.3 \times \sqrt{\dfrac{205,000}{235}} \times 10^{-3} = 2.25\mathrm{m}$

$L_r = \pi\, r_{ts} \sqrt{\dfrac{E}{0.7F_y}} = \pi \times 52.1 \times \sqrt{\dfrac{205,000}{0.7 \times 235}} = 5.78\mathrm{m}$

여기서, $r_{ts} = \sqrt{\dfrac{I_y h_o}{2 S_x}} = 52.1$, $\quad h_o = H - t_f = 484\mathrm{mm}$

$L_p < L_b < L_r$ 이므로 (Zone 2)에 해당

(2) 공칭휨강도(횡좌굴강도) 산정

횡좌굴모멘트 수정계수 C_b 산정
캔틸레버보의 경우는 가장 불리한 형태로 간주하여 $C_b = 1.0$으로 함

$M_n = C_b \left[M_p - (M_p - 0.7 F_y S_x) \left\{ \dfrac{L_b - L_p}{L_r - L_p} \right\} \right] \leq M_p$

$\quad = 1 \times \left[512.3 - (512.3 - 314.2) \left\{ \dfrac{5 - 2.25}{5.78 - 2.25} \right\} \right] = 358\mathrm{kN \cdot m}$

여기서, $M_p = F_y Z_x = 235 \times 2.18 \times 10^6 \times 10^{-6} = 512.3\mathrm{kN \cdot m}$
$\quad\quad\quad 0.7 F_y S_x = 0.7 \times 235 \times 1.91 \times 10^6 \times 10^{-6} = 314.2\mathrm{kN \cdot m}$

4. 안전성 평가

$\phi M_n (= 0.9 \times 358 = 322.2\mathrm{kN \cdot m}) \geq M_u (150\mathrm{kN \cdot m}) \qquad \therefore \mathrm{OK}$

QUESTION 03

등분포하중을 받는 스팬 9m의 양단 단순지지된 보의 부재로 압연 H형강 H−400×200×8×13(SM 400)을 사용할 때 다음 조건에 대하여 $\phi_b M_n$을 구하시오.

1) 횡구속 가새가 없을 때
2) 횡구속 가새가 보 중앙에 있을 때
3) 횡구속 가새가 보 3등분점에 있을 때

⟨H−400×200×8×13 단면 성능⟩
$I_y = 1.74 \times 10^7 \text{mm}^4$, $S_x = 1.19 \times 10^6 \text{mm}^3$,
$Z_x = 1.33 \times 10^6 \text{mm}^3$, $r_y = 45.4 \text{mm}$, $J = 3.57 \times 10^5 \text{mm}^4$

【풀이】 보 단면으로 사용되는 압연 H형강은 플랜지 및 웨브가 대부분 조밀단면이다. 따라서 국부좌굴이 발생하지 않으므로 횡비틀림좌굴강도에 의해 휨재의 공칭휨강도가 결정된다.

1. 횡구속 가새가 없을 때

(1) 소성한계 및 비탄성한계 비지지길이 산정

$L_b = 9.0 \text{m}$ (보의 비지지길이)

$$L_p = 1.76\, r_y \sqrt{\frac{E}{F_y}} = 1.76 \times 45.4 \times \sqrt{\frac{205{,}000}{235}} \times 10^{-3} = 2.36 \text{ m}$$

$$L_r = \pi\, r_{ts} \sqrt{\frac{E}{0.7 F_y}} = 3.14 \times 53.19 \times \sqrt{\frac{205{,}000}{0.7 \times 235}} \times 10^{-3} = 5.90 \text{ m}$$

여기서, $r_{ts} = \sqrt{\dfrac{I_y h_o}{2 S_x}} = \sqrt{\dfrac{17.4 \times 10^6 \times (400-13)}{2 \times 1.19 \times 10^6}} = 53.19 \text{mm}$

$L_b\,(=9.00\text{m}) > L_r\,(=5.90\text{m})$ 이므로 횡좌굴영역은 탄성횡좌굴구간(Zone 3)에 해당된다.

(2) 횡비틀림좌굴강도 산정

[그림 5.4] (a)로부터 $C_b = 1.14$

$$F_{cr} = \frac{C_b \pi^2 E}{\left(\dfrac{L_b}{r_{ts}}\right)^2} \sqrt{1 + 0.078 \frac{Jc}{S_x h_0} \left(\frac{L_b}{r_{ts}}\right)^2}$$

$$= \frac{1.14 \times \pi^2 \times 205{,}000}{\left(\dfrac{9.0 \times 10^3}{53.19}\right)^2} \sqrt{1 + 0.078 \times 0.78 \times 10^{-3} \times \left(\frac{9.0 \times 10^3}{53.19}\right)^2}$$

$$= 133.4 \text{N/mm}^2$$

여기서, $\dfrac{Jc}{S_x h_o} = \dfrac{357 \times 10^3 \times 1}{1.19 \times 10^6 \times (400 - 13)} = 0.78 \times 10^{-3}$

$M_n = F_{cr} S_x = 133.4 \times 1.19 \times 10^6 \times 10^{-6} = 158.7 \text{kN} \cdot \text{m}$

(3) 설계휨강도 산정

$\phi_b = 0.9$

$\phi_b M_n = 0.9 \times 158.7 = 143 \text{kN} \cdot \text{m}$

2. 횡구속 가새가 보 중앙에 있을 때

(1) 소성한계 및 비탄성한계 비지지길이 산정

$L_b = 4.5\text{m}$ (보의 비지지길이)

$L_p = 1.76 \, r_y \sqrt{\dfrac{E}{F_y}} = 1.76 \times 45.4 \times \sqrt{\dfrac{205{,}000}{235}} \times 10^{-3} = 2.36 \text{ m}$

$L_r = \pi \, r_{ts} \sqrt{\dfrac{E}{0.7 F_y}} = 3.14 \times 53.19 \times \sqrt{\dfrac{205{,}000}{0.7 \times 235}} \times 10^{-3} = 5.90 \text{ m}$

여기서, $r_{ts} = \sqrt{\dfrac{I_y h_o}{2S_x}} = \sqrt{\dfrac{17.4 \times 10^6 \times (400-13)}{2 \times 1.19 \times 10^6}} = 53.19\,\text{mm}$

$L_p(=2.36\,\text{m}) < L_b(=4.50\,\text{m}) < L_r(=5.90\,\text{m})$ 이므로 횡좌굴영역은 비탄성횡좌굴 구간(Zone 2)에 해당

(2) 횡비틀림좌굴강도 산정

[그림 5.4] (b)로부터 $C_b = 1.3$

$$M_p = F_y Z_x = 235 \times 1.33 \times 10^6 \times 10^{-6} = 312.6\,\text{kN}\cdot\text{m}$$

$$0.7 F_y S_x = 0.7 \times 235 \times 1.19 \times 10^6 \times 10^{-6} = 195.8\,\text{kN}\cdot\text{m}$$

$$M_n = C_b \left\{ M_p - (M_p - 0.7 F_y S_x) \left(\dfrac{L_b - L_p}{L_r - L_p} \right) \right\} < M_p$$

$$= 1.3 \times \left\{ 312.6 - (312.6 - 195.8) \left(\dfrac{4.50 - 2.36}{5.90 - 2.36} \right) \right\}$$

$$= 314.6\,\text{kN}\cdot\text{m} < M_p = 312.6\,\text{kN}\cdot\text{m}$$

$\therefore M_n = 312.6\,\text{kN}\cdot\text{m}$

(3) 설계휨강도 산정

$\phi_b = 0.9$

$\phi_b M_n = 0.9 \times 312.6 = 281\,\text{kN}\cdot\text{m}$

3. 횡구속 가새가 보 3등분점에 있을 때

(1) 소성한계 및 비탄성한계 비지지길이 산정

$L_b = 3.00\,\text{m}\,(\text{보의 비지지길이})$

$$L_p = 1.76\, r_y \sqrt{\frac{E}{F_y}} = 1.76 \times 45.4 \times \sqrt{\frac{205{,}000}{235}} \times 10^{-3} = 2.36\,\text{m}$$

$$L_r = \pi\, r_{ts} \sqrt{\frac{E}{0.7F_y}} = 3.14 \times 53.19 \times \sqrt{\frac{205{,}000}{0.7 \times 235}} \times 10^{-3} = 5.90\,\text{m}$$

여기서, $r_{ts} = \sqrt{\dfrac{I_y h_o}{2S_x}} = \sqrt{\dfrac{17.4 \times 10^6 \times (400-13)}{2 \times 1.19 \times 10^6}} = 53.19\,\text{mm}$

$L_p\,(=2.36\,\text{m}) < L_b\,(=3.00\,\text{m}) < L_r\,(=5.90\,\text{m})$ 이므로 횡좌굴영역은 비탄성횡좌굴구간(Zone 2)에 해당

(2) 횡좌굴강도 산정

[그림 5.4] (c)로부터 $C_b = 1.01$

$$M_p = F_y Z_x = 235 \times 1.33 \times 10^6 \times 10^{-6} = 312.6\,\text{kN}\cdot\text{m}$$

$$0.7 F_y S_x = 0.7 \times 235 \times 1.19 \times 10^6 \times 10^{-6} = 195.8\,\text{kN}\cdot\text{m}$$

$$M_n = C_b \left\{ M_p - (M_p - 0.7 F_y S_x)\left(\frac{L_b - L_p}{L_r - L_p}\right) \right\} < M_p$$

$$= 1.01 \times \left\{ 312.6 - (312.6 - 195.8)\left(\frac{3.00 - 2.36}{5.90 - 2.36}\right) \right\}$$

$$= 294.4\,\text{kN}\cdot\text{m} < M_p = 312.6\,\text{kN}\cdot\text{m}$$

$\therefore\ M_n = 294.4\,\text{kN}\cdot\text{m}$

(3) 설계휨강도 산정

$\phi_b = 0.9$

$\phi_b M_n = 0.9 \times 294.4 = 265\,\text{kN}\cdot\text{m}$

CHAPTER 06 조합력을 받는 부재

1. 보 – 기둥 부재의 2차 효과

[그림 6.1]의 (a)와 (b)는 2차 효과를 "부재효과"(member effect, $P-\delta$ effect) 및 "골조효과"(frame effect, $P-\Delta$ effect)로 구분하여 나타낸 것이다. 소위 부재효과는 골조의 횡변위(sidesway)가 발생하지 않는 조건에서 발생하는 모멘트증폭 등의 2차 효과를 지칭하고, 골조효과는 골조의 횡변위 발생에 따라 수반되는 모멘트증폭 등의 2차 효과를 나타낸다.

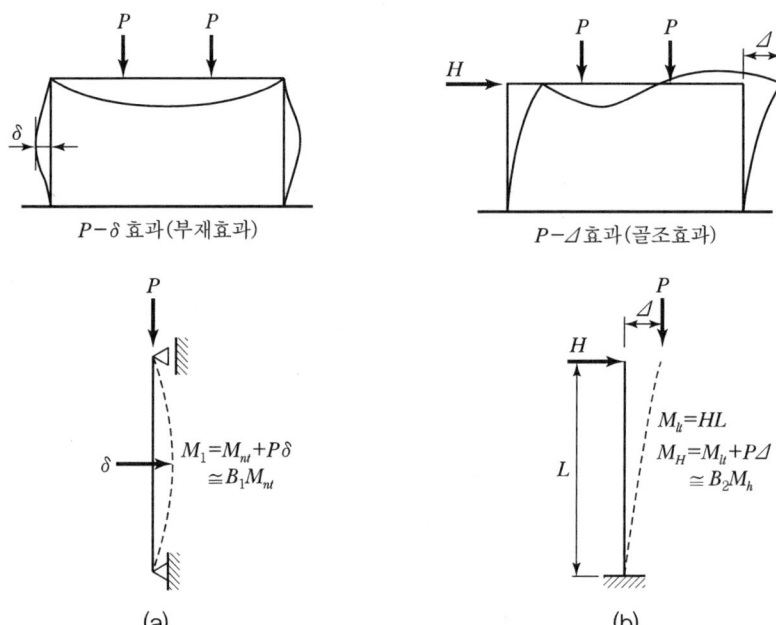

[그림 6.1] 2차 효과에 따른 모멘트 증폭

2. 횡구속 부재효과에 따른 증폭계수(B_1 계수)

$$M_r = B_1 M_{nt} + B_2 M_{lt} \quad \cdots\cdots (6.1)$$

$$P_r = P_{nt} + B_2 P_{lt} \quad \cdots\cdots (6.2)$$

여기서, $B_1 = \dfrac{C_m}{1-(P_r/P_{e1})} \geq 1.0$ ································· (6.3)

M_r : 2차 효과가 고려된 소요휨강도

P_r : $P-\Delta$ 2차 효과가 고려된 소요축강도

P_{e1} : 골조의 횡변위를 구속한 조건의 휨평면 내 오일러좌굴하중강도

B_2 : 비횡구속 골조효과에 의한 증폭계수(6.3 참조)

M_{nt}, P_{nt} : 골조의 횡변위가 구속된 조건의 1차 모멘트와 1차 축력

M_{lt}, P_{lt} : 골조의 횡변위를 허용한 조건의 1차 모멘트와 1차 축력

C_m(부재하중 작용 시) : 1.0 또는 이론상의 해석값

C_m(부재하중 없이 재단모멘트만 작용 시) : 아래 규정에 따름

여기서, $C_m = 0.6 - 0.4\left(\dfrac{M_1}{M_2}\right) \geq 0.4$

단, $|M_2| \geq |M_1|$이고 $\left(\dfrac{M_1}{M_2}\right)$의 부호는 보-기둥의 변형이 복곡률이면 (+), 단곡률이면 (−)

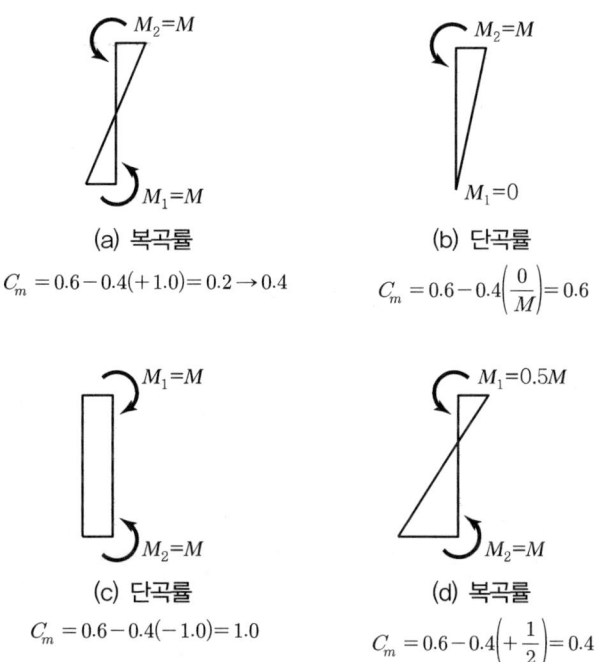

(a) 복곡률
$C_m = 0.6 - 0.4(+1.0) = 0.2 \to 0.4$

(b) 단곡률
$C_m = 0.6 - 0.4\left(\dfrac{0}{M}\right) = 0.6$

(c) 단곡률
$C_m = 0.6 - 0.4(-1.0) = 1.0$

(d) 복곡률
$C_m = 0.6 - 0.4\left(+\dfrac{1}{2}\right) = 0.4$

[그림 6.2] 모멘트 구배에 따른 C_m 계수 산정예

3. 비횡구속 골조효과에 따른 증폭계수(B_2 계수)

설계기준에서 제시하고 있는 B_2 계수

$$B_2 = \frac{1}{1-\left(\dfrac{\sum P_{nt}}{\sum P_{e2}}\right)} \geq 1.0 \quad \cdots\cdots\cdots\cdots\cdots\cdots\cdots\cdots\cdots\cdots\cdots\cdots\cdots\cdots\cdots\cdots\cdots\cdots (6.4)$$

여기서, $\sum P_{nt}$: 대상층에 작용하는 총 계수연직하중
$\sum P_{e2}$: 대상층에 횡변위가 수반되는 좌굴모드에 대한 층 전체의 탄성좌굴강도

$\sum P_{e2}$ 는 다음 두 가지 형태, 즉 층좌굴강도 개념과 층강성 개념으로 산정할 수 있다.

① 층좌굴강도 개념

$$\sum P_{e2} = \sum \frac{\pi^2 EI}{(K_2 L)^2} \quad \cdots\cdots\cdots\cdots\cdots\cdots\cdots\cdots\cdots\cdots\cdots\cdots\cdots\cdots\cdots\cdots\cdots\cdots (6.5)$$

② 층강성 개념

$$\sum P_{e2} = R_M \frac{\sum HL}{\triangle_H} \quad \cdots\cdots\cdots\cdots\cdots\cdots\cdots\cdots\cdots\cdots\cdots\cdots\cdots\cdots\cdots\cdots\cdots\cdots (6.6)$$

여기서, I : 휨평면 내의 단면 2차 모멘트
K_2 : 기둥의 횡변위 좌굴모드를 고려하여 휨평면에서 산정된 유효좌굴길이 계수
L : 부재길이(층고)
R_M : 1.0(가새골조)
  : 0.85(모멘트골조 또는 조합구조시스템)
Δ_H : 횡력에 대한 1차 해석에서 얻어진 층간변위
$\sum H$: Δ_H 산정에 사용된 횡력이 유발한 층전단력의 합

4. 압축력과 휨을 받는 2축대칭단면부재의 설계

(1) $\dfrac{P_r}{P_c} \geq 0.2$인 경우

$$\frac{P_r}{P_c} + \frac{8}{9}\left(\frac{M_{rx}}{M_{cx}} + \frac{M_{ry}}{M_{cy}}\right) \leq 1.0 \quad \cdots\cdots (6.7)$$

(2) $\dfrac{P_r}{P_c} < 0.2$인 경우

$$\frac{P_r}{2P_c} + \left(\frac{M_{rx}}{M_{cx}} + \frac{M_{ry}}{M_{cy}}\right) \leq 1.0 \quad \cdots\cdots (6.8)$$

여기서, P_r : 소요압축강도(N) $= P_u = 1.2P_D + 1.6P_L$
P_c : 설계압축강도($=\phi_c P_n$)(N)
M_r : 소요휨강도(N·mm)
M_c : 설계휨강도($=\phi_b M_n$)(N·mm)
x : 강축휨을 나타내는 아래첨자
y : 약축휨을 나타내는 아래첨자
ϕ_c : 압축강도저항계수($=0.90$)
ϕ_b : 휨강도저항계수($=0.90$)

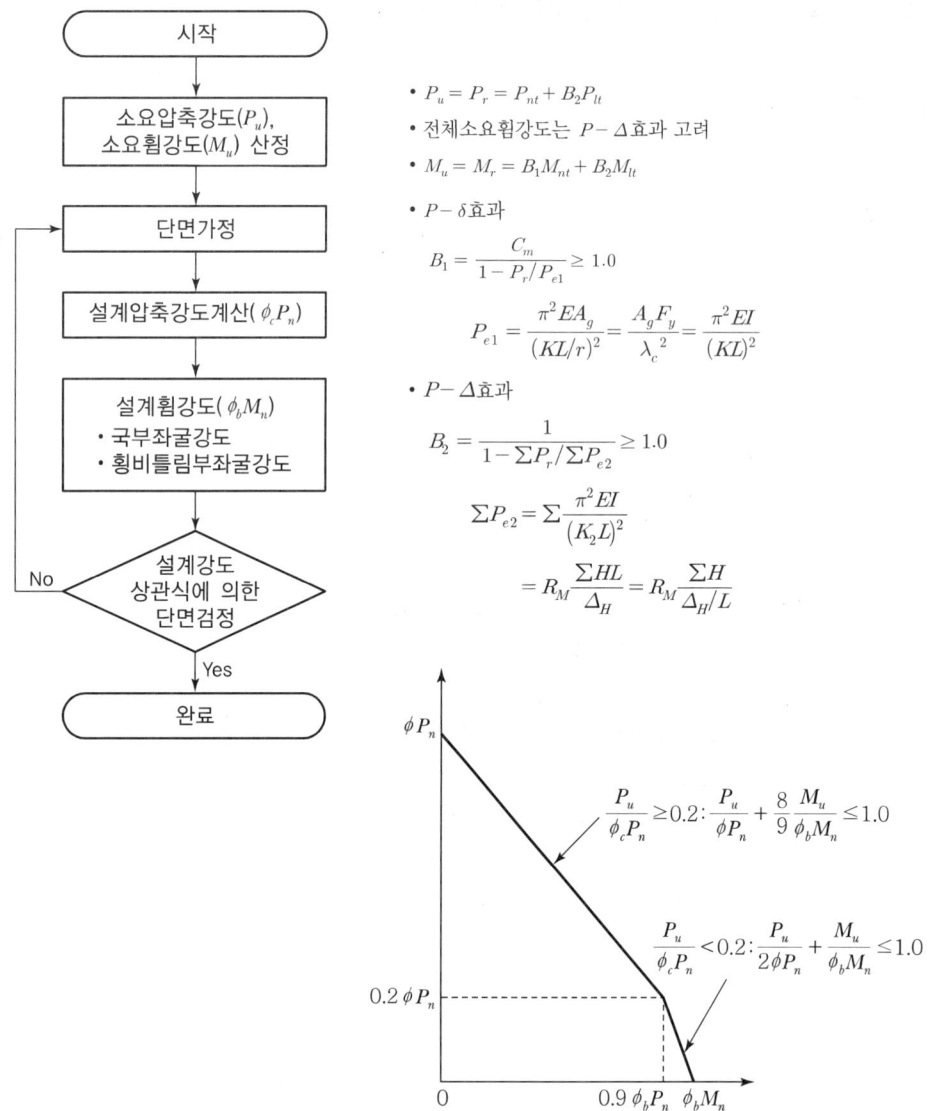

[그림 6.3] 조합력을 받는 부재 설계흐름도

QUESTION 01

주어진 골조에서 기둥부재 CD(H-400×400×13×21, SS400)의 적합성 여부를 한계상태 설계법으로 검토하시오.(단, $E = 205,000\text{MPa}$, $F_y = 235\text{MPa}$, 주어진 하중은 계수하중이며 $K_{x,AB} = K_{x,CD} = 2.0$이고, $K_{y,AB} = K_{y,CD} = 1.0$으로 가정한다. 또한 설계 편의성을 위해 AC부재는 무한강성으로 가정한다.)

<부재의 단면성능(H-400×400×13×21)>

- $A = 21,870\text{mm}^2$
- $Z_x = 3,670,000\text{mm}^3$
- $S_x = 3,330,000\text{mm}^3$
- $I_x = 666 \times 10^6 \text{mm}^4$
- $I_y = 224 \times 10^6 \text{mm}^4$
- $r = 22\text{mm}$
- $r_x = 175\text{mm}$
- $r_y = 101\text{mm}$

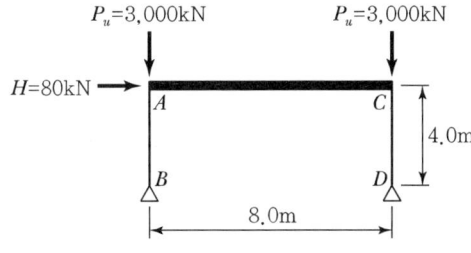

1. 비횡변위골조와 횡변위골조로 분리

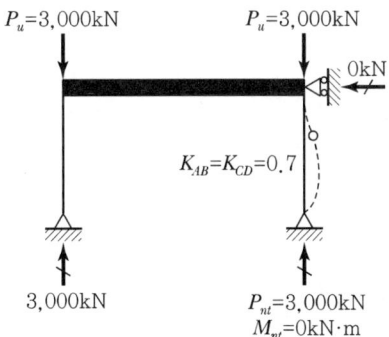

[비횡변위골조의 M_{nt}와 P_{nt}]   [횡변위골조의 M_{lt}와 P_{lt}]

2. 부재의 단면 성능(H – 400×400×13×21)

$$A = 21{,}870\,\text{mm}^2,\ Z_x = 3{,}670{,}000\,\text{mm}^3,\ S_x = 3{,}330{,}000\,\text{mm}^3$$

$$I_x = 666 \times 10^6\,\text{mm}^4,\ I_y = 224 \times 10^6\,\text{mm}^4$$

$$r = 22\,\text{mm},\ r_x = 175\,\text{mm},\ r_y = 101\,\text{mm}$$

3. 모멘트 증폭계수 B_1 및 B_2 산정

(1) B_1 산정

비횡변위골조에서 $M_{nt} = 0$이므로 B_1을 구할 필요가 없다.

(2) B_2 산정

$$\sum P_{nt} = 6{,}000\,\text{kN}$$

$$\sum P_{e2} = 2\frac{\pi^2 EI}{(KL)^2} = (2)\frac{\pi^2(205{,}000)(666 \times 10^6)}{\{2.0(4{,}000)\}^2} \times 10^{-3} = 42{,}109\,\text{kN}$$

$$\therefore B_2 = \frac{1}{1 - \dfrac{\sum P_{nt}}{\sum P_{e2}}} = \frac{1}{1 - \dfrac{6{,}000}{42{,}109}} = \frac{1}{1 - 0.142} = 1.17 (\geq 1.0)$$

4. 소요압축강도 P_r 및 소요휨강도 M_r의 산정

(1) 소요압축강도(P_r)

$$P_r = P_{nt} + B_2 P_{lt} = 3{,}000 + 1.17(40) = 3{,}047\,\text{kN}$$

(2) 소요휨강도(M_r)

$$M_r = B_1 M_{nt} + B_2 M_{lt} = 0 + 1.17(160) = 187\,\text{kN}\cdot\text{m}$$

5. 설계압축강도 P_c 및 설계휨강도 M_{cx}의 산정

(1) 설계압축강도($P_c = \phi P_n$)

① 강축과 약축의 유효좌굴길이($K_x = 2.0$, $K_y = 1.0$)를 고려한 세장비 $\left(\dfrac{KL}{r}\right)$ 검토

$$\left(\frac{KL}{r}\right)_x = \frac{(2.0)(4,000)}{175} = 45.7, \quad \left(\frac{KL}{r}\right)_y = \frac{(1.0)(4,000)}{101} = 39.6$$

$$\rightarrow \left(\frac{KL}{r}\right)_{\max} = \left(\frac{KL}{r}\right)_x = 45.7 \,(\text{강축방향좌굴이 지배})$$

② 좌굴영역 검토

좌굴영역을 검토하면,

$$\left(\frac{KL}{r}\right) = 45.7 < 4.71\sqrt{\frac{E}{F_y}} = 4.71\sqrt{\frac{205,000}{235}} = 139$$

따라서, 설계압축강도는 비탄성영역에서 결정된다.

③ 휨좌굴응력(F_{cr}) 산정

$$F_{cr} = \left[0.658^{F_y/F_e}\right]F_y = \left[0.658^{235/969}\right](235) = 212\,\text{MPa}$$

여기서, 탄성좌굴응력(F_e) $= \dfrac{\pi^2 E}{(KL/r)^2} = \dfrac{\pi^2(205,000)}{(45.7)^2} = 969\,\text{MPa}$

$$P_n = F_{cr}A_g = (212)(21,870)/10^3 = 4,636\,\text{kN}$$

$$\therefore P_c = \phi_c P_n = 0.9(4,636) = 4,172\,\text{kN}$$

(2) 설계휨강도($M_{cx} = \phi M_{nx}$)

설계휨강도는 부재의 소성모멘트, 국부좌굴, 횡비틀림좌굴강도를 비교하여 최소값을 택한다.

① 소성모멘트

$$M_p = F_y Z_x = (235)(3,670,000)/10^6 = 863\,\text{kN}\cdot\text{m}$$

② 국부좌굴

- 플랜지 국부좌굴(FLB ; Flange Local Buckling) 검토

$$\lambda = b/t_f = (400/2)/21 = 9.52$$

$$\lambda_p = 0.38\sqrt{E/F_y} = 0.38 \times \sqrt{205,000/235} = 11.22$$

∴ $\lambda < \lambda_p$ 로서 조밀 단면이므로 강도저감이 필요치 않다.

- 웨브 국부좌굴(WLB ; Web Local Buckling) 검토

$$\lambda = h/t_w = [400 - (2)(21+22)]/13 = 24.2$$

$$\lambda_p = 3.76\sqrt{E/F_y} = 3.76\sqrt{205,000/235} = 111.1$$

∴ $\lambda < \lambda_p$ 로서 조밀 단면이므로 강도저감이 필요치 않다.

③ 횡비틀림좌굴(LTB ; Lateral Torsional Buckling) 검토

$L_b = 4,000\mathrm{mm}$

$$L_p = 1.76r_y\sqrt{E/F_y} = 1.76(101)\sqrt{205,000/235} = 5,250\mathrm{mm}$$

∴ $L_b < L_p$ 이므로 횡비틀림좌굴을 고려하지 않아도 된다.

따라서, 주어진 기둥 CD는 강축휨을 받는 2축 대칭 H형강으로서 조밀부재이고 횡비틀림좌굴을 고려할 필요가 없으므로 설계휨강도는 소성휨모멘트(M_p)에 의해 결정된다.

∴ $M_{cx} = \phi_b M_{nx} = (0.9)(863) = 777\mathrm{kN} \cdot \mathrm{m}$

6. 조합력에 대한 내력 상관관계식 검토

압축력과 휨을 받는 2축 대칭단면부재

$$\frac{P_r}{P_c} = \frac{3,047}{4,172} = 0.730 > 0.2 \text{인 경우}$$

$$\frac{P_r}{P_c} + \frac{8}{9}\left(\frac{M_{rx}}{M_{cx}} + \frac{M_{ry}}{M_{cy}}\right) \leq 1.0$$

$$\rightarrow \frac{P_r}{P_c} + \frac{8}{9}\left(\frac{M_{rx}}{M_{cx}} + \frac{M_{ry}}{M_{cy}}\right) = \frac{3,047}{4,172} + \frac{8}{9}\left(\frac{187}{777}\right) = 0.944 < 1.0 \qquad \therefore \text{OK}$$

따라서, H-400×400×13×21 부재는 기둥으로 적합

QUESTION 02

다음 그림과 같이 압연 H형강 H-400×400×13×21(SM 490)의 양단 핀인 기둥에 축압축력과 강축방향의 1축 휨모멘트가 동시에 작용하고 있다. 축압축력은 $P_D = 1,000\,\text{kN}$, $P_L = 1,200\,\text{kN}$이 작용하고 있고, 기둥 상단부에는 휨모멘트가 $M_D = 15\,\text{kN}\cdot\text{m}$, $M_L = 35\,\text{kN}\cdot\text{m}$, 기둥 하단부에는 휨모멘트가 $M_D = 80\,\text{kN}\cdot\text{m}$, $M_L = 100\,\text{kN}\cdot\text{m}$으로 그림과 같은 방향으로 작용하고 있다. 이 기둥의 안전성 여부를 검토하시오.(단, $K_x = 1.0$, $K_y = 1.0$이고 $E = 205,000\,\text{N/mm}^2$, $F_y = 315\,\text{N/mm}^2$)

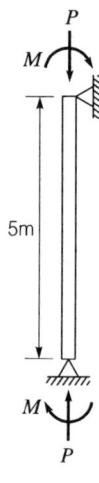

1. 부재의 단면성능(H−400×400×13×21)

$A = 21,870\,\text{mm}^2$, $Z_x = 3,670,000\,\text{mm}^3$, $r(\text{필렛 반경}) = 22\,\text{mm}$

$I_x = 6.66 \times 10^8\,\text{mm}^4$, $I_y = 2.24 \times 10^8\,\text{mm}^4$,

$S_x = 3.33 \times 10^6\,\text{mm}^3$, $J = 2.73 \times 10^6\,\text{mm}^4$, $r_x = 175\,\text{mm}$, $r_y = 101\,\text{mm}$

2. 소요압축강도(P_r) 산정

$$P_r = 1.2 P_D + 1.6 P_L = 1.2 \times 1,000 + 1.6 \times 1,200 = 3,120 \text{kN}$$

3. 소요휨강도(M_{rx}) 산정

(1) 강축방향 계수휨모멘트

① 기둥 상단부

$$M_{ntx} = 1.2 M_{ntx,D} + 1.6 M_{ntx,L} = 1.2 \times 15 + 1.6 \times 35 = 74 \text{kN} \cdot \text{m}$$

② 기둥 하단부

$$M_{ntx} = 1.2 M_{ntx,D} + 1.6 M_{ntx,L} = 1.2 \times 80 + 1.6 \times 100 = 256 \text{kN} \cdot \text{m}$$

기둥 하단부의 휨모멘트가 더 크므로 $M_{ntx} = 256 \text{kN} \cdot \text{m}$

(2) 모멘트 증폭계수(C_m) 반영

$$C_m = 0.6 - 0.4 \left(\frac{M_1}{M_2} \right) = 0.6 - 0.4 \times \left(\frac{74}{256} \right) = 0.48 \quad (\because \text{복곡률})$$

$$P_e = \frac{\pi^2 EI}{(KL)^2} = \frac{\pi^2 \times 205 \times 6.66 \times 10^8}{(1.0 \times 5.0 \times 10^3)^2} = 53,900 \text{kN}$$

$$B_1 = \frac{C_m}{1 - P_r/P_e} = \frac{0.48}{1 - (3,120/53,900)} = 0.51$$

$B_1 \geq 1$ 이어야 하므로 여기서 $B_1 = 1$ 이다.

$$M_{rx} = B_1 M_{ntx} = 1.0 \times 256 = 256 \text{kN} \cdot \text{m}$$

4. 설계압축강도($P_c = \phi P_n$) 산정

(1) 위험좌굴축 결정

$$\left(\frac{KL}{r}\right)_x = \frac{1.0 \times 5,000}{175} = 28.6, \quad \left(\frac{KL}{r}\right)_y = \frac{1.0 \times 5,000}{101} = 49.5$$

$$\Rightarrow \left(\frac{KL}{r}\right)_{\max} = \left(\frac{KL}{r}\right)_y = 49.5 \text{(면외방향의 약축좌굴이 지배)}$$

$$\frac{KL}{r} = 49.5 < 4.71\sqrt{\frac{E}{F_y}} = 4.71\sqrt{\frac{205,000}{315}} = 120.2$$

혹은

$$F_e = \frac{\pi^2 E}{\left(\frac{KL}{r}\right)^2} = 825.7 \text{N/mm}^2 \Rightarrow F_y/F_e = 0.38 \leq 2.25$$

그러므로

$$F_{cr} = (0.658^{\frac{F_y}{F_e}})F_y = 268.5$$

$$P_c = \phi_c P_n = \phi_c F_{cr} A_g = 0.9 \times 268.5 \times 21,870 \times 10^{-3} = 5,285 \text{kN}$$

5. 설계휨강도($M_{cx} = \phi M_{nx}$)

설계휨강도(M_{cx})는 부재의 소성모멘트, 국부좌굴, 횡비틀림좌굴 강도를 비교하여 최소값을 택한다.

(1) 소성모멘트

$$M_p = F_y Z_x = 315 \times 3,670,000 \times 10^{-6} = 1,156 \text{kN} \cdot \text{m}$$

(2) 국부좌굴을 고려한 휨강도

① 플랜지 국부좌굴(FLB ; Flange Local Buckling)

$\lambda = b/t_f = (400/2)/21 = 9.52$

$\lambda_p = 0.38\sqrt{E/F_y} = 0.38 \times \sqrt{205,000/315} = 9.69$

∴ $\lambda < \lambda_p$ 로서 조밀단면이므로 강도저감이 필요치 않다.

② 웨브 국부좌굴(WLB ; Web Local Buckling)

$\lambda = h/t_w = [400 - 2 \times (21+22)]/13 = 24.2$

$\lambda_p = 3.76\sqrt{E/F_y} = 3.76\sqrt{205,000/315} = 95.9$

∴ $\lambda < \lambda_p$ 로서 조밀단면이므로 강도저감이 필요치 않다.

(3) 횡비틀림좌굴(LTB ; Lateral Torsional Bucking)를 고려한 휨강도

① 횡비틀림좌굴구간 검토

$L_b = 5,000 \text{mm}$

$L_p = 1.76\, r_y \sqrt{E/F_y} = 1.76\,(101)\sqrt{205,000/315} = 4,535 \text{mm}$

$L_r = 1.95\, r_{ts} \dfrac{E}{0.7F_y} \sqrt{\dfrac{Jc}{S_x h_o}} \sqrt{1 + \sqrt{1 + 6.76\left(\dfrac{0.7F_y}{E}\dfrac{S_x h_o}{Jc}\right)^2}}$

$= 1.95\,(112.9)\dfrac{205,000}{0.7(315)}\sqrt{\dfrac{(2.73\times10^6)\times1}{(3.33\times10^6)\times379}}\sqrt{1+\sqrt{1+6.76\left(\dfrac{0.7(315)}{205,000}\dfrac{(3.33\times10^6)\times379}{(2.73\times10^6)\times1}\right)^2}}$

$= 15,451 \text{mm}$

여기서, $r_{ts} = \sqrt{\dfrac{I_y h_o}{2S_x}} = \sqrt{\dfrac{(2.24 \times 10^8) \times 379}{2 \times 3.33 \times 10^6}} = 112.9$

$h_o = 379\text{mm}$: 상하부 플랜지 간 중심거리

$c = 1$: 2축대칭인 H-형강 부재의 경우

$J = 2.73 \times 10^6 \text{mm}^4$: 단면비틀림상수

∴ $L_p < L_b < L_r$ 으로서 비탄성 횡비틀림좌굴구간에 해당

② C_b 산정

$$C_b = \dfrac{12.5 M_{\max}}{2.5 M_{\max} + 3M_A + 4M_B + 3M_C}$$

$$= \dfrac{12.5(256)}{2.5(256) + 3(8.5) + 4(91) + 3(173.5)} = 2.1$$

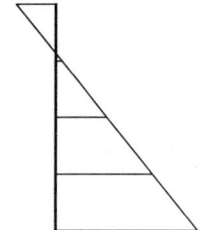

$M_{top} = -74\text{kN} \cdot \text{m}$

$M_A = 8.5\text{kN} \cdot \text{m}$

$M_B = 91\text{kN} \cdot \text{m}$

$M_C = 173.5\text{kN} \cdot \text{m}$

$M_{bottom} = 256\text{kN} \cdot \text{m}$

$$M_{nx} = C_b \left[M_p - (M_p - 0.7 F_y S_x) \left(\dfrac{L_b - L_p}{L_r - L_p} \right) \right]$$

$$= 2.1 \times \left[1,156 - (1,156 - 0.7 \times 315 \times 3.33) \left(\dfrac{5,000 - 4,535}{15,451 - 4,535} \right) \right]$$

$$= 2.1 \times (1,156 - 47.8) = 2,327 \text{kN} \cdot \text{m} > M_p (= 1,156 \text{kN} \cdot \text{m})$$

따라서 횡비틀림좌굴 한계상태 휨강도는 소성모멘트(M_p)와 같다.

(4) 설계휨강도 결정

(1), (2), (3)에 의하여 설계휨강도(M_{cx})는 소성모멘트에 의해 산정된다.

$M_{cx} = \phi_b M_{nx} = 0.9 \times 1,156 = 1,040 \text{kN} \cdot \text{m}$

6. 조합력에 대한 내력 상관관계식 검토

$$\frac{P_r}{P_c} = \frac{3,120}{5,285} = 0.59 > 0.2$$

$$\frac{P_r}{P_c} + \frac{8}{9}\left(\frac{M_{rx}}{M_{cx}} + \frac{M_{ry}}{M_{cy}}\right) = \frac{3,120}{5,285} + \frac{8}{9}\left(\frac{256}{1,040}\right) = 0.81 < 1.0 \qquad \therefore \text{ OK}$$

CHAPTER 07 합성부재

1. 합성기둥

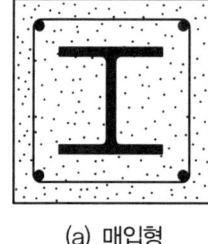 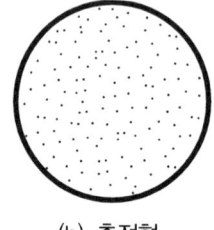

(a) 매입형　　　　　　　　(b) 충전형

2. 매입형 합성기둥

(1) 구조제한

① 강재 코어의 단면적은 총단면적의 1% 이상으로 한다.

② 횡방향철근의 중심간 간격은 직경 D10의 철근을 사용할 경우에는 300mm 이하, 직경 D13 이상의 철근을 사용할 경우에는 400mm 이하로 한다.

③ 최소한 4개의 연속된 모서리 길이방향 철근을 사용해야 하며 연속된 길이방향 철근의 최소철근비 ρ_{sr}는 0.004로 하며 다음 식으로 구한다.

$$\rho_{sr} = \frac{A_{sr}}{A_g} \quad \cdots\cdots\cdots (7.1)$$

여기서, A_{sr} : 연속길이방향 철근의 단면적(mm²)
　　　　A_g : 합성부재의 총단면적(mm²)

④ 강재코어와 길이방향철근의 최소순간격은 철근 직경의 1.5배 이상 또는 40mm 중 큰 값으로 한다. 또한, 플랜지에 대한 콘크리트의 순피복두께는 플랜지 폭의 1/6 이상으로 한다.

2. 매입형 합성기둥의 압축강도 P_n

강도저항계수 : $\phi_c = 0.75$

(1) $\dfrac{P_{no}}{P_e} \leq 2.25$ 인 경우

$$P_n = P_{no}\left[0.658^{\left(\frac{P_{no}}{P_e}\right)}\right] \quad \cdots\cdots\cdots\cdots\cdots\cdots\cdots\cdots\cdots\cdots\cdots\cdots\cdots (7.2)$$

(2) $\dfrac{P_{no}}{P_e} > 2.25$ 인 경우

$$P_n = 0.877 P_e \quad \cdots\cdots\cdots\cdots\cdots\cdots\cdots\cdots\cdots\cdots\cdots\cdots\cdots\cdots\cdots\cdots\cdots\cdots (7.3)$$

여기서, $P_{no} = F_y A_s + F_{yr} A_{sr} + 0.85 f_{ck} A_c \quad \cdots\cdots\cdots\cdots\cdots\cdots\cdots\cdots (7.4)$

$P_e = \pi^2(EI_{eff})/(KL)^2 \quad \cdots\cdots\cdots\cdots\cdots\cdots\cdots\cdots\cdots\cdots\cdots\cdots (7.5)$

여기서, A_s : 강재단면적(mm²)
A_c : 콘크리트단면적(mm²)(단, 강재코어의 설계기준 공칭항복강도가 450 N/mm²를 초과할 경우는 $A_c = A_{ce}$로 산정)
A_{ce} : 매입합성기둥의 경우 피복두께와 띠철근 직경을 제외한 심부 콘크리트의 유효단면적(mm²)
A_{sr} : 연속된 길이방향철근의 단면적(mm²)
E_c : 콘크리트의 탄성계수(N/mm²)
E_s : 강재의 탄성계수(N/mm²)
f_{ck} : 콘크리트의 설계기준압축강도(N/mm²)
F_y : 강재의 설계기준항복강도(N/mm²)
F_{yr} : 철근의 설계기준항복강도(N/mm²)
I_c : 콘크리트 단면의 단면 2차 모멘트(mm⁴)
I_s : 강재단면의 단면 2차 모멘트(mm⁴)
I_{sr} : 철근단면의 단면 2차 모멘트(mm⁴)
K : 부재의 유효좌굴길이계수
L : 부재의 횡지지길이(mm)
EI_{eff} : 합성단면의 유효강성(N·mm²)(단, 강재코어의 설계기준 공칭항복강도가 450N/mm²를 초과하여도 합성단면의 유효강성 산정에는 콘크리트 전체단면적(A_c)을 사용한다.)

$$EI_{eff} = E_s I_s + 0.5 E_s I_{sr} + C_1 E_c I_c \quad \cdots\cdots\cdots (7.6)$$

$$C_1 = 0.1 + 2\left(\frac{A_s}{A_c + A_s}\right) \leq 0.3 \quad \cdots\cdots\cdots (7.7)$$

(3) 매입형 합성기둥의 인장강도

$$P_n = F_y A_s + F_{yr} A_{sr} \quad \cdots\cdots\cdots (7.8)$$

$\phi_t = 0.90$

(4) 매입형 합성기둥의 전단강도

$$V_n = 0.6 F_y A_w + A_{sr} F_{yr} \frac{d}{s} \quad \cdots\cdots\cdots (7.9)$$

$\phi_v = 0.75$

또는

$$V_n = \frac{1}{6}\left(1 + \frac{N_u}{14 A_g}\right)\sqrt{f_{ck}} bd + A_{sr} F_{yr} \frac{d}{s} \quad \cdots\cdots\cdots (7.10)$$

$\phi_v = 0.75$

여기서 $A_{sr} F_{yr}(d/s)$: 띠철근의 공칭전단강도
A_{sr} : 띠철근의 단면적
d : 콘크리트 단면의 유효춤
N_u : 압축력
A_g : 전체단면적
s : 띠철근의 간격

(5) 힘의 분배

매입형 합성기둥에서 강재와 콘크리트 간에 전달되어야 할 힘의 크기는 다음과 같이 분배할 수 있다.

① 외력이 강재단면에 직접 가해지는 경우

모든 외력이 강재단면에 직접 가해지는 경우, 콘크리트에 전달되어야 할 힘 V_r'

$$V_r' = P_r(1 - F_y A_s / P_{no}) \quad \cdots\cdots\cdots\cdots\cdots\cdots\cdots\cdots\cdots\cdots\cdots\cdots\cdots (7.11)$$

여기서, P_{no} : 길이효과를 고려하지 않은 공칭압축강도, 식 (7.4) 참조(N)
P_r : 합성부재에 가해지는 소요외력(N)

② 외력이 콘크리트에 직접 가해지는 경우

모든 외력이 피복콘크리트 또는 충전콘크리트에 직접 가해지는 경우, 강재에 전달되어야 할 힘 V_r'

$$V_r' = P_r(F_y A_s / P_{no}) \quad \cdots\cdots\cdots\cdots\cdots\cdots\cdots\cdots\cdots\cdots\cdots\cdots\cdots\cdots (7.12)$$

③ 외력이 강재단면과 콘크리트에 동시에 가해지는 경우

외력이 강재단면과 매입콘크리트 또는 충전콘크리트에 동시에 가해지는 경우, 콘크리트에서 강재 또는 강재에서 콘크리트로 전달되어야 할 힘 V_r'은 강재에 직접 가해지는 외력의 일부 P_{rs}와 식 (7.12)에서 산정한 힘 V_r'과의 차이로 한다.

$$V_r' = P_{rs} - P_r(F_y A_s / P_{no}) \quad \cdots\cdots\cdots\cdots\cdots\cdots\cdots\cdots\cdots\cdots\cdots (7.13)$$

여기서, P_{rs} : 강재에 직접 가해지는 외력의 일부 힘(N)

(6) 각 스터드앵커의 설계전단강도 ϕQ_{nv}

$$Q_{nv} = F_u A_{sa} \quad \cdots\cdots\cdots\cdots\cdots\cdots\cdots\cdots\cdots\cdots\cdots\cdots\cdots\cdots\cdots\cdots\cdots (7.14)$$

$\phi_v = 0.65$

여기서, Q_{nv} : 스터드앵커의 공칭전단강도(N)
A_{sa} : 스터드앵커의 단면적(mm^2)
F_u : 스터드앵커의 설계기준인장강도(N/mm^2)

3. 충전형 합성기둥

- 강관의 단면적은 총단면적의 1% 이상으로 한다.
- 폭두께비는 [표 7.1]의 폭두께비 제한을 만족해야 한다.

(a) 비충전각형강관

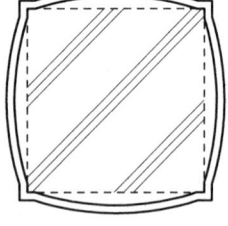
(b) 충전각형강관

[그림 7.1] 각형강관의 국부좌굴

▼ [표 7.1] 압축력을 받는 충전형 합성부재의 폭두께비 제한

구분	폭두께비	λ_p 조밀/비조밀	λ_r 비조밀/세장	$\lambda_{\max}$ 최대허용
각형강관	b/t	$2.26\sqrt{\dfrac{E}{F_y}}$	$3.00\sqrt{\dfrac{E}{F_y}}$	$5.00\sqrt{\dfrac{E}{F_y}}$
원형강관	D/t	$\dfrac{0.15E}{F_y}$	$\dfrac{0.19E}{F_y}$	$\dfrac{0.31E}{F_y}$

※ 각형강관은 사각형강관 및 두께가 일정한 용접사각형강관

(1) 충전형 합성기둥의 압축강도

강도저항계수는 $\phi_c = 0.75$

① 조밀단면

$$P_{no} = P_p \quad \cdots\cdots (7.14)$$

여기서, $P_p = F_y A_s + F_{yr} A_{sr} + C_2 f_{ck} A_c \quad \cdots\cdots (7.15)$

C_2 : 사각형 단면에서는 0.85, 원형단면에서는 $0.85\left(1 + 1.56\dfrac{F_y t}{D_c f_{ck}}\right)$

D_c : $D - 2t$ (t : 강관의 두께)

② 비조밀단면

$$P_{no} = P_p - \dfrac{P_p - P_y}{(\lambda_r - \lambda_p)^2}(\lambda - \lambda_p)^2 \quad \cdots\cdots (7.16)$$

여기서, λ, λ_p와 λ_r은 [표 7.1]의 폭(직경)두께비 제한값

$$P_y = F_y A_s + 0.7 f_{ck}\left(A_c + A_{sr}\frac{E_s}{E_c}\right) \quad \cdots\cdots\cdots\cdots\cdots\cdots\cdots\cdots\cdots\cdots (7.17)$$

③ 세장단면

$$P_{no} = F_{cr} A_s + 0.7 f_{ck}\left(A_c + A_{sr}\frac{E_s}{E_c}\right) \quad \cdots\cdots\cdots\cdots\cdots\cdots\cdots\cdots (7.18)$$

여기서, 각형 단면 : $F_{cr} = \dfrac{9E_s}{(b/t)^2}$ $\quad\cdots\cdots\cdots\cdots\cdots\cdots\cdots\cdots\cdots (7.19)$

원형 단면 : $F_{cr} = \dfrac{0.72 F_y}{[(D/t)(F_y/E_s)]^{0.2}}$ $\quad\cdots\cdots\cdots\cdots (7.20)$

합성단면의 유효강성

$$EI_{eff} = E_s I_s + E_s I_{sr} + C_3 E_c I_c \quad \cdots\cdots\cdots\cdots\cdots\cdots\cdots\cdots\cdots (7.21)$$

여기서, C_3는 충전형 합성압축부재의 유효강성을 구하기 위한 계수

$$C_3 = 0.6 + 2\left[\frac{A_s}{A_c + A_s}\right] \leq 0.9 \quad \cdots\cdots\cdots\cdots\cdots\cdots\cdots\cdots (7.22)$$

(2) 충전형 합성기둥의 인장강도

$$P_n = A_s F_y + A_{sr} F_{yr} \quad \cdots\cdots\cdots\cdots\cdots\cdots\cdots\cdots\cdots\cdots\cdots\cdots (7.23)$$

$\phi_t = 0.90$

(3) 충전형 합성기둥의 전단강도

충전형 합성기둥의 설계전단강도는 매입형 합성기둥의 경우와 동일한 방법으로 산정한다.

QUESTION 01

아래 그림과 같은 매입형 합성기둥의 설계기준(KBC 2016) 구조제한을 검토하고 이 기둥이 받을 수 있는 최대 설계압축강도를 산정하시오. (단, KBC 2016 적용, 휨 및 전단에 대한 조건은 무시하며, 양단부의 경계조건은 핀으로 가정한다.)

[조건]
- 콘크리트 : $f_{ck} = 24\text{MPa}$, $E_c = 29,800\text{MPa}$
- 철   근 : $f_y = 400\text{MPa}$, $E_s = 200,000\text{MPa}$
    HD25 철근($A_g = 507\text{mm}^2$)
    HD13 철근($A_g = 127\text{mm}^2$)
- 철골강재 : $F_y = 325\text{MPa}$, $F_u = 490\text{MPa}$, $E_s = 205,000\text{MPa}$
    H$-300 \times 300 \times 10 \times 15$(SM490)
    $A_s = 11,980\text{mm}^2$
    $I_x = 20,400 \times 10^4 \text{mm}^4$
    $I_y = 6,750 \times 10^4 \text{mm}^4$
- 기둥의 순높이 : 4.5m

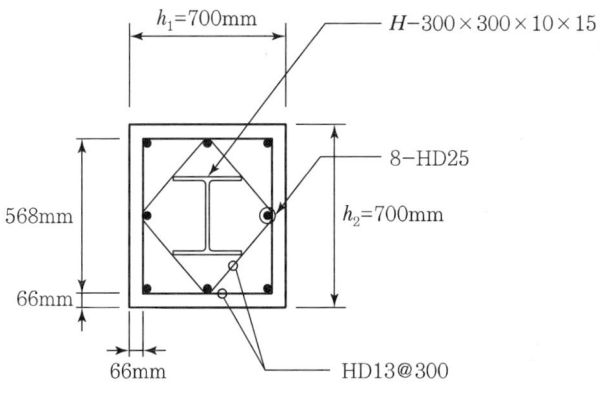

1. 계수하중

$$P_u = 1.4(1,500) = 2,100\text{kN}$$

$$P_u = 1.2DL + 1.6LL = 1.2(1,500) + 1.6(2,500) = 5,800\text{kN}$$

2. 재료 특성

① 강재 : $F_y = 325\text{MPa}$, $F_u = 490\text{MPa}$, $E_s = 205,000\text{MPa}$

② 콘크리트 : $f_{ck} = 24\text{MPa}$, $E_c = 29,800\text{MPa}$

③ 철근 : $F_{yr} = 400\text{MPa}$, $E_s = 200,000\text{MPa}$

3. 단면 특성

① $H-300 \times 300 \times 10 \times 15$: $A_s = 11,980\text{mm}^2$, $I_y = 6,750 \times 10^4 \text{mm}^4$

② 길이방향철근(8 − HD25) : $A_{sr} = 8(507) = 4,056\text{mm}^2$

$$I_{sr} = \sum\left(\frac{\pi r^4}{4}\right) + \sum(Ad^2) = 8\frac{\pi(25/2)^4}{4} + 6(507)(284)^2$$

$$= 153,320 + 245,355,000 = 245.5 \times 10^6 \text{mm}^4$$

③ 콘크리트

$$A_c = A_{cg} - A_s - A_{sr} = 490,000 - 11,980 - 4,056 = 474,000\text{mm}^2$$

$$I_c = I_{cg} - I_s - I_{sr} = \frac{700 \times 700^3}{12} - 6,750 \times 10^4 - 245.5 \times 10^6 = 19,695 \times 10^6 \text{mm}^4$$

4. 구조제한 검토

① 형강재의 단면적

$$\rho_s = \frac{A_s}{A_g} = \frac{11,980}{490,000} = 0.0244 > 0.01 \qquad \therefore \text{OK}$$

② 횡방향철근(HD13 @300)의 단면적

$$\frac{2(127)}{300} = 0.85\text{mm}^2/\text{mm} > 0.23\text{mm}^2/\text{mm} \qquad \therefore \text{OK}$$

③ 길이방향철근(4 − D25)의 단면적

$$\rho_{sr} = \frac{A_{sr}}{A_g} = \frac{4,056}{490,000} = 0.00828 > 0.004 \qquad \therefore \text{OK}$$

5. 설계압축강도

① 세장효과를 고려하지 않은 압축강도(소성압축강도)

$$P_0 = A_s F_y + A_{sr} F_{yr} + 0.85 A_c F_{ck}$$

$$= (11,980)(325) + (4,056)(400) + 0.85(474,000)(24)$$

$$= 15,185 \times 10^3 \text{N}$$

② 합성단면의 유효강성

$$C_1 = 0.1 + 2\left(\frac{A_s}{A_c + A_s}\right) = 0.1 + 2\left(\frac{11,980}{474,000 + 11,980}\right) = 0.149 \leq 0.3$$

$$EI_{eff} = E_s I_s + 0.5 E_s I_{sr} + C_1 E_c I_c$$

$$= (205,000)(6,750 \times 10^4) + 0.5(200,000)(245.5 \times 10^6) + (0.149)(29,800)(19,695 \times 10^6)$$

$$= 125.8 \times 10^{12} \text{N} \cdot \text{mm}^2$$

③ 탄성좌굴강도

$$P_e = \pi^2 (EI_{eff})/(KL)^2 = \pi^2 (125.8 \times 10^{12})/(4,500)^2 = 61,251 \times 10^3 \text{N} = 61,251 \text{kN}$$

④ 공칭압축강도

$$0.44 P_0 = 0.44(15,185) = 6,681 \text{kN}$$

$P_e \geq 0.44 P_0$ 이므로

$$P_n = P_0 \left[0.658^{\left(\frac{P_0}{P_e}\right)}\right] = 15,185 \left[0.658^{\left(\frac{15,185}{61,251}\right)}\right] = 13,688 \text{kN}$$

$$\therefore \phi_c P_n = 0.75 \times 13,688 = 10,266 \text{kN}$$

QUESTION 02

다음 그림과 같은 충전형 각형 강관 합성기둥의 설계압축강도를 산정하시오.

- 각형 강관 : □ − 250×250×8(SM 490, $F_y = 315\text{N/mm}^2$)

  $A_s = 7,579\text{mm}^2$, $I_s = 7.32 \times 10^7 \text{mm}^4$
- 콘크리트 : $f_{ck} = 24\text{N/mm}^2$, $E_c = 27,000\text{N/mm}^2$
- 부재 유효좌굴길이 : $KL = 3.0\text{m}$

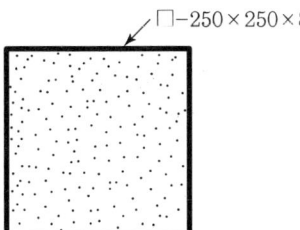

1. 구조제한 검토

① 강재비 검토

$$\rho_s = \frac{A_s}{A_g} = \frac{7,579}{250 \times 250} = 0.12 > 0.01 \qquad \therefore \text{OK}$$

② 폭두께비 검토

$$\frac{b}{t} = \frac{250 - 8 \times 2}{8} = 29.25 < 2.26\sqrt{E/F_y} = 2.26\sqrt{205,000/315} = 57.7 \qquad \therefore \text{OK}$$

2. 단면성능 검토

① 합성단면의 유효강성

$$A_c = (250 - 8 \times 2)^2 = 54,756\text{mm}^2$$

$$I_c = \frac{234 \times 234^3}{12} = 2.50 \times 10^8 \text{mm}^4$$

$$C_2 = 0.6 + 2\left(\frac{A_s}{A_c + A_s}\right) = 0.6 + 2\left(\frac{7,579}{54,756 + 7,579}\right) = 0.84 < 0.9$$

$$EI_{eff} = E_s I_s + E_s I_{sr} + C_2 E_c I_c$$

$$= 205,000 \times 7.32 \times 10^7 + 0.84 \times 27,000 \times 2.50 \times 10^8$$

$$= 2,067,600 \times 10^7 \text{N} \cdot \text{mm}^2$$

② 탄성좌굴강도 산정

$$P_e = \frac{\pi^2 EI_{eff}}{(KL)^2} = \frac{\pi^2 \times 2,067,600 \times 10^7}{3,000^2} \times 10^{-3} = 22,674 \text{kN}$$

③ 단면의 압괴에 해당하는 강도 산정

$$P_{no} = A_s F_y + A_{sr} F_{yr} + 0.85 f_{ck} A_c$$

$$= (7,579 \times 315 + 0.85 \times 24 \times 54,756) \times 10^{-3}$$

$$= 3,504 \text{kN}$$

④ 설계압축강도 산정

$$\frac{P_{no}}{P_e} = \frac{3,504}{22,674} = 0.155 \leq 2.25$$

$$P_n = P_{no}\left[0.658^{\left(\frac{P_{no}}{P_e}\right)}\right] = 3,504\left[0.658^{0.155}\right] = 3,285 \text{kN}$$

$$\therefore \phi_c P_n = 0.75 \times 3,285 = 2,464 \text{kN}$$

QUESTION 03

다음 그림과 같은 충전형 원형 강관 합성기둥의 설계압축강도를 산정하시오.

- 원형 강관 : $\phi - 600 \times 14$(SM 490, $F_y = 315\text{N/mm}^2$)
  $A_s = 25,770\text{mm}^2$, $I_s = 1.11 \times 10^9 \text{mm}^4$
- 콘크리트 : $f_{ck} = 24\text{N/mm}^2$, $E_c = 27,000\text{N/mm}^2$
- 부재 유효좌굴길이 : $KL = 6.5\text{m}$

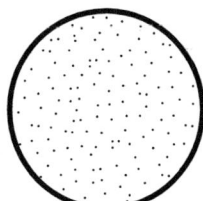

1. 구조제한 검토

① 강재비 검토

$$\rho_s = \frac{A_s}{A_g} = \frac{25,770}{\dfrac{\pi \times 600^2}{4}} = 0.091 > 0.01 \qquad \therefore \text{OK}$$

② 지름두께비 검토

$$\frac{D}{t} = \frac{600}{14} = 42.9 < 0.15 \frac{E}{F_y} = 0.15 \times \frac{205,000}{315} = 97.6 \qquad \therefore \text{OK}$$

2. 단면성능 검토

① 합성단면의 유효강성

$$A_c = \frac{\pi \times D^2}{4} - A_s = \frac{\pi \times 600^2}{4} - 25,770 = 256,973 \text{mm}^2$$

$$I_c = \frac{\pi d^4}{64} = \frac{\pi(600 - 14 \times 2)^4}{64} = 5.25 \times 10^9 \text{mm}^4$$

$$C_2 = 0.6 + 2\left(\frac{A_s}{A_c + A_s}\right)$$

$$= 0.6 + 2\left(\frac{25,770}{256,973 + 25,770}\right) = 0.78 \leq 0.9$$

$$EI_{eff} = E_s I_s + E_s i_{sr} + C_2 E_c I_c \text{(보강철근이 없으므로 } I_{sr} = 0\text{)}$$

$$= 205,000 \times 1.11 \times 10^9 + 0.78 \times 27,000 \times 5.25 \times 10^9$$

$$= 338,110 \times 10^9 \text{N} \cdot \text{mm}^2$$

② 탄성좌굴강도 산정

$$P_e = \frac{\pi^2 EI_{eff}}{(KL)^2} = \frac{\pi^2 \times 338,110 \times 10^9}{(6,00)^2} = 78,982,531.2\text{N} = 78,983\text{kN}$$

③ 단면의 압괴에 해당하는 강도 산정

$$P_{no} = A_s F_y + A_{sr} F_{yr} + \left(1 + 1.56\frac{tF_y}{D_c f_{ck}}\right)0.85 f_{ck} A_c$$

$$= (25,770 \times 315 + 1.5 \times 0.85 \times 24 \times 256,973)$$

$$= 15,980,924\text{N} = 15,981\text{kN}$$

여기서, $\left(1 + 1.56\frac{tF_y}{D_c f_{ck}}\right) = 1 + 1.56 \times \frac{14 \times 315}{(600 - 2 \times 14) \times 24} = 1.501 > 1.5 (1.5\text{ 선택})$

④ 설계압축강도 산정

$$\frac{P_{no}}{P_e} = \frac{15,981}{78,983} = 0.202 < 2.25$$

$$P_n = \left[0.658^{\left(\frac{P_{no}}{P_e}\right)}\right] P_{no} = 15,981[0.658^{0.202}] = 14,683\text{kN}$$

$$\phi_c P_n = 0.75 \times 14,683 = 11,012\text{kN}$$

QUESTION 04

C_1 기둥을 충전형 강관으로 설계하시오.(KBC 2016)(단, 횡변위 구속, 원형 강관 : $D \times t = 500 \times 10$(STK490), $f_{ck} = 27$MPa, $E_s = 205,000$ MPa, $E_c = 8,500 \sqrt[3]{f_{ck}+8}$ MPa이다.)

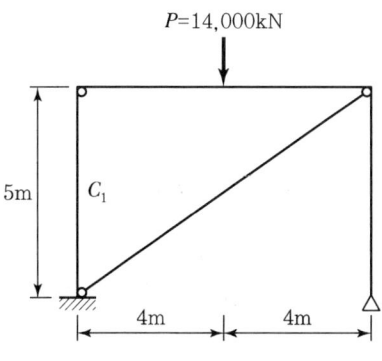

1. 재료 특성

① 강관 : $F_y = 325$MPa, $F_u = 490$MPa, $E_s = 205,000$MPa
② 콘크리트 : $f_{ck} = 27$MPa, $E_c = 27,804$MPa

2. 단면 특성

$$A_s = \frac{\pi}{4}(500^2 - 480^2) = 15,393 \text{mm}^2,$$

$$I_s = \frac{\pi d^3 t}{4} = \frac{\pi(500-10)^3 \times 10}{4} = 924 \times 10^6 \text{mm}^4$$

$$A_c = \pi(500 - 2(10))^2/4 = 180,955 \text{mm}^2$$

$$I_c = \pi(480)^4/64 = 2,606 \times 10^6 \text{mm}^4$$

3. 구조제한 검토

① 강관의 단면적 : $\rho_s = \dfrac{A_s}{A_g} = \dfrac{15,393}{(15,393 + 180,955)} = 0.078 > 0.01$ ∴ OK

② 원형 강관의 판폭두께비

$D/t = 500/10 = 50 \leq 0.15 E_s/F_y = 0.15(205,000)/325 = 94.6$ ∴ OK

4. 설계압축강도

① 세장효과를 고려하지 않은 압축강도(소성압축강도)

$$P_0 = A_s F_y + A_{sr} F_{yr} + \left(1 + 1.56 \dfrac{tF_y}{D_c f_{ck}}\right) 0.85 A_c f_{ck}$$

$$\left(1 + 1.56 \dfrac{10(325)}{(500-20)(27)}\right) = 1.39 < 1.5$$

$$P_0 = (15,393)(325) + 0 + 1.39(0.85)(180,955)(27) = 10,775 \times 10^3 \text{N} = 10,775 \text{kN}$$

② 합성단면의 유효강성

$$C_2 = 0.6 + 2\left(\dfrac{A_s}{A_c + A_s}\right) = 0.757 < 0.9$$

$$EI_{eff} = E_s I_s + E_s I_{sr} + C_2 E_c I_c$$

$$= (205,000)(924 \times 10^6) + 0 + (0.757)(27,804)(2,606 \times 10^6)$$

$$= 244 \times 10^{12} \text{N} \cdot \text{mm}^2$$

③ 탄성좌굴하중

$$P_e = \pi^2 (EI_{eff})/(KL)^2 = \pi^2 (244 \times 10^{12})/(0.7 \times 5,000)^2$$

$$= 196,586 \times 10^3 \text{N} = 196,586 \text{kN}$$

④ 공칭압축강도

$$0.44P_0 = 0.44(10,775) = 4,741 \text{kN}$$

$$P_e \geq 0.44P_0 \text{이므로}$$

$$P_n = P_0 \left[0.658^{\left(\frac{P_0}{P_e}\right)}\right] = 10,775\left[0.658^{\left(\frac{10,775}{196,586}\right)}\right] = 10,531 \text{kN}$$

⑤ 설계압축강도

$$\therefore \phi_c P_n = 0.75(10,531) = 7,898 \text{kN} > 14000/2 = 7,000 \text{kN} \qquad \therefore \text{OK}$$

QUESTION 05

아래 그림과 같은 강구조 건축물에서 원형 강관($\phi-5\times9$(SM490))에 콘크리트($f_{ck}=24$MPa)로 채워진 5m 높이의 충전합성기둥의 중심에 압축력이 작용할 때 기둥의 구조안전성을 검토하시오.(단, KBC2016 적용, 기둥의 양단부 경계조건은 핀이고 베이스플레이트 상부에서 하중이 직접 지압콘크리트에 전달된다.)

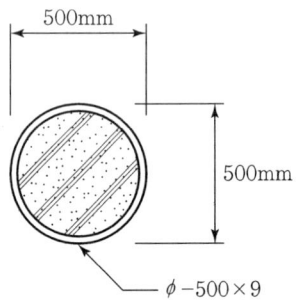

[원형 강관 충전합성기둥 단면도]

[검토조건]
- 원형 강관 : $\phi-500\times9$(SM490 강재)
    $F_y = 325$MPa, $F_u = 490$MPa, $E_s = 2.05\times10^5$MPa,
    $A_s = 13,880\text{mm}^2$
- 콘크리트 : $f_{ck} = 24$MPa, $E_c = 2.98\times10^4$MPa
- $P_D = 1,000$kN, $P_L = 1,400$kN

1. 계수하중

$$P_D = 1,000\text{kN}$$

$$P_L = 1,400\text{kN}$$

$$P_u = 1.4(1,000) = 1,400\text{kN}$$

$$P_u = 1.2D + 1.6L = 1.2(1,000) + 1.6(1,400) = 3,440\text{kN}$$

2. 재료 특성

① 강관 : $F_y = 325\,\text{MPa}$, $F_u = 490\,\text{MPa}$, $E_s = 205{,}000\,\text{MPa}$

② 콘크리트 : $f_{ck} = 24\,\text{MPa}$, $E_c = 29{,}800\,\text{MPa}$

3. 단면 특성

① $\text{O}-500\times 9$: $A_s = 13{,}880\,\text{mm}^2$, $I_s = 418\times 10^6\,\text{mm}^4$

② 콘크리트 : $A_c = \pi(500-2(9))^2/4 = 189345\,\text{mm}^2$

$$I_c = \pi(500-2(9))^4/64 = 2649\times 10^6\,\text{mm}^4$$

4. 구조제한 검토

① 강관의 단면적

$$\rho_s = \frac{A_s}{A_g} = \frac{13{,}880}{(189{,}345+13{,}880)} = 0.0682 > 0.01$$

② 원형강관의 판폭두께비

$$D/t = 500/9 = 55.5 \leq 0.15 E_s/F_y = 0.15(205{,}000)/325 = 94.6$$

5. 설계압축강도

① 세장효과를 고려하지 않은 압축강도(소성압축강도)

$$P_0 = A_s F_y + A_{sr} F_{yr} + \left(1+1.56\frac{tF_y}{D_c f_{ck}}\right)0.85 A_c f_{ck}$$

$$\left(1+1.56\frac{9(325)}{(500-2\times 9)(35)}\right) = 1.27 < 1.5$$

$$P_0 = (13{,}880)(325)+0+1.27(0.85)(189{,}345)(35)$$

$$= 11{,}665\times 10^3\,\text{N} = 11{,}665\,\text{kN}$$

② 합성단면의 유효강성

$$C_2 = 0.6 + 2\left(\frac{A_s}{A_c + A_s}\right) = 0.6 + 2(0.0682) = 0.736 < 0.9$$

$$EI_{eff} = E_s I_s + E_s I_{sr} + C_2 E_c I_c$$

$$= (205,000)(418 \times 10^6) + 0 + (0.736)(29,800)(2649 \times 10^6)$$

$$= 143 \times 10^{12} \text{N} \cdot \text{mm}^2$$

③ 탄성좌굴하중

$$P_e = \pi^2(EI_{eff})/(KL)^2 = \pi^2(143 \times 10^{12})/(5,000)^2 = 56,454 \times 10^3 \text{N} = 56,454 \text{kN}$$

④ 공칭압축강도

$$0.44 P_0 = 0.44(11,665) = 5,133 \text{kN}$$

$P_e \geq 0.44 P_0$ 이므로

$$P_n = P_0\left[0.658^{\left(\frac{P_0}{P_e}\right)}\right] = 11,665\left[0.658^{\left(\frac{11,665}{56,454}\right)}\right] = 10,699 \text{kN}$$

⑤ 설계압축강도

$$\therefore \phi_c P_n = 0.75(10,699) = 8,024 \text{kN}$$

$$\therefore \phi_c P_n = 0.75(10,876) = 8,024 \text{kN} > P_u = 3,440 \text{kN} \qquad \therefore \text{OK}$$

CHAPTER 08 접합부설계

1. 접합부설계의 기본

(1) 존재응력설계법

계수하중에 의해 접합부에 발생되는 존재응력(휨모멘트, 전단력, 축력 등)을 소요강도로 설계하는 방법으로, 존재응력이 작은 곳에 접합부를 설치한다.

따라서 존재응력설계법으로 접합부를 설계하는 경우에는 존재응력과 다음의 전강도설계법에 의한 부재단면 설계강도의 50% 중 큰 값을 소요강도로 하여 설계한다.

(2) 전강도설계법

전강도설계법은 부재 유효단면의 설계강도를 소요강도로 하는 방법으로, 접합부가 접합되는 부재의 단면과 동등한 강도를 갖기 때문에 접합부의 안전성 및 부재의 연속성이 큰 것이 특징이다.

특히 전강도설계는 존재응력에 무관하게 설계되기 때문에 비경제적일 수 있으나, 강도적인 면이나 강성적인 면에서 확실한 접합부를 얻을 수 있다. 따라서 부재의 전강도가 필요한 내진설계나 구조상의 주요한 부분의 접합부는 부재의 설계강도를 소요강도로 하는 것이 바람직하다.

다만, 고장력볼트 등으로 접합하는 경우에는 모재에 구멍이 뚫리기 때문에 이 고장력볼트 구멍을 공제한 유효단면의 설계강도를 소요강도로 한다.

2. 접합부의 설계강도 및 강도저항계수

$$R_u \leq \phi R_n \quad \cdots \cdots (8.1)$$

여기서, ϕ : 강도저항계수
R_n : 접합부의 공칭강도
R_u : 접합부 소요강도

3. 이음설계

(1) 보이음

1) 설계방법

이음부의 설계법에는 비경제적이지만 부재설계강도($\phi_b M_n$, $\phi_v V_n$)를 소요강도로 설계하는 전강도설계법과, 이음부의 계수하중에 의한 존재응력(M_u, V_u)와 부재설계강도의 50% 중 큰 값으로 설계하는 존재응력설계법이 있다. 이 장에서는 보 이음부의 존재응력설계법에 대하여만 기술하며, 보는 H형강 단면으로 한정한다.

① 보 이음부의 내력

보 이음부의 내력은 이음부의 계수하중에 의한 존재응력(M_u, V_u) 이상이며, 또한 부재설계강도의 50% 이상으로 설계하여야 한다. 여기서 보의 설계강도는 다음과 같다.

$$\phi_b M_n = \phi_b M_p = 0.9 Z F_y \quad \cdots\cdots (8.2)$$

$$\phi_v V_n = \phi_v (0.6 F_y) A_w \quad \cdots\cdots (8.3)$$

여기서, M_n : 보의 공칭모멘트(N·mm) M_p : 소성모멘트(N·mm)
Z : 소성단면계수(mm³) V_n : 보의 공칭전단강도(N)
A_w : 웨브 단면적(mm²) ϕ_b : 휨강도저항계수(=0.9)
ϕ_v : 전단강도저항계수(=0.9)
(다만, $h/t_w \leq 2.24\sqrt{\dfrac{E}{F_y}}$ 인 압연 H형강의 웨브는 $\phi_v = 1.0$)

② 플랜지 이음부 소요인장강도

플랜지 이음부의 설계에 필요한 플랜지 이음판의 소요인장강도 T_u는 이음부에서 계수하중에 의한 휨모멘트 M_u와 보 설계강도 $\phi_b M_n$의 50% 중 큰 값을 모멘트 팔길이로 나눈 값을 이용한다. 따라서 플랜지 이음판의 소요인장강도는 다음 값중 큰 값으로 한다. 여기서, 모멘트 팔길이는 플랜지 중심 간 거리이다.

$$T_u = \frac{M_u}{d - t_f} \quad \cdots\cdots (8.4a)$$

$$T_u = \frac{\phi_b M_n / 2}{d - t_f} \quad \cdots\cdots (8.4b)$$

여기서, d : 보의 춤(mm) t_f : 플랜지의 두께(mm)

③ 웨브 이음부 소요전단강도

웨브 이음판의 소요전단강도 V_{wu}는 이음부에서 계수하중에 의한 전단력 V_u와 부재 설계전단강도 $\phi_v V_n$의 50% 중 큰 값을 이용한다. 따라서 웨브 이음판의 소요전단강도는 다음 값 중 큰 값으로 한다.

$$V_{wu} = V_u \tag{8.5a}$$

$$V_{wu} = \phi_v V_n/2 \tag{8.5b}$$

2) 고장력볼트 접합에 의한 보의 이음

① 플랜지 이음판의 소요 총단면적과 순단면적

플랜지 이음판의 소요 총단면적 A_{gt}는 항복강도를 이용하여 식 (8.6)과 같이 구하고, 순단면적 A_{nt}는 인장강도를 이용하여 식 (8.7)과 같이 구한다.

$$A_{gt} \geq \frac{T_u}{\phi F_y} \; (\phi = 0.9) \tag{8.6}$$

$$A_{nt} \geq \frac{T_u}{\phi F_u} \; (\phi = 0.75) \tag{8.7}$$

또한, 플랜지의 이음판은 인장재에 해당하므로 블록전단파단에 대한 안전성도 검토하여야 한다.

② 플랜지 이음판의 고장력볼트 개수

플랜지 이음판의 인장력에 대한 고장력볼트 개수 N_b는 다음과 같이 구한다.

$$N_b \geq \frac{T_u}{\phi R_n} \tag{8.8}$$

여기서, ϕR_n : 고장력볼트의 설계강도

③ 웨브 이음판의 소요 총단면적과 순단면적

웨브 이음판의 소요 총단면적 A_{gv}는 항복강도를 이용하여 식 (8.9)와 같이 구하고, 순단면적 A_{nv}는 인장강도를 이용하여 식 (8.10)과 같이 구한다.

$$A_{gv} \geq \frac{V_{wu}}{\phi(0.6F_y)} (\phi = 1.0) \tag{8.9}$$

$$A_{nv} \geq \frac{V_{wu}}{\phi(0.6F_u)}(\phi = 0.75) \quad \cdots\cdots\cdots (8.10)$$

④ 웨브 이음판의 고장력볼트 개수

전단력에 대한 고장력볼트 개수 N_b는 다음과 같다.

$$N_b \geq \frac{V_{wu}}{\phi R_n} \quad \cdots\cdots\cdots (8.11)$$

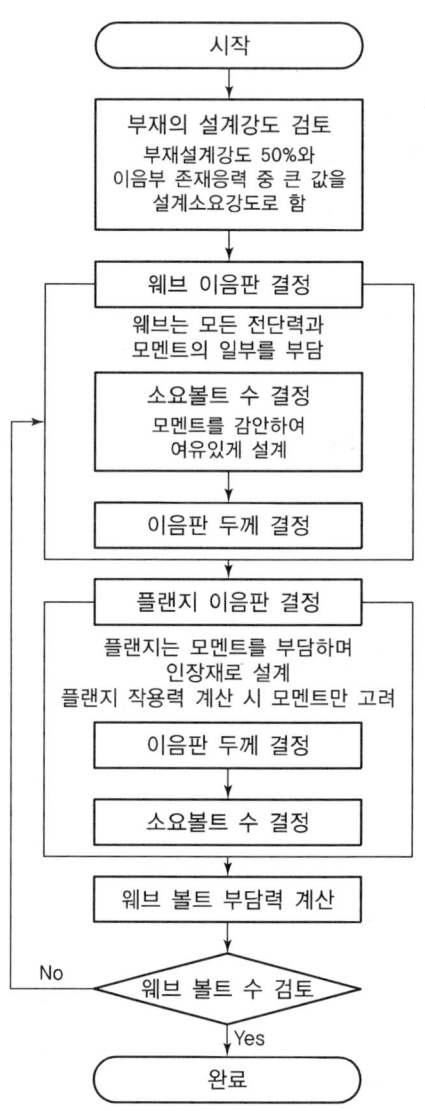

[그림 8.1] 보 이음의 설계흐름도(존재응력설계법)

(2) 기둥이음

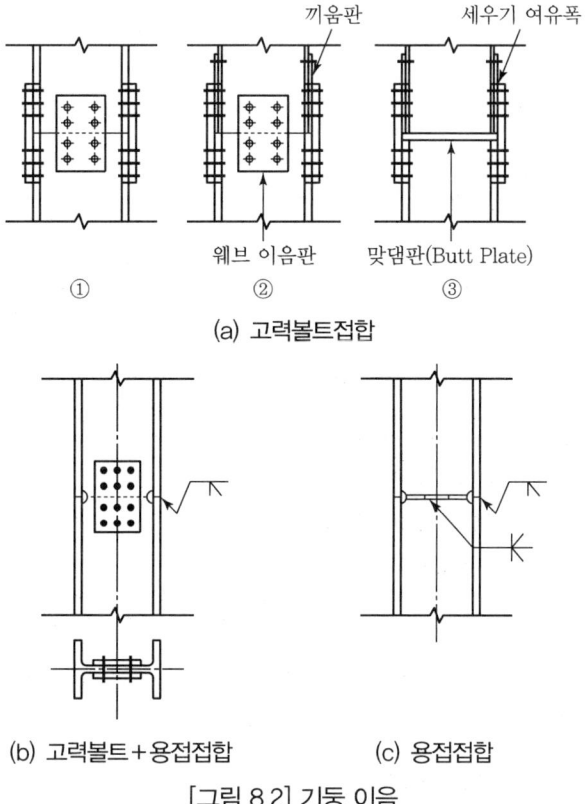

[그림 8.2] 기둥 이음

1) 설계방법

기둥이 인장력을 받을 경우 이음판이 모든 하중을 부담하게 되나, 압축력을 받을 경우 하중의 많은 부분이 기둥으로 직접 전달된다. 기둥 이음부에 인장응력이 발생하지 않고 이음부의 면을 페이싱 머신(facing machine) 또는 로터리 플레이너(rotary planer) 등의 절삭가공기를 사용하여 마감하고 충분히 밀착시키는 이음(metal touch)인 경우에는 밀착면으로 계수하중에 의한 압축강도 및 휨강도의 1/2이 전달된다고 가정할 수 있다. 따라서 계수하중에 의한 압축강도 및 휨강도의 1/2을 소요강도로 가정하여 설계할 수 있다.

기둥 접합부에서 하중의 형태에 따라 이음판의 고장력볼트 배치 및 개수를 결정하고, 압축력 외에 다음 식에 의한 계수하중으로 발생할 수 있는 인장력을 부담하여야 한다.

$$0.9D \pm (1.3W \text{ 또는 } 1.0E) \quad \cdots\cdots\cdots\cdots\cdots (8.12)$$

① 기둥 이음부의 내력

기둥 이음부의 내력은 이음부의 계수하중에 의한 소요강도(M_u, V_u, P_u)와 부재 설계강도의 50% 이상으로 설계하여야 한다. 여기서 부재설계강도는 다음과 같다.

$$\phi_b M_n = \phi_b Z F_y \quad \cdots\cdots\cdots\cdots\cdots\cdots\cdots\cdots\cdots\cdots\cdots\cdots\cdots\cdots (8.13)$$

$$\phi_v V_n = \phi_v A_w (0.6 F_y) \quad \cdots\cdots\cdots\cdots\cdots\cdots\cdots\cdots\cdots\cdots\cdots (8.14)$$

$$\phi_t P_n = \phi_t A_g F_y \quad \cdots\cdots\cdots\cdots\cdots\cdots\cdots\cdots\cdots\cdots\cdots\cdots\cdots (8.15)$$

$$\phi_c P_n = \phi_c A_g F_y \quad \cdots\cdots\cdots\cdots\cdots\cdots\cdots\cdots\cdots\cdots\cdots\cdots\cdots (8.16)$$

여기서, A_w : 웨브의 단면적(mm^2)
A_g : 기둥의 단면적(mm^2)
ϕ_b : 휨강도저항계수(=0.9)
ϕ_v : 전단강도저항계수(=0.9)
(다만, $h/t_w \leq 2.24\sqrt{\dfrac{E}{F_y}}$ 인 압연 H형강의 웨브는 $\phi_v = 1.0$)
ϕ_t : 인장강도저항계수(=0.9)
ϕ_c : 압축강도저항계수(=0.9)

② 압축력을 받는 플랜지 이음판 설계

• 이음판의 소요압축강도

압축력이 발생하는 플랜지의 이음판은 압축재로 설계한다. 인장력을 받는 경우와 동일하게 소요압축강도(P_{fu})를 다음 값 중 큰 값으로 한다.

$$P_{fu} = P_{cu} \frac{A_f}{A_g} + \frac{M_u}{d - t_f} \quad \cdots\cdots\cdots\cdots\cdots\cdots\cdots\cdots\cdots (8.17\text{a})$$

$$\begin{aligned} P_{fu} &= \frac{\phi_c P_n}{2} \frac{A_f}{A_g} + \frac{\phi_b M_n/2}{d - t_f} \\ &= \frac{1}{2}\phi_c F_y A_f + \frac{\phi_b M_n/2}{d - t_f} \leq \phi_c F_y A_f \end{aligned} \quad \cdots\cdots (8.17\text{b})$$

• 이음판의 압축력에 대한 안전성 검토

플랜지 이음판의 총단면적은 다음을 만족하여야 한다.

$$A_{gc} \geq \frac{P_{fu}}{\phi_c F_y} \;(\phi_c = 0.9) \quad \cdots\cdots\cdots\cdots\cdots\cdots\cdots\cdots\cdots\cdots (8.18)$$

③ 인장력을 받는 플랜지 이음판 소요인장강도
  • 이음판의 소요인장강도
    인장력이 발생하는 플랜지의 이음판은 인장재로 설계한다. 플랜지 이음부의 설계에 요구되는 인장강도(T_u)는 계수하중에 의한 소요강도(존재응력)와 플랜지 설계인장강도의 50% 이상으로 설계한다.
    따라서 소요인장강도는 다음 값 중 큰 값으로 한다. 여기서, 동일한 단면의 외첨판과 내첨판을 모두 사용하는 경우로, 모멘트 팔길이는 플랜지 중심 간 거리다.

$$T_u = P_{tu}\frac{A_f}{A_g} + \frac{M_u}{d-t_f} \quad \cdots\cdots (8.19a)$$

$$T_u = \frac{\phi_t P_n}{2}\frac{A_f}{A_g} + \frac{\phi_b M_n/2}{d-t_f} = \frac{1}{2}\phi_t F_y A_f + \frac{\phi_b M_n/2}{d-t_f} \leq \phi_t F_y A_f \quad \cdots\cdots (8.19b)$$

  • 이음판의 인장력에 대한 안전성 검토
    플랜지 이음판의 총단면적 및 순단면적은 다음을 만족하여야 한다.

$$A_{gt} \geq \frac{T_u}{\phi F_y}(\phi = 0.9) \quad \cdots\cdots (8.20a)$$

$$A_{nt} \geq \frac{T_u}{\phi_t F_u}(\phi_t = 0.75) \quad \cdots\cdots (8.20b)$$

④ 축력에 대한 웨브 이음판 설계
  • 웨브 이음판의 소요인장강도 또는 소요압축강도
    소요인장강도는 다음 값 중 큰 값으로 한다.

$$T_{wu} = P_{tu}\frac{A_w}{A_g} = P_{tu}\left(1 - \frac{2A_f}{A_g}\right) \quad \cdots\cdots (8.21a)$$

$$T_{wu} = \frac{\phi_t P_n}{2}\frac{A_w}{A_g} = \frac{1}{2}\phi_t F_y A_w = \frac{1}{2}\phi_t F_y(A_g - 2A_f) \quad \cdots\cdots (8.21b)$$

소요압축강도는 다음 값 중 큰 값으로 한다.

$$P_{wu} = P_{cu}\frac{A_w}{A_g} = P_{cu}\left(1 - \frac{2A_f}{A_g}\right) \quad \cdots\cdots (8.22a)$$

$$P_{wu} = \frac{\phi_c P_n}{2}\frac{A_w}{A_g} = \frac{1}{2}\phi_c F_y A_w = \frac{1}{2}\phi_c F_y(A_g - 2A_f) \quad \cdots\cdots (8.22b)$$

⑤ 전단력에 대한 웨브 이음판 설계
- 이음판의 소요전단강도
  웨브 이음부의 소요전단강도는 다음과 같다.

  $$V_{wu} = \max(V_u, \phi_v V_n/2)$$

- 이음판의 전단력에 안전성 검토
  웨브 이음판의 총단면적 A_{gv}과 순단면적 A_{nv}는 다음을 만족하여야 한다.

  $$A_{gv} \geq \frac{V_{wu}}{\phi(0.6F_y)} (\phi = 1.0) \quad \cdots\cdots (8.23a)$$

  $$A_{nv} \geq \frac{V_{wu}}{\phi(0.6F_u)} (\phi = 0.75) \quad \cdots\cdots (8.23b)$$

2) 고장력볼트 접합에 의한 기둥의 이음
  ① 플랜지 고장력볼트설계
  이에 대한 플랜지 이음판의 고장력볼트 개수는 다음을 만족하여야 한다.

  $$N_b \geq \frac{\max(T_{fu}, P_{fu})}{\phi R_n} \quad \cdots\cdots (8.24)$$

  여기서, ϕR_n : 고장력볼트 1개의 설계전단강도

  ② 웨브 고장력볼트설계
  웨브 이음판은 전단력을 모두 부담해야 하고 축방향력의 일부를 부담한다. 고장력볼트의 소요전단강도는 실제 작용하는 전단력과 축방향력 일부의 조합력 이상이어야 한다. 따라서 고장력볼트 개수 N_b은 다음을 만족하여야 한다.

  $$N_b \geq \frac{\sqrt{(V_u)^2 + (T_u A_w/A_g \text{ 또는 } P_u A_w/A_g)^2}}{\phi R_n} \quad \cdots\cdots (8.25a)$$

  $$N_b \geq \frac{V_{wu}}{\phi R_n} \quad \cdots\cdots (8.25b)$$

  $$N_b \geq \frac{P_{wu} \text{ 또는 } T_{wu}}{\phi R_n} \quad \cdots\cdots (8.25c)$$

4. 접합부 설계

(1) 큰보와 작은보의 접합

작은보를 단순보로 취급하는 경우에는 큰보와 작은보의 접합을 전단접합으로 설계하여 작은보로부터 전단력만을 큰보로 전달되도록 설계한다.

작은보를 연속보로 취급하는 접합은 큰보와 작은보의 접합을 강접합에 가깝게 구성하여 작은보로부터 전단력을 큰보에 전달하고 휨모멘트는 큰보 양측의 작은보로 전달될 수 있도록 설계하는 방법이다. 위와 같은 접합방법을 이용할 때에는 큰보와 작은보가 겹치는 부분의 플랜지에 대해 2방향의 조합응력에 대한 검토가 필요하다.

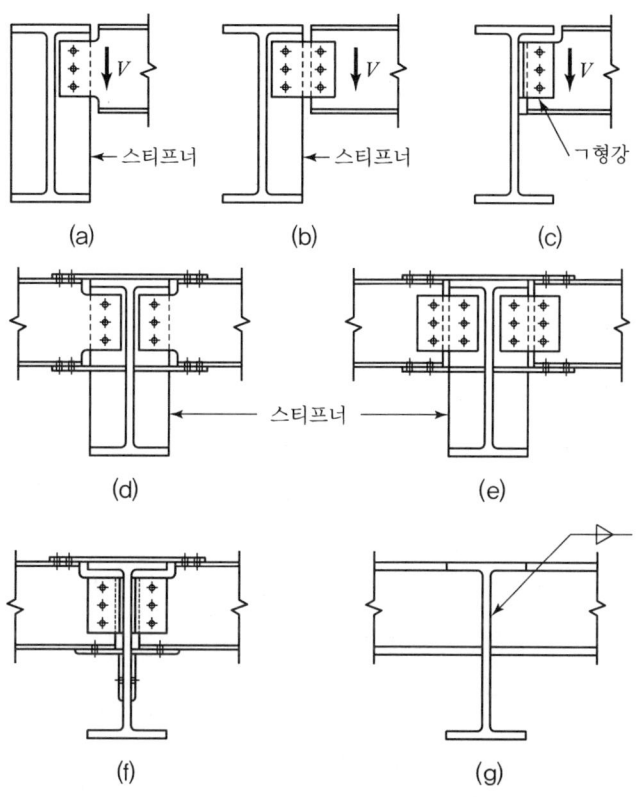

[그림 8.3] 큰보와 작은보의 접합

① 웨브의 이음고장력볼트

웨브에 사용한 고장력볼트의 개수(n)는 전단하중만을 지지하는 단순접합부로 가정하여 다음 식을 이용하여 산정한다.

$$n = \frac{V_u}{\phi R_n} \quad \cdots\cdots\cdots (8.26)$$

여기서, V_u : 소요전단강도(N), ϕR_n : 고장력볼트 1개의 설계전단강도(N)

② 웨브 이음판의 설계강도
- 이음판의 설계전단항복강도

$$\phi R_n = 1.0(0.6F_y)A_{gv} \quad \cdots\cdots\cdots\cdots\cdots\cdots\cdots\cdots\cdots\cdots\cdots\cdots\cdots\cdots\cdots\cdots\cdots (8.27)$$

여기서, A_{gv} : 전단저항 총단면적(mm²)

- 이음판의 설계전단파단강도

$$\phi R_n = 0.75(0.6F_u)A_{nv} \quad \cdots\cdots\cdots\cdots\cdots\cdots\cdots\cdots\cdots\cdots\cdots\cdots\cdots\cdots\cdots (8.28)$$

여기서, A_{nv} : 전단저항 순단면적(mm²)

- 이음판의 설계블록전단파단강도
이음판의 블록전단은 접합부의 인장응력 저항면과 전단응력 저항면이 고장력볼트 구멍 주변에서 형성되어 파단되는 것으로 제3장 인장재에 제시된 식 (3.2)를 적용하여 검토한다.

(2) 패널존의 전단보강

패널존은 강접합의 기둥-보 접합부에 기둥과 보로 둘러싸인 부분으로 [그림 8.4]에서 빗금 친 부분에 해당한다. 패널존에 수평하중이 작용하는 경우는 상하 기둥의 단부와 좌우 보의 단부로부터 커다란 전단력과 휨모멘트가 작용하므로 패널존에 복잡한 응력분포가 나타난다.

이 경우 패널존의 전단항복에 의한 과도한 전단 변형으로 골조 전체의 안전에 큰 영향을 미칠 수 있다. 그러므로 패널존의 판 두께에 대한 충분한 검토를 통하여 전단강도와 강성을 높일 필요가 있다.

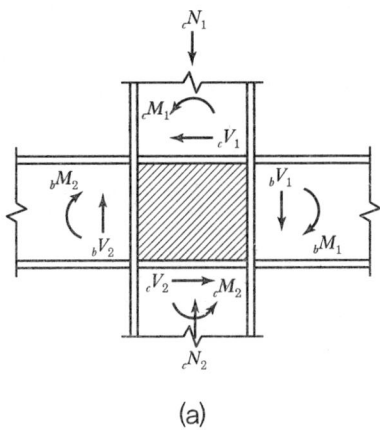

(a)

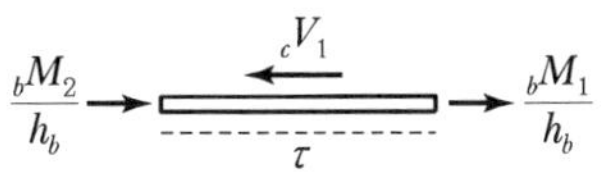

$$\frac{{}_bM_2}{h_b} \rightarrow \quad \xleftarrow{{}_cV_1} \quad \rightarrow \frac{{}_bM_1}{h_b}$$
$$\tau$$

(b)

[그림 8.4] 패널존

골조안정에 대한 패널존 변형의 영향이 고려되지 않은 경우, 전단력과 압축력을 받는 패널존의 공칭전단강도를 R_v라 하면, 설계전단강도 $\phi_l R_v$은 다음 식에 따라 산정한다.

① $P_u \leq 0.4P_y$인 경우

$$\phi_l R_v = \phi_l 0.6 F_{yw} d_c t_w, \ (\phi_l = 0.90)$$

② $P_u > 0.4P_y$인 경우

$$\phi_l R_v = \phi_l 0.6 F_{yw} d_c t_w \left(1.4 - \frac{P_u}{P_y}\right), \ (\phi_l = 0.90)$$

여기서, R_v : 기둥 웨브의 공칭전단강도(N) P_u : 소요 압축강도(N)
P_y : 부재의 항복내력($= F_y A$)(N) F_{yw} : 기둥 웨브의 항복강도(N/mm^2)
t_w : 기둥웨브의 두께(mm) d_c : 기둥의 춤(mm)
d_b : 보부재의 전체 춤(mm)

패널존의 두께(t)가 부족한 경우에는 [그림 8.5]과 같이 접합부의 패널존을 2중플레이트(Double Plate) 또는 1쌍의 대각스티프너로 보강한다. 2중플레이트의 용접방법으로서는 기둥 필릿까지 용접하는 것이 가장 효과적이다.

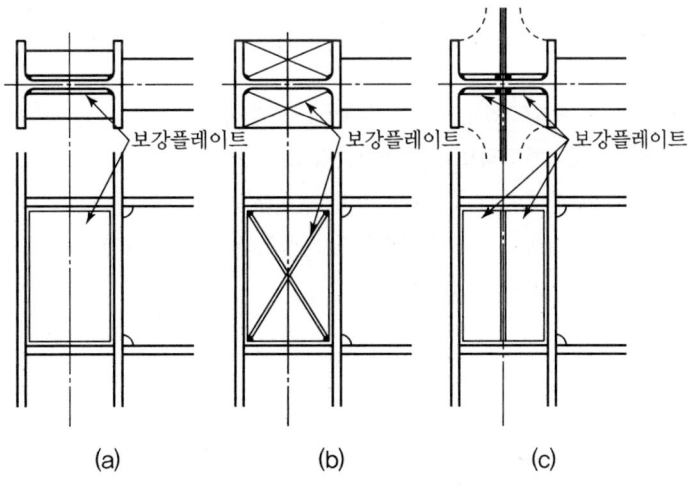

[그림 8.5] 패널존의 보강방법

5. 주각부 설계

(1) 주각의 개요

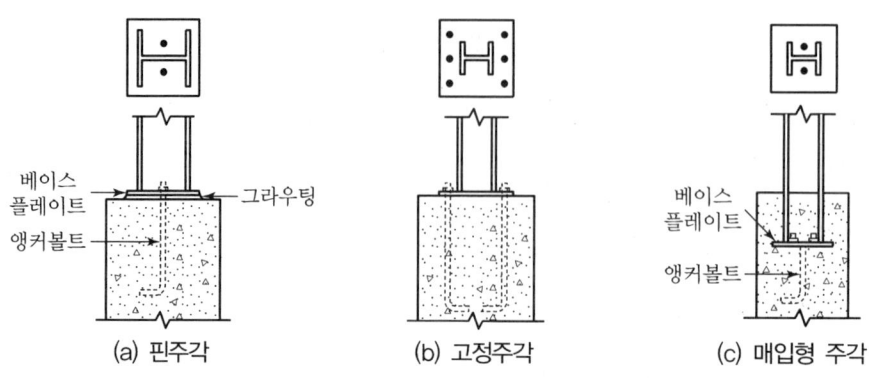

[그림 8.6] 주각의 형태

(2) 주각부 설계

1) 주각부 및 콘크리트 지압

주각설계에 있어서 기초콘크리트에 대한 설계지압강도 $\phi_c P_p$는 베이스 플레이트의 지지형식에 따라 다음 식과 같이 산정한다.

① 콘크리트 총단면이 지압을 받는 경우

$$\phi_c P_p = \phi_c 0.85 f_{ck} A_1 \tag{8.29}$$

② 콘크리트 단면의 일부분이 지압을 받는 경우

$$\phi_c P_p = \phi_c 0.85 f_{ck} A_1 \sqrt{A_2/A_1} \leq \phi_c 1.7 f_{ck} A_1 \tag{8.30}$$

여기서, $\phi_c = 0.65$(단, 무근콘크리트일 경우 $\phi_c = 0.55$)
f_{ck} : 콘크리트의 설계기준강도(N/mm²)
A_1 : 베이스 플레이트의 면적(mm²)
A_2 : 베이스 플레이트와 닮은꼴의 콘크리트 지지 부분의 최대면적(mm²)
(단, $\sqrt{A_2/A_1} \leq 2$)

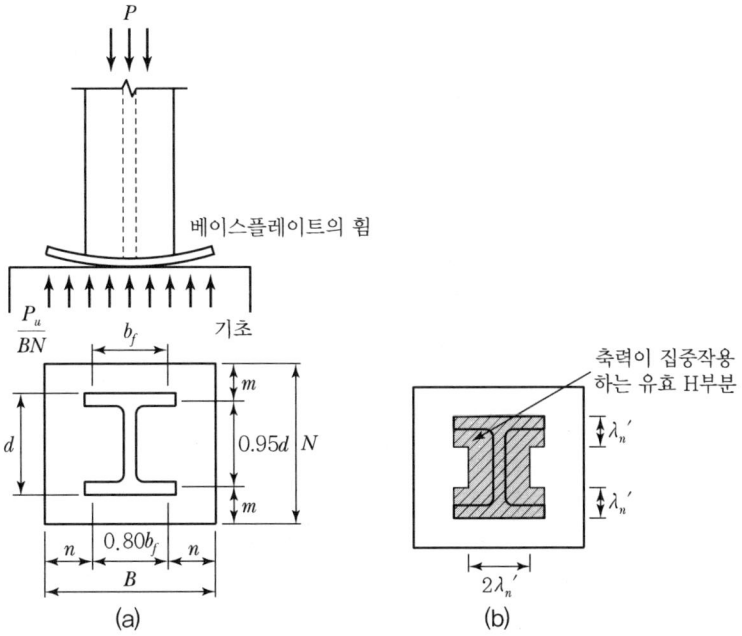

[그림 8.7] 베이스 플레이트의 지압면적

식 (8.30)은 베이스 플레이트 직하면의 콘크리트만으로는 부족한 경우 설계강도를 $0.85f_{ck}A_1$에 $\sqrt{A_2/A_1}$ 배 할 수 있도록 허용한 것이다. 여기서 A_1은 가상적인 것으로 [그림 8.7]의 기둥 단면의 춤과 플랜지 폭을 곱한 것이다. 즉, $A_1 = b_f d$로 계산하고 최종적으로 A_1은 [그림 8.7]에서와 같이 B, N을 조금씩 늘려가면서 다음과 같이 조정한다.

[그림]에서 m, n은 동일한 길이로 두고 생각하므로

$$N = \sqrt{A_1} + \Delta \qquad (8.31)$$

여기서, A_1 : 식 (8.29) 및 식 (8.30)로부터 구한 소요 베이스 플레이트의 면적
$(= BN\,\text{mm}^2)$
$\Delta = 0.5(0.95d - 0.80b_f)\,(\text{mm})$
$B = A_1/N\,(\text{mm})$

2) 베이스 플레이트의 소요판 두께

베이스 플레이트는 [그림 8.7]와 같이 길이 m, n의 캔틸레버로서 모멘트에 저항해야 한다. 강재 기둥의 베이스 플레이트 두께 t_{bp}는 다음 식으로 산정한다.

$$t_{bp} = l\sqrt{\frac{2P_u}{0.9F_y BN}} \qquad (8.32)$$

여기서, $l = \max[m, n, \lambda_n']$ ·· (8.33)

$m = (N - 0.95d)/2$ ·· (8.34)

$n = (B - 0.8b_f)/2$ ··· (8.35)

$\lambda_n' = \lambda \sqrt{db_f}/4$ ·· (8.36)

$\lambda = \dfrac{2\sqrt{X}}{1 + \sqrt{1-X}} \leq 1$ ·· (8.37)

$X = \dfrac{4db_f P_u}{(d+b_f)^2 \phi_c P_p}$ ·· (8.38)

d : 기둥 춤(mm)

b_f : 기둥플랜지의 폭(mm)

B : 베이스 플레이트 폭(mm)

N : 베이스 플레이트 높이(mm)

P : 소요축력(N)

m, n : 베이스 플레이트 돌출길이(mm)

λ_n' : 축력이 작용하는 유효 H형강 단면의 돌출길이(mm)

F_y : 베이스 플레이트의 항복강도(N/mm²)

QUESTION 01

다음 그림과 같이 압연 H형강보 H-600×300×12×20(SM 400)의 이음부를 존재응력설계법으로 설계하는 경우, 플랜지 이음판에 대해 검토하시오. 이음부의 계수하중에 의한 휨모멘트 $M_u = 350\text{kN} \cdot \text{m}$, 전단력 $V_n = 300\text{kN}$이다. 고장력볼트는 M22(F10T, 표준구멍)를 사용하며 마찰접합으로 설계한다. 마찰면은 블라스트 후 페인트하지 않았고, 필러를 사용하지 않았다.

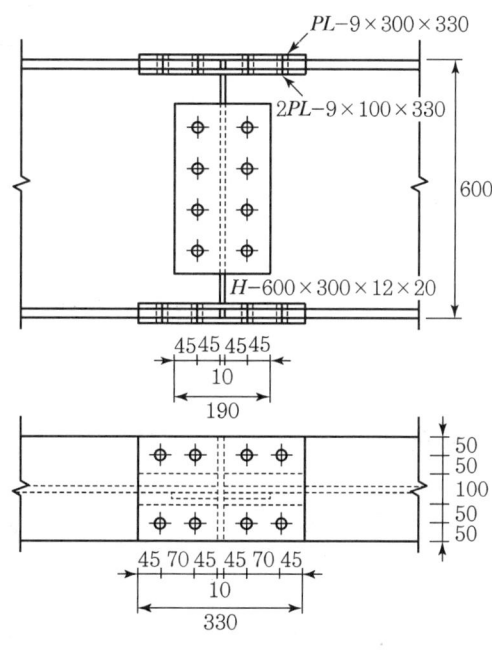

1. 플랜지 이음판의 소요압축강도(메탈터치 적용)

① 존재응력 : 플랜지 이음부의 계수하중에 의한 소요강도

$$P_u = P_{fu} = P_{cu}\frac{A_f}{A_g} + \frac{M_u}{d - t_f}$$

$$= 3{,}000 \times \frac{350 \times 19}{17{,}390} + \frac{170 \times 10^3}{350 - 19} = 1{,}147 + 514 = 1{,}661\text{kN}$$

② 부재 설계강도 50%

$$\phi_b M_n = 0.9 Z F_y = 0.9 \times 2.55 \times 10^6 \times 315 \times 10^{-6} = 723 \text{kN} \cdot \text{m}$$

$$P_u = P_{fu} = \frac{\phi_c P_n}{2} \frac{A_f}{A_g} + \frac{\phi_b M_n / 2}{d - t_f}$$

$$= \frac{1}{2} \phi_c F_y A_f + \frac{\phi_b M_n / 2}{d - t_f} \leq \phi_c F_y A_f$$

$$= \frac{1}{2} \times 0.9 \times 315 \times (350 \times 19) \times 10^{-3} + \frac{723 \times 10^3 / 2}{350 - 19}$$

$$= 943 + 1{,}092 = 2{,}035 \text{kN} \leq \phi_c F_y A_f = 943 \times 2 = 1{,}886 \text{kN}$$

③ 소요압측강도는 존재응력과 부재설계강도의 50% 중 큰 값으로 한다. 또한, 메탈터치이므로 산정한 값의 1/2을 이음부의 소요압축강도로 가정하여 설계할 수 있다.

$$\therefore \text{이음부 소요압축강도 } P_u = \max(1{,}661, 1{,}886)/2 = 943 \text{kN}$$

2. 플랜지 이음판 설계

외부 이음판 1장의 폭은 350mm, 내부 이음판 2장의 폭은 각각 140mm이다.

① 마찰접합에 의한 고장력볼트의 설계미끄럼강도(2면전단) 및 안전성 검토

$$\phi R_n = \phi \mu h_f T_o N_s = 1.0 \times 0.5 \times 1.0 \times 165 \times 2 = 165 \text{kN/볼트}$$

$$\therefore \text{고장력볼트 8개에 대한 설계미끄럼강도} = 165 \times 8 = 1{,}320 \text{kN}$$

$$\phi R_n = 1{,}320 \text{kN} > P_u = 943 \text{kN}$$

② 플랜지 이음판의 압축항복에 대한 안전성 검토

$$\phi R_n = \phi_c A_{gc} F_y = 0.9 \times [(350 + 2 \times 140) \times 6] \times 315$$

$$= 1{,}072 \text{kN} > P_u = 943 \text{kN}$$

QUESTION 02

[기둥 이음부 플랜지 이음판(존재응력설계법)]

그림과 같이 압연 H형강 H-350×350×12×19를 사용한 기둥의 이음부를 소요강도에 따른 미끄럼이 일어나지 않도록 마찰접합으로 설계하는 경우 플랜지 이음판에 대해 검토하시오.

> 이음부의 계수하중에 의한 소요강도는 $M_u = 170\text{kN}\cdot\text{m}$, $V_u = 200\text{kN}$, $P_{cu} = 3{,}000\text{kN}$이고, 강재는 SM 490이며, 고장력볼트는 M20(F10T, 표준구멍)이다. 또한 이음부 단부의 면을 절삭마감하여 밀착되는 경우로 하며, 계수하중에 의한 소요강도의 1/2은 접촉면에 의해 직접 응력이 전달되는 것(메탈터치 50%)으로 설계한다. 다만, 고장력볼트의 설계전단강도, 설계지압강도에 대해서도 검토해야 하지만, 여기서는 고장력볼트는 안전한 것으로 본다.

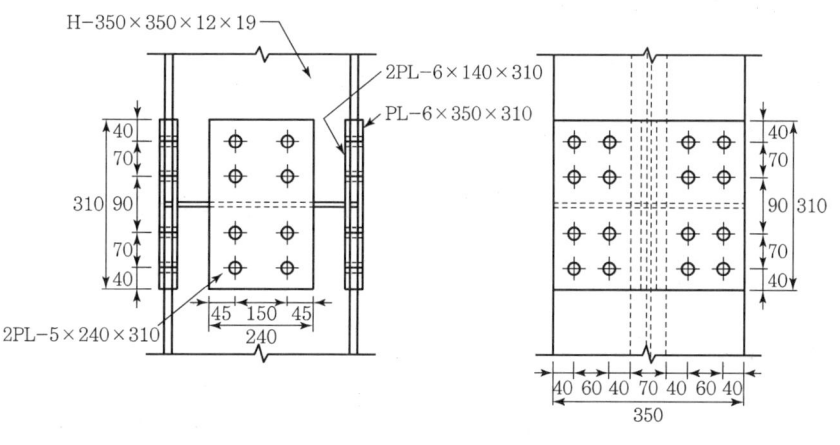

1. 플랜지 이음판의 소요인장강도

플랜지 이음판은 인장재로 설계한다.

$$T_u = \frac{M_u}{d - t_f} = \frac{350 \times 10^3}{(600-20)} = 603\text{kN}$$

$$T_u = \frac{\phi_b M_n/2}{d - t_f} = \frac{\phi_b Z F_y/2}{d - t_f} = \frac{0.9(4.49 \times 10^6 \times 235)/2 \times 10^{-3}}{(600-20)} = 819\text{kN}$$

$$\therefore T_u = \max(603, 819) = 819\text{kN}$$

2. 마찰접합에 의한 설계미끄럼강도(2면전단) 및 안전성 검토

건축구조기준에서는 마찰접합에서도 지압강도를 검토하도록 되어 있으나, 고장력볼트 구멍에 대한 지압파괴가 일어나지 않으므로 계산과정을 생략한다.

$$\phi R_n = \phi \mu h_f T_o N_s$$

$$= 1.0 \times 0.5 \times 1.0 \times 200 \times 2 = 200 \text{kN}/볼트$$

∴ 고장력볼트 4개에 대한 설계미끄럼강도: $200 \times 4 = 800 \text{kN}$

$$\phi R_n = 800 \text{kN} < T_u = 819 \text{kN} \qquad \therefore \text{NG}$$

3. 플랜지 이음판의 안전성 검토

외부 이음판 1장의 폭은 300mm, 내부 이음판 2장의 폭은 각각 100mm이다.
① 총단면의 인장항복에 대한 안전성 검토

$$\phi R_n = \phi A_{gt} F_y = 0.9 \times [(300 + 2 \times 100) \times 9] \times 235 \times 10^{-3}$$

$$= 952 \text{kN} > T_u = 819 \text{kN}$$

② 순단면의 인장파단에 대한 안전성 검토

$$\phi R_n = \phi A_{nt} F_u = 0.75 \times [(300 + 2 \times 100 - 4 \times 24) \times 9] \times 400 \times 10^{-3}$$

$$= 659 \text{kN} < T_u = 819 \text{kN} \qquad \therefore \text{NG}$$

QUESTION 03

다음 그림과 같이 2L-175×175×12에 고장력볼트 마찰접합된 큰 보와 작은 보 H-450×200×8×12(SM 400)에 소요전단력 $V_u = 250$kN 이 작용하고 있을 때 다음의 접합부를 검토하시오. 고장력볼트 M22(F10T)을 사용하고, 고장력볼트 설계볼트장력 $T_0 = 200$kN이다. 표준구멍을 사용하고, ㄱ형강 접합부재는 안전하다고 가정한다.

1) 고장력볼트의 설계미끄럼강도
2) 보 웨브의 설계전단항복강도
3) 보 웨브의 설계전단파단강도
4) 보 웨브의 설계블록전단파단강도
5) ㄱ형강의 설계전단파단강도

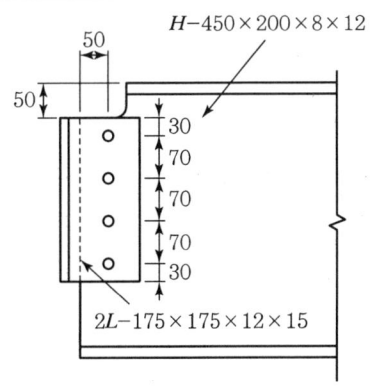

1. M22(F10T)고장력볼트 1개의 설계미끄럼강도(2면전단)

$$\phi R_n = \phi \mu h_f T_o N_s = 1.0 \times 0.5 \times 1.0 \times 200 \times 2 = 200 \text{kN}$$

고장력볼트 4개의 설계미끄럼강도

$$4 \times 200 = 800 \text{kN} > V_u = 250 \text{kN} \qquad \therefore \text{OK}$$

2. 보 웨브의 설계전단항복강도

$$\phi R_n = \phi(0.6 F_y) A_{gv}$$
$$= 0.9 \times (0.6 \times 235) \times (450 - 50) \times 8 \times 10^{-3}$$
$$= 406 \text{kN} > 250 \text{kN} \qquad \therefore \text{OK}$$

3. 보 웨브의 설계전단파단강도

$$\phi R_n = \phi(0.6 F_u) A_{nv}$$
$$= 0.75 \times (0.6 \times 400) \times (450 - 50 - 4 \times 24) \times 8 \times 10^{-3}$$
$$= 438 \text{kN} > 250 \text{kN} \qquad \therefore \text{OK}$$

4. 보 웨브의 설계블록전단파단강도

$$A_{gv} = (30 + 3 \times 70) \times 8 = 1,920 \text{mm}^2$$

$$A_{nv} = (30 + 3 \times 70 - 3.5 \times 24) \times 8 = 1,248 \text{mm}^2$$

$$A_{gt} = 50 \times 8 = 400 \text{mm}^2$$

$$A_{nt} = (50 - 0.5 \times 24) \times 8 = 304 \text{mm}^2$$

$$U_{bs} = 1.0 (\text{인장응력이 일정})$$

$$F_u A_{nt} = 400 \times 304 \times 10^{-3} = 121.6 \text{kN}$$

$$0.6 F_u A_{nv} = 0.6 \times 400 \times 1,248 \times 10^{-3} = 299.5 \text{kN}$$

$$0.6 F_u A_{gv} = 0.6 \times 235 \times 1,920 \times 10^{-3} = 270.7 \text{kN}$$

식 (3.2)에서

$$R_n = 0.6F_u A_{nv} + U_{bs} F_u A_{nt} \leq 0.6 F_y A_{gv} + U_{bs} F_u A_{nt}$$

$$R_n = (299.5 + 1.0 \times 121.6) = 421.1\text{kN} > (270.7 + 1.0 \times 121.6) = 392.3\text{kN}$$

$$R_n = 392.3\text{kN}$$

$$\phi R_n = 0.75 \times 392.3 = 294\text{kN} > 250\text{kN} \qquad \therefore \text{ OK}$$

5. ㄱ형강의 설계전단파단강도

$$A_{nv} = \{(270 - 4 \times 24) \times 12\} \times 2 = 4,176\text{mm}^2$$

$$\phi R_n = \phi(0.6F_u)A_{nv} = 0.75 \times 0.6 \times 400 \times 4,176 \times 10^{-3}$$

$$= 752\text{kN} > 250\text{kN} \qquad \therefore \text{ OK}$$

QUESTION 04

다음 그림과 같이 두께 8mm 웨브 이음판에 고장력볼트 마찰접합된 큰 보 H-446×199×8×12(SM 400)과 작은 보 H-400×200×8×13(SM 400)에 소요전단력 $V_u = 200\,\text{kN}$이 작용하고 있을 때 다음의 접합부를 검토하시오. 고장력볼트 M22(F10T)를 사용하고, 고장력볼트 설계볼트장력 $T_0 = 200\,\text{kN}$이다. 표준구멍을 사용한다.

1) 고력장볼트의 설계미끄럼강도
2) 보 웨브의 설계전단항복강도
3) 보 웨브의 설계전단파단강도
4) 보 웨브의 설계블록전단파단강도
5) 웨브 이음판의 설계전단파단강도

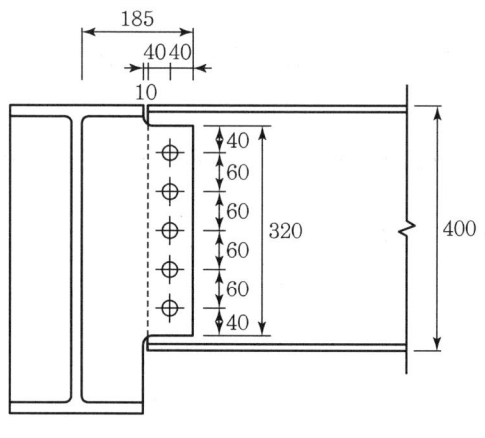

1. M22(F10T) 고장력볼트 1개의 설계미끄럼강도(1면전단)

$$\phi R_n = \phi \mu h_f T_o N_s = 1.0 \times 0.5 \times 1.0 \times 200 \times 1 = 100\,\text{kN}$$

고장력볼트 5개의 설계미끄럼강도

$$5 \times 100 = 500\,\text{kN} > V_u = 200\,\text{kN} \qquad \therefore \text{OK}$$

2. 보 웨브의 설계전단항복강도

$$\phi R_n = \phi \left(0.6 F_y\right) A_{gv}$$

$$= 0.9 \times (0.6 \times 235) \times 400 \times 8 \times 10^{-3}$$

$$= 406\,\text{kN} > 200\text{kN} \qquad \therefore \text{OK}$$

3. 보 웨브의 설계전단파단강도

$$\phi R_n = \phi (0.6 F_u) A_{nv}$$

$$= 0.75 \times (0.6 \times 400) \times (400 - 5 \times 24) \times 8 \times 10^{-3}$$

$$= 403\,\text{kN} > 200\text{kN} \qquad \therefore \text{OK}$$

4. 웨브 이음판의 설계블록전단파단강도

$$A_{gv} = (40 + 4 \times 60) \times 8 = 2,240\,\text{mm}^2$$

$$A_{nv} = (40 + 4 \times 60 - 4.5 \times 24) \times 8 = 1,376\,\text{mm}^2$$

$$A_{gt} = 40 \times 8 = 320\,\text{mm}^2$$

$$A_{nt} = (40 - 0.5 \times 24) \times 8 = 224\,\text{mm}^2$$

$$U_{bs} = 1.0 \text{(인장응력이 일정)}$$

$$F_u A_{nt} = 400 \times 224 \times 10^{-3} = 89.6\,\text{kN}$$

$$0.6 F_u A_{nv} = 0.6 \times 400 \times 1,376 \times 10^{-3} = 330.24\,\text{kN}$$

$$0.6 F_y A_{gv} = 0.6 \times 235 \times 2,240 \times 10^{-3} = 315.8\,\text{kN}$$

식 (3.2)에서

$$R_n = 0.6F_u A_{nv} + U_{bs}F_u A_{nt} \leq 0.6F_y A_{gv} + U_{bs}F_u A_{nt}$$

$$R_n = (330.2 + 1.0 \times 89.6) = 419.8\text{kN} > (315.8 + 1.0 \times 89.6) = 405.4\text{kN}$$

$$R_n = 405.4\text{kN}$$

$$\phi R_n = 0.75 \times 405.4 = 304\text{kN} > 200\text{kN} \qquad \therefore \text{OK}$$

5. 웨브 이음판의 설계전단파단강도

$$A_{nv} = (320 - 5 \times 24) \times 8 = 1,600\text{mm}^2$$

$$\phi R_n = \phi(0.6F_u)A_{nv}$$

$$= 0.75 \times (0.6 \times 400) \times 1,600 \times 10^{-3}$$

$$= 288\text{kN} > 200\text{kN} \qquad \therefore \text{OK}$$

QUESTION 05

다음 그림과 같은 주각이 중심축하중 $P_u = 4,000$kN을 받을 때 베이스 플레이트(SM 490)를 설계하시오. 기둥 H-350×350×12×19(SM 490), 기초크기 2,000×2,000mm, 콘크리트 압축강도 $f_{ck} = 21$ N/mm²이다.

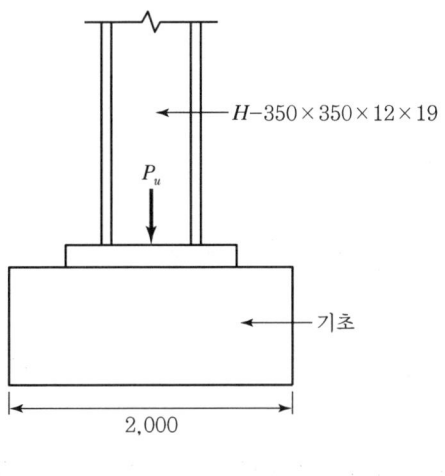

1. 베이스 플레이트 크기 결정

① 최소 베이스플레이트 크기 결정

지지콘크리트 면적이 베이스 플레이트의 면적에 대하여 $\sqrt{A_2/A_1} = 2$ 되도록 가정하면

$$A_1 = \frac{P_u}{\phi_c(0.85f_{ck})\sqrt{A_2/A_1}}$$

$$= \frac{4 \times 10^6}{0.65 \times 0.85 \times 21 \times 2} = 172 \times 10^3 \text{mm}^2$$

$\sqrt{A_2/A_1} = 2$ 이므로

$A_2 = 4A_1 = 4 \times 172 \times 10^3 = 688 \times 10^3 \text{mm}^2$

기초 면적 $= 2,000 \times 2,000 = 4 \times 10^6 \text{mm}^2 > A_2$

베이스 플레이트는 기둥보다 커야 한다.

$$A_1 > d\, b_f$$

$$172 \times 10^3 \text{mm}^2 > (350 \times 350 = 122.5 \times 10^3 \text{mm}^2)$$

∴ 최소 베이스플레이트 면적을 $A_1 = 172 \times 10^3 \text{mm}^2$ 으로 가정함

② 최적 베이스 플레이트의 크기

$$\Delta = \frac{0.95d - 0.8b_f}{2}$$

$$= \frac{0.95 \times 350 - 0.8 \times 350}{2} = 26.3 \text{mm}$$

$$N = \sqrt{A_1} + \Delta = \sqrt{172 \times 10^3} + 26.3 = 441\,\text{mm} \ \to 500\,\text{mm}$$

$$B = A_1/N = 172 \times 10^3/500 = 343\,\text{mm} \ \to 500\,\text{mm}$$

∴ $B \times N = 500 \times 500 \text{mm}\,(A_1 = 250 \times 10^3 \text{mm}^2)$

2. 베이스 플레이트의 설계지압강도 검토

$$\phi_c P_p = \phi_c 0.85 f_{ck} A_1 \sqrt{A_2/A_1} = \phi_c 0.85 f_{ck}(2BN)\ (\sqrt{A_2/A_1} < 2\ \text{이므로})$$

$$= 0.65 \times 0.85 \times 21 \times 2 \times 500 \times 500 \times 10^{-3}$$

$$= 5{,}801\,\text{kN} > 4{,}000\,\text{kN}$$

3. 베이스 플레이트의 두께 산정

$$m = \frac{N - 0.95d}{2} = \frac{500 - 0.95 \times 350}{2} = 83.8\,\text{mm}$$

$$n = \frac{B - 0.8b_f}{2} = \frac{500 - 0.8 \times 350}{2} = 110\,\text{mm}$$

$$X = \frac{4db_f}{(d+b_f)^2} \frac{P_u}{\phi_B P_p} = \frac{4 \times 350 \times 350}{(350+350)^2} \times \frac{4,000}{5,801} = 0.69$$

$$\lambda = \frac{2\sqrt{X}}{1+\sqrt{1-X}} = \frac{2\sqrt{0.69}}{1+\sqrt{1-0.69}} = 1.067 > 1.0 \quad \rightarrow \lambda = 1.0$$

$$\lambda_n' = \frac{\lambda\sqrt{db_f}}{4} = \frac{1.0\sqrt{350 \times 350}}{4} = 87.5\,\text{mm}$$

l 은 m, n, λ_n' 값 중 최대값 110mm이다.

$$t_{bp} \geq l\sqrt{\frac{2P_u}{0.9F_y BN}}$$

$$= 110\sqrt{\frac{2 \times 4,000,000}{0.9 \times 315 \times 500 \times 500}} = 36.9\,\text{mm}$$

∴ 베이스 플레이트 PL $-37 \times 500 \times 500$ 사용

04편 교량

CHAPTER 01 교량의 계획
CHAPTER 02 한계상태 용어 등
CHAPTER 03 교량의 하중
CHAPTER 04 콘크리트교
CHAPTER 05 강 교량
CHAPTER 06 PSC BOX 거더교
CHAPTER 07 복합교
CHAPTER 08 곡선교
CHAPTER 09 내하력 및 LRFD
CHAPTER 10 교량의 내진설계
CHAPTER 11 교량받침, 신축이음, 기타

CHAPTER 01 교량의 계획

QUESTION 01 교량의 계획에서 설계에 이르기까지 흐름을 작성하시오.

교량의 계획과 설계단계에 이르기까지의 흐름도는 다음과 같다.

```
                    ┌─────────┐
                    │ 1차 조사 │
                    └─────────┘
                    ↙         ↘
```

┌─────────────────────────────┐   ┌─────────────────────────────┐
│ 1. 지형조사   │   │ 3. 지질, 토질조사[1차]   │
│   ① 지질개황(槪況)   │   │   • 토질의 성층상태   │
│   ② 하천조사   │   │   • 압밀침하의 유무   │
│   • 하천현황, 하천종단   │   │   • 지지층의 선정   │
│   • 하천개수 계획의 유무   │   │   • 지하수의 유무   │
│   • 수방도로   │   │ 4. 기상조사   │
│   ③ 교차도로조사   │   │   • 기상조건   │
│   • 도로현황   │   │   • 부식조사   │
│   • 도로계수, 확폭 등의 유무│   │ 5. 지질조사   │
│   ④ 교차철도조사   │   │   • 지진기록   │
│   • 철도현황   │   │   • 설계진도   │
│   • 증설계획, 전철화 등의 유무│ │ 6. 재료조사(골재, 수질, 양 등)│
│ 2. 기존자료조사   │   │   │
└─────────────────────────────┘   └─────────────────────────────┘
                    ↘   ↙
          ┌─────────────────────────────┐
          │ 일반도 작성 또는 계획설계   │
          │ 1. 교량형식, 경간분할의 결정 │
          │ 2. 기초구조 형식의 결정   │
          │ 3. 기초근입 길이의 결정   │
          │ 4. 공정, 설계조건의 검토   │
          └─────────────────────────────┘
                         ↓

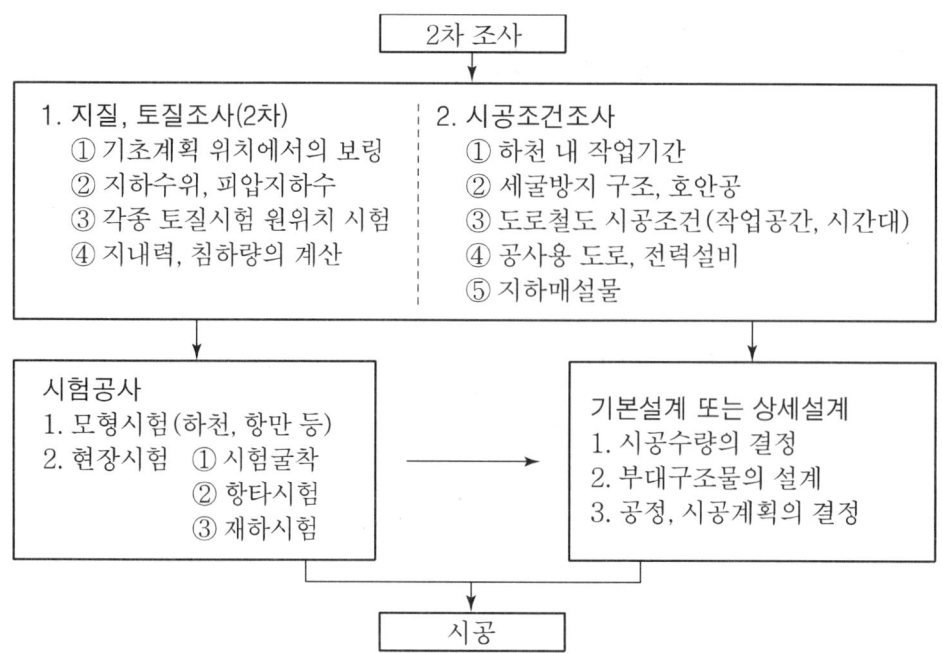

주 1) 지형, 지질의 변화가 심한 가교지점 및 기초의 규모가 대단히 큰 경우에 대해 상당수의 보링을 실시하고, 지층의 넓이, 흐름 등을 명확히 할 필요가 있음
주 2) 필요에 따라 시공조건조사는 1차 조사만으로 하는 경우가 있음

QUESTION 02. 도로교 설계기준에서 제시한 교량의 가설위치와 형식 선정 시 고려사항과 구조물 설계의 기본원칙에 대해 설명하시오.

1. 기본사항

교량계획은 다음과 같은 기본적인 제반사항을 고려하여 결정한다.
① 가설위치와 노선 선형
② 외적 제반 조건
③ 구조적 안전성과 경제성
④ 주행안전성과 쾌적성
⑤ 시공성과 유지관리성
⑥ 표준화 및 미관
⑦ 지역주민 의견

2. 교량형식 선정

① 설계, 시공 및 경제적으로 유리한 선형에 적합한 형식
② 교장, 지간, 교대, 교각의 위치와 방향에 적합한 형식
③ 안전한 구조 및 경제적인 형식
④ 시공성과 미관성, 경관설계상 유리한 형식
⑤ 미관, 치수 및 경제성을 고려한 경간분할 수행

3. 상부구조형식 결정

① 구조적 안전성과 경제성, 표준화를 이룰 수 있는 구조형식을 선정
② 주변경관과의 조화 및 미관을 살릴 수 있는 구조형식을 선정

4. 하부구조형식 결정

① 상부구조와 조화가 이루어지는 형식을 선정
② 시공 안전성과 간편성을 유지하는 형식을 선정
③ 교량미관 및 유지관리 측면을 고려한 형식을 선정

5. 기초구조형식 결정

① 하천의 제반 여건 및 수상 구간의 시공성과 안전성이 확보되는 형식
② 지진에 의한 수평 저항력 및 세굴 영향이 고려된 형식
③ 유수 저항계수가 작은 단면의 형식
④ 하부구조물 설치에 따른 수위상승 영향 검토

QUESTION 03. 교량의 미관설계에 대해 설명하시오.

1. 개요

최근 교량의 경관에 대한 관심이 국내외적으로 고조되고 있다. 교량은 공공 구조물로서 사용기간 중에 기능의 적합성, 구조적 안정성, 공사비의 경제성뿐만 아니라 미관상 좋고 아름다운 다리를 창출할 수 있도록 모든 관계자들의 협동과 노력이 필요하다. 특히 경관설계에 관해서는 공식이나 프로그램이 있을 수 없으며 공학적 기능과 환경구성 요소 등을 고려한 종합 설계개념으로 설계하여야 한다.

2. 경관설계 시 고려사항

경관설계는 기능성 및 주변환경을 고려한 종합설계개념으로 이루어져야 하며 시각적 안정감과 아름다움을 주도록 예술적 관점도 고려되어야 한다. 그리고 주변 지형지물의 활용, 이미지 표출, 사용재료의 선택, 세부구조의 균형 및 통일성, 기하학적인 조화 및 교면시설 등에도 세심한 주의를 기울여야 하며 다음과 같은 사항에 대해서 검토되어야 한다.

(1) 환경과의 조화

교량가설 지점의 환경 및 경관특성을 파악하여 이와 조화되도록 하며 여기에는 강조법, 소거법, 융화법이 있다.

(2) 교량 형식

교량은 구조형식에 따라 표출되는 이미지가 다르므로 지형조건 및 주변경관과의 분위기에 조화되도록 교량형식을 선택하여야 한다.

(3) 경간장 및 경간수

지형조건에 따라 동일 경간, 혹은 경간의 변화를 주는 것에 따라 이미지가 달라지고 경간수에 따라서도 느낌이 상이하므로 경간장 및 경간수를 적절히 선택하여야 한다.

(4) 상부구조와 하부구조와의 조화

상부구조와 하부구조는 적정비율로 조화되도록 하며 상부구조는 가급적 날씬하게 보이도록 하는 것이 좋다.

(5) 부재의 선과 형상

부재의 외곽선은 직선 혹은 곡선에 따라 동적 변화감이 달라지며 부재의 형상은 수평, 수직인 것과 경사지게 함에 따라 안정감이 달라지므로 적절히 선택하여야 한다.(예 : 헌치, 형고의 변화 등)

(6) 선형과의 조화

지형조건에 따라 교량상에 종곡선을 설치하는 것이 미관상 안정감이 있는 경우도 있다.

(7) 재료선택에 따른 조화

교량가설지점이 도심지, 관광지 혹은 명승지인가에 따라 재료선택이 경관상 미치는 영향이 크다. 석재, 콘크리트, 강재 등 재질별로 느낌이 상이하므로 주변여건에 따라 적절히 선택하여야 한다.

(8) 교면시설

난간, 가로등 등 교면시설도 주변경관과 조화되도록 적절히 선택되어야 한다.

3. 미관 설계 구성 요소 Flow

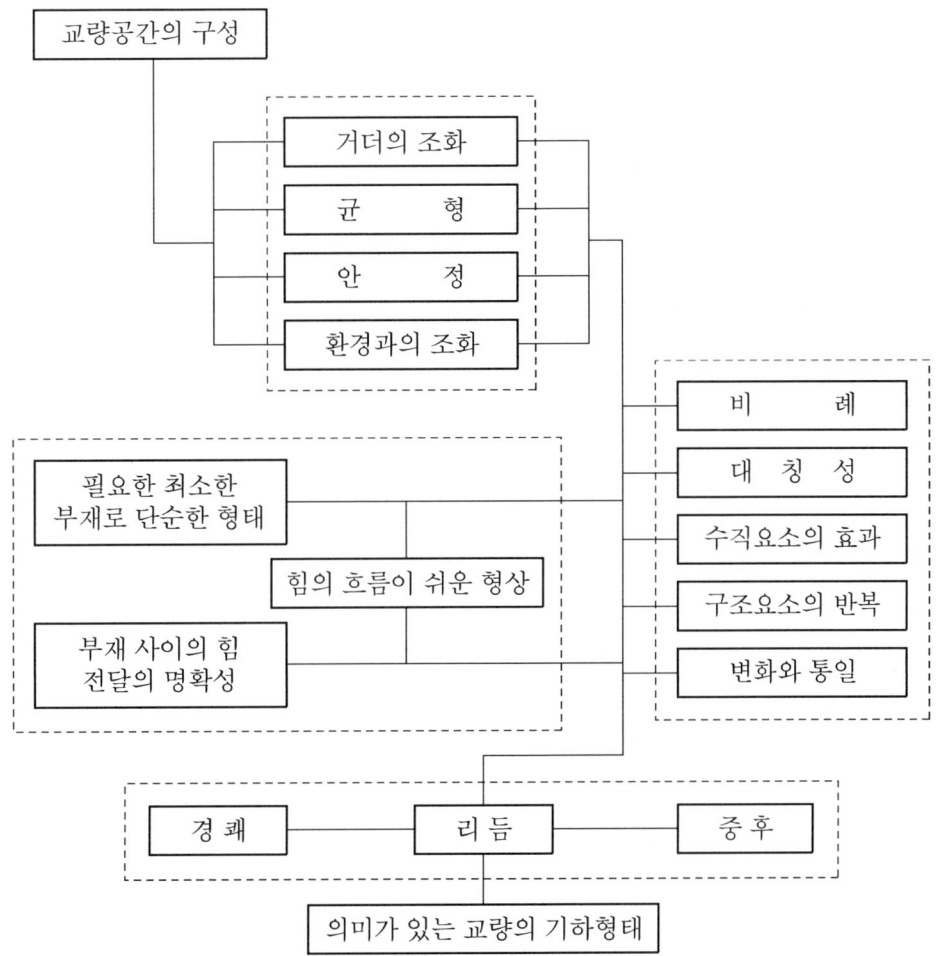

4. 결론

교량은 약 100년의 수명을 가지는 반영구적 구조물이므로 예술적 조형물로서 가설되어야 하며 자연환경과 조화 및 시각적 아름다움을 통하여 국민정서를 함양하고 도로교통의 안전성, 쾌적성 등 기능성을 도모함과 동시에 후손에게 길이 물려줄 역사적 유산으로서의 가치를 충분히 인식하여 설계하여야 한다.

CHAPTER 02 한계상태 용어 등

QUESTION 01 한계상태 설계법에서 정의하는 Factor η_i, η_R에 대해 설명하시오.

1. 한계상태 일반식

교량의 각 구성요소와 연결부는 각 한계상태에 대하여 다음 식을 만족하여야 한다.

$$\sum \eta_i \gamma_i Q_i \leq R_r$$

여기서, R_r = 계수저항 : 콘크리트 부재 $R_r = R\{\phi_i X_i\}$
그 이외에는 $R_r = \phi R_n$을 적용
Q_i = 하중효과
R_n = 공칭저항
γ_i = 하중계수
ϕ = 저항계수
η_i = 하중수정계수

2. 하중수정계수 η_i

① 연성, 여용성, 구조물의 중요도에 관련된 계수
② 최대하중계수가 적용되는 하중의 경우

$$\eta_i = \eta_D \eta_R \eta_I \geq 0.95$$

③ 최소하중계수가 적용되는 하중의 경우

$$\eta_i = \frac{1}{\eta_D \eta_R \eta_I} \leq 1.0$$

여기서, η_D = 연성에 관련된 계수
η_R = 여용성에 관련된 계수
η_I = 구조물 중요도에 관련된 계수

3. 여용성계수 η_R

① 다재하 경로구조와 연속구조로 한다.

② 파괴 시 교량의 붕괴를 초래할 수 있는 주부재와 구성요소는 파괴임계부재/요소로 지정하며, 관련 구조계는 비 여용구조계로 지정해야 한다. 인장파괴-임계부재는 파쇄임계부재로 지정할 수 있다.

③ 파괴가 되더라도 교량의 붕괴를 초래하지 않는 부재와 구성요소는 비파괴임계부재/요소로 지정하며 관련 구조계는 여용구조계로 지정한다.

④ 극한한계상태의 경우

$\eta_R \geq 1.05$ 비여용부재

$= 1.00$ 통상적 여용수준

≥ 0.95 특별한 여용수준

⑤ 기타 다른 한계상태 경우

$\eta_R = 1.00$

QUESTION 02

한계상태 설계법에서 정의하는 각 한계상태에 대해 정의하고 각 한계상태에 대한 설계사항을 설명하시오.

1. 한계상태

① 한계상태는 설계에서 요구하는 성능을 더 이상 발휘할 수 없는 한계이다. 이 한계상태는 극한한계상태, 사용한계상태와 피로한계상태의 세 종류로 구분하여 검증하여야 한다.
② 극한한계상태 : 붕괴, 사용자의 안전을 위험하게 하는 구조적 손상 또는 파괴에 관련된 것으로, 현실적 단순화를 위하여 붕괴 자체 대신에 붕괴 직전 상태를 극한한계상태로 간주할 수 있다.
③ 사용한계상태 : 정상적 사용 중에 구조적 기능과 사용자의 안녕 그리고 구조물의 외관에 관련된 특정한 사용성 요구 성능을 더 이상 만족시키지 않는 한계상태이다.
④ 피로한계상태 : 규칙적으로 반복되는 하중이 작용하는 부재를 구성하고 있는 철근과 콘크리트에 대해서 각각 수행하여야 한다.

2. 설계 사항

(1) 극한 한계상태

① 검증 항목
- 구조계의 정력학적 평형 한계상태를 검토할 때, 안정화 하중영향 값이 불안정화 하중영향값보다 크다는 것을 검증하여야 한다.
- 구조물의 단면 또는 연결부의 파괴나 과도한 변형에 대한 한계상태를 검토할 때, 설계저항강도가 계수하중영향보다 크다는 것을 검증하여야 한다.
- 2차 영향에 의해 유발되는 안정성 한계상태를 검토할 때, 작용 하중이 계수하중을 초과하지 않는 한, 불안정이 발생하지 않는다는 것을 검증하여야 한다.
- 콘크리트교량을 설계할 때, 3장에서 정의한 부재저항계수는 특별한 규정이 없는 한 항상 1.0을 적용하여 극한한계상태를 검증하여야 한다.

(2) 하중 조합

① 하중의 크기와 하중계수, 하중조합은 원칙적으로 3장의 규정을 적용하여야 한다.
② 각각의 불리하게 작용하는 하중 경우마다, 동시에 발생한다고 간주되는 하중들의 조합에 의해 유발되는 계수하중 영향값을 결정하여야 한다.
③ 구조물 해석에서 고정하중의 하중영향이 위치마다 큰 폭으로 변화하는 경우에는 불리한 하중 조합과 유리한 하중 조합을 분리하여 별도로 검토하여야 한다.
④ 3장에서 정한 여러 하중 조합에서, 활하중의 하중영향을 증가시킴으로써 구조물에 불리하게 작용하는 고정하중은 3장에서 주어진 최대 하중계수를 적용하고, 반면에 활하중의 하중영향을 감소시킴으로써 구조물에 유리하게 작용하는 고정하중은 최소하중계수를 적용한다.

(3) 사용한계상태

① 사용성 요구조건을 만족시키기 위해서는 3장에 규정된 사용하중조합에 의한 하중 영향이 적합한 사용한계기준을 초과하지 않는다는 것을 검증하여야 한다.
② 사용한계기준은 구조물의 형태와 현장 주변 환경에 따른 사용성 요구조건을 고려하여 정하여야 한다.
③ 적합한 사용하중조합에서 콘크리트 압축응력의 한계값을 설정하여 콘크리트의 손상이나 과도한 크리프 변형을 방지해야 한다.
④ 적합한 사용하중조합에서 철근의 인장응력 한계값을 설정하여 비탄성 변형과 과도한 균열을 제한하여야 한다.
⑤ 사용한계상태를 검증하기 위한 간단한 보조 방법이 주어진 경우에는 여러 조합하중에 대한 상세한 계산을 생략할 수 있다.
⑥ 사용한계상태를 검토할 때, 특별히 지정하지 않는 한, 재료계수값은 1.0을 취해야 한다.

(4) 피로한계상태

① 규칙적인 교번 하중이 작용하는 구조 요소와 부재에 대하여 피로한계상태를 검증하여야 한다.
② 콘크리트 교량의 피로한계상태의 검증은 도로교 한계상태설계기준 5.9의 규정에 따라 수행하여야 하며 교번 응력이 없거나 현저하지 않은 경우는 피로를 검토하지 않아도 된다.

CHAPTER 03 교량의 하중

> **QUESTION 01**
> 한계상태 설계법에서 정의하는 각 한계상태하중조합의 의미에 대해 설명하시오.

1. 극한 한계상태 하중조합

- 극한한계상태 하중조합 I – 일반적인 차량통행을 고려한 기본하중조합. 이때 풍하중은 고려하지 않는다.
- 극한한계상태 하중조합 II – 발주자가 규정하는 특수차량이나 통행허가차량을 고려한 하중조합. 풍하중은 고려하지 않는다.
- 극한한계상태 하중조합 III – 거더 높이에서의 풍속 25 m/s를 초과하는 설계 풍하중을 고려하는 하중조합
- 극한한계상태 하중조합 IV – 활하중에 비하여 고정하중이 매우 큰 경우에 적용하는 하중조합
- 극한한계상태 하중조합 V – 차량 통행이 가능한 최대 풍속과 일상적인 차량통행에 의한 하중효과를 고려한 하중조합
- 극단상황한계상태 하중조합 I – 지진하중을 고려하는 하중조합
- 극단상황한계상태 하중조합 II – 빙하중, 선박 또는 차량의 충돌하중 및 감소된 활하중을 포함한 수리학적 사건에 관계된 하중조합. 이때 차량충돌하중 CT의 일부분인 활하중은 제외된다.

2. 사용한계상태 하중조합

- 사용한계상태 하중조합 I – 교량의 정상 운용 상태에서 발생 가능한 모든 하중의 표준값과 25m/s의 풍하중을 조합한 하중상태이며, 교량의 설계 수명 동안 발생 확률이 매우 적은 하중조합이다. 이 하중조합은 철근콘크리트의 사용성 검증에 사용할 수 있다. 또한 옹벽과 사면의 안정성 검증, 매설된 금속 구조물, 터널라이닝판과 열가소성 파이프에서의

변형제어에도 적용한다.
- 사용한계상태 하중조합 Ⅱ – 차량하중에 의한 강구조물의 항복과 마찰이음부의 미끄러짐에 대한 하중조합
- 사용한계상태 하중조합 Ⅲ – 교량의 정상 운용 상태에서 설계 수명 동안 종종 발생 가능한 하중조합이다. 이 조합은 부착된 프리스트레스 강재가 배치된 상부구조의 균열폭과 인장응력 크기를 검증하는 데 사용한다.
- 사용한계상태 하중조합 Ⅳ – 설계수명 동안 종종 발생 가능한 하중조합으로 교량 특성상 하부구조는 연직하중보다 수평하중에 노출될 때 더 위험하기 때문에 연직 활하중 대신에 수평풍하중을 고려한 하중조합이다. 따라서 이 조합은 부착된 프리스트레스 강재가 배치된 하부구조의 사용성 검증에 사용해야 한다. 물론 하부구조는 사용하중조합 Ⅲ에서의 사용성 요구조건도 동시에 만족하도록 설계하여야 한다.
- 사용한계상태 하중조합 Ⅴ – 설계수명 동안 작용하는 고정하중과 수명의 약 50 % 기간 동안 지속하여 작용하는 하중을 고려한 하중조합이다.
- 피로한계상태 하중조합 – 도로교한계상태 설계기준 3.6.2에 규정되어 있는 피로설계트럭하중을 이용하여 반복적인 차량하중과 동적 응답에 의한 피로파괴를 검토하기 위한 하중조합

QUESTION 02. 한계상태 설계법에서 정의하는 설계활하중에 대해 설명하시오.

1. LRFD설계법의 설계활하중

교량이나 이에 부수되는 일반구조물의 노면에 작용하는 차량활하중('KL-510'으로 명명함)은 (1)에 규정된 표준트럭하중과 (2)에 규정된 표준차로하중으로 이루어져 있다. 이 하중들은 설계차로 내에서 횡방향으로 3,000mm의 폭을 점유하는 것으로 가정한다.

(1) 표준트럭하중

표준트럭의 중량과 축간거리는 그림과 같다.(충격하중은 다음 페이지 참조)

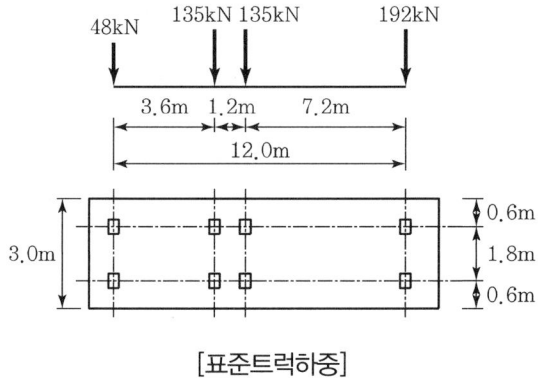

[표준트럭하중]

(2) 표준차로하중

표준차로하중은 종방향으로 균등하게 분포된 하중으로 [표 1]의 값을 적용한다. 횡방향으로는 3,000mm의 폭으로 균등하게 분포되어 있다. 표준차로하중의 영향에는 충격하중을 적용하지 않는다.

▼ [표 1] 표준차로하중

$L \leq 60m$	$w = 12.7 \, (kN/m)$
$L > 60m$	$w = 12.7 \times \left(\dfrac{60}{L}\right)^{0.18} \, (kN/m)$

여기서, L : 표준차로하중이 재하되는 부분의 지간

▼ [표 2] 보도 등에 재하하는 등분포하중(MPa)

지간장 L(m)	$L \leq 80$	$80 < L \leq 130$	$L > 130$
등분포하중의 크기	3.5×10^{-3}	$(4.3 - 0.01L) \times 10^{-3}$	3.0×10^{-3}

2. 충격하중 : IM

(1) 일반사항

① 아래 (2)와 (3)에서 허용된 경우를 제외하고 원심력과 제동력 이외의 표준트럭하중에 의한 정적효과는 [표 3]에 규정된 충격하중의 비율에 따라 증가시켜야 한다.

② 정적 하중에 적용시켜야 할 충격하중계수는 다음과 같다. : $\left(\dfrac{1+IM}{100}\right)$

③ 충격하중은 보도하중이나 표준차로하중에는 적용되지 않는다.

▼ [표 3] 충격하중계수, IM

성분		IM
바닥판 신축이음장치 모든 한계상태		70%
모든 다른 부재	피로한계상태를 제외한 모든 한계상태	25%
	피로한계상태	15%

④ 다음과 같은 경우에는 충격하중을 적용할 필요가 없다.
- 상부구조물로부터 수직반력을 받지 않는 옹벽
- 전체가 지표면 이하인 기초부재

⑤ 충격하중은 설계기준의 규정에 따라 충분한 증거에 의해 검증될 수 있다면 연결부를 제외한 다른 부재에 대하여 감소시킬 수 있다.

(2) 매설된 부재

암거나 매설된 구조물에 대한 충격하중은 백분율로 식 (1)과 같다.

$$IM = 40(1.0 - 4.1 \times 10^{-4} D_E) \geq 0\% \quad \cdots\cdots\cdots\cdots\cdots\cdots\cdots\cdots\cdots\cdots\cdots\cdots (1)$$

여기서, D_E : 구조물을 덮고 있는 최소깊이(mm)

(3) 목재부재

목교나 교량의 목재부재에 대해서는 규정된 충격하중을 [표 3]에 제시된 값의 50%로 줄일 수 있다.

QUESTION 03. 한계상태 설계법에서 정의하는 피로하중에 대해 설명하시오.

1. 피로설계 트럭하중

- 피로하중은 세 개의 축으로 이루어져 있으며 총중량을 351kN으로 환산한 한 대의 설계 트럭하중 또는 축하중이다.
- 충격하중도 피로하중에 적용된다.

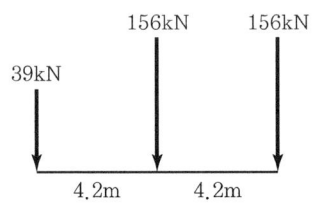

2. 빈도

- 피로하중의 빈도 : 단일 차로 일평균 트럭교통량(ADTTSL)을 사용
- 이 빈도는 교량의 모든 부재에 적용하며 통행차량수가 적은 차로에도 적용
- 단일차로의 일평균 트럭교통량에 대한 확실한 정보가 없을 경우 : 차로당 통행 비율을 적용

$ADTT_{SL} = \rho \times ADTT$

여기서, $ADTT$: 한 방향 일일트럭 교통량의 설계수명기간 동안 평균값
$ADTT_{SL}$: 한 방향 한 차로의 일일트럭 교통량의 설계수명기간 동안 평균값
ρ : 한 차로에서의 트럭교통량 비율

트럭이 통행 가능한 차로수	ρ
1차로	1.00
2차로	0.85
3차로 이상	0.8

3. 피로설계에서 하중분배

(1) 정밀한 방법

교량을 정밀한 방법으로 해석하는 경우 : 상세부위에 최대응력이 발생하도록 바닥판의 통행위치나 설계차로의 위치에 관계없이 횡방향, 종방향으로 하나의 설계트럭을 배치한다.

(2) 근사적 방법

교량을 근사적 하중 분배로 해석하는 경우 한 차선의 분배계수를 사용해야 한다.

QUESTION 04 한계상태 설계법에서 정의하는 온도경사에 대해 설명하시오.

1. 온도 경사

바닥판이 콘크리트인 강재나 콘크리트 상부구조에서 수직온도경사는 아래 [그림]과 같이 택한다.

- 두께가 400mm 이상인 콘크리트 상부구조물의 경우 : $A = 300$ mm
- 400mm 이하의 콘크리트 단면인 경우 : $A =$ 실제 두께보다 100mm 작은 값
- 강재로 된 상부 구조물인 경우 : $A = 300$mm, $t =$ 콘크리트 바닥판의 두께

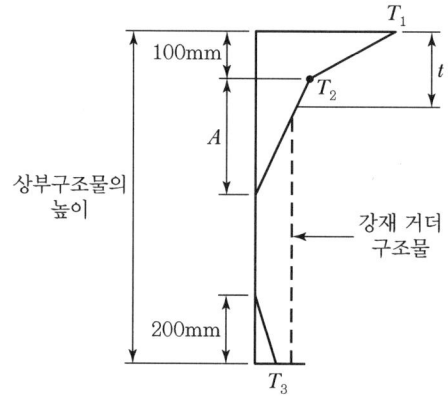

[콘크리트와 강재 상부 구조물에 발생하는 온도의 수직변화곡선]

2. 온도 경사 기본값

- 상부의 온도가 높을 때의 T_1과 T_2 값

T_1 (℃)	T_2 (℃)
23	6

- 하부의 온도가 높을 때의 값은 콘크리트 포장에는 0.3을 곱하여, 아스팔트 포장에는 0.2를 곱하여 구한다.
- 현장조사에 의하여 T_3값을 정하지 않은 경우 : 0으로 한다. 그러나 3℃를 넘어서는 안 된다.

QUESTION 05

한계상태 설계법에서 정의하는 원심하중과 제동하중에 대해 설명하시오.

1. 원심하중

① 표준트럭하중의 축 중량에 C를 곱한 값이다.

$$C = \frac{4}{3}\frac{v^2}{gR}$$

여기서, v : 도로설계 속도(m/s)
g : 중력 가속도(m/s²)
R : 통행차선의 회전반경(m)

② 원심하중은 교면상 1,800mm 높이에서 수평으로 작용하는 것으로 한다.

2. 제동하중

① 자동차 및 궤도차량의 제동하중은 극단적으로 가벼운 교량 및 궤도가 있는 교량 등 특별한 경우에 고려
② 최대하중 효과가 발생되도록 설계차로 위에 재하한 표준트럭하중의 10%로 한다.
③ 교면상 1,800mm 되는 위치에서 자동차의 진행방향으로 작용하는 것으로 한다.
④ 궤도상의 제동하중 : 윤하중 전체의 10%
레일면상 1,800mm 되는 위치에서 차량의 진행방향으로 작용하는 것으로 한다.

QUESTION 06

한계상태 설계법에서 정의하는 기본 풍속, 설계기준풍속, 시공기준 풍속에 대해 설명하시오.

1. 기본 풍속

(1) 정의

기본풍속 V_{10}은 재현기간 100년에 해당하는 개활지에서의 지상 10m의 10분 평균 풍속

(2) 산정

기본 풍속은 대상 지역 인근 기상관측소의 장기풍속기록(태풍 또는 계절풍)과 지역적 위치를 동시에 고려하여 극치 분포로부터 추정하거나 태풍자료의 시뮬레이션 등의 합리적인 방법으로 추정한다. 단, 대상지역의 풍속자료가 가용치 못한 경우에는 주어진 지역별 기본풍속을 사용할 수 있다.

2. 설계기준 풍속

(1) V_D

① 일반 중소 지간 교량의 설계기준풍속 V_D : 40m/s

② 태풍이나 돌풍에 취약한 지역에 위치한 중대지간 교량의 설계기준 풍속 : 대상지역의 풍속기록과 구조물 주변의 지형 및 환경 그리고 교량상부구조의 지상 높이 등을 고려하여 합리적으로 결정한 10분 평균 풍속

그러나 대상지역의 풍속자료가 가용치 못한 경우에는 고도보정을 위하여 다음 식을 사용할 수 있다.

$$V_D = 1.723 \left(\frac{Z_D}{Z_G}\right)^\alpha V_{10}$$

여기서, α : 지표조도지수
Z : 지상 또는 수면으로부터 구조물의 대표높이(m)로 교량 주거더와 같은 수평구조물의 경우에는 평균높이를, 교각과 같은 수직구조물의 경우에는 총 높이의 65% 사용

V_D : 설계고도 Z에서의 10분 평균 설계기준풍속(m/s)
Z_D : Z와 Z_b 중에서 큰 값
Z_G : 지표상황(지표조도 구분)에 따라 주어진 값

3. 시공기준 풍속

① 태풍에 취약한 지역에 위치한 중장대 지간교량의 시공 중 검토를 위한 풍속
② 공사기간에 대한 최대 풍속의 비초과확률 80%에 해당하는 10분 평균풍속
③ 비초과확률 P_{NE}, 공사기간 N, 재현기간 R의 관계는 다음 식과 같다.

$$R = \frac{1}{1-(P_{NE})^{1/N}}$$

QUESTION 07

1) 해양교량의 교각부에 발생하는 선박 충돌하중 산정법과 설계과정을 기술하시오.
2) 항로상에 계획하는 교량에서 선박충돌방지시설(물리적 보호방법)에 대해서 설명하시오.

1. 개요

① 설계수심이 600mm 이상 되는 곳에 위치하며 배가 통행할 수 있는 수로에 건설된 교량의 모든 구조부재는 설계 시에 충돌의 영향을 고려하여야 한다.
② 하부구조물의 설계를 위한 최소 설계충돌하중은 수로에서의 연평균유속과 같은 속도로 떠내려가는 빈 호퍼바지선을 기준으로 계산하여야 한다.
③ 선박과의 충돌에 의한 충격하중은 교량과 아래 사항과의 관계를 고려하여 결정하여야 한다.
  • 수로의 기하학적 형상
  • 수로를 이용하는 선박의 크기, 형태, 하중조건, 통과빈도
  • 가용수심
  • 선박의 속도와 방향
  • 충돌에 의한 교량의 구조적 거동

2. 설계 충돌 속도

설계 충돌 속도는 아래 [그림]과 같이 결정된다.

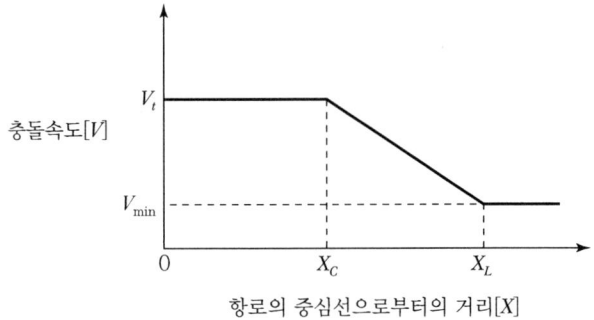

[설계 충돌 속도]

여기서, V : 설계 충돌 속도(m/s)
  V_t : 정상기상조건에서 수로를 지나는 선박의 보통속도(m/s)
  V_{min} : 최소 설계 충돌속도
  X : 수로의 중심선에서 교각표면까지의 거리(mm)
  X_C : 수로의 중심선에서 항로폭 끝단까지의 거리(mm)
  X_L : 설계선박의 전체길이(LOA)의 3배 거리(mm)

3. 선박 충돌에너지

이동 중인 선박의 운동에너지

$$KE = 500\,C_H MV^2$$

여기서, KE : 선박의 충돌에너지(joule)
  W : 선박의 용적 톤수(미터톤)
  V : 선박 충돌 속도(m/s)
  C_H : 수리동적 질량 계수(1.05 : 용골과 수로바닥과의 간격 ≥ 선박흘수×0.5,
    1.25 : 용골과 수로바닥과의 간격 ≤ 선박흘수×0.1)

4. 교각에 작용되는 선박 충돌력

$$P_s = 1.2 \times 10^5\,V\sqrt{DWT}$$

여기서, P_s : 등가 정적 선박충돌하중(N)
  DWT : 선박의 적재중량톤수(미터톤)
  V : 선박 충돌속도(m/s)

5. 상부구조에 작용하는 선박의 충격력

$$P_{BH} = R_{BH} \cdot P_s$$

여기서, P_{BH} : 노출된 상부구조에 작용하는 이물충돌력(N)
  R_{BH} : (노출된 상부구조 깊이)/(전체 이물 깊이)
  P_s : 선박 충돌력(N)

6. 충돌력 작용 위치

(1) 하부구조 설계

① 하부구조의 설계에서 충돌력은 항로의 중심선형과 평행한 방향으로 하부 구조에 횡방향력으로 적용된다. 횡방향력의 50%는 종방향력으로 적용될 수 있지만 두 개의 충돌력이 동시에 작용하지 않는다.

② 설계 충돌력은 평균최고수위(MHW)일 경우 집중하중으로 작용하여 전체적인 안정성에 대한 하부구조의 설계에 적용한다([그림 1] 참조).

③ 국부 충돌력에 대한 교각과 기초의 설계는 선박의 선수 깊이에 따른 수직 선하중으로 적용한다([그림 2] 참조).

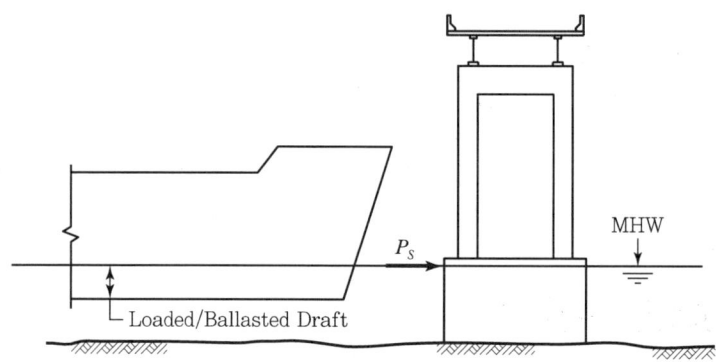

[그림 1] 설계 충돌력

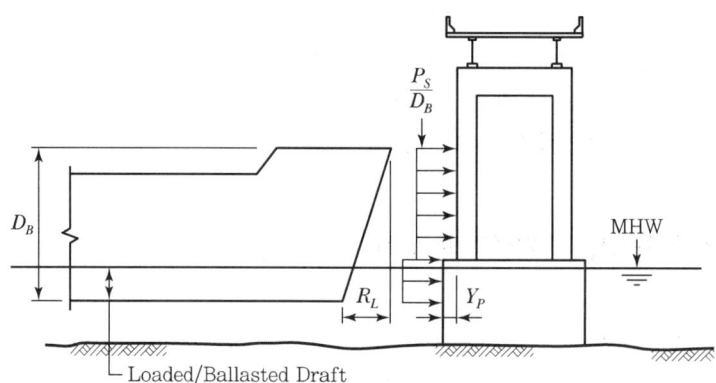

[그림 2] 국부 충돌력

④ 선박의 선수가 돌출되어 있을 경우에는 교각 또는 기초에 충돌력의 접촉 면적을 결정하도록 한다([그림 3] 참조).

⑤ 바지선의 충돌은 선수의 깊이에 따른 수직 등분포하중으로 간주하여 적용한다 ([그림 4] 참조).

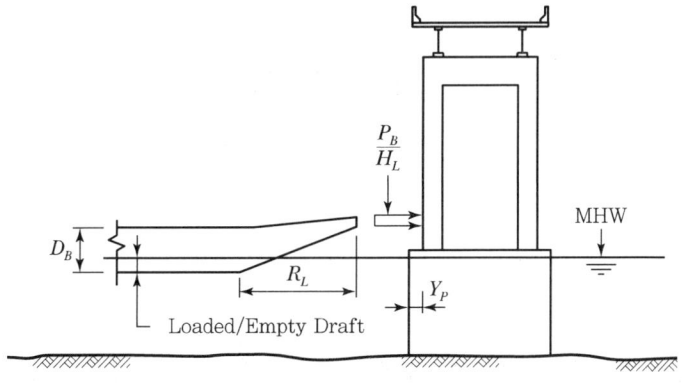

[그림 3] 선수가 돌출된 경우

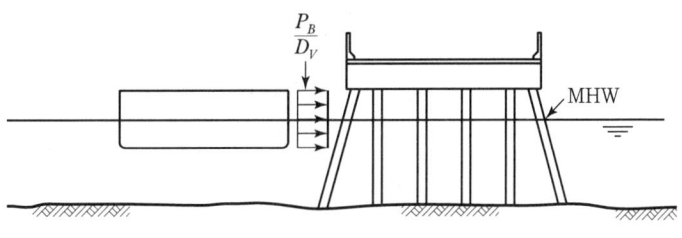

[그림 4] 바지선의 경우

6. 충돌방지공의 분류

▼ 충돌방호공의 구분

설치장소	에너지 흡수형태	종류
직접구조	탄성변형형	Fender 방식
	파괴변형형	강재 다실형 방식
	변위형	중력방식
간접구조	탄성변형형	Dolphin 방식, Pile 방식
	파괴변형형	축도방식, 케이슨 방식
	변위형	Barrier 방식

(1) Fender 방식

1) Fender 방식

충돌완화재의 개념으로 구조물이 충돌력을 흡수하며, 선박이나 구조물의 부분적인 손상을 방지하는 개념의 충돌방호공이다.

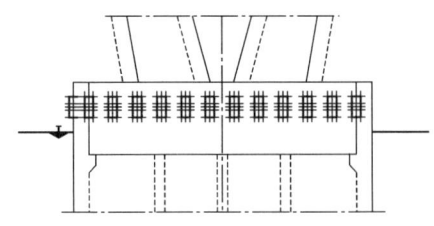

[Fender 방식 방호공]

2) 버퍼 방식

버퍼는 선박의 충돌에너지를 구조물의 소성에너지의 흡수로 충돌력을 저감시키는 구조로, 벌집(Honey Comb) 형태로 제작되어 가능한 많은 소성에너지를 흡수할 수 있도록 제작한다(일본의 최장 현수교인 Akashi-kaikyo에서 적용).

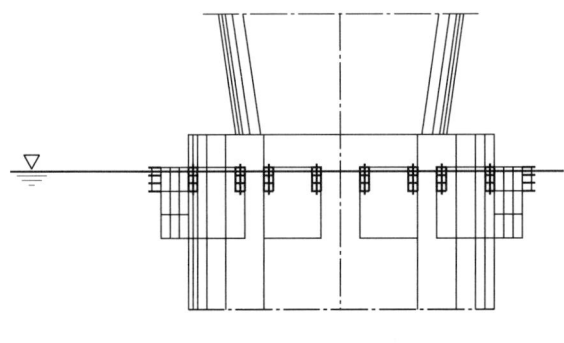

[버퍼 방식 방호공]

3) Dolphin 방식

본 구조물 앞에 별도의 충돌방호공을 설치하여 선박 충돌에 의한 구조물 손상을 원천 봉쇄하는 방법으로, 공사비가 고가이며 말뚝식과 우물통식이 있다. 인천대교(사장교)에 적용

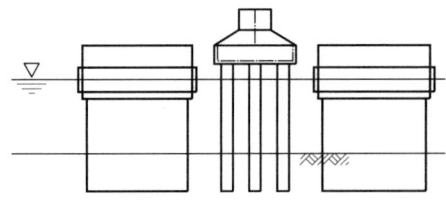

[Dolphin 방식 방호공]

4) 축도방식(인공섬)

인공섬을 만들어 선박의 직접 충돌을 방지하고, 기초 육상시공을 통하여 시공성 및 안정성을 확보한다. 공사비는 중간 정도이나 항로 잠식이 큰 형식이다.

여수산단 3공구 현수교, 중국의 Tsing Ma(현수교), Ting Kau(사장교), 덴마크의 Great Belt East(현수교), Oresund(사장교) 등에 적용

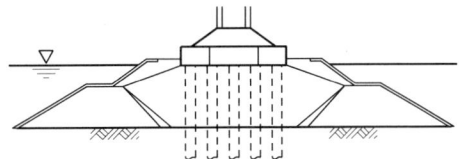

[인공섬 방식 방호공]

5) Pile 방식(안)

본 구조물과 선박의 충돌을 완전히 분리함으로써 선박충돌에 의한 구조물 손상을 원천 봉쇄하는 방식의 충돌 방호공으로, 공사비는 중간 정도이다.

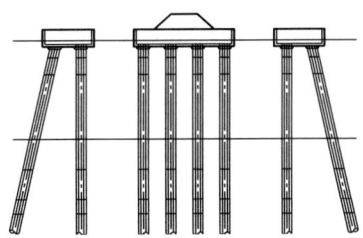

[Pile 방식 방호공]

CHAPTER 04 콘크리트교

> **QUESTION 01** 콘크리트교와 강교의 장단점을 열거하고 향후 발전방향에 대해 기술하시오.

1. 개요

철근콘크리트교는 지간이 짧은 슬래브교, 라멘교, 박스거더교, 아치교 등의 형식이 주로 적용되며 강교량은 기본적으로 박판의 보강에 의해 교체를 형성하여 외력에 저항하는 구조물이다.

2. 철근콘크리트교

(1) 장점

① 현장조건이 양호하고, 지보공이 필요한 경우에는 운송비가 절감된다.
  다경간의 연속교의 경우에 거푸집을 전용하여 사용함으로써 상당히 경제적이다.
② 철근, 거푸집 조립, 콘크리트 타설 등의 시공이 단순 용이하다.
③ 대규모 가설 중장비가 필요하지 않다.
④ 설계가 비교적 간단하다.
⑤ 건설 재료의 수급이 용이하다.
⑥ 유지관리비가 저렴하다.

(2) 단점

① 현장에서 모든 작업이 이루어지므로 공기가 길다.
② 시공법에 의하여 품질이 좌우된다.
③ 자중이 크므로 경간이 긴 교량에는 적당하지 않다.
④ 온도변화, 건조수축, Creep에 의해 균열이 발생하여 철근 부식의 원인이 된다.

3. 강교

콘크리트교와 비교하는 경우 강교의 일반적인 특징은 다음과 같다.

(1) 장점

① 재료가 균질하고 제작의 정도가 높으므로 구조물에 대한 신뢰도가 콘크리트교보다 높다.
② 자중이 가벼워 운반, 가설이 용이하며, 교량가설 위치의 기반이 연약할 경우에 하부 공사비가 저렴하다.
③ 공장에서 제작하므로 품질이 우수하고, 현장작업이 적으므로 시공관리가 용이하다.
④ 파손하는 경우 콘크리트교에 비교하여 보수가 용이하다.
⑤ 충분한 유지관리를 실시하면 일반 콘크리트교보다 교량의 수명이 길다.
⑥ 현장에서 이음을 할 수 있으므로 운반을 위한 부재의 길이에 제한을 받지 않는다.
⑦ 가공성이 양호하므로 다종다양(多種多樣)한 구조형식에 적합하다.
  곡선교, 사교, 아치교의 제작이 용이하다.
⑧ 자중이 가벼워 장대 경간의 교량이 가능하다.

(2) 단점

① 재료비가 고가이므로 교량가설비가 일반적인 콘크리트교보다 높다.
② 강재는 부식하므로 7~8년에 1회의 도장(Paint)이 필요하다. 또한 유지관리비가 콘크리트교에 비교하여 고가이다. 최근에는 내후성 강재(무도장 강재)의 사용, 아연도금 처리한 교량도 가설하고 있으며, 이는 Cost가 높다.
③ 콘크리트교에 비교하여 강성이 적으므로 자동차 주행 시에 진동이 크다.

4. 향후 전망

철근콘크리트교는 지간이 짧은 슬래브교, 속빈 슬래브교, 라멘교 등의 소교량에 많이 적용되어 왔으며, 최근에는 경제적으로 우수한 Prestressed Concrete(PSC)교가 많이 설계되고 있다. 또, 100~200m 경간 규모의 콘크리트교에서는 엑스트라도즈드교가 경제성이 있어서 T/K 설계 등에서 많이 적용되고 있는 실정이다. 강교는 현장작업이 적고, 공기가 단축되므로 예전부터 많이 적용되어 오고 있는 형식인데 철강산업의 발전과 더불어 향후에도 더욱 많이 적용될 것으로 사료된다. 다만, 강교는 재료가 가지고 있는 본질적인 문제인 소음, 진동 및 유지관리가 필요한 도장 등의 문제를 해결한다면 더욱 더 많이 적용될 것이다.

QUESTION 02

콘크리트교 해석을 할 때 도로교 설계기준(한계상태 설계법, 2015)에서 규정하는 보와 슬래브의 구속조건에 따른 유효경간에 대해 설명하시오.

1. 보와 슬래브의 유효경간

유효경간 $l_{eff} = l_n + a_1 + a_2$

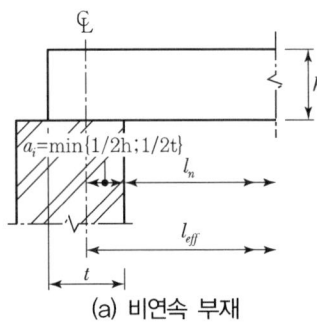
(a) 비연속 부재

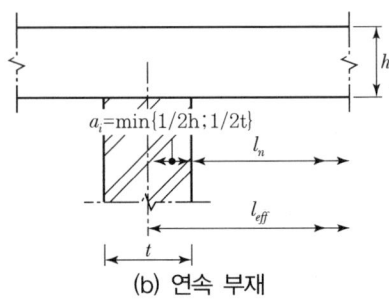
(b) 연속 부재

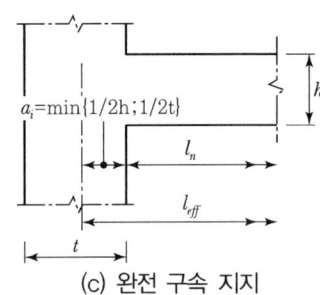
(c) 완전 구속 지지

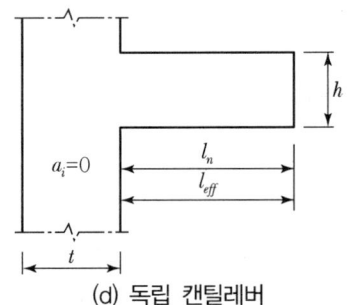
(d) 독립 캔틸레버

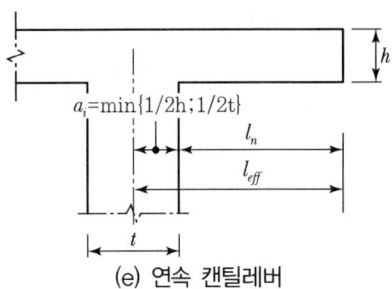
(e) 연속 캔틸레버

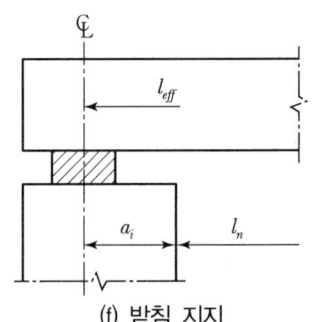
(f) 받침 지지

2. 규정

① 보 또는 슬래브가 받침점과 일체로 된 곳에서 받침점에서의 위험 설계모멘트는 받침점 면에서의 값을 취하여야 하며, 이때 받침점 면의 모멘트 값은 고정단 모멘트 값의 0.65배 이상이어야 한다.

② 기둥과 벽체 등과 같이 지지하는 요소로 전달되는 설계 모멘트의 반력은 탄성 또는 재분배된 값 중에서 큰 값을 취하여야 한다.

③ 벽체 상단 등과 같이 회전 구속이 없다고 간주되는 받침점을 갖는 연속보 또는 슬래브에서 경간을 지점의 중심 간 거리로 간주하여 계산된 받침점의 계수 휨모멘트는 해석방법에 관계없이 다음의 ΔM_u 만큼 감소시킬 수 있다.

$$\Delta M_u = f_{u,sup}\, t/8$$

여기서, $f_{u,sup}$: 받침점의 계수반력
t : 받침점 폭

QUESTION 03. 한계상태 설계법에서 정의하는 피로한계상태에 대해 설명하시오.

1. 일반

① 규칙적인 교번하중이 작용하는 구조요소와 부재에 대하여 피로한계상태를 검증하여야 하며, 이 검증은 철근과 콘크리트에 대해 각각 수행하여야 한다.
② 피로는 다중 거더 구조를 가지는 상부구조의 바닥판에는 검증할 필요가 없다.
③ 피로한계상태를 검증할 필요가 있는 곳의 교번응력진폭은 하중조합에서 피로하중 조합을 사용하여 결정하여야 한다.
④ 고정하중과 프리스트레스에 의한 압축 영역의 압축응력이 도로교한계상태 설계기준 3.6.1.4 바닥판과 바닥틀을 설계하는 경우의 설계차량 활하중의 규정과 피로하중조합으로 계산한 최대 활하중 인장응력의 두 배 미만인 경우에만 피로한계상태를 검증하여야 한다.
⑤ 사용하중조합-Ⅲ에 의한 인장 연단의 인장응력이 아래 '2. 철근'에 명시된 인장응력 한계를 만족하는 프리스트레스 부재는 피로한계상태를 검증하지 않아도 된다.
⑥ 하중계수를 곱하지 않은 고정하중 및 프리스트레스와 피로하중의 1.5배가 조합된 하중에 의해 유발된 응력이 인장이면서 그 크기가 $0.25\sqrt{f_{ck}}$ 를 초과하는 경우에는 균열단면 성질을 사용하여 피로한계상태를 검증하여야 한다.

2. 철근

① 고응력영역에 있는 직선 철근과 가로방향 용접이 없는 직선 용접 철선에 도로교한계상태 설계기준 [표 3.4.1] 하중조합과 하중계수에 명시된 피로하중조합에 의해 유발된 응력 $0.25\sqrt{f_{ck}}$ 식 (1)을 만족하여야 한다.

$$f_{fat} = 166 - 0.33f_{\min} \quad \cdots \quad (1)$$

② 고응력영역에 있는 가로방향 용접이 있는 직선 용접 철선에 도로교한계상태 설계기준 [표 3.4.1] 하중조합과 하중계수에 명시된 피로하중조합에 의해 유발된 응력 f_{fat}는 식 (2)를 만족하여야 한다.

$$f_{fat} = 110 - 0.33f_{\min} \quad \cdots \quad (2)$$

여기서, f_{fat} : 피로응력범위

$f_{\min}$: 도로교한계상태 설계기준[표 3.4.1]에 명시된 피로하중조합에 의한 최소 활하중 응력(인장일 때 +)

③ ① 및 ②에서의 휨철근에 대한 고응력영역은 최대모멘트 발생 단면에서 좌우로 지간의 1/3을 취하여야 한다.

QUESTION 04
한계상태 설계법에서 해수의 염화물 부식조건에 대한 노출등급, 콘크리트 강도, 피복두께 등에 대해 설명하시오.

1. 환경조건에 따른 노출등급

▼ [표 1] 환경 조건에 따른 노출 등급

노출등급	환경 조건	해당 노출 등급이 발생할 수 있는 사례
1. 부식이나 침투 위험 없음		
E0	• 철근이나 매입금속이 없는 콘크리트 : 동결/융해, 마모나 화학적 침투가 있는 곳을 제외한 모든 노출 • 철근이나 매입금속이 있는 콘크리트 : 매우 건조	• 공기 중 습도가 매우 낮은 건물 내부의 콘크리트
2. 탄산화에 의한 부식		
EC1	건조 또는 영구적으로 습윤한 상태	• 공기 중 습도가 낮은 건물의 내부 콘크리트 • 영구적 수중 콘크리트
EC2	습윤, 드물게 건조한 상태	• 장기간 물과 접촉한 콘크리트 표면 • 대다수의 기초
EC3	보통의 습도인 상태	• 공기 중 습도가 보통이거나 높은 건물의 내부 콘크리트 • 비를 맞지 않는 외부 콘크리트
EC4	주기적인 습윤과 건조 상태	• EC2 노출등급에 포함되지 않는 물과 접촉한 콘크리트 표면
3. 염화물에 의한 부식		
ED1	보통의 습도	• 공기 중의 염화물에 노출된 콘크리트 표면
ED2	습윤, 드물게 건조한 상태	• 수영장 • 염화물을 함유한 공업용수에 노출된 콘크리트 부재
ED3	주기적인 습윤과 건조 상태	• 염화물을 함유한 비말대에 노출된 교량 부위 • 포장 • 주차장 슬래브

노출등급	환경 조건	해당 노출 등급이 발생할 수 있는 사례
4. 해수의 염화물에 의한 부식		
ES1	해수의 직접적인 접촉없이 공기 중의 염분에 노출된 해상대기 중	• 해안 근처에 있거나 해안가에 있는 구조
ES2	영구적으로 침수된 해중	• 해양 구조물의 부위
ES3	간만대 혹은 비말대 지역	• 해양 구조물의 부위
5. 동결/융해 침식		
EF1	제빙화학제가 없는 부분포화상태	• 비와 동결에 노출된 수직 콘크리트 표면
EF2	제빙화학제가 있는 부분포화상태	• 동결과 공기 중 제빙화학제에 노출된 도로 구조물의 수직 콘크리트 표면
EF3	제빙화학제가 없는 완전포화상태	• 비와 동결에 노출된 수평 콘크리트 표면
EF4	제빙화학제나 해수에 접한 완전포화상태	• 제빙화학제에 노출된 도로와 교량 바닥판 • 제방화학제를 함유한 비말대와 동결에 직접 노출된 콘크리트 표면 • 동결에 노출된 해양 구조물의 물보라 지역
6. 화학적 침투		
EA1	조금 유해한 화학환경	• 천연 토양과 지하수
EA2	보통의 유해한 화학환경	• 천연 토양과 지하수
EA3	매우 유해한 화학환경	• 천연 토양과 지하수

2. 노출환경 등급에 따른 최소 콘크리트 강도

▼ [표 2] 노출환경 등급에 따른 최소 콘크리트 강도(MPa)

노출환경 [표 1]	부식								
	탄산화에 의한 부식				염화물에 의한 부식			해수의 염화물에 의한 부식	
	EC1	EC2	EC3	EC4	ED1	ED2	ED3	ES1	ES2	ES4
최소 콘크리트 강도(MPa)	20	25	30		30	35		30	35

QUESTION 05 | 콘크리트교의 바닥판에 대한 경험적 설계방법에 대하여 설명하시오.

1. 적용 범위

① 교량 바닥슬래브에 대한 경험적 설계법은 윤하중을 지지하는 교량 바닥판의 주요한 구조적 거동이 휨이 아닌 아치작용이라는 사실에 근거한 설계법이다. 이 설계법을 적용하여 바닥판을 설계하는 경우 별도의 구조 해석을 수행하지 않아도 된다.
② 이 설계법은 3개 이상의 지지 거더와 합성으로 거동하고, 바닥판의 지간 방향이 차량 진행방향에 직각인 경우의 콘크리트 바닥판에만 적용할 수 있다.
③ 이 절의 규정들은 캔틸레버 바닥판에 적용할 수 없으며, 캔틸레버 바닥판에 대한 설계는 일반 슬래브 설계 방법을 따른다.

2. 경험적 설계법을 사용하여 바닥판을 설계할 때, 바닥슬래브의 유효경간

① 바닥판이 벽체 또는 보와 일체로 되어 있는 경우, 받침부 내면 사이 순거리
② 강재 거더 또는 콘크리트 거더로 지지된 바닥판인 경우, 플랜지 끝까지의 거리에다 복부 내면에서 플랜지 맨 끝단까지 거리를 합한 값

3. 설계 조건

교량 바닥슬래브의 두께는 바닥판의 흠집, 마모, 철근 피복 두께를 제외한 수치로 하며, 다음의 조건을 만족시킬 경우에만 경험적 설계법을 적용할 수 있다.

① 바닥판이 콘크리트 거더 또는 강재 거더에 합성 지지된 경우
② 가로보 또는 격벽이 교각 선상에 설치되어 있는 경우
③ 거더 플랜지부의 헌치와 같이 국부적으로 두껍게 한 곳을 제외하고 전체적으로 바닥판의 두께가 균일해야 함
④ 바닥판의 두께에 대한 유효경간의 비가 6 이상 15 이하인 경우
⑤ 바닥판의 상·하부 철근의 외측면 사이의 두께가 150mm 이상인 경우
⑥ 유효 지간이 3.6m를 초과하지 않는 경우
⑦ 바닥판의 흠집, 마모면, 그리고 보호피복두께층을 제외한 바닥판의 최소두께가 240mm 이상인 경우

⑧ 캔틸레버부의 길이가 내측 바닥판 두께의 5배 이상이거나 캔틸레버부의 길이가 내측 바닥판 두께에 3배 이상이고 연속인 콘크리트 방호책과 구조적으로 합성이 된 경우
⑨ 콘크리트는 현장 타설되어 습윤양생되어야 하며, 기준압축강도가 27MPa 이상인 경우
⑩ 콘크리트 바닥판은 바닥판을 지지하는 구조부재들과 완전합성거동을 하여야 함
⑪ 콘크리트 또는 강 거더교인 경우, 위 조항을 만족시키기 위하여 바닥판과 콘크리트 주거더를 합성시키는 전단연결재가 충분히 배치되어야 한다.

4. 철근 배근 사용

(1) 배근방법

① 현장타설되는 콘크리트 바닥판에는 4층의 철근을 배근한다.
② 철근은 피복두께조건을 만족하는 범위에서 최대한 바깥으로 배근한다.
③ 유효경간방향으로 배근되는 철근을 가장 바깥쪽 층에 배근한다.

(2) 최소철근량

1) 경간방향
   ① 하부철근 : 콘크리트 바닥판 단면의 0.4% 이상
   ② 상부철근 : 콘크리트 바닥판 단면의 0.3% 이상

2) 경간방향에 직각방향
   ① 하부철근 : 콘크리트 바닥판 단면의 0.3% 이상
   ② 상부철근 : 콘크리트 바닥판 단면의 0.3% 이상

(3) 철근의 종류 및 배치

① 배근되는 철근은 SD40 이상이어야 한다.
② 모든 철근은 직선으로 배치하고 겹침이음만 사용할 수 있다.
③ 철근의 중심간격은 100mm 이상 또는 300mm 이하로 한다. 다만 바닥판 주철근의 중심간격은 바닥판의 두께를 넘어서는 안 된다.
④ 사교의 경사각이 20도를 넘는 경우 단부 바닥판의 철근은 단부 끝단에서 바닥판의 유효경간에 해당하는 위치까지 최소철근량의 2배를 배근한다.

QUESTION 06

라멘 우각부에서 모멘트의 작용방향에 따른 배근방법을 그림으로 도시하여 설명하시오.

1. 닫힘모멘트가 작용하는 라멘 우각부

① 기둥과 보의 깊이가 비슷한 경우($2/3 < h_2/h_1 < 3/2$)([그림 1] (a) 참조), 또는 보-기둥 접합부 내의 전단철근 설계와 정착길이 검토는 수행하지 않아도 된다. 보의 모든 인장 철근은 우각부 주위에서 구부려서 배치하여야 한다.

② 면내절점에 수직으로 작용하는 횡방향인장력에 대하여 철근을 배치하여야 한다.

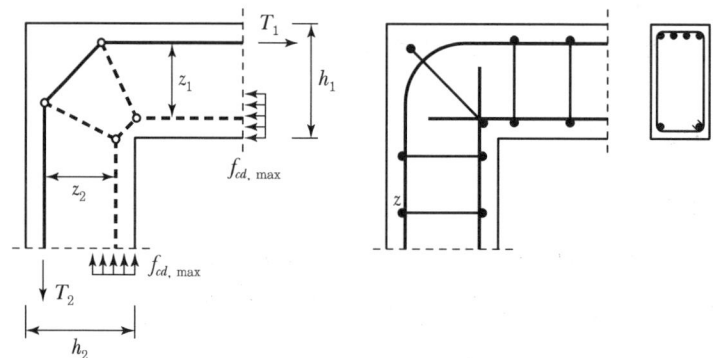

(a) 기둥과 보의 깊이가 동일한 경우

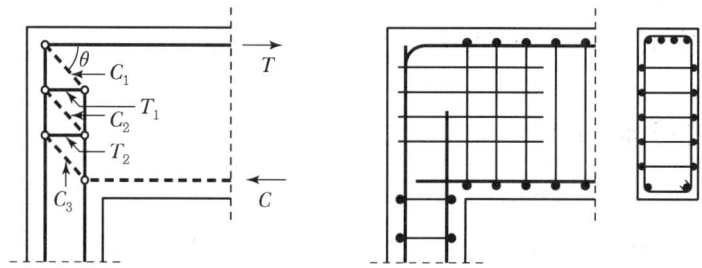

(b) 기둥과 보의 깊이가 크게 다른 경우

[그림 1] 닫힘모멘트가 있는 라멘 우각부의 모델과 철근상세

2. 열림모멘트가 작용하는 라멘 우각부

① 기둥과 보의 깊이가 비슷한 경우는 [그림 2] (a)와 [그림 3] (a)에 나타낸 스트럿-타이 모델을 사용할 수 있다. 우각부에서의 철근은 [그림 2] (b)와 [그림 3] (b)에 나타낸 것과 같이 폐합 형태 또는 두 개의 U형 철근을 겹친 형태와 경사 방향 연결 철근의 조합으로 구성하여야 한다.

② 열림모멘트가 크게 작용하는 우각부의 경우 [그림 3]에 나타낸 것과 같이 쪼갬을 방지하기 위한 경사철근과 전단철근을 배치하여야 한다.

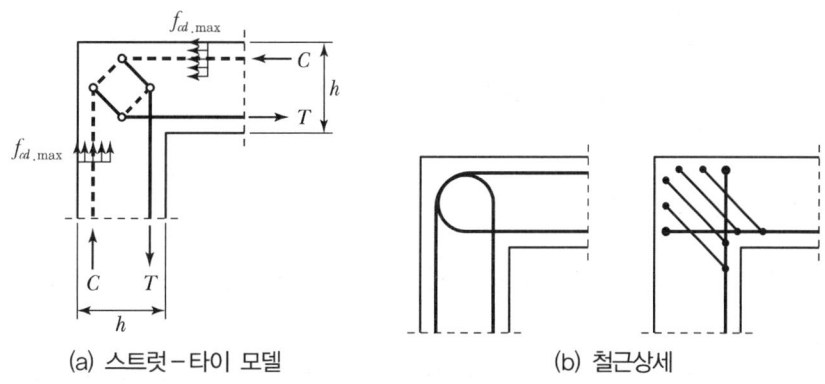

[그림 2] 작은 열림모멘트가 작용하는 라멘 우각부($A_s/bh \leq 2\%$)

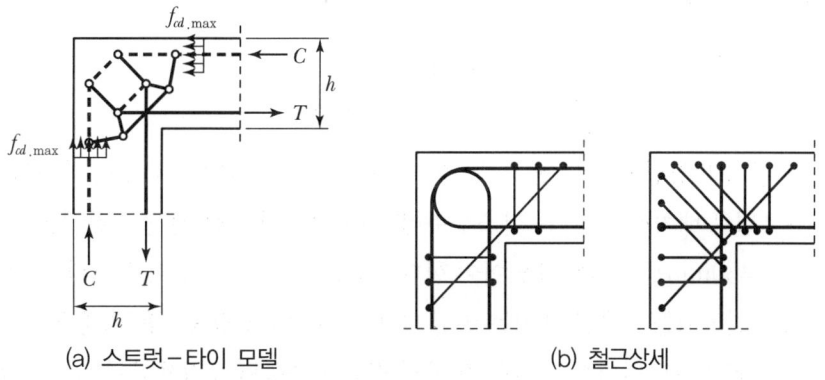

[그림 3] 큰 열림모멘트가 작용하는 라멘 우각부($A_s/bh > 2\%$)

QUESTION 07

일상의 온도변화에 노출되는 콘크리트 표면 부분에서의 건조수축철근과 온도철근을 더한 총철근량에 대하여 도로교 설계기준(2015)에 근거하여 설명하시오.

1. 일반 사항

일상의 온도 변화에 노출되는 콘크리트 표면 부분과 매스콘크리트에는 건조수축 및 온도변화에 따른 응력에 대한 철근을 배치하여야 한다. 온도철근과 건조수축 철근을 더한 노출면에서의 총 철근량은 다음 절의 규정량 이상이어야 한다.

2. 두께 1200mm 이하인 부재

① 건조수축 및 온도변화에 대한 보강은 철근, 용접철선망 또는 프리스트레싱 긴장재를 사용할 수 있다.
철근이나 용접철선망의 각 방향별 단면적 A_s는 다음 값을 만족하여야 한다.

$$A_s \geq 0.75\, A_g/f_y$$

여기서, A_g : 부재의 총 단면적(mm²)
f_y : 철근의 설계기준항복강도(MPa)

② 철근은 단면의 양면에 균등 배치하여야 한다. 그러나 두께가 150mm 이하인 부재에는 철근을 1열로 배치해도 좋다. 건조수축 및 온도변화에 대한 철근의 간격은 부재두께의 3배 또는 450mm를 초과하지 않아야 한다. 건조수축 및 온도변화에 대한 보강으로 프리스트레싱 긴장재를 사용할 때에는 손실 발생 후의 유효긴장응력을 기준으로 하며, 검토하는 방향의 전체단면에 0.75MPa 이상의 평균 압축응력이 작용할 수 있도록 하여야 한다. 긴장재의 간격은 1,800mm나 도로교한계상태 설계기준 5.11.3.3에 명시된 간격을 초과하지 않아야 한다. 긴장재의 간격이 1400mm를 초과하는 경우에는 긴장재가 콘크리트에 부착되어야 한다.

③ 구조물 벽체와 기초에는 부재의 양면에 양방향으로 간격 300mm 이하의 철근을 배치하되 다음 값을 초과하는 건조수축 및 온도 철근량을 사용할 필요는 없다.

$$\sum A_b = 0.0015\, A_g$$

3. 두께 1,200mm를 초과하는 부재

① 단면의 최소치수가 1,200mm를 초과하는 구조용 매스콘크리트는 D19 이상의 철근을 450mm 이하의 간격으로 건조수축 및 온도철근을 배치하여야 하며, 다음 식을 만족하는 철근량을 부재의 양면에 양방향으로 균등 배치하여야 한다.

$$\sum A_b \geq \frac{s(2d_e + d_b)}{100}$$

여기서, A_b : 최소철근 단면적(mm²)
  s : 철근 간격(mm)
  d_e : 부재표면에서 가장 근접한 철근 또는 철선의 중심까지의 콘크리트 피복 두께(mm)
  d_b : 철근 또는 철선의 지름(mm)
  $(2d_e + d_b)$의 값은 75mm를 초과해서는 안 된다.

② 건조수축 및 온도변화에 대한 보강에 프리스트레싱 긴장재를 사용하는 경우에는 도로교한계상태 설계기준 5.12.14.2 타이설계 기준에 따라야 한다.

CHAPTER 05 강 교량

> **QUESTION 01**
> 교량구조 해석 시 플랜지 유효폭 결정방법을 도로교 설계기준(2015년)에 근거하여 설명하시오.

1. 개요

플랜지의 유효폭을 계산하는 데 사용하는 등가지간장은 단순지지된 지간에서는 실제 지간장을 사용하고, 연속 지지의 경우에는 고정하중에 의하여 발생하는 정모멘트 구간의 거리 혹은 부모멘트 구간의 거리 중에서 고려하고 있는 단면이 속한 구간의 거리를 사용한다.

2. 플랜지 유효폭

① 내측거더의 플랜지 유효폭은 다음의 값들 중 가장 작은 값으로 한다.
- 등가지간장의 1/4
- 슬래브 평균두께의 12배 + Max(복부 두께, 주거더 상부플랜지 폭의 1/2)
- 인접한 보 사이의 평균 간격

② 외측거더의 플랜지 유효폭은 인접한 내측거더 유효폭의 절반과 다음 값 중의 최솟값의 합으로 한다.
- 등가지간장의 1/8
- 슬래브 평균두께의 6배 + Max(복부 두께의 절반, 주거더 상부플랜지 폭의 1/4)
- 내민부분(Overhang)의 폭

QUESTION 02

무도장 내후성 교량에 대해 설명하고 가설위치의 선정조건에 대하여 기술하시오.

1. 정의

내후성 강재란 녹 발생을 지연시키고 부식이 잘 발생되지 않도록 일반강에 내식성이 우수한 Cu, Cr, P, Ni 원소를 소량 첨가한 저합금강을 말하며 SMA로 표기하고, 특히 P-Cu-Ni-V계와 같이 무도장으로 사용할 수 있는 강재를 내후성 무도장 강재라 한다.

2. 특징 및 유의사항

(1) 특징

장점	단점
• 내식성과 내부식성이 우수하다. • 저온에서 인성이 좋다. • 녹슬음이 지연된다. • 재도장이 필요없다.	• 두께 증가 시 용접성이 저하된다. • 외피 녹발생 시 부실시공 오해 발생 가능하다.

(2) 주요 구성성분

① 구리(Cu)　　② 인(P)　　③ 크롬(Cr)　　④ 바나듐(V)

(3) 강재 종류

① 1종 및 2종(SMA400 A, B, C)　　② 3종(SMA570)

(4) 유의사항

① 인(P)을 증가시킨 강재이므로 두께가 두꺼울수록 용접성이 떨어지는 단점이 있어 가능한 용접연결을 자제하고 볼트 연결을 시행한다.
② 강재종류 선정 시 도장 강재(P : Painting)과 무도장 강재(W : Weathering)를 잘 구분한다.

3. 무도장 내후성 교량 가설위치

(1) 가설위치 선정조건

① 고소지역으로 도장작업이 곤란한 경우
② 상수원 보호구역과 같이 유해물질 발생을 억제해야 되는 지역
③ 위험지역 및 설비에 인접한 경우
④ 도장작업 비용절감이 필요한 경우

(2) 교량설치 세부지역

① 일부 해안지대를 제외한 전지역
② 상수원 보호구역
③ 교량하부에 전철 및 철도가 통과하는 지역
④ 교량하부에 교통량이 많은 도심지
⑤ 교량하부에 고속차량이 통행하는 지역
⑥ 재도장작업이 곤란한 지역이나 지형

4. 설치사례

① 경기도 파주시 마정육교(1992년 준공) 최초 설치
② 경기도 양평군 용담대교(1996년 준공)

[용담대교 하부 전경]

QUESTION 03. Diaphragm의 효과, 형식, 소요간격 및 강도, 응력검토 등에 관해 설명하시오.

1. 다이어프램의 효과

하중(주요 활하중)이 거더에 편심으로 작용하기도 하고 윤하중이 다음 [그림]과 같이 작용하는 경우, 거더 단면은 원래의 형상으로 유지하지 못하고 단면변형이 발생할 수 있다. 이러한 단면 변형은 박스 거더의 강성을 저하시키고 국부응력의 증대를 초래할 수 있으므로 단면 변형을 방지할 수 있도록 충분한 강성을 갖는 다이어프램을 적당한 간격으로 배치할 필요가 있다.

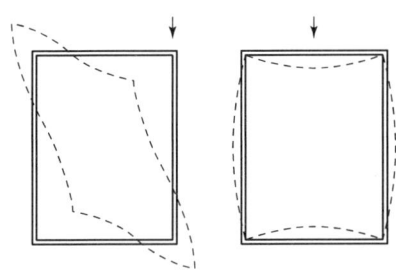

[박스거더의 단면 변형]

〈효과 요약〉
① 단면 형상 유지
② 강성을 증대시켜 응력을 감소
③ 국부 집중하중을 원활하게 거더에 전달

2. 다이어프램의 표준형식

(1) 표준형식

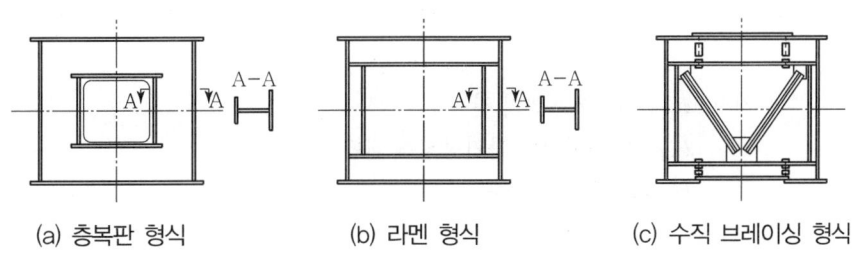

(a) 층복판 형식   (b) 라멘 형식   (c) 수직 브레이싱 형식

(2) 형상의 판정

- 개구율 ρ로 판정
- $\rho = \sqrt{\dfrac{A'}{A}} = \sqrt{\dfrac{bh}{BH}}$
- $\rho \leq 0.4$: 충복판
- $0.4 < \rho < 0.8$: 충복판과 라멘의 중간적인 성질

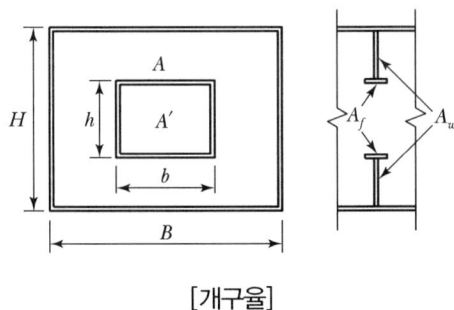

[개구율]

3. 중간 다이어프램의 소요간격 및 강도

(1) 다이어프램의 간격

$$L_D \leq 6 \ (L_u \leq 50\text{m}) \quad \cdots\cdots\cdots\cdots\cdots\cdots\cdots\cdots\cdots\cdots\cdots\cdots\cdots\cdots\cdots\cdots\cdots\cdots \quad (1)$$

$$L_D \leq 0.14L_u - 1 \ (L_u > 50\text{m})$$

단, $L_D \leq 20$

여기서, L_D : 다이어프램의 간격(m)
L_u : 등분포하중에 대한 등가 지간장(m)

(2) 다이어프램의 강성 K

$$K \geq 20 \dfrac{EI_{DW}}{L_D^3} \quad \cdots\cdots\cdots\cdots\cdots\cdots\cdots\cdots\cdots\cdots\cdots\cdots\cdots\cdots\cdots\cdots\cdots\cdots \quad (2)$$

여기서, L_D : 다이어프램의 간격 : 식 (1)
I_{DW} : 박스거더의 단면형상에 대한 상수
E : 강재의 탄성계수

1) 충복판 방식

$$K = 4GAt_D$$

여기서, G : 강재의 전단 탄성계수
A : 폐단면부의 판두께 중심선으로 둘러싸인 부분의 면적
t_D : 다이어프램의 판두께

2) 라멘 방식

$$K = \frac{48E\left(\dfrac{b}{I_u} + \dfrac{b}{I_l} + \dfrac{6h}{I_h}\right)}{\dfrac{3h^2}{I_h^2} + \dfrac{2bh}{I_u I_h} + \dfrac{2bh}{I_h I_l} + \dfrac{b^2}{I_u I_l}}$$

여기서, b : 수직부재의 중립축 거리
h : 상하부재의 중립축 거리
I_u : 라멘의 상부부재의 단면 2차 모멘트(상부 플랜지 판두께의 24배까지 유효)
I_ℓ : 라멘의 하부부재의 단면 2차 모멘트(하부 플랜지 판두께의 24배까지 유효)
I_h : 라멘의 수직부재의 단면 2차 모멘트(복부판 판두께의 24배까지 유효)

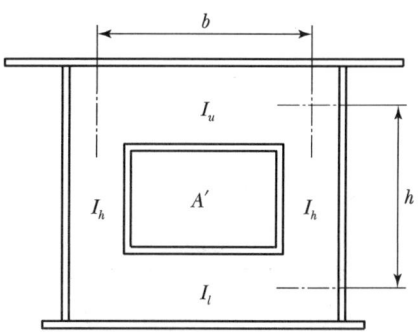

[라멘구조 방식의 다이어프램]

3) 수직 브레이싱 방식

- X형 : $K = 8EA^2 \dfrac{A_b}{L_b^3}$

- V형 : $K = 2EA^2 \dfrac{A_b}{L_b^3}$

여기서, A : 폐단면부의 판두께 중심선으로 둘러싸인 부분의 면적
A_b : 사재 1개 단면적
L_b : 사재의 길이

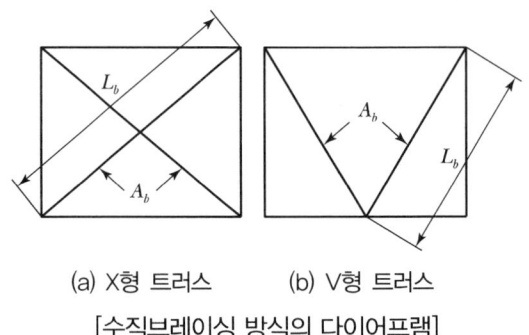

(a) X형 트러스　　(b) V형 트러스

[수직브레이싱 방식의 다이어프램]

4. 중간 다이어프램의 응력검토

(1) 충복판 방식

상연, 측연, 하연의 전단응력에 대해 검토

$$v_u = \frac{B_l}{B_u}\frac{T_d}{2At_D}$$

$$v_h = \frac{T_d}{2At_D}$$

$$v_l = \frac{B_u}{B_l}\frac{T_d}{2At_D}$$

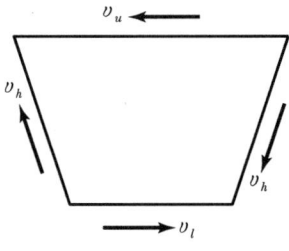

[다이어프램의 응력]

5. 지점 위 다이어프램의 응력검토

지점부에는 박스거더의 형상을 유지하고, 박스거더 복부판으로부터의 전단력을 받침판에 원활하게 전달하기 위하여 설치

(1) 지압응력의 검토

$$f_b = \frac{R_v}{A_s + B_e t_D} \quad \cdots\cdots\cdots (3)$$

여기서, R_v : 연직반력
A_s : 지점 위 보강재의 면적
B_e : 다이어프램의 유효폭 $= B + 2t_f$
t_D : 다이어프램의 판두께

(2) 연직방향 응력의 검토

$$f_v = \frac{R_v}{A_s + B_e' t_D} \quad \cdots\cdots\cdots (4)$$

여기서, B_e' : 다이어프램의 유효폭

(3) 수평방향 응력의 검토

아래 [그림]에 나타난 휨 모멘트와 전단력에 대해 검토

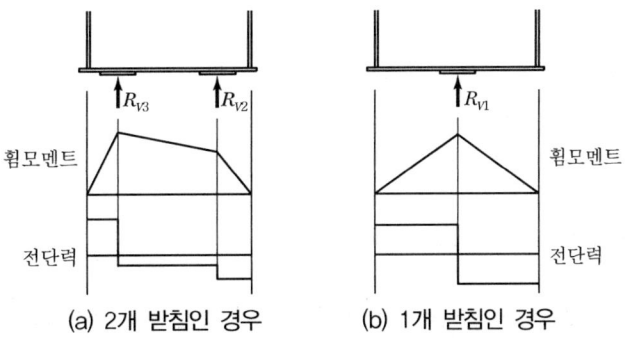

(a) 2개 받침인 경우   (b) 1개 받침인 경우

[다이어프램의 휨모멘트와 전단력]

CHAPTER 06 PSC BOX 거더교

> **QUESTION 01**
> ILM공법으로 PSC BOX 거더 설계 시 다음 항목에 대하여 기술하시오.
> 1) 압출방법의 선정 및 압출 시 발생단면력에 대처하기 위한 대처방안
> 2) Box Girder의 Segment 분할
> 3) Box Girder의 압출 시 안정성 검토

1. 개요

ILM 공법은 PC Box Girder 교대 뒤에 있는 제작장에서 1세그멘트(Segment : 15~30m)씩 콘크리트를 타설한 뒤 추진 Nose로 상판, 하판과 PC 강선을 긴장 압출하여 가설하는 방법이다.

2. ILM 압출방법 종류

압출력을 가하는 방식에 따라 분류

(1) 분산압출방식

압축시공 시에 지점이 되는 위치에 수직잭과 압출잭을 설치하여 각 지점에서 압출력을 분산하여 가하는 방식

(2) 집중압출방식

한 장소에서 압출력을 가하는 방식으로 압출력에 대한 반력이 필요
① Lifting and Pushing 방식
② Pulling 방식
③ Pushing 방식 및 RS공법(일본)

3. 압출 시 발생단면력 대처방안

① 압출 Nose를 사용하는 방안
② 가교각을 사용하는 방안
③ 중앙경간이 깊은데도 불구하고 가교각 설치 불가능한 경우 양측에서 압출하여 중간에서 접합하는 방안
④ 탑과 케이블을 이용하는 방안 등

4. 세그먼트 분할

① 공법초기에는 세그먼트 1개의 길이가 6~10m 정도였으나 최근에는 20~25m 정도의 길이 → 공기단축
② 교장, 경간장, 시공 시 박스거더의 최대 캔틸레버부 길이, 제작장의 크기, 공기, 이음부의 위치, 거푸집의 전용 횟수 등을 고려하여 결정
③ 세그먼트의 이음부는 지점위치나 완성 구조계에 있어서 단면력이 크게 발생되는 위치는 피하여야 하며
④ 세그먼트 분할 시 1 Cycle의 공정은 공기, 공사비에 미치는 영향이 크므로 반드시 고려

5. 압출시 안정성 검토

(1) 전도에 대한 검토

압출노즈의 선단이 제2지점 교각 1에 도달하기 직전의 상태에서 제1지점에 관한 안전성을 검토하여 전방으로 전도되지 않도록 확인하여야 한다.

$$\frac{M_R}{M_o} > 1.3$$

$$M_o = D_2 \cdot l_2 + D_3 \cdot l_3 + EM \cdot l_M + EQ_{D1} \cdot h_1 + EQ_{D2} \cdot h_2 + EQ_{D3} \cdot h_3$$
$$+ EQ_{D4} \cdot h_4 : 전도모멘트$$

$$M_R = D_1 \cdot l_1 : 저항모멘트$$

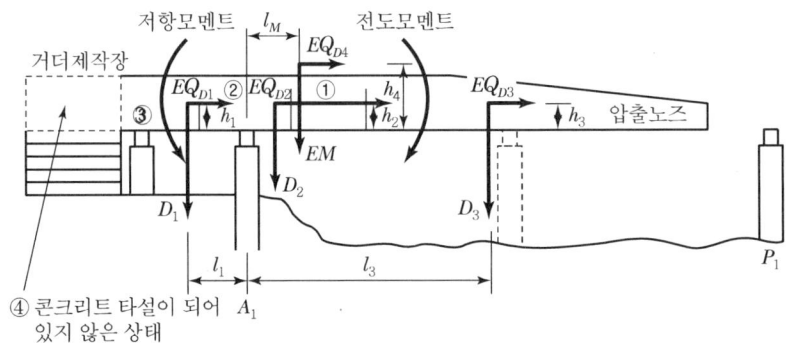

D_1 : A_1 후방 거더의 중량
D_2 : A_1 전방 거더의 중량
D_3 : 압출노즈의 중량
EM : 가설하중
EQ_{D1}, EQ_{D2}, EQ_{D3}, EQ_{D4} : D_1, D_2, D_3, EM에 대한 지진 시 수평력

(2) 활동에 대한 검토

압출작업의 초기단계에서 박스 거더가 활동하게 되면 전도할 염려도 있으므로 충분히 안정성을 검토

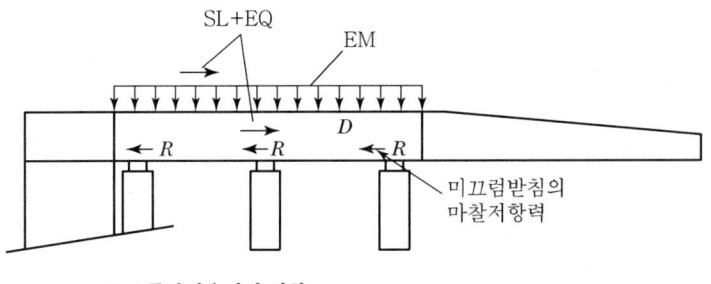

SL : 종단기울기의 영향

[활동에 관한 안전성 검토]

QUESTION 02

FCM 공법으로 가설되는 현장 타설 PSC BOX 거더교량의 라멘식 구조와 연속식 구조에 대하여 분류 설명하고, 연속식 구조의 가설 시 고려하여야 할 안정검토 항목에 대하여 설명하시오.

1. 정의

FCM 공법은 교각 상부의 주두부를 시공하고 주부두에서 좌우대칭의 캔틸레버 형상으로 시공해나가는 방법을 말한다.

2. FCM 공법 분류

(1) 구조형식에 의한 분류

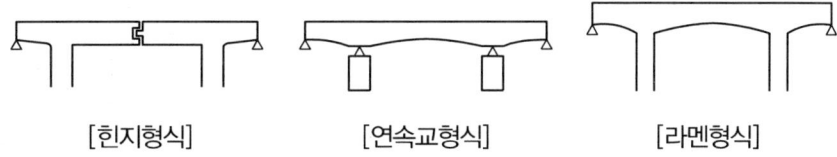

[힌지형식]　　　　[연속교형식]　　　　[라멘형식]

(2) 시공방법에 따른 분류

1) 현장타설방법(Cast-in-site Method)

　3~5m 정도의 세그먼트를 캔틸레버 양단에서 이동가설차(Form Traveller)를 이용하여 좌우 교대로 현장 타설하여 양생이 완료되면 PC강선을 인장하여 순차적으로 반복해 진행시켜 나가는 방법

2) Precast 조립방법

　기 제작된 세그먼트를 현장에서 순서에 따라 Launching Girder나 Truss를 이용하여 조립해 설치하는 방법

(3) 구조형식에 따른 특징

구분	힌지방식	연속교방식	라멘방식
설계적 측면	• 정정구조이므로 구조해석 및 설계 용이(Simple) • 가설 중의 휨모멘트와 완성 후의 휨모멘트가 일치하므로 텐던배치가 간단하며 텐던량도 적다. • 크리프나 온도변화에 의한 내부구속력이 발생하지 않는다. • 모멘트 재분배가 이루어지지 않으므로 연속교 형식에 비해 교량 내하력이 작아짐	• 상하부 분리형식으로 상부 설계 후 하부 별도 설계 필요 • 캔틸레버 시공 중 불균형 모멘트에 대하여 충분히 안전성 검토 필요	• 교각과 거더가 강결되므로 상하부 동시에 모델링하여 설계 가능 • 가설 중의 단면력과 가설 후의 단면력이 거의 일치하여 가설용 강재 불필요함 • 고차 부정정이므로 내진, 내풍에 강한 특징 • 다경간 연속 라멘교 형식은 콘크리트 크리프, 건조수축의 영향, 프리스트레스, 온도변화의 영향 등에 의한 거더의 신축량이 크고 교각의 변형량도 크기 때문에 소성이 큰(연성이 큰) 높은 교각을 갖는 교량구조에 적합
시공적 측면	• 중앙부에는 모멘트가 발생하지 않으므로 PC강재는 상대적으로 적게 소요 • 힌지부 연결 시 주의	• 지간 중앙에서 발생하는 정 모멘트에 대해 PC강재를 연결하는 작업이 필요 • 교각과 거더가 분리되어 있기 때문에 가설 시 가고정공과 가동받침 필요	교각과 거더가 강결되어 있으므로 가동지승이나 가지승이 필요 없음
유지관리적 측면	중앙부에 핀 힌지 → Creep에 의한 처짐이 크고 주행성이 연속에 비해 불리하고 미관상의 문제점도 유발	• 처짐이 작으므로 주행성이 양호 • 공용 중에 발생되는 받침의 유지관리 필요	• 처짐이 작으므로 주행성 양호 • 연속교 방식으로 신축 장치 등 최소화로 유지관리에 유리

3. 가설 시 안정검토 항목

(1) 가설 중 불균형 모멘트

가설 중 발생하는 불균형 모멘트에 저항하기 위한 가설고정장치 설치

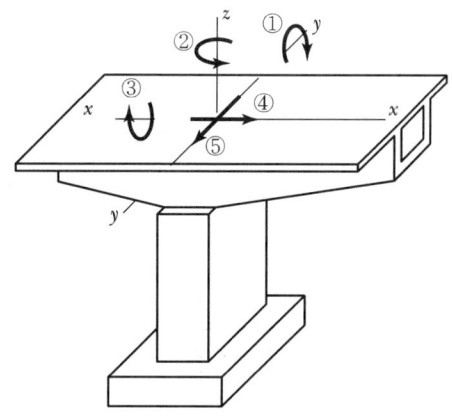

(2) 가설고정장치 종류

1) 교각 강성이 충분한 경우

주두부와 교각 사이의 가설고정장치를 설치하여 주두부와 교각을 일체화시킴으로써 모든 불균형 및 변형을 교각의 강성으로 저항

① 가받침 : 본받침의 양측에 콘크리트 또는 유압잭 등으로 가받침을 설치하여 불균형모멘트(M_{yy})에 의한 압축력과 박스거더 자중에 의한 압축력에 저항한다.

② PS강봉 : 교각 가설 시 미리 매입된 PS강봉을 주두부 상단에서 긴장하여 정착시킴으로써 불균형모멘트(M_{yy}, M_{zz})에 의한 인장력에 저항한다.

③ H형강 : 지진하중, 온도하중에 의한 교축방향변위(D_x), 교축직각방향의 변위(D_y) 및 교각축방향에 대한 비틂모멘트(M_{zz})에 저항한다.

④ X형 철근 : 지진하중이 큰 경우에는 (다)의 방법이 효과적이나 풍하중이 지배적인 경우에는 X형 철근을 설치하여 교축직각방향의 변위(D_y) 및 교각축방향에 대한 비틂모멘트(M_{zz})에 저항한다.

⑤ 한편, 콘크리트 가받침의 전단마찰력과 H형강 또는 X형 철근의 전단력은 교축방향, 교축직각방향의 변위에 저항한다.

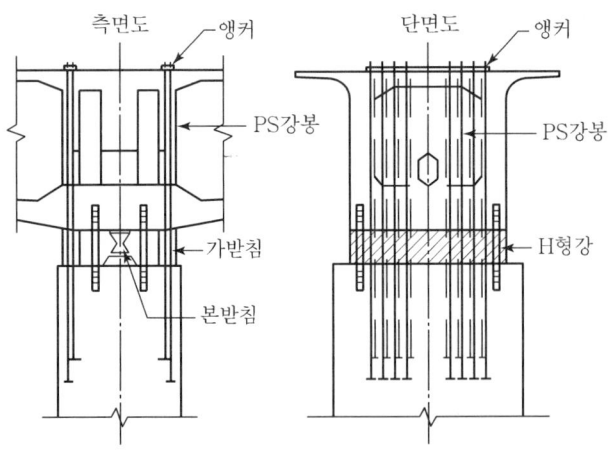

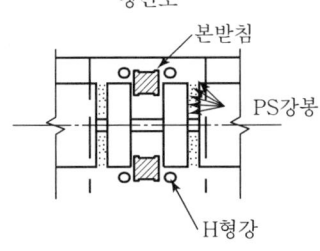

2) 교각의 강성이 불충분한 경우

교각의 강성 또는 교각의 크기가 불충분한 경우에 주두부와 교각 사이에 가설 고정장치를 설치하여 주두부와 교각을 일체화시키면, 교각의 안정성이 문제가 되어 구조물이 붕괴될 수 있다. 따라서 이런 경우에는 가교각 또는 가고정 강봉을 별도로 설치해서 시공 중의 불균형모멘트에 저항하도록 해야 한다. 가교각을 설치할 때는 가교각의 응력검토를 반드시 행해야 하고, 좌굴에 대한 충분한 안정성을 확보해야 한다.

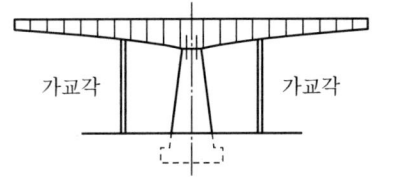 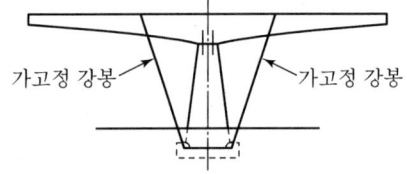

3) 부정정력에 대한 안정검토

① 고정단을 다수 설치할 경우는 온도변화, 크리프, 건조수축 등에 의한 부정정력이 발생한다.
② 온도변화 등의 영향에 대해서는 교각의 연성을 고려해 해석하는 방식 또는 지반의 변형을 고려해 해석하는 방안이 있다.

(3) 처짐관리 검토

① 처짐관리는 온도변화가 가장 작은 아침에 실시한다.
② 캠버계산을 위해 실시하는 측량은 강선 인장 전후, Form Traveller 추진 후 등에 실시한다.
③ 세그먼트가 50m 이상이 되면 계산 캠버와 실제 캠버가 상당한 차이가 발생하므로 실제 측량된 자료를 기준으로 캠버를 조절한다.
④ 처짐관리를 위한 Key Segment가 적절한 위치에 올바르게 설치되었는지 점검한다.

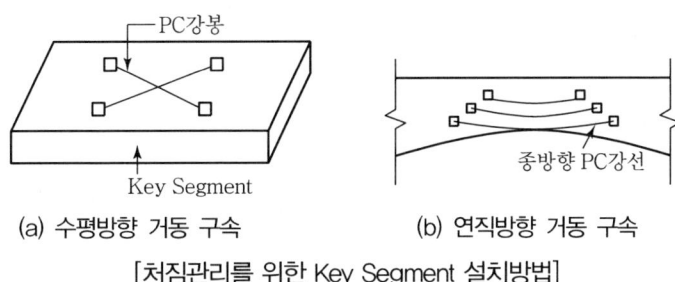

(a) 수평방향 거동 구속   (b) 연직방향 거동 구속

[처짐관리를 위한 Key Segment 설치방법]

QUESTION 03

PSC교량의 가설공법들에 대한 주요 특성을 서술하고 그 중 세 가지 공법을 선택하여 각 공법에 대한 가설 시 고려해야 하는 안정성 검토 항목을 설명하시오.

1. 개요

PSC교량의 가설공법에는 여러 방법이 있으나 주요한 3가지는 다음과 같다.
- FSM 공법
- ILM 공법
- FCM 공법

2. FSM 공법(Bent 공법)

(1) 개요

구조물을 가설하는 위치에 거푸집 및 동바리를 설치하고 강재를 배치한 후 콘크리트를 타설, 양생하여 구조물을 가설하는 공법

(2) 종류

1) 전체지지식
   ① 교량의 하중을 지주로 직접 전달하는 방식
   ② 지반이 평탄하고 교각높이가 10m 이하, 교하공간 이용 불가

2) 지주지지식
   ① 하중을 거더에서 받아 어느 정도 간격으로 설치된 가벤트에 전달
   ② 지반이 불량하여 지주 수를 줄여야 하는 경우, 교량 하부공간 이용

3) 거더지지식(가설보 공법)
   ① 하중을 경간 사이에 설치된 조립거더를 통해 교각에 설치된 브래킷으로 전달
   ② 하천이나 하부공간을 이용해야 하는 경우

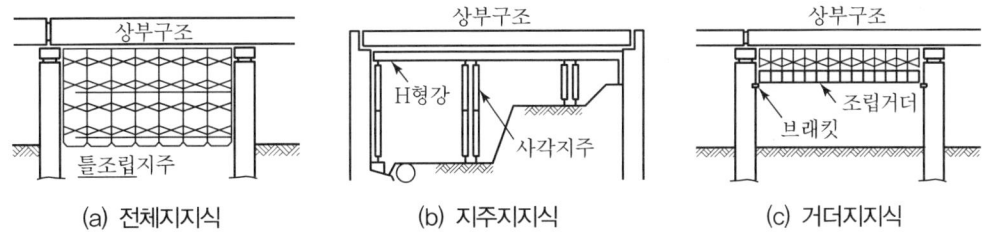

(a) 전체지지식　　(b) 지주지지식　　(c) 거더지지식

(3) 특징

1) 적용성
   ① 형하공간 30m까지
   ② 교각높이 10~20m
   ③ 하부로 진입 가능한 장소
   ④ 지지력 확보 가능한 곳

2) 시공성
   ① 특별한 설비 불필요 - 고도기술이 요구되지 않는다.
   ② 조립 및 Camber 관리가 용이해 관리가 쉽다.
   ③ 곡선교나 사교에도 작용이 가능
   ④ 구조물이 응력을 받지 않은 상태로 시공 가능
   ⑤ 소형장비를 이용하여 가설
   ⑥ 교하공간의 이용이 어렵다.

3) 경제성 및 급속성
   ① 자재가 많이 소요된다.
   ② 시공기간이 길어진다.
   ③ 노동인력 구입이 어렵다.

(4) 설계 시 주의사항

① 시공기간을 고려하여 공법을 선택
② 부등침하에 의한 벤트 반력의 증가 고려
③ 벤트 설치 시 교량형식, 현장의 지형, 가설공법, 작용력 등의 조건을 고려하여 벤트 본체의 구조와 기초의 구조를 선택

(5) 안정성 검토항목

① 벤트의 응력 및 기초 지지력 검토

② 부등 침하 검토

3. 압출공법(ILM)

(1) 공법 개요

이 공법은 PC Box Girder 교대 뒤에 있는 제작장에서 1 segment(15m~30m)씩 Con'c를 타설하여 추진코에 의해서 상하판과 PC 강선을 긴장 압출하여 가설하는 방법이다.

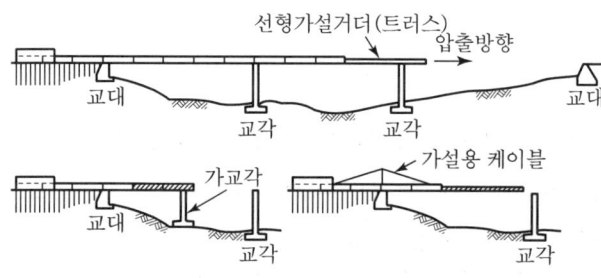

[연속압출공법]

(2) 압출공법의 종류

① 연속압출공법

② 선행가설거더식 압출공법

③ 가설거더식 압출공법

④ 이동가교각식 압출공법

⑤ 바지를 이용한 압출공법

(3) 특징

1) 적용성

① 조립장소가 필요하다.

② 교량 밑의 장애물(도로, 철도, 강, 건물보호지역, 깊은 계곡) 지역에 적합하다.

③ 장대교, 고가교에 적합(경간장 30~60m)

④ 교량선형의 제한성(직선 및 동일 곡선 선형일 것)

2) 시공성
① 비계, 동바리 없이 시공할 수 있으므로
② 대형 크레인 등 거치장비가 필요 없으며
③ 증기양생과 덮개설치로 비, 눈 등으로부터 보호(전천후 시공 가능)
④ Camber 조정과 기타 기하학적 조정이 쉽다.
⑤ Con'c 타설 시 엄격한 품질관리가 필요하다.
⑥ 상부 구조물의 횡단면과 두께가 일정하여야 한다.
⑦ 하부공간에 피해를 주지 않고 시공할 수 있다.
⑧ 타 공법에 비해 안전성이 높다.
⑨ 계획적인 공정관리가 가능하여 안전시공을 기대할 수 있다.

3) 경제성 및 급속성
① 작업장 설치비 등이 있으나 교각이 높은 경우 경제적
② 공사규모에 따라 거푸집에 대한 공사비 절감
③ 제작장에서 콘크리트를 타설하기 때문에 대량 생산의 경제성
④ 운송비용 절감(동바리용 가설재의 운송비)
⑤ 교량 연장이 긴 경우에는 공사기간이 단축된다.
⑥ 상당한 면적의 작업장이 필요하다.
⑦ 시공속도가 빠르다.(1 segment당 1주일)

(4) 설계 시 유의사항

1) 선형결정
① 클로소이드 곡선을 피할 것
② 지나친 종단구배는 피할 것(압출력의 과다로 비경제적이며 고정단의 Bearing 및 하부구조를 특수 설계해야 한다.)
③ 종단곡선을 피할 것

2) 구조검토
① 가설 시 구조계와 설계상의 구조계가 다르다.
② 가설 중 지지점이 완성 후와 다르다.
③ 가설 중 응력, 변형, 국부응력을 검토해야 한다.
④ 가설 구조물에 대한 검토가 필요하다.
⑤ 압출 시 소요강도를 확보하기 위해 상부단면 보강에 유의한다.

3) 가설장비

① Nose의 길이는 경간장의 2/3 정도가 적당하다.

② Lift and pushing 방식이 pulling 방식보다 유리하다.
　(압출 시 문제가 발생하면 후진이 가능하다.)

③ 1 segment의 길이는 15m 내외가 적당하다.(콘크리트 타설시간의 지연과 압출이 어렵다.)

④ 압출 시 마찰감소를 위한 유동받침에 유의한다.

(5) 압출 시 안정성 검토

1) 전도에 대한 검토

압출노즈의 선단이 제2지점 교각 1에 도달하기 직전의 상태에서 제1지점에 관한 안전성을 검토하여 전방으로 전도되지 않도록 확인하여야 한다.

$$\frac{M_R}{M_o} > 1.3$$

$M_o = D_2 \cdot l_2 + D_3 \cdot l_3 + EM \cdot l_M + EQ_{D1} \cdot h_1 + EQ_{D2} \cdot h_2 + EQ_{D3} \cdot h_3 + EQ_{D4} \cdot h_4$: 전도모멘트

$M_R = D_1 \cdot l_1$: 저항모멘트

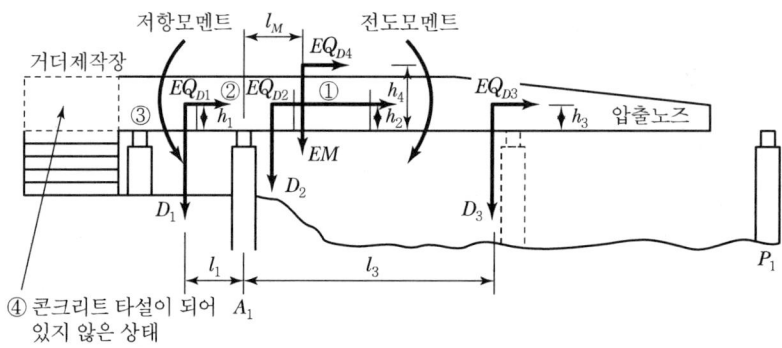

D_1 : A_1 후방 거더의 중량
D_2 : A_1 전방 거더의 중량
D_3 : 압출노즈의 중량
EM : 가설하중
EQ_{D1}, EQ_{D2}, EQ_{D3}, EQ_{D4} : D_1, D_2, D_3, EM에 대한 지진 시 수평력

2) 활동에 대한 검토

압출작업의 초기단계에서 박스 거더가 활동하게 되면 전도할 염려도 있으므로 충분히 안정성을 검토

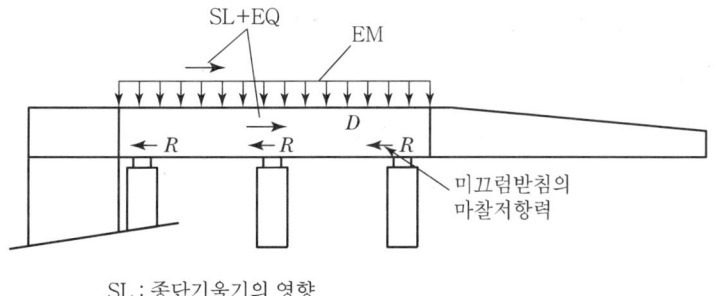

[활동에 관한 안정성 검토]

4. 켄틸레버 공법(FCM)

(1) 개요

주두부를 시공하고 주부두에서부터 좌우 대칭으로 시공하는 방법이다.

(2) 구조형식의 종류

1) 구조형식에 의한 분류

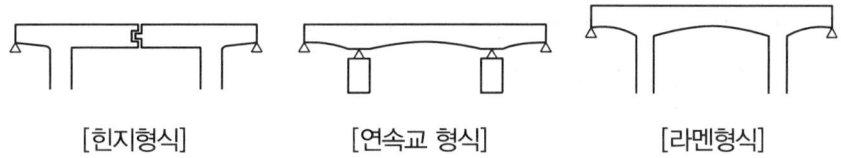

2) 시공방법에 따른 분류

① 현장타설방법(Cast-in-situ Method)

3~5m의 Segment를 캔틸레버 양단에서 이동가설차(Form Traveller)를 이용하여 좌우 교대로 현장 Concrete를 타설하여 인장작업 후 순차적으로 반복하여 진행시켜 나가는 방법

② Precast 조립방법

기 제작된 Segment를 현장에서 순서에 따라 Launching Girder나 Truss를 이용, 조립 설치하는 방법

(3) 특징

1) 적용성
    ① 하부조건에 제약을 받지 않음
    ② Girder 하부공간이 높아 Bent 공법을 채택하지 못할 때 사용
    ③ 연속 Girder, 평행편속 Truss에 많이 적용한다.
    ④ 장대교량 및 높은 교각의 교량시공에 적합
    ⑤ 적용경간의 범위는 100~150m
    ⑥ 주형의 높이 변화 가능

2) 시공성
    ① 전천후 시공 가능
    ② 반복작업이므로 품질관리 용이
    ③ 동일공정을 반복 시행함으로써 작업능률이 향상된다.
    ④ 시공 정도가 높다.
    ⑤ 동바리를 설치하지 않는다.
    ⑥ 교하공간을 확보할 수 있다.

3) 경제성 및 급속성
    ① 작업이 대부분 이동식 작업차 안에서 이루어지므로 시공속도가 빠르다.
    ② 작업차의 수를 늘려 더욱 빨리 할 수 있다.
    ③ 교각의 높이가 높은 경우 경제성이 있다.
    ④ 장대교량에 유리하다.

(4) 시공순서

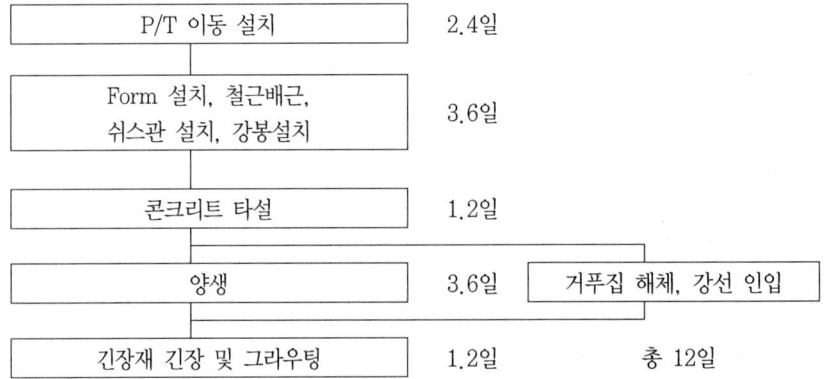

(5) 설계 시 주의사항

① 시공 중 구조와 완공 후 구조가 틀리므로 이에 대한 검토 필요

② 시공 중 Camber 관리를 위한 구조계산

③ 시공하중에 대한 강성과 설계하중에 대한 강선배치

(6) 가설 시 안정검토 항목

① 가설 중 불균형 모멘트

가설 중 발생하는 불균형 모멘트에 대한 안정검토

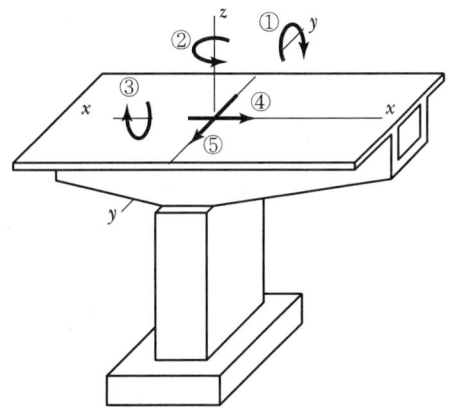

② 처짐관리(Camber Control)

Camber란 각종 장단기적인 원인에 의하여 발생할 수 있는 변위를 고려하여 콘크리트 타설 전 미리 변위조정을 한 초기변위를 말한다.

5. 결론

PSC공법은 가설방법에 따라 구조계가 각각 다르므로 각각의 가설공법에 따른 특징을 충분히 사전에 숙지하여 그에 따른 안정성 검토를 수행한 후 시공에 임하여야 할 것으로 사료된다.

CHAPTER 07 복합교

QUESTION 01
파형강판을 Web로 사용한 PSC 박스거더교에 대하여 설명하고, 콘크리트와의 접합방법 및 유의하여야 할 점에 대하여 기술하시오.

1. 정의

파형강판웨브 PSC교란 PSC교의 상부플랜지와 하부플랜지는 PSC로 제작하고 복부판인 웨브는 파형형상으로 가공된 주름형 구조용 강판을 사용하여 만들어진 복합구조를 말한다.

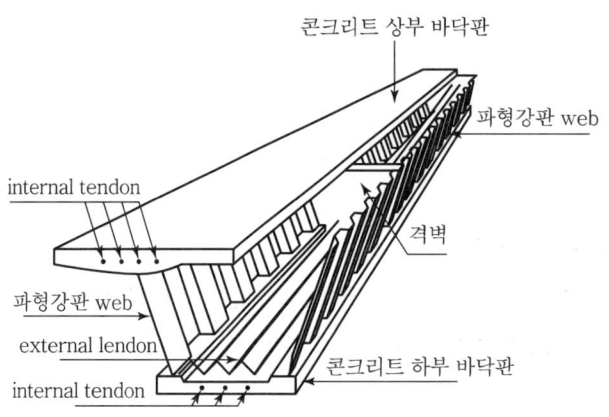

[파형강판웨브 PSC교 개념도]

2. 특징

파형강판웨브 PSC교의 특징은 다음과 같이 요약된다.

① PSC교 자중의 10~30%를 차지하는 웨브부 콘크리트를 강판으로 대체함으로써 주형 자중을 줄이고 하부구조에 상부구조의 하중부담을 감소시켜 경제적인 PSC교 설계가 가능하다.

② 웨브의 파형형상으로 큰 휨강성(Accordian 효과)과 높은 전단좌굴 성능을 가져 보강재가 필요 없어 시공이 단순하고 공사비 저감이 가능하다.

③ Prestressing 도입 시 파형으로 신축하는 성질이 있어 프리스트레스 도입효율이 높다.

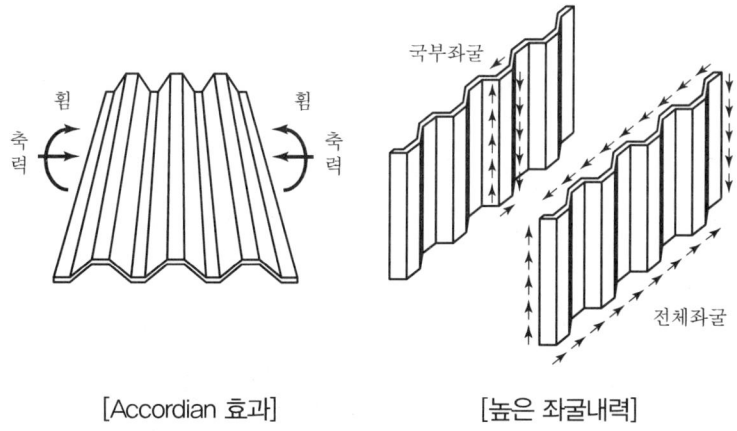

[Accordian 효과]   [높은 좌굴내력]

3. 콘크리트와 파형강판 웨브 접합

- 스터드에 의한 접합
- 파형강판 매입접합
- 앵커에 의한 접합

(1) 스터드에 의한 접합

파형강판 상단과 하단에 플레이트를 용접하여 플랜지를 만들고 스터드를 용접해 콘크리트를 타설하여 접합시키는 방법

① 파형강형과 콘크리트상판 접합에 널리 사용되고 사용실적이 많다.
② 설계방법이 정립되어 있다.
③ 플랜지플레이트 용접과 스터드 용접작업이 요구된다.

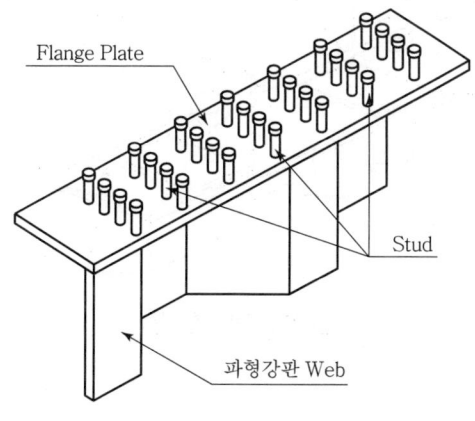

[스터드에 의한 접합]

(2) 파형강판 매입접합

파형강판 상단과 하단부에 철근을 관통시킬 구멍을 뚫고 교축직각 방향철근을 배근하고, 교축방향으로는 파형강관 상하단에 길이방향으로 철근을 용접한 뒤 콘크리트를 타설하여 접합시키는 방법이다.

① 스터드접합에 비해 플레이트접합을 위한 용접작업과 스터드 용접작업이 필요 없다.
② 철근을 관통하기 위한 천공작업이 필요하며, 교축방향 철근 부착을 위한 용접작업이 필요하다.

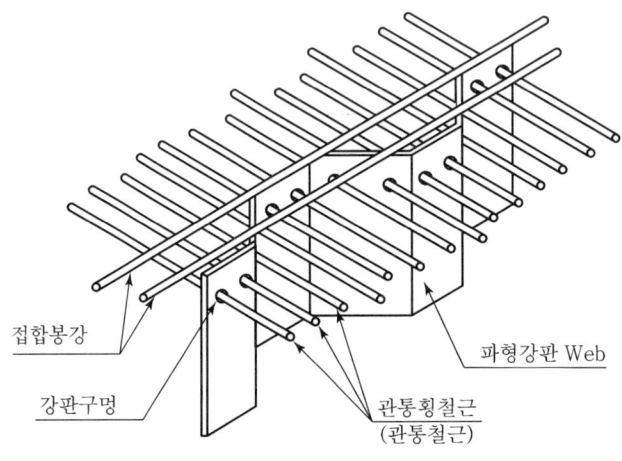

[매입접합부 철근배근]

(3) 앵커에 의한 접합

스터드에 의한 접합방법에서 스터드 대신 앵글을 적정 크기로 절단하여 부착시킨 뒤 콘크리트를 타설하여 접합시키는 방법

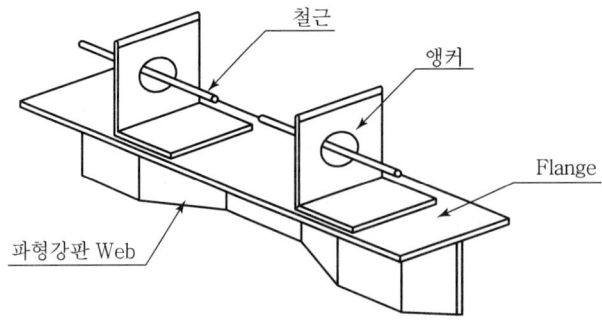

[앵커에 의한 접합]

4. 특별 유의사항

파형강판 웨브 PSC교를 적용할 경우 다음과 같은 사항을 유의해야 한다.

(1) 사각이 작은 교량이나 곡선교 적용 시 유의사항

① 파형강판 웨브 PSC교는 일반 PSC교에 비해 웨브강성이 적기 때문에 비틀림과 같은 면외하중에 대한 단면변형이 크게 발생할 가능성이 있으므로 면외하중이 작용하지 않도록 유의해야 한다.

② 사각이 작은 교량이나 곡선교에서는 격벽 간격을 짧게 하여 단면변형을 줄이는 구조상의 고려가 필요함을 유의해야 한다.

(2) 접합부의 지수(Water Stop)

① 하부 콘크리트 바닥판과 파형강판 웨브접합부에 매입접합을 할 경우 매입된 강판의 부식을 막기 위해 물이 접합부에 스며드는 것을 방지해야 한다.

② 지수용으로 널리 사용되는 것은 내구성이 우수한 실리콘고무계의 지수재를 사용하는 것이 좋다.

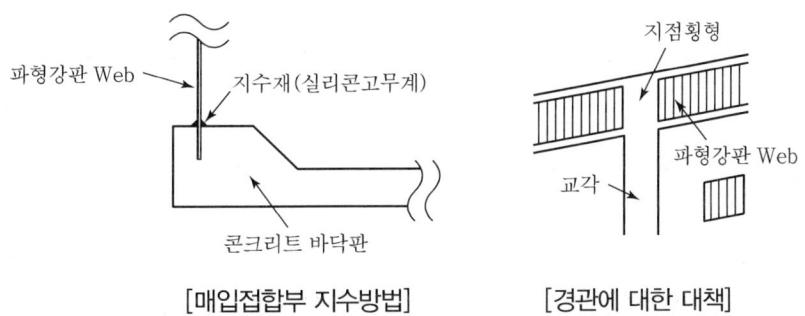

[매입접합부 지수방법]   [경관에 대한 대책]

(3) 경관에 대한 대책

① 종단경사가 큰 경우 파형강판웨브의 주름으로 인해 횡형 부근의 경관이 부자연스러우므로 이에 대한 대책을 수립해야 한다.

② 파형강판 웨브를 종단경사기울기에 맞추어 평행사변형으로 가공하여 배치하는 방법을 사용하는 것이 좋다.

QUESTION 02

복합구조 교량(Hybrid Bridge) 중 강재복부를 갖는 합성형 교량들의 기본설계개념을 설명하고 그중 2개 형식의 교량을 선정하여 각 교량의 주요특징을 설명하시오.

1. 개요

복합구조 교량은 콘크리트 플랜지와 강재 복부를 결합한 구조 시스템으로서 중지간 규모의 교량에 적용할 수 있는 효율성을 높인 구조 시스템이라 할 수 있으며 대표적인 구조형식은 아래와 같은 형식이 있다.
- 파형 강판 PSC 거더교
- PCT 거더교

2. 기본 설계 개념

복합구조 교량은 상부, 하부의 콘크리트 부재가 복부의 강재 구조와 연결된 복합구조로 일체로 하중에 저항하는 합성 단면 교량이다. 각각의 구성 요소는 휨과 축력에 저항하는 구조이며 요소 부재는 콘크리트 및 프리스트레스트 콘크리트, 그리고 강재로 구성되므로 국내 도로교 설계 기준 및 콘크리트 구조 설계기준에 따라서 설계가 가능하다.

(1) 바닥판 설계

복합구조의 교량의 바닥판은 활하중을 직접적으로 부담하여 교량에 발생하는 휨모멘트와 축력에 대하여 소요의 강도를 확보하여야 한다. 일반적인 구조는 철근이나 프리스트레스트 콘크리트 구조로 설계한다.

(2) 복부 사재

복부 사재는 주로 강관이나 형관, Truss부재로 구성되어 축력 및 모멘트에 저항하는 구조이며 좌굴하중 등에도 안전성을 검토하여야 한다.

(3) 접합부

복합교는 복부가 연속된 구조가 아니므로 복부 사재와 상하부 콘크리트 구조는 격점을 형성하게 되는데 이를 접합부라 하고 접합부는 Stud 접합이나 앵커 매입, 철근에 의한 접합 방식 등이 있으며, 접합부는 전체 구조계에 미치는 영향이 크기 때문에 설계 단계에서 특별한 고려가 필요하다.

3. 복합교 교량형식

(1) 파형강판 웨브교

1) 정의

파형강판 웨브 PSC교란 PSC교의 상부플랜지와 하부플랜지는 PSC로 제작하고 복부판인 웨브는 파형형상으로 가공된 주름형 구조용 강판을 사용하여 만들어진 복합구조를 말한다.

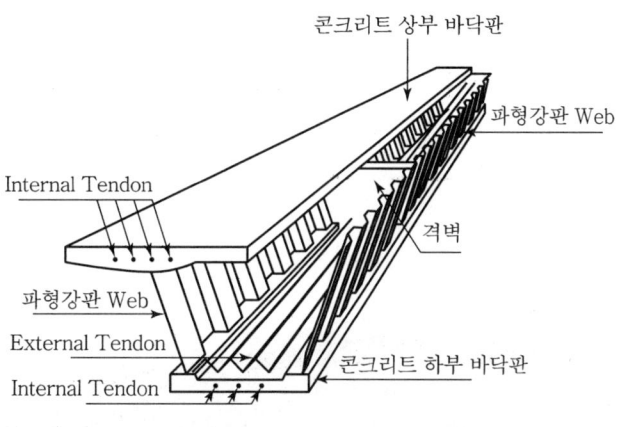

[파형강판웨브 PSC교 개념도]

2) 특징

파형강판웨브 PSC교의 특징은 다음과 같이 요약된다.

① PSC교 자중의 10~30%를 차지하는 웨브부 콘크리트를 강판으로 대체함으로써 주형자중을 줄이고 하부구조에 상부구조의 하중부담을 감소시켜 경제적인 PSC교 설계가 가능하다.
② 웨브의 파형형상으로 큰 휨강성(Accordian 효과)과 높은 전단좌굴성능을 가져 보강재가 필요 없어 시공이 단순하고 공사비 저감이 가능하다.
③ Prestressing 도입 시 파형으로 신축하는 성질이 있어 프리스트레스 도입 효율이 높다.

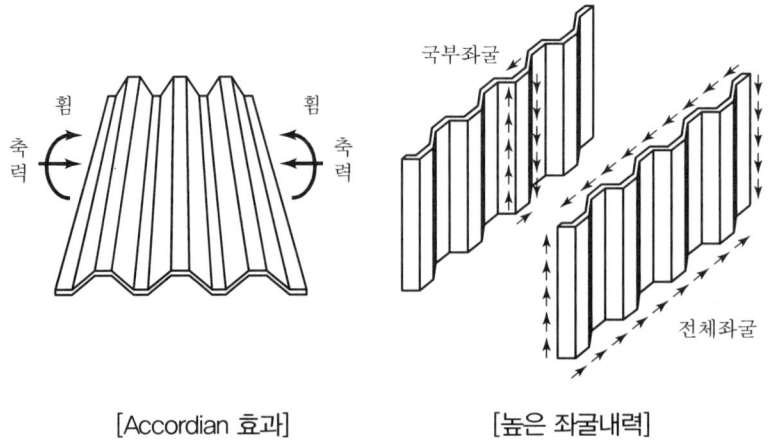

[Accordian 효과]　　　　　[높은 좌굴내력]

(2) PCT 거더교

1) 개요
프리스트레스가 도입된 콘크리트 하현재, 구조용 압연형강 또는 강관으로 제작된 복부재, 그리고 전단연결재가 부착된 구조용 강판으로 제작된 상현재로 구성되는 교량형식이다.

2) 교량 개요도

3) 특성
① 합성거더용 프리캐스트 거더의 복부를 트러스 구조로 치환하는 것을 통해 경간이 늘어남에 따라 거더 자중으로 인한 단면력 증가를 크게 감소 가능
② 합성거더를 구성하고 있는 부재 요소 간의 상호 구속작용으로 인한 압축응력 손실을 크게 줄일 수 있다.
③ 추가적인 프리스트레스 도입 없이도 프리캐스트 거더를 현장에서 구조적으로 연속 가능
④ 평면 및 종단상으로 임의의 곡선형상을 갖는 부재 제작 가능
⑤ 제품의 표준화가 용이하고, 공장화를 통한 품질향상 및 제작단가의 절감 기대

4. 결론

복합구조 교량은 콘크리트 플랜지와 강재 복부를 결합한 복합구조 시스템으로서, 설계 시 이를 감안하여 구조 특성에 맞게 검토되어야 할 것으로 사료된다.

CHAPTER 08 곡선교

QUESTION 01 곡선교를 설계할 때 고려사항에 대해 아는 바를 서술하시오.

1. 설계의 기본방향

① 부반력이 발생되지 않도록 한다.
② 지점보의 가로보는 가능한 강성을 크게 한다.
③ 상부구조는 비틀림에 충분히 저항할 수 있도록 강한 구조로 한다.

2. 곡선교 설계 시 문제점

① 상부구조의 형식결정
② 단면력 산정
③ 주형의 응력 변화
④ 받침 선정 및 설치

3. 곡선교의 상부구조형식의 결정

 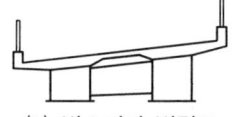 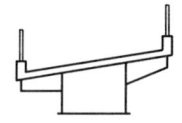

(a) 1거더 병렬교　　(b) 박스거더 병렬교　　(c) 단일박스거더교

[곡선교의 주거더 형식]

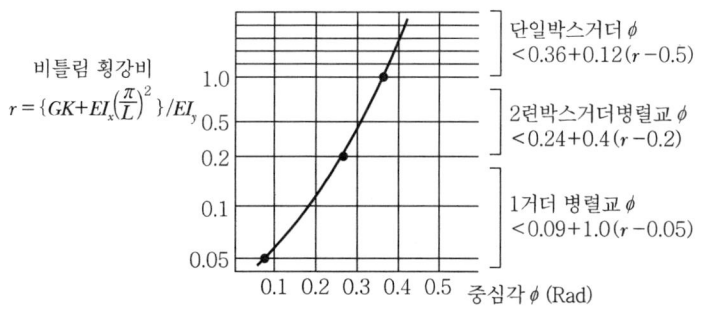

[곡선교의 주거더 형식의 선택기준]

4. 격자형 곡선교의 플랜지 응력분포

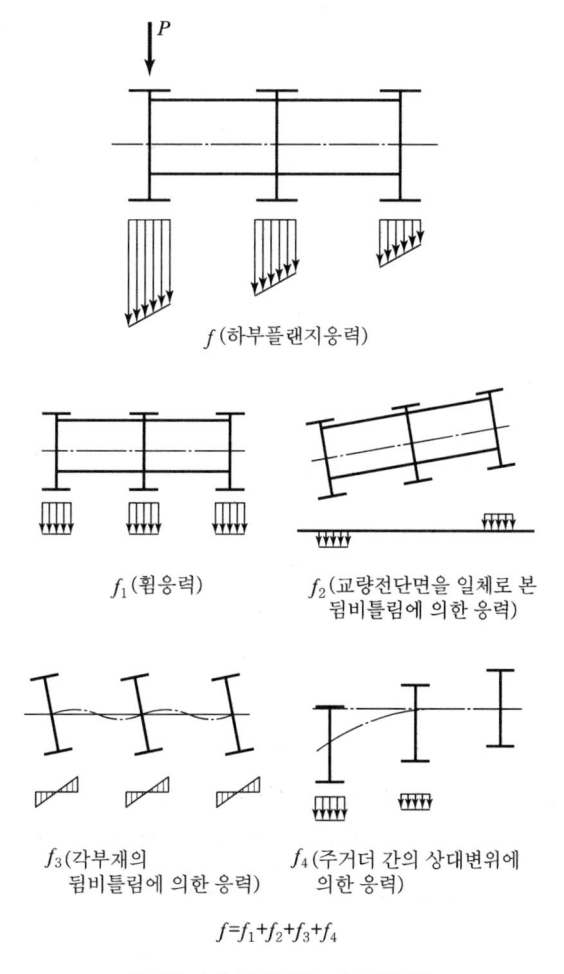

[플랜지에 작용하는 수직응력]

5. 받침설계 시 주의사항

(1) 가동받침

① 가동받침의 회전축과 이동방향이 일치하지 않기 때문에 받침판 받침이 적당하다.
② 롤러 받침을 사용하는 경우 핀의 방향과 롤러의 방향에 각도를 준다. 1 롤러 받침은 적당하지 않다.
③ 받침의 이동방향은 고정받침과 직선으로 연결한 방향으로 하는 것이 원칙이나 신축이음장치의 손상을 초래하므로 거더의 접선방향으로 배치하고 횡방향의 구속력을 견디도록 설계하는 것도 하나의 방법이다.
④ 부반력이 발생되는 경우 이에 대한 대책을 강구하여야 한다.

(2) 고정받침

① 고정받침은 피봇 받침 및 받침판 받침을 원칙으로 한다.
② 곡률 내측의 받침에 큰 정반력이 발생될 수 있으므로 주의한다.
③ 부반력이 발생되는 경우 이에 대한 대책을 강구하여야 한다.

6. 곡선교에서 주형의 플랜지 연결상세도

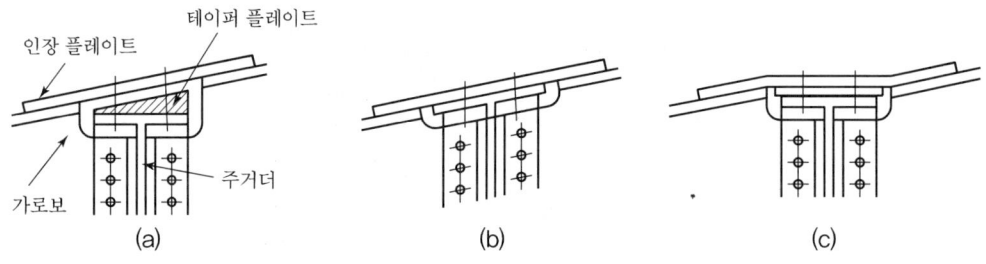

7. 결론

곡선교에서는 부반력, 상부구조의 전도 문제 등 교량의 안전성에 영향을 미치는 요소가 발생될 소지가 많으므로 상부구조는 비틀림에 충분히 저항할 수 있는 구조로 설계하고, 부반력이 발생되지 않도록 받침의 배치 등에 주의를 기울여 계획 및 설계하여야 할 것으로 사료된다.

QUESTION 02

받침에 작용하는 부반력에 대한 검토기준을 제시하고 부반력 발생 시 대책안에 대해 아는 바를 서술하시오.

1. 개요

교량의 폭원에 비해서 곡선중심각이 큰 경우 교량의 평면사각이 작은 교량에서는 부반력이 발생되기 쉽기 때문에 교량계획 시 충분히 배려할 필요가 있다.

2. 설계의 기본방향

① 부반력이 발생되지 않도록 한다.
② 지점보의 가로보는 가능한 강성을 크게 한다.
③ 상부구조는 비틀림에 충분히 저항할 수 있도록 강한 구조로 한다.

3. 부반력의 설계기준

받침은 아래 식 (1), (2)에 의해 구해진 부의 반력 중 불리한 값을 사용하여 설계하는 것을 원칙으로 한다.

$$R = 2R_{L+1} + R_D \quad \cdots\cdots (1)$$

$$R = R_D + R_W \quad \cdots\cdots (2)$$

여기서, R : 받침반력(kN)
R_{L+1} : 충격을 포함한 활하중에 의한 최대 부반력(kN)
R_D : 고정하중에 의한 받침반력(kN)
R_W : 풍하중에 의한 받침반력(kN)

4. 부반력에 대한 대책방안

부득이하게 부반력이 발생하는 경우에는 다음과 같은 대책을 강구하여야 한다.
① 다주형 박스 거더교에서는 1-박스에 1개의 받침 형식 적용(강교의 경우)
② Counter Weight를 사용하는 방법(단일, 다주형 적용)

③ 지점 위치를 변경시키거나, Out-rigger 방법을 사용하는 방안(단일 박스거더에 적용)
④ 탄성 고무받침을 이용한 주형 사이에 지점반력을 균등화시키는 방안

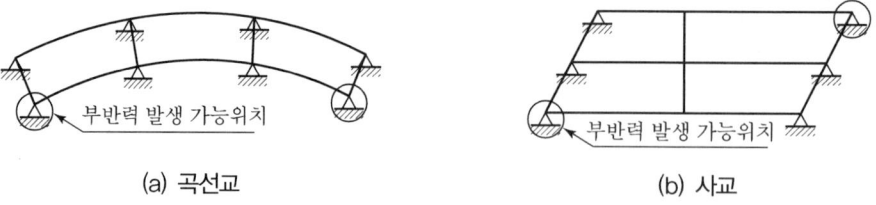

(a) 곡선교   (b) 사교

[곡선, 사교에서 부반력이 발생하기 쉬운 위치]

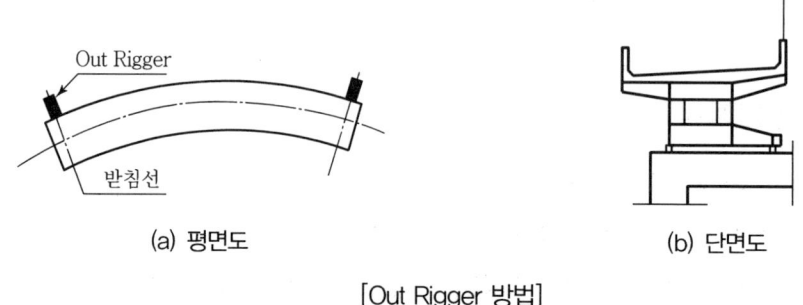

(a) 평면도   (b) 단면도

[Out Rigger 방법]

QUESTION 03. 곡선교 교량 상부구조의 전도 검토 및 전도방지대책에 대해 설명하시오.

1. 개요

일반적으로 단순 곡선교에서는 교량받침 배치방법에 따라 곡선 내측 받침에 부반력(Uplift reaction)이 발생하는데, 부반력은 아주 특수한 상황이 아니면 발생하지 않도록 하는 것이 바람직하다. 폭이 좁은 교량에서는 이와 같은 부반력이 교량의 상부구조의 전도를 유발하므로 구조 해석 단계에서 확인이 필요하다.

2. 교량 상부구조 전도 검토

① 교량 상부구조의 전도에 대한 검토는 교량의 평면 곡선 외측에 설치한 교량받침 중심선을 기준축으로 하여 무게중심을 계산하여 전도에 대한 안전성을 확인

② 안전율 : 고정하중 작용 시 $F_s = 1.5$ 이상

활하중 작용 시 $F_s = 1.2$ 이상

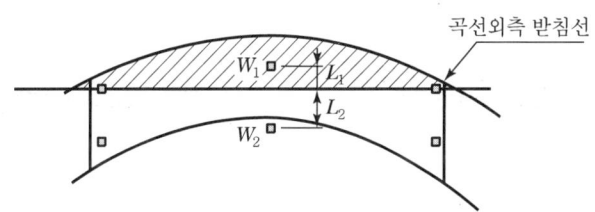

곡선외측 받침선

- 전도 모멘트 : $M_0 = W_1 \times L_1$
- 저항 모멘트 : $M_r = W_2 \times L_2$

  여기서, W : 중심선을 기준으로 한 중량

  L : 단면의 무게 중심까지 거리

- 전도에 대한 안전율 : $F_s = \dfrac{M_r}{M_0} \geq 1.2 \sim 1.5$

3. 전도방지대책

① 외측 Cantilever 바닥판의 길이를 내측보다 적게 하는 방안

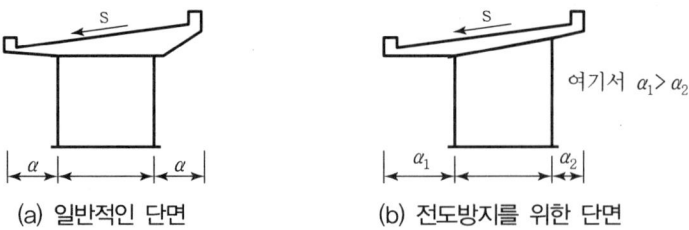

② 외측 캔틸레버 길이를 내측보다 적게 하고 내측 바닥판에 Counter weight를 설치하는 방안

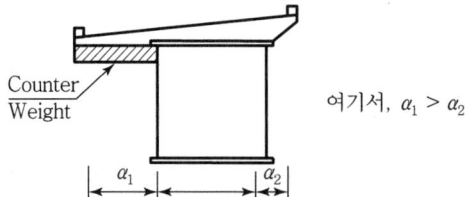

③ 2-cell Box girder로 계획시 내측 Box거더 내의 일부분을 콘크리트로 채워 Counter weight 역할을 하게 하는 방안
④ 평면곡선 외측에 Bracket를 설치하여 받침의 위치를 이동시켜 전도에 대한 저항 모멘트를 크게 하여 안전성 확보(Outrigger)

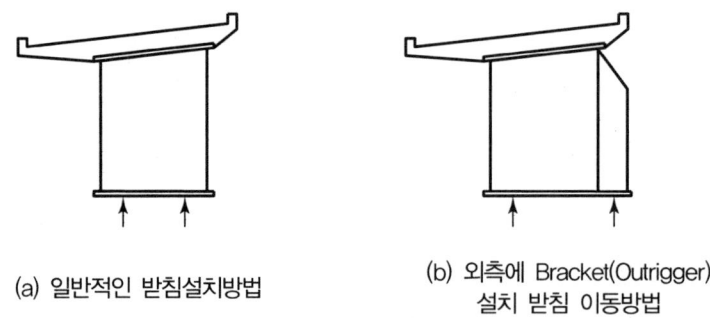

4. 결론

위에서 설명한 전도방지방안 중 한 가지만을 적용해야 하는 것은 아니며 서로 복합적으로 검토하여 2가지 방안을 적용하여 확실한 안전성을 확보할 수도 있다.

CHAPTER 09 내하력 및 LRFD

QUESTION 01
기존 교량에 대하여 허용응력설계법, 하중저항계수설계법에 의한 내하력 평가방법을 설명하시오.

1. 허용응력설계법에 의한 내하력 평가방법

(1) 기본개념

재료의 허용응력에서 사하중의 응력을 제외한 응력이 활하중에 저항할 수 있는 응력이며, 강교의 내하력을 산정할 때 합리적이다.

(2) 기본내하력

① 설계기준에 따라 교량을 해석했을 때 교량이 저항할 수 있는 활하중의 크기를 설계하중에 비교하여 나타낸 값이다.
② 교량이 안전하게 부담할 수 있는 활하중에 의한 응력의 최대값은 부재 재료의 허용응력에서 사하중에 의한 응력을 뺀 값이다.

$$P = \left(\frac{\sigma_a - \sigma_d}{\sigma_{DB}}\right) \times P_{DB}$$

여기서, P : 기본내하력(kN)
P_{DB} : 설계하중
σ_a : 재료의 허용응력(MPa)
σ_d : 사하중에 의한 응력(MPa)
σ_{DB} : 설계하중에 의한 응력(MPa)

(3) 공용내하력

$$P' = P \times K_s$$

여기서, P : 기본내하력, K_s : 응력보정계수

(4) 응력보정계수

일반적으로 관용이론으로 구한 교량의 부재응력은 현장재하시험에서 얻은 값보다 크다. 따라서 비율만큼 공용하중을 증가시켜 오차를 보정할 수 있다. 이 두 응력의 비를 K_s 라 한다.

$$K_s = \frac{\varepsilon(계산치)}{\varepsilon(실측치)} \times \left(\frac{1+i(계산치)}{1+i(실측치)}\right)$$

2. 하중저항계수법에 의한 내하력 평가방법

(1) 기본개념

설계강도에서 계수사하중모멘트를 제외한 모멘트가 활하중에 저항하는 모멘트이며, 주로 콘크리트 교량에 적용한다.

(2) 내하율 평가

$$내하율(RF) = \frac{\phi M_n - \gamma_d M_d}{\gamma_l M_l (1+i)}$$

여기서, ϕM_n : 극한저항모멘트(강구조물 $\phi=1$, RC · PC구조물의 휨부재 $\phi=0.85$)
M_d : 사하중모멘트
M_l : 설계 활하중에 의한 모멘트
  (도로교 : DB 또는 DL 하중, 철도교 : LS 하중)
$\gamma_l = 2.15$: 활하중계수
$\gamma_d = 1.30$: 사하중계수
i : 충격계수

(3) 공용내하력 산정

$$공용내하력(P) = K_s \times RF \times P_r$$

여기서, K_s = 응력보정계수 = $\dfrac{\varepsilon_{계산}}{\varepsilon_{실측}} \times \left(\dfrac{1+i_{계산}}{1+i_{실측}}\right)$
P_r = 설계활하중

3. 결론

교량 내하력 평가는 많은 어려운 문제들이 포함되어 있어 이론에 의한 평가보다는 오히려 공학적 판단에 의존하는 경우가 많다. 교량 내하력 조사를 위한 제안사항은
① 교량 이력, 거동 등을 장기적으로 기초자료 수집
② 교량 철거 시 내하력 측정시험 실시
③ 신설교량은 제작부터 건설 후의 거동을 장기적 계측
④ 내하력조사를 위한 장비 및 전문업체 육성

QUESTION 02. LRFD(Load Resistance Factor Design)에 대해 설명하시오.

1. 정의

LRFD(Load Resistance Factor Design) 하중-저항계수설계법은, 미국의 AISC에서 채택한 새로운 설계법으로서 LSD(Limit State Design), 즉 한계상태설계법과 유사하며 구조신뢰성이론에 기초한 일종의 확률적 한계상태설계법이다.

LRFD는 하중과 구조저항 관련 모든 불확실성을 확률통계적으로 처리하는 구조신뢰성이론에 기초하여 보정함으로써 구조물의 일관성 있는 적정 수준의 안전율, 즉 신뢰도를 갖도록 하는 보다 합리적이고 새로운 설계법이다.

2. 설계기본개념

① 하중 : 설계하중=특성하중×부분안전계수($r_p > 1.0$)
② 강도 : 설계강도=특성강도/부분안전계수($r_m > 1.0$)

3. 일반적인 설계규준형식

$$\phi R_n \geq \gamma_A \Sigma \gamma_i \, Q_i$$

여기서, R_n : 부재의 공칭강도(내력)
ϕ : 저항계수 또는 감소계수(1.0 미만)
γ_A : 해석계수(1.0 이상)
γ_i : 초과하중계수(1.0 이상)
Q_i : 하중에 의한 단면력

4. 설계과정

LRFD는 강도한계상태와 사용성 한계상태를 고려하는 설계법으로
① 구조물에 발생 가능한 모든 한계상태 관련 파괴모드의 확인
② 각 한계상태에 적정한 안전수준의 결정
③ 지배적이고 주요한 한계상태를 고려한 구조단면의 설계과정을 거친다.

5. 설계한계상태의 분류

하중저항계수설계법에서는 설계한계 상태를 크게 4가지로 분류

(1) 강도한계상태(Strength Limit State)

교량이 그 설계수명 동안 경험할 것으로 기대되는 통계적으로 중요하다고 규정된 하중조합에 대하여 저항할 수 있는 국부적 또는 전체적 강도와 안정성이 제공됨을 보장함

(2) 극한한계상태(Extreme Event Limit State)

강진 발생시나 홍수 또는 선박, 차량 등의 충돌 시 교량이 잔존할 수 있음을 보장함

(3) 사용한계상태(Service Limit State)

일상적인 사용상태하에서 응력, 변형 및 균열폭을 제한함

(4) 피로한계상태(Fatigue and Fracture Limit State)

설계수명기간 동안 부재의 파단방지를 위해 반복하중에 의한 균열의 성장을 제한함

6. 장점

(1) 신뢰도(Reliability)

확률에 기초한 구조신뢰성 방법에 의거 안전모수를 보정하기 때문에 비교적 균일하고 일관성 있는 신뢰도를 갖는다.

(2) 안전율의 조정성(Adjustable Safety)

각 파괴모드의 중요도나 심각성에 따라 바람직한 목표 안전도를 정하고 이에 대응하도록 다중설계모수 중의 일부를 조정할 수 있다.

(3) 거동(Behavior)

구조물에 발생 가능한 모든 극한 또는 사용성 한계상태를 고려하여 설계하기 때문에 한계상태에 대응하는 구조물의 각종 파손, 파괴, 붕괴상태에 대한 깊은 이해가 요구된다.

(4) 재료 무관 시방서(Material – independent Code)

모든 구조물에 대해 시공형식, 재료에 무관하게 공통시방서를 만들 수 있다.

(5) 재하(Loading)

여러 하중에 대해 각기 다른 하중계수를 사용하기 때문에 하중의 특성이 설계에 반영된다.

7. 단점

① 이론에 너무 치중하여 실무설계의 구체적인 적용방법이 불충분하다.
② 기존설계 Software가 허용응력 중심으로 되어 있어 재개발에 재정적 부담이 크다.
③ 경제적인 면에서 크게 동기 유발을 하기에 아직 미약하다.

8. 결론

LRFD가 종래의 WSD(ASD)보다 합리적이고 현대적인 설계법임은 두말할 나위 없으나 강구조물의 경우에는 WSD는 나름대로 장점과 합리성이 있기 때문에 앞으로 상당기간 동안 계속 사용될 전망이다.

우리나라에서도 1996년 도로교 표준시방서가 개정되면서 하중·저항계수설계법(LRFD)이 부록으로 상세히 규정하고 있으나 현재 실무에 적용하기에는 너무 미흡하므로 앞으로 많은 실험과 이론의 발전 결과를 체계적으로 반영하여 구조거동 중심으로 더욱 과학적인 설계방법이 필요하다고 할 것이다.

CHAPTER 10 교량의 내진설계

> **QUESTION 01**
> 국내 교량의 내진설계기준 기본개념과 지진력 산정방법에 대해 설명하시오.

1. 내진설계의 기본개념

① 인명피해를 최소화한다.
② 지진 시 교량 부재들의 부분적인 피해는 허용하나 전체적으로 붕괴는 방지한다.
③ 지진 시 가능한 한 교량의 기본기능은 발휘할 수 있게 한다.
④ 교량의 정상 수명기간 내에 설계지진력이 발생할 가능성은 희박하다.
⑤ 설계기준은 남한 전역에 적용될 수 있다.
⑥ 본 규정을 따르지 않더라도 창의력을 발휘하여 보다 발전된 설계를 할 경우 이를 인정한다.

2. 지진력 산정방법

(1) 설계 일반사항

1) 가속도 계수(A)

지진지역	행정구역	지역계수(A)
I	지진지역 2를 제외한 전지역	0.11
II	강원도북부, 전라남도 남서부, 제주도	0.07

2) 위험도 계수(지진 평균 재현주기에 의해 결정)

재현주기(년)	500	1,000
위험도 계수	1.0	1.4

내진등급	교량	설계지진의 평균재현주기
내진 I 등급교	• 고속도로, 자동차 전용도로, 특별시도, 광역시도, 일반국도상의 교량 • 지방도, 시도 및 군도 중 지역의 방재계획상 필요한 도로에 건설된 교량, 해당 도로의 일일계획교통량을 기준으로 판단했을 때 중요한 교량 • 내진 I등급교가 건설되는 도로 위를 넘어가는 고가교량	1,000년
내진 II 등급교	• 내진 I등급교가 속하지 않는 교량	500년

3) 지반 종류

지반은 전단파속도, 표준관입시험치, 비배수전단강도에 따라 5등분으로 세분화해 구분하고 있다.

지반 종류	지반 호칭	상부 30m에 대한 평균 지반특성		
		전단파속도 (m/sec)	표준관입시험치 (N치)	비배수전단강도(KPa)
I	경암지반, 보통암지반	760 이상	–	–
II	매우 조밀한 토사지반 및 연암지반	360~760	< 50	< 100
III	단단한 토사지반	180~360	50 <	100 <
IV	연약한 토사지반	< 180	< 15	< 50
V	부지 고유의 특성평가가 요구되는 지반			

4) 응답수정계수

하부구조		연결부위	
벽식 교각	2	상부구조와 교대	0.8
철근콘크리트 말뚝기둥 ① 수직말뚝만 사용한 경우 ② 한 개 이상의 경사말뚝을 사용	 3 2	상부구조와 한 지간 내의 신축이음	0.8
단일기둥	3	기둥, 교각 또는 말뚝구조와 캡빔 또는 상부구조	1.0
강재 또는 합성강재와 콘크리트 말뚝 ① 수직말뚝만 사용한 경우 ② 한 개 이상의 경사말뚝을 사용	 5 3	기둥 또는 교각의 기초	1.0
다주기둥	5		

(2) 해석방법

1) 일반사항
- 단일 모드 스펙트럼 해석방법
- 다중 모드 스펙트럼 해석방법

2) 단일 모드 스펙트럼 해석방법

① 교각의 강성 산정

교각의 강성을 산정한다. 라멘교량은 기초와 상부가 강결로 연결되어 있으므로 강성은 아래 식으로 구한다.

$$K = \left(\frac{12 E_C I_C}{h^3} \right)$$

여기서, E_c : 콘크리트 탄성계수 I_c : 기둥의 관성모멘트
       n : 1개 교각에 기둥의 개수 h : 기초 상단에서 슬래브 도심까지의 거리

② 고유진동주기 산정

$$T = 2\pi \sqrt{\frac{m}{k}}$$

여기서, m : 상부구조 전체무게 W/9.81

③ 탄성지진응답계수 산정

$$C_s = \frac{1.2AS}{T^{2/3}}$$

여기서, A : 가속도계수 × 위험도계수
       S : 지반계수

④ 응답수정계수 결정

응답수정계수 R 결정

⑤ 정적 변위 산정

㉠ $v(x)$ 산정 : 교축방향 전 길이에 교축방향 등분포하중을 적용하여 변위를 산정한다.

㉡ $v(y)$ 산정 : 교축방향 전 길이에 교축직각방향 등분포하중을 적용하여 변위를 산정한다.

⑥ α, β, γ 산정
  ㉠ 교축방향(x방향)

$$\alpha = \int_L^0 v(x)dx = \sum v(x)dx$$

$$\beta = \int_L^0 w(x)v(x)dx = \sum w(x)v(x)dx$$

$$\gamma = \int_L^0 w(x)v(x)^2 dx = \sum w(x)v(x)^2 dx$$

여기서, $w(x)$: x 거리까지의 무게

  ㉡ 교축직각방향(y방향)

$$\alpha = \int_L^0 v(y)dx = \sum v(y)dx$$

$$\beta = \int_L^0 w(x)v(y)dx = \sum w(x)v(y)dx$$

$$\gamma = \int_L^0 w(x)v(y)^2 dx = \sum w(x)v(y)^2 dx$$

여기서, $w(x)$: x 거리까지의 무게

⑦ 각 위치별 등가정적 지진하중 $P_e(x)$ 산정
  ㉠ 교축방향

$$P_e(x) = \frac{\beta C_s}{\gamma} w(x) v_s(x)$$

$$C_s = \frac{1.2AS}{T^{2/3}}$$

$$T = 2\pi \sqrt{\frac{\gamma}{P_0 \, g \, \alpha}}, \; g = 9.81 \text{m/sec}^2$$

  ㉡ 교축직각방향

$$P_e(x) = \frac{\beta C_s}{\gamma} w(x) \, v_s(y)$$

$$C_s = \frac{1.2AS}{T^{2/3}}$$

$$T = 2\pi \sqrt{\frac{\gamma}{P_0 \, g \, \alpha}}, \quad g = 9.81 \text{m/sec}^2$$

⑧ 지진력에 의한 단면력 산정

　$P_e(x)$를 이용하여 교축방향 및 교축직각방향 단면력 산정

⑨ 직교 지진력의 조합

　㉠ 하중 1=1.0×종방향 탄성지진력+0.3×횡방향 탄성지진력
　㉡ 하중 2=0.3×종방향 탄성지진력+1.0×횡방향 탄성지진력

⑩ 설계지진력 결정

$$\text{최대 설계하중} = 1.0 \times (D + B + F + H + E_M)$$

　여기서, D : 사하중　　　　　　B : 부력
　　　　　F : 유체압　　　　　　H : 횡토압
　　　　　E_M : 조합된 지진력/R　R : 응답수정계수

3) 다중 모드 스펙트럼 해석방법

① 일반사항 : 비정형 교량의 3방향 연계효과와 최종 응답에 대한 다중모드의 기여효과를 결정하기 위해 공인된 공간 뼈대 선형 동적 해석 프로그램을 사용하여 수행하여야 한다.

② 수학적 모형
　• 3차원 공간 뼈대 구조물로 모형
　• 각 절점부는 6개의 자유도 가짐
　• 구조 질량은 최소한 3개의 이동 관성항을 갖는 집중 질량으로 모형화

③ 진동 모드의 형상과 주기
　• 고정 지반 조건
　• 전체 시스템의 질량과 강성을 고려하여 이론적으로 확립된 방법에 의해 계산

④ 다중 모드 스펙트럼 해석 : 응답 해석 시 고려 모드의 수는 지간 수의 3배 이상

⑤ 부재력과 변위 : 부재의 단면력과 변위는 개별 모드들로부터 각각의 응답성분은 CQC 방법으로 조합하여 계산

QUESTION 02
단일모드 스펙트럼해석법에 의한 3경간 연속 강상자형교의 설계지진력 산정절차에 대해 설명하시오.

1. 단일모드 스펙트럼 해석법

(1) 해석방법
교량의 기본주기 산정, 탄성지진력 산정, 변위 산정 등으로 산정한다.

(2) 적용대상
구조물의 형상이 단순하여 기본모드가 구조물의 동적거동을 대표하는 경우에 적용한다.

(3) 특징
① 손쉽게 적용가능한 해석법이며 수계산 가능
② 형상이 단순한 단순교나 연속교에 적용 가능
③ 일반적으로 다른 해석법에 비해 응답값이 크게 산정됨
④ 구조물의 형상이 복잡하여 기본모드 이외의 모드에 의해 영향이 큰 경우에는 적용이 어려움
⑤ 해석결과가 다른 해석 결과보다 값이 더 크다.

해석결과 값이 크게 나타나는 이유는 교축방향 모드나 교축직각방향 모드 각각의 방향에 대하여 기본모드를 고려하여 각각의 모드가 전체질량을 100% 반영하는 것으로 보기 때문이다.

그러나 실제로는 만일 교축방향 모드가 기본모드로 나오게 되면 교축직각방향 모드는 그 이후의 모드로 나오게 되므로 교축직각방향 모드는 실제로 전체질량의 100%를 반영할 수 없다.

2. 3경간연속 강상자형교의 설계지진력 산정절차

(1) 교각의 강성 산정

구분	교축방향	교축직각방향
교각강성	$K = \dfrac{3\,E_c\,I_c}{h^3}$	$K = n\left(\dfrac{12\,E_c\,I_c}{h^3}\right)$
비고	캔틸레버 교각 기준	다주라멘 기준
	n : 기둥 개수　　E_c : 콘크리트 탄성계수　　h : 교각높이　　I_c : 관성모멘트	

(2) 고유주기 산정

$$T = 2\pi\sqrt{\dfrac{m}{k}}$$

여기서, T : 고유주기, m : 상부구조 전체질량, k : 교각강성

(3) 탄성지진응답계수 산정

$$C_s = \dfrac{1.2 \times A \times S}{T^{2/3}}$$

여기서, A : 가속도계수 x : 위험도계수, S : 지반계수

(4) 응답수정계수 결정

하부구조		연결부위	
벽식 교각	2	상부구조와 교대	0.8
철근콘크리트 말뚝기둥 ① 수직말뚝만 사용한 경우 ② 한 개 이상의 경사말뚝을 사용	 3 2	상부구조와 한 지간 내의 신축이음	0.8
단일기둥	3	기둥, 교각 또는 말뚝가구와 상부구조	1.0
강재 또는 합성강재와 콘크리트 말뚝 ① 수직말뚝만 사용한 경우 ② 한 개 이상의 경사말뚝을 사용 다주기둥	 5 3 5	기둥 또는 교각의 기초	1.0

(5) 정적변위 산정

1) 교축방향 변위산정 : $v(x)$
   상부구조 교축방향 전체 길이에 등분포하중(P_o)를 적용하여 변위를 산정한다.

2) 교축직각방향 변위산정 : $v(y)$
   상부구조 교축방향 전체 길이에 교축직각방향 등분포하중(P_o)을 적용하여 변위를 산정한다.

(6) 설계지진계수 α, β, γ 산정

교축방향	교축직각방향
$\alpha = \int_0^L v(x)dx = \sum v(x)dx$ $\beta = \int_0^L w(x)v(x)dx = \sum w(x)v(x)dx$ $\gamma = \int_0^L w(x)v(x)^2 dx = \sum w(x)v(x)^2 dx$	$\alpha = \int_0^L v(y)dx = \sum v(y)dx$ $\beta = \int_0^L w(x)v(y)dx = \sum w(x)v(y)dx$ $\gamma = \int_0^L w(x)v(y)^2 dx = \sum w(x)v(y)^2 dx$

여기서, $w(x)$는 거리 x까지의 하중

(7) 설계지진력 산정 : $P_e(x)$

구분	교축방향	교축직각방향
설계지진력	$P_e(x) = \dfrac{\beta C_s}{\gamma} w(x) v_s(x)$	$P_e(x) = \dfrac{\beta C_s}{\gamma} w(x) v_s(y)$
비고	여기서, $T = 2\pi \sqrt{\dfrac{\gamma}{P_o g \alpha}}$, $g = 9.81$	

(8) 설계지진력에 의한 설계단면력 산정

설계지진력 $P_e(x)$를 사용하여 교축방향과 교축직각방향의 단면력을 산정한다.

(9) 설계지진력 하중조합

① 하중조합 1 = 1.0 × 교축방향 지진력 + 0.3 × 교축직각방향 지진력
② 하중조합 2 = 0.3 × 교축방향 지진력 + 1.0 × 교축직각방향 지진력

QUESTION 03

지진격리설계에 대한 도로교 설계기준의 기본개념, 해석법 등에 대해 서술하시오.

1. 개요

교량의 고유주기를 길게 함으로써 교량에 작용하는 지진력을 줄여주고, 지진에너지 흡수성능 향상을 통하여 지진 시 응답을 감소시킨다.

2. 기본개념

① 지진 격리설계의 적용은 교량의 장주기화 혹은 지진에너지 흡수성능 향상효과를 상시와 지진 시의 양측면에서 검토한 후 판단해야 한다. 다음 조건에 해당하는 경우에는 지진격리 설계를 적용하지 않는 것으로 한다.
  • 하부구조가 유연하고 고유주기가 긴 교량
  • 기초주변의 지반이 연약하고 지진격리 설계의 적용에 따른 교량 고유 주기의 증가로 지반과 교량의 공진가능성이 있는 경우
  • 받침에 부반력이 발생하는 경우

② 교량의 장주기화로 인한 지진 시 상부구조의 변위가 교량의 기능에 악영향을 주지 않도록 해야 한다.

③ 지진격리 받침은 역학적 거동이 명확한 범위에서 사용하여야 한다. 또한 지진 시의 반복적인 횡변위와 상하 진동에 대하여 안정적으로 거동하여야 한다.

④ 이 절에서 규정하고 있는 지진격리 받침 이외에도 그 특성의 안정성이 확인된 각종 감쇠기, 낙교방지장치, 지진보호장치 등에 의하여 보다 발전된 설계를 할 경우에는 이를 인정한다.

3. 해석법

(1) 등가 정적 해석법

① 등가지진력 : $F_e = C_s W$

② 탄성지진응답계수 : $C_s = \dfrac{K_{eff}d}{W} = \dfrac{AS_i}{T_{eff}B}$

③ 유효주기 : $T_{eff} = 2\pi\sqrt{\dfrac{W}{K_{eff}g}}$

여기서, K_{eff} = 지진격리교량의 유효강성

(2) 단일모드 스펙트럼 해석법

등가지진력 : $P_e(x) = w(x)C_s$

(3) 다중모드 스펙트럼 해석법

$$C_{si} = \dfrac{AS_i}{T_i}\ (T_i \le 0.8\,T_{eff})$$

$$C_{si} = \dfrac{AS_i}{T_iB}\ (T_i > 0.8\,T_{eff})$$

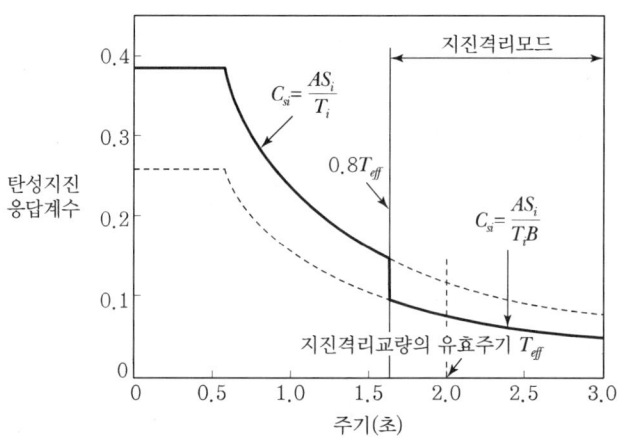

[지진격리교량의 탄성지진응답계수]

(4) 시간이력 해석법

① 지진격리 받침의 비선형 특성을 고려
② 시간이력해석을 위한 지진입력 시간이력은 감쇠율 5%에 대한 설계 지반응답스펙트럼에 부합되도록 실제 기록된 지진운동을 수정하거나 인공적으로 합성된 최소한 4개 이상의 지진운동을 작성하여 사용

③ 작성된 시간이력이 설계 지반 응답스펙트럼에 부합되기 위해서는 작성된 시간 이력의 평균 응답 스펙트럼이 다음 요건을 만족해야 한다.
- 시간이력의 응답 스펙트럼 값이 설계지반 응답 스펙트럼 값보다 낮은 주기의 수는 5개 이하이고, 낮은 정도는 10% 이내이어야 한다.
- 시간이력의 응답스펙트럼을 계산하는 주기의 간격은 스펙트럼 값의 변화가 10% 이상 되지 않을 정도로 충분히 작아야 한다.

④ 시간이력의 지속시간은 10~25초 또 강진구간 지속시간은 6~10초가 되도록 하여야 한다.

⑤ 두 방향 이상의 시간이력을 동시에 고려할 경우 각 직교방향의 시간이력은 통계학적으로 독립되어야 한다. 여기서, 두 시간이력 사이의 시작시간 차이를 고려하여 계산된 상관관계수함수의 최대절대값이 0.3을 넘지 않는다면 두 시간이력은 통계학적으로 독립이라고 간주할 수 있다.

⑥ 7쌍 미만의 지반운동시간이력에 의한 해석결과로부터 얻어진 응답치의 최대값 혹은 7쌍 이상의 해석결과로부터 얻어진 평균값을 설계값으로 한다.

QUESTION 04: 철근콘크리트 기둥의 연성도 내진설계 절차에 대해 설명하시오.

1. 소요 연성도

(1) 소요 연성도

① 원형단면 : 기둥 단면의 두 주축에 대한 소요 연성도 중 큰 값으로 결정
② 원형 이외의 단면 : 기둥 단면의 두 주축에 대해 각각의 소요 연성도를 독립적으로 결정

(2) 소요 응답 계수

$$R_{req} = \frac{M_{el}}{\phi M_n}$$

여기서, R_{req} : 소요 응답계수
M_{el} : 지진 하중을 포함한 하중 조합에 따른 기둥의 탄성모멘트
ϕM_n : 기둥의 설계 휨강도

(3) 소요 변위연성도 μ_Δ

① 소요 응답계수가 1.0 이상인 소성힌지구역의 μ_Δ
② $\mu_\Delta = \lambda_{DR} R_{req}$

$$\lambda_{DR} = \left(1 - \frac{1}{R_{req}}\right)\frac{1.25 T_s}{T} + \frac{1}{R_{req}}$$

(4) 소요 변위연성도 최대값

$$\mu_{\Delta,\max} = 2(L_s/h) \leq 5.0$$

(5) 소요 곡률 연성도

$$\mu_\phi = \frac{\mu_\Delta - 0.5\left\{0.7 + 0.75\left(\dfrac{h}{L_s}\right)\right\}}{0.13\left(1.1 + \dfrac{h}{L_s}\right)}$$

여기서, h : 고려하는 방향으로의 단면의 최대 두께
L_s : 기둥 형상비의 기준이 되는 기둥 길이

2. 심부구속 횡방향 철근량

(1) 원형철근의 나선 철근비 ρ_s

$$\rho_s = \frac{4 A_{sp}}{d_s s}$$

- 소요 나선철근비

$$\rho_s = 0.008\,\alpha\,\beta\,\frac{f_{ck}}{f_{yh}} + \gamma$$

$$\alpha = 3(\mu_\phi + 1)\frac{P_u}{f_{ck} A_g} + 0.8\mu_\phi - 3.5$$

$$\beta = \frac{f_y}{350} - 0.12$$

$$\gamma = 0.1(\rho_l - 0.01)$$

여기서, f_{ck} : 콘크리트 설계기준 압축강도(MPa)
f_{yh} : 횡방향철근 설계기준 항복강도(MPa)
f_y : 축방향철근 설계기준 항복강도(MPa)
A_g : 기둥의 총단면적(mm^2)
P_u : 축방향 계수축력(N)
μ_ϕ : 소요 곡률연성도
ρ_l : 기둥의 축방향 철근비

(2) 사각형 기둥의 심부구속 횡방향 철근의 총 소요 단면적 A_{sh}

$$A_{sh} = 0.9\, a\, h_c \left(0.008\alpha\beta \frac{f_{ck}}{f_{yh}} + \gamma \right)$$

여기서, a : 띠철근의 수직간격(mm)
A_{sh} : 수직간격 a, 심부의 단면 치수 h인 단면을 가로지르는 보강띠철근을 포함하는 횡방향 철근의 총단면적(mm²)
h_c : 띠철근 외측 표면을 기준으로 한 심부의 단면 치수(mm)

3. 전단설계

(1) 공칭 전단강도

$$V_n = V_c + V_s + V_p$$

(2) 콘크리트 전단강도

$$V_c = k\sqrt{f_{ck}}\, A_c$$

$$k = 0.3 - 0.1(\mu_\Delta - 2)$$

(3) 전단철근외 공칭전단강도

① 원형단면 : $V_s = \dfrac{A_v f_{yh} D_c}{s}$

② 원형후프 띠철근 : $V_s = \dfrac{\pi}{2} \dfrac{A_{sp} f_{yh} D_c}{s}$

③ 원형후프 띠철근에 보강띠 철근 추가 : $V_s = \dfrac{\sum A_{ct} f_{yh} l_{ct}}{s}$

여기서, A_v : 띠철근의 단면적(mm²)
A_{sp} : 나선철근 또는 원형 후프띠철근의 단면적(mm²)
A_{ct} : 원형단면에 배근되는 보강띠철근의 단면적(mm²)
D_c : 고려하는 방향의 심부콘크리트 단면치수(mm)
f_{yh} : 띠철근 또는 나선철근의 항복강도(MPa)

l_d : 원형단면에 배근되는 보강 띠철근에서 갈고리 부분과 연장길이를 제외한 길이(mm)

s : 띠철근 또는 나선철근의 수직간격(mm)

(4) 축력작용에 의한 공칭 전단강도

$$V_p = 0.15 \frac{P_u h}{L_s}$$

여기서, P_u : 교각의 최소계수축력(N)
h : 고려하는 방향으로의 단면최대두께
L_s : 기둥형상비의 기준이 되는 기둥 길이

CHAPTER 11 교량받침, 신축이음, 기타

QUESTION 01 | 교량받침 설치 시 Pre-setting에 대하여 설명하시오.

1. 개요

받침 배치 시 고정단과 가동단의 위치, 방향, 여유량 등을 고려하여 받침배치방법을 결정하여야 한다.

2. 교량받침 배치요건

(1) 고정받침의 위치선정 요건

① 사하중의 반력이 큰 곳
② 경사진 곳에서는 낮은 곳
③ 수평력을 받기 쉬운 곳
④ 가동받침부 이동량이 최소가 될 수 있는 곳

3. 특수조건의 받침 배치

(1) 폭이 넓은 슬래브교

폭이 넓은 슬래브교는 고정받침이 설치되어 있는 동일 종방향 위치의 받침은 1방향 받침을 배치하고 그 이외의 받침은 2방향 받침을 배치하여야 한다.

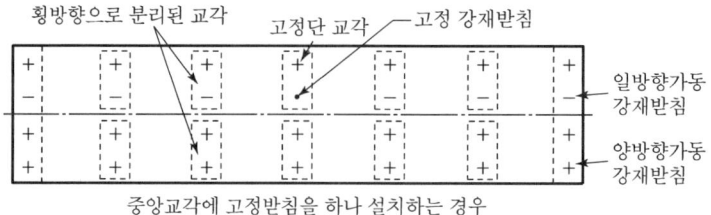

[폭이 넓은 교량받침 Pre-setting]

(2) 사교인 경우

사교의 교량받침은 다음과 같이 Pre-setting 한다.

가동받침의 이동방향과 회전방향이 서로 일치하지 않아 전방향 회전이 가능한 받침을 사용하는 것이 좋다. 이때 받침은 교량의 중심선에 평행하게 설치하여야 한다. 사각의 교대나 교각에 대해 직각방향으로 배치해서는 안 된다.

특히 단순거더를 연결하여 연속교로 하는 경우 고정점에 대해 방사상으로 신축이 발생함으로써 교각이나 교대에 큰 수평력이 발생할 우려가 있다. 따라서 사각이 있고 폭이 넓은 교량에서는 받침의 배치를 수정하여 수평력을 완화시켜 주는 것이 바람직하다.

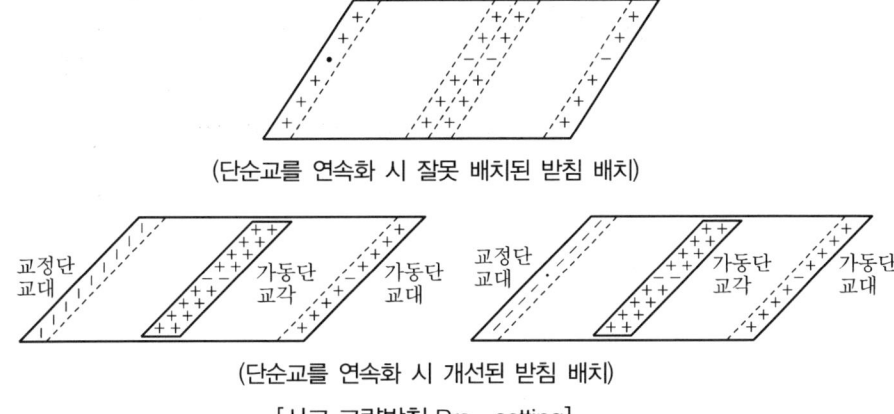

[사교 교량받침 Pre-setting]

(3) 곡선교인 경우

1) 현방향 배치방법
① 곡률반경이 동일할 때
② 곡률반경이 동일하지 않을 때
③ 직선과 곡선부분이 혼용되어 있을 때

2) 접선방향 배치방법
곡률반경이 동일한 경우에만 적용 가능

3) 주의사항
① 교대에 고정점을 배치한 경우 교대의 휨강성이 크므로 하나의 받침만을 고정으로 하고 나머지는 전방향 가동받침으로 한다.
② 구조물을 고무받침으로 지지하는 경우 고정점은 중앙교각의 중앙에 있는 고정핀 받침이 된다.

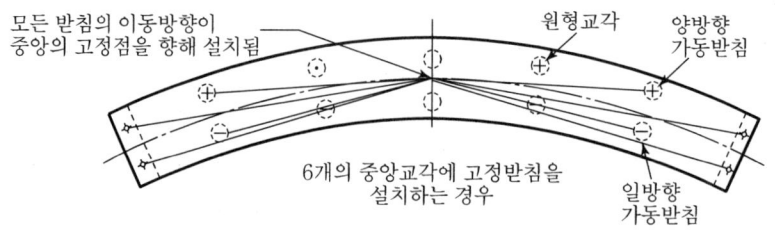
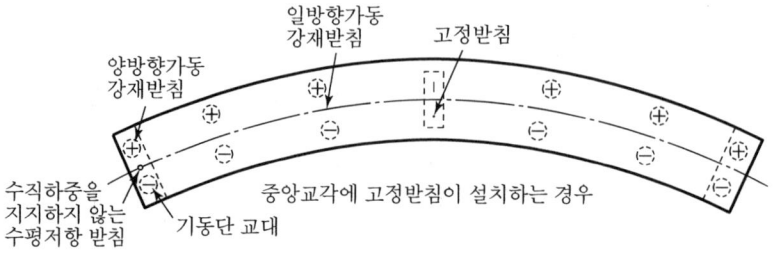

[곡선교 교량받침 Pre-setting]

QUESTION 02
교량받침의 형식 선정 시 고려사항과 대표적인 받침에 대해 비교 설명하시오.

1. 교량받침 선정기준

① 받침은 상부구조에서 전달되는 하중을 확실하게 하부구조에 전달하고 지진, 바람, 온도 변화 등에 대하여 안전하도록 설계하여야 한다.

② 받침은 상부구조의 형식, 지간길이, 지점반력, 내구성, 시공성 등을 감안하여 선정하여야 한다.

③ 교량받침 선정 시에는 다음 사항을 고려한 다음 요구되는 기능이 충분히 발휘될 수 있고 내구성이 좋으며 경제적인 형식을 선정한다.
- 받침에 작용하는 하중
- 이동량 및 이동방향
- 회전량 및 회전방향
- 교량받침의 마찰계수

④ 폭원이 넓은 교량의 받침은 횡방향의 이동량 검토 후 교량받침형식을 선정하여야 한다.

2. 교량 형식별 교량받침의 선정

구분	제1안	제2안	제3안
교량받침	탄성받침	Spherical Bearing	Pot Bearing
단면도	단면도 (Con'c Bridge ℄ Steel Bridge, Sole Plate, KRBP(KSF 4420), 앵커볼트)	단면도	단면도 / 평면도

구분	제1안	제2안	제3안
장단점	• 모든 방향으로 회전기능이 양호 • 충격흡수에 유리 • 설치 및 유지보수 용이 • 내진에 유리	• 회전이 양호 • 마찰계수가 크다. • Sole Plate를 사전 장착하여 시공오차가 적다. • 설치 및 보수 용이 • 내진에 유리	• 회전기능 우수 • 마찰계수가 다른 교량받침보다 작다. • 공사비 비교적 저렴 • 충격흡수가 유리 • 설치 및 보수 용이
추천안	PSC Beam교, RC Slab교		Steel Box Girder교

QUESTION 03. 도로교 설계기준에서 지진 시 교량의 여유간격을 설치하는 이유와 여유간격을 구하는 방법에 대하여 기술하시오.

1. 설치 사유

교량에 여유간격을 설치하는 이유는 설계지진 발생 시 예상되는 변위응답으로 교량의 주요 부재 간 충돌과 손상을 방지하기 위해 2005년도 개정된 도로교 설계기준에서 신설된 사항이다.

2. 교량의 여유간격 산정방법

교량의 여유간격은 아래 식으로 산정되며 산정된 값보다 작게 결정해서는 안 된다. 또한, 여유량을 고려한 가동받침의 이동량보다는 커야 한다.

$$\Delta l_i = d + \Delta l_s + \Delta l_c + 0.4\Delta l_t$$

여기서, Δl_i : 교량의 여유간격(mm)
  d : 지반에 대한 상부구조의 총변위$(d_i + d_{sub})$(mm)
  Δl_s : 콘크리트의 건조수축에 의한 이동량(mm)
  Δl_c : 콘크리트의 크리프에 의한 이동량(mm)
  Δl_t : 온도변화로 인한 이동량(mm)

3. 여유간격 설치위치

여유간격은 설계지진 시 교량 간의 충돌에 의한 주요구조부재의 손상을 방지하고, 내진성능이 충분히 발휘될 수 있도록 교량단부에 설치한다.

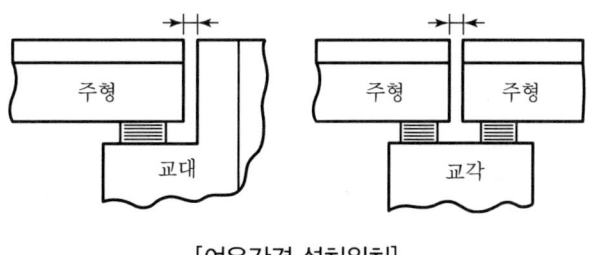

[여유간격 설치위치]

4. 상부구조 여유간격 영향

① 여유간격이 증가하면 이동허용량(Moving Tolerance)이 증가하여 교각의 요구량을 증가시킨다.
② 여유간격이 증가하면 충격력이 감소하여 교대의 수동변위가 감소한다.
③ 여유간격이 증가하면 상부구조의 상대변위가 증가하여 낙교의 위험성이 증가한다.

QUESTION 04

1. 받침 선정 시 및 이동량 산정 시 고려할 사항에 대해 설명하시오.
2. 제진설계에 대해 언급하고, 받침계획 및 교량받침 종류장치를 기술하시오.
3. 면진설계에 대해 언급하고, 받침계획 및 교량받침 종류장치를 기술하시오.

1. 일반적인 교량받침 종류

(1) 기능

일반적으로 널리 사용되는 교량받침은 활하중 및 사하중에 의하여 발생되는 반력을 지지지반에 전달하고 각종 하중으로 유발되는 수평변위로 인한 교각과 주형의 손상을 방지하기 위하여 설치하는 것이다.

(2) 받침계획

1) 받침 선정 시 고려사항
   ① 하중크기, 하중방향(수평하중, 수직하중(상·하방향))
   ② 상부구조 및 하부구조 이동 및 회전량(방향, 크기)
   ③ 받침에 요구되는 성질(재료강도, 마찰계수)
   ④ 유지관리, 미관, 교량형식, 규모, 선형, 각도

2) 받침의 이동량 선정 시 고려사항
   ① 온도변화, 크리프, 건조수축량
   ② PSC교에서 프리스트레스에 의한 탄성변형 이동량
   ③ 활하중에 의한 처짐 및 사하중 증가
   ④ 여유량

(3) 받침 종류

구분	종류
기능별	가동받침(Roller), 활절받침(Hinge), 고정받침(Fixed)
형식별	미끄럼 받침(평면, 선받침, 고력황동받침, 포트받침)
	미끄럼 받침(평면, 구면, 원통형)
	핀받침(지압형, 전단형), 록커받침, 피봇받침

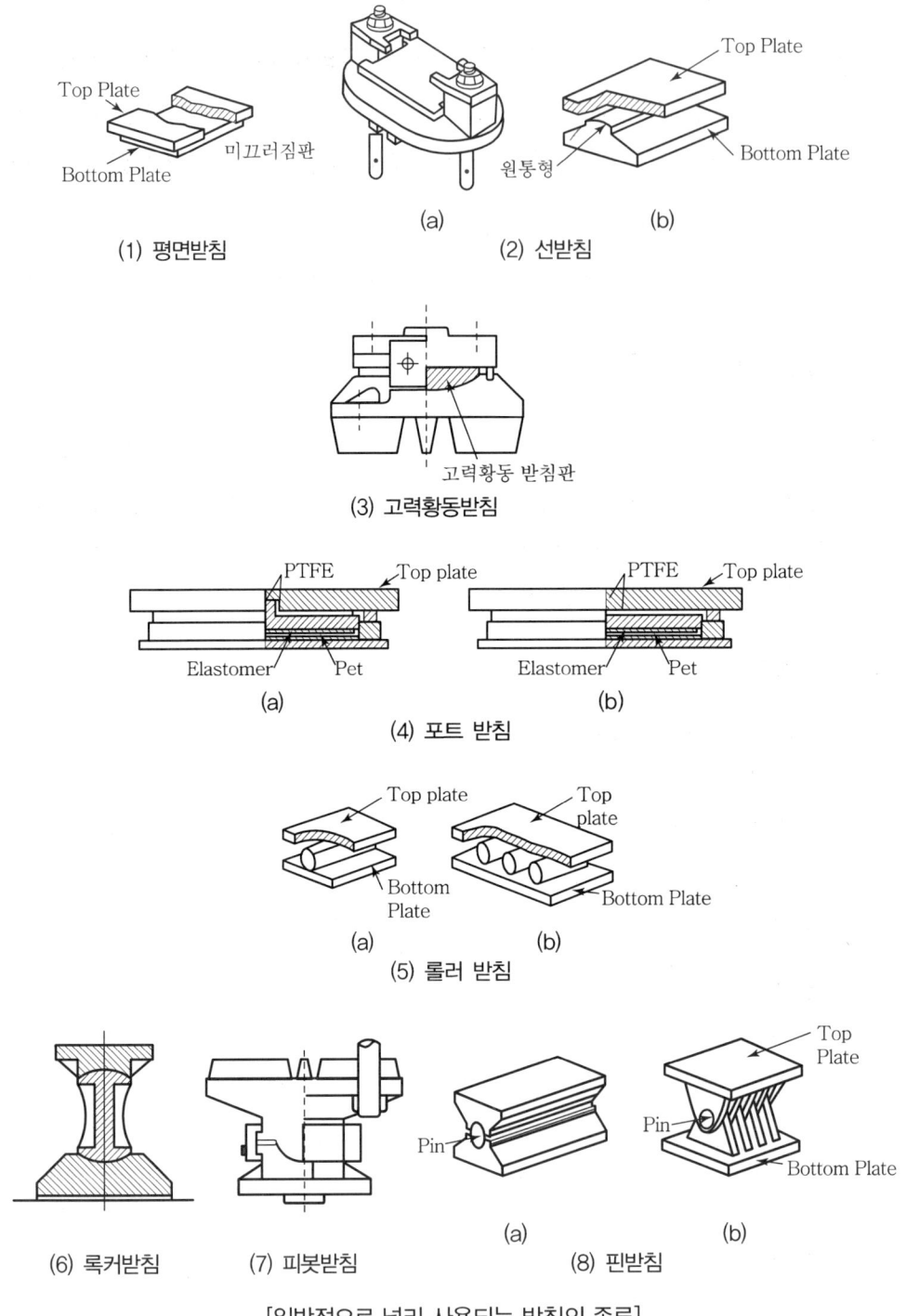

[일반적으로 널리 사용되는 받침의 종류]

2. 제진받침

(1) 기능

제진구조는 구조물에 감쇠기구를 설치하여 지진을 제어하는 구조방식으로 지진으로 유발된 횡하중을 제어하는 데 사용되며, 지진 시 구조물 손상을 방지하고, 에너지를 흡수하여 기능성, 안정성, 안전성 및 경제성을 향상시키는 기능을 수행한다.

(2) 제진구조 종류

1) 수동제진

수동제진은 외부에서 힘을 더하지 않고 감쇠장치를 구조물에 설치하여 진동에너지를 흡수하여 구조물의 진동을 억제하는 방식이다.

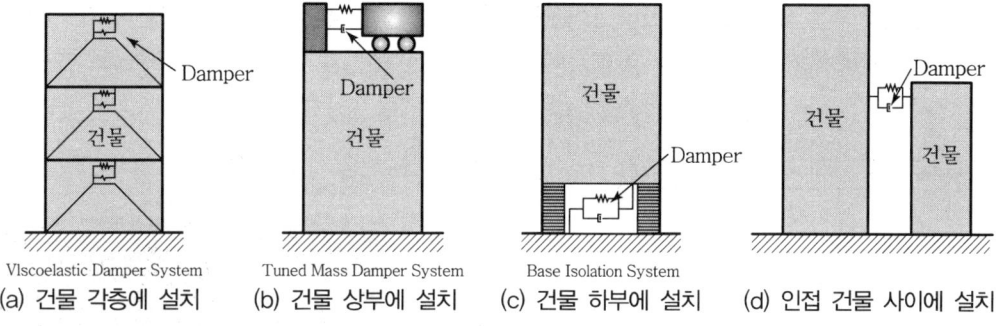

[수동제진방식]

2) 능동제진

능동제진은 외부에서 전기식 혹은 유압식 가력장치(Actuator)를 사용하여 구조물에 힘을 더하여 진동을 억제하는 방식이다.

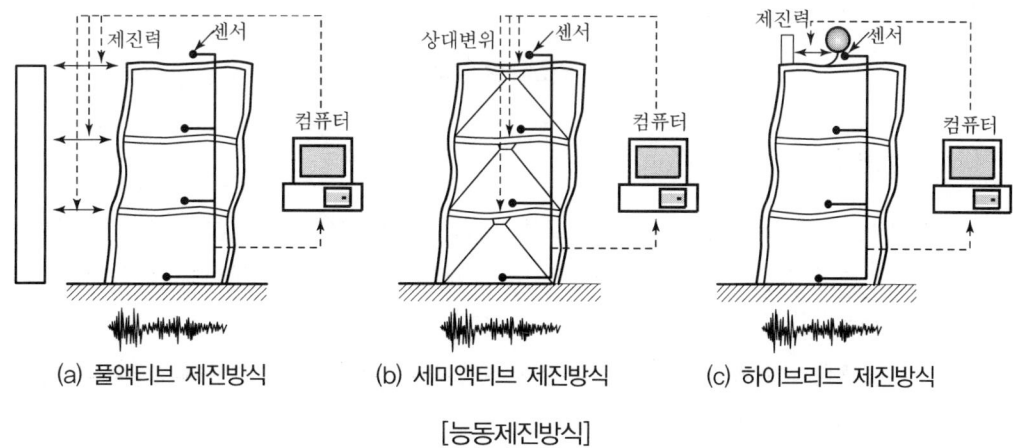

[능동제진방식]

(3) 받침종류

능동제진은 진동공학, 지진공학, 컴퓨터기술 등의 급속한 발전으로 빠르게 현실화되고 있으며 수동제진보다 제진효과가 크다. 그러나 가력이 작동되지 않거나 반대방향으로 작용할 경우 대형사고를 초래할 수 있어 가력장치의 신뢰성을 향상시키는 것이 중요하다. 실제 많이 적용되고 있는 능동제진 시스템은 수동적인 효과로 에너지 흡수율을 높인 복합질량 감쇠장치(Hybrid Mass Damper) 방식이다. 교량에 대한 받침은 일반적으로 널리 사용되는 받침에 임의방향으로 가력이 가능한 볼형(Ball Type) 롤러와 힌지가 있다.

3. 면진받침

(1) 기능

면진받침은 교량에 Isolation Bearing 등으로 된 받침을 설치하여 교량과 기초지반을 절연하여 지진 발생 시 구조물에 지진력이 가해지지 않도록 하는 기능을 수행하는 받침이다.

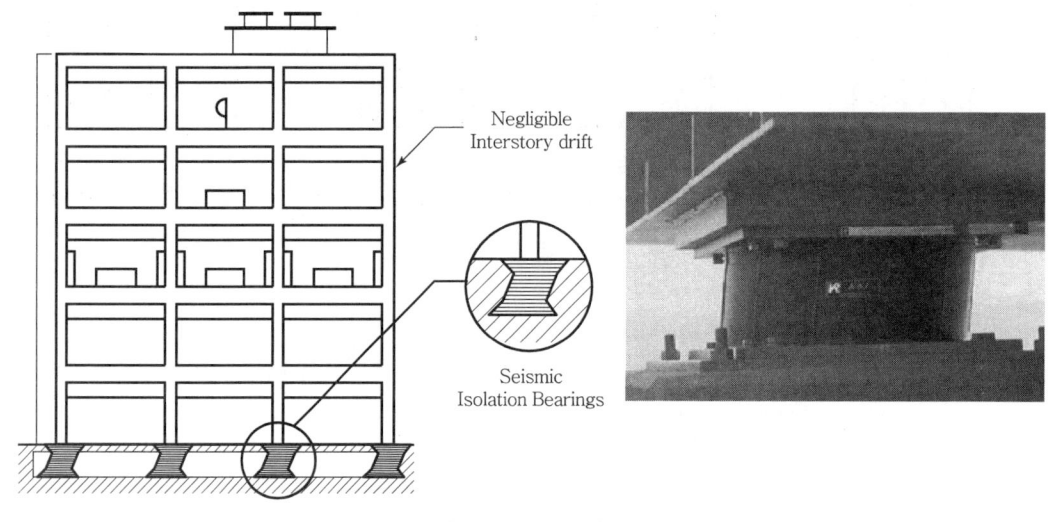

[면진받침 역할]

(2) 받침 종류

면진받침으로 가장 많이 사용하는 교량받침은 지진에 대한 저항성을 높인 탄성 고무받침인 적층납면진받침(LRB ; Laminate Lead Rubber Bearing)이다. 이들 기능은 다음과 같다.

① 중심부에는 납을 이용한 코어를 형상하고 주변은 여러 겹의 철판과 고무를 적재하여 복원력을 증대시킨다.

② 강판은 수직하중에 대해 저항하고 납은 수평하중에 대해 저항한다.

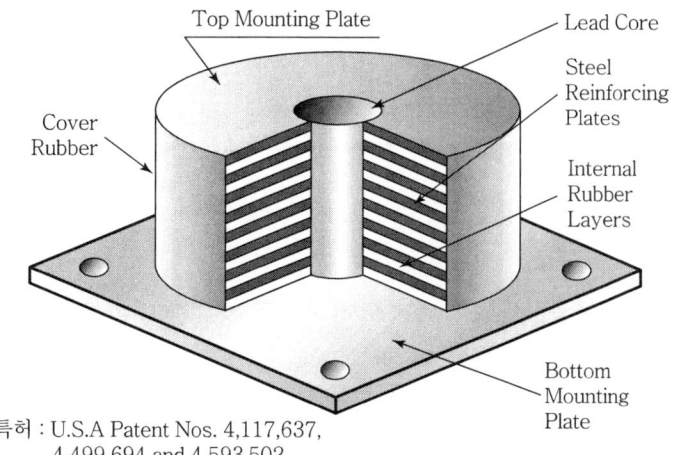

특허 : U.S.A Patent Nos. 4,117,637, 4,499,694 and 4,593.502

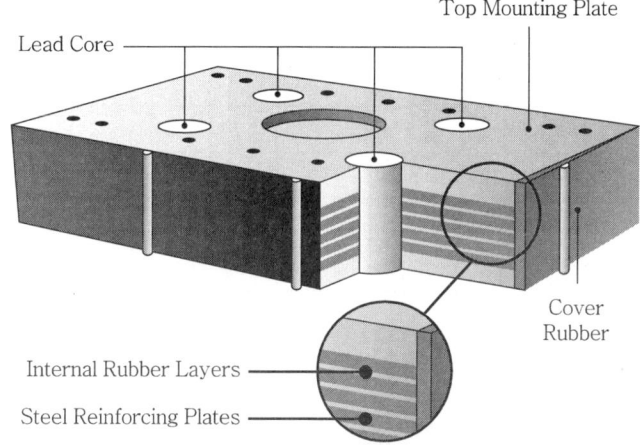

[LRB 면진받침 내부구조]

[광안대교 LRB 적용사례]

QUESTION 05
도로교 설계기준(한계상태 설계법, 2015)에서 규정하는 신축이음의 요구성능에 대해 설명하시오.

1. 모듈러형 신축이음

① 먼지, 모래 등 이물질이 중간보 사이에 퇴적될 경우를 대비하여 청소가 용이하고 일부 소모성 부품 교체에 있어서 편리한 구조를 가져야 한다.

② 추가 여유량을 포함한 최소 이동량

이동방향	설계 최소 이동량
종방향	계산 이동량+25mm
횡방향	25mm
수직방향	25mm
종방향 축에 대한 회전	1°
횡방향 축에 대한 회전	1°
수직방향 축에 대한 회전	0.5°

2. 핑거형 신축이음

① 먼지, 모래 등 이물질이 중간보 사이에 퇴적될 경우를 대비하여 청소가 용이하고 일부 소모성 부품 교체에 있어서 편리한 구조를 가져야 한다.

② 인접 핑거들 사이의 틈은 가장 벌어진 상태(계수 극한 이동상태)에서 다음을 만족
  - 교축방향으로 열려진 길이가 200mm 이하인 경우 : 폭이 75mm 이하
  - 교축방향으로 열려진 길이가 200mm 초과 경우 : 폭이 50mm 이하

③ 계수 극한 이동 상태에서 핑거의 겹침 : 38mm 이상
  하절기에 틈새가 축소되어 완전히 겹쳐졌을 경우 : 20mm 이상의 여유간격
  핑거 캔틸레버 끝단 : 15mm 이상 곡률반경

④ 캔틸레버 시점은 단부 앵글 전면으로부터 캔틸레버 방향으로 10mm 이상 떨어져 있어야 한다. 여기서, 단부 앵글의 상면과 상대편 핑거 캔틸레버의 하면의 사이가 20mm 이상으로 충분할 경우에는 본 규정을 적용하지 않아도 좋음

QUESTION 06 : 도로교 설계기준에서 신축이음의 신축량 계산방법에 대하여 기술하시오.

1. 개요

신축이음장치를 선정함에 있어 가장 중요한 설계조건은 교축방향의 온도변화, 콘크리트의 크리프 및 건조수축에 의한 신축량, 교량의 회전변위 및 처짐량 그리고 구조적으로 필요한 여유량 등이다.

2. 신축량 산정

가동받침의 이동량

$$\Delta l = \Delta l_t + \Delta l_s + \Delta l_c + \Delta l_r + (\Delta l_p) + 여유량$$

= 기본신축량(온도 + 처짐 + 건조수축 + 크리프) + 여유량(설치여유량 + 부가여유량)

(1) 온도에 의한 신축량

$$\Delta l_t = (T_{\max} - T_{\min})\,\alpha \cdot l = \Delta T \times \alpha \times l$$
$$\Delta l_t^{+} = (T_{\max} - T_{set})\,\alpha \cdot l$$
$$\Delta l_t^{-} = (T_{\min} - T_{set})\,\alpha \cdot l$$
$$\therefore \Delta l_t = \Delta_t^{+} - \Delta_t^{-}$$

T_{set} = 신축이음장치가 설치될 때의 온도(48시간 평균온도)

(2) 건조수축

$$\Delta l_s = -\Delta T \times \alpha \cdot l \cdot \beta \text{ (콘크리트 건조수축에 의한 이동량)}$$

여기서, ΔT : 온도변화, α : 선팽창계수
  l : 고정받침에서 고려하는 이동단부까지의 직선거리
  β : 재령에 따른 저감계수

재령(월)	0.25	0.5	1	3	6	12	24
저감계수(β)	0.8	0.7	0.6	0.4	0.3	0.2	0.1

(3) 크리프

$$\Delta l_c = \frac{P_i}{E_c A_c} \cdot \varphi \cdot l \cdot \beta$$

여기서, P_i : 프리스트레싱 직후 PS강재에 작용하는 인장력
A_c, E_c : 콘크리트 단면적과 탄성계수
φ : 크리프계수($=2.0$)

(4) 지점의 회전변위에 의한 신축량

$$\Delta l_r = -h\theta_e$$

$$\Delta v = a\theta_e$$

단순보의 경우 가동받침에 고정단에서의 회전의 영향이 가산되어 2배가 됨

(5) 여유량

- 신축장 100m 이하 : 설치여유량(기본신축량×20%)+부가여유량(10mm)
- 신축장 100m 이상 : 설치여유량(10mm)+부가여유량(20mm)

(6) 설계신축량

설계신축량=기본신축량+여유량

여기서, h:보 높이의 2/3
a:받침의 중심에서 단부까지의 수평거리
θ_e : 강교에서 1/150, 콘크리트교에서 1/300을 적용

l/δ	400	500	600	700	800	900	1,000	1,500	2,000
θ_e(rad)	1/100	1/125	1/150	1/175	1/200	1/225	1/250	1/375	1/500

l/δ =교량의 강성

QUESTION 07

지하차도의 Box 구조물 접속부 U-type 구간이 지하수위에 의한 양압력(부력)을 받을 경우, 이 양압력에 대한 구조물의 안정성 검토방법과 대책공법을 제시하고, 각 공법에 대한 장단점을 설명하시오.

1. 개요

지하구조물이나 지하차도 등의 U-Type 구간에서 부력 또는 양압력에 대하여 구조물 설계시 안정성 여부를 검토하여야 한다.

2. 부력에 대한 안정성 검토

(1) 부력에 대한 안전 검토는 공사 중과 완공 후로 구분해서 하여야 하며, 공사 중은 공사단계별 조건 중에서 가장 위험한 조건에서 검토

(2) 완공 후 검토

  1) 부력(U)

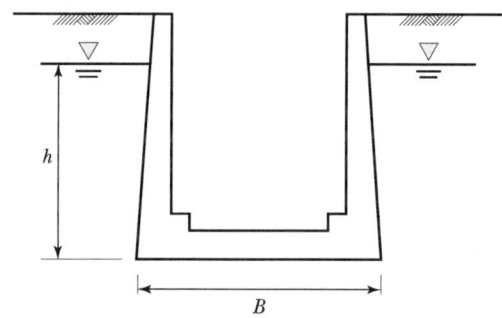

$$u = r_w \cdot h$$

$$U = r_w \cdot h \cdot B \quad \cdots\cdots\cdots\cdots\cdots\cdots\cdots\cdots\cdots\cdots\cdots\cdots\cdots\cdots\cdots\cdots\cdots\cdots\cdots\cdots\cdots\cdots\cdots\cdots\cdots (1)$$

2) 저항력

$$R = W + P_s \quad \cdots\cdots\cdots (2)$$

여기서, W : 구조물 자중
P_s : 구체 측면 마찰저항력($= 2CD + k_o \gamma d^2 \tan\delta$)
C : 흙의 점착력
γ : 흙의 수중단위중량
D : 작용심도
k_o : 정지토압계수($= 1 - \sin\phi$)
$\tan\delta$: 구조물과 지반의 상대마찰각 $\delta = \frac{2}{3}\phi$

3) 안정검토

$$F_s = \frac{R}{U} \geq 1.1 \; : \; 공사 \; 중$$

$$\frac{R}{U} \geq 1.2 \; : \; 공사 \; 후$$

3. 부력방지대책

구분	부력방지 ANCHOR 사용	무근콘크리트 사용	구조물에 부력방지 KEY 설치
단면도	부력방지 Anchor	무근콘크리트 자중증가	부력방지 Key
공법 개요	인장부재를 써서 부력을 흙 지반 또는 암지반에 전달하는 부력 방지공법	무근콘크리트를 채움으로써 자중을 증가시켜 부력에 저항하는 공법	구조물 외측 하부에 Shear Key를 설치하여 측면마찰력으로 부력에 저항하는 공법
특징	• 저항효과가 큼 • 공사비 저렴 • 지지층이 필요함 • 유지보수가 어려움 • 시공성 보통	• 시공성 양호 • 공사비 다소 고가 • 하중과 발생응력의 흐름이 단순 • 부력 저항구조에 대한 유지보수 불필요	• 시공성 양호 • 공사비 고가 • 유지관리 측면에서 유리 • 지하수위가 높은 경우 key 길이 증가효과 감소

ND# 05편 장대교량

CHAPTER 01 장대교량의 분류/아치교/트러스교
CHAPTER 02 사장교의 계획과 설계
CHAPTER 03 현수교
CHAPTER 04 장대교량의 내풍 및 초장대교량
CHAPTER 05 교량의 점검, 유지관리, LCC

CHAPTER 01 장대교량의 분류 / 아치교 / 트러스교

QUESTION 01 장대교량의 종류 및 형식별 특징에 대하여 설명하시오.

1. 개요

일반적으로 장대교량에 적용되는 교량형식은 다음과 같다.
- 트러스교
- 아치교
- 사장교
- 현수교

2. 트러스교

몇 개의 직선부재를 한 평면 내에서 연속된 삼각형의 뼈대구조로 조립한 Truss를 이용한 교량형식으로 거더형교로 긴 경간을 얻을 수 없는 경우 사용

수평재, 수직재, 사재로 구성되며 부재 배치방법에 따라 형식이 분류됨

① 판형 복부판의 높이는 경제성, 제작, 운반, 가설상의 제약이 있지만 Truss교의 높이는 사재의 제작, 운반 가능한 범위 내에서 크게 하는 것이 가능하다.
② 구조물의 강성이 크다.
③ 하중은 축력만이 작용하는 관계로 구조가 단순하고 확실하다.
④ 상현재의 위치에 노면을 설치하는 것이 가능, 상하 Double-Deck 형식에도 좋다.
⑤ 적용경간 : 40~100m

3. 아치교

교량의 주체를 Arch 구조로 하여 지점을 이동하지 못하도록 만든 교량이다. 수평반력에 의해 Arch Rib에 휨모멘트를 감소시켜 단면을 결정하게 되는 주요인을 축방향 압축력이

되게 만든 구조이다.
① 타 교량형식에 비해 미관이 양호하다.
② 교량 아래에 선박 등이 통과할 수 있는 형하고를 확보하기에 유리하다.
③ 형교에 비해 단면을 유효하게 사용하기 때문에 장지간 교량형식에 유리하다.
④ 지점부 수평반력에 의해 가교지점의 지형의 제약을 받는다.
⑤ 적용경간 : 70~150m

4. 사장교

교각이나 기초 위에 세운 주탑으로부터 비스듬히 뻗친 Cable로 주형을 지지하는 교량형식으로 주탑은 압축력, 케이블은 인장력을 받고 보강형은 휨모멘트, 전단력, 축력 모두 받는다.
① 현수교에 비해 Cable 강성이 크다.
② Cable에 대한 응력조정이 가능하므로 설계 시 많은 변화를 줄 수 있다.
③ 강재중량이 가벼워 경제적이다.
④ Cable을 이용하여 지지하는 관계로 가설이 용이하다.

5. 현수교

주탑 및 Anchorage로 Main Cable을 지지하고 이 Cable에 현수재를 매달아 보강형을 지지하는 교량형식으로 보강형은 휨모멘트, 케이블은 인장력을 주탑은 압축력을 받는다. 주 Cable을 Anchorage에 고정시키는 타정식(Earth-anchored)과 보강형에 지지시키는 자정식(Self-anchored)이 있다.
① 초창기에는 중앙경간이 400m 이상일 경우 Truss나 사장교보다 경제적이었으나, 최근 사장교 기술의 발달로 400m를 넘는 경제적인 사장교가 많이 건설되고 있는 실정이다.
② 활하중이나 풍하중에 의한 변형과 진동을 방지하기 위해 상판에 보강이 필요하다.
③ 수심이 깊거나 하부구조를 설치하기 곤란한 지형에 유리하다.

QUESTION 02. 아치교량의 각 부위 명칭과 라이즈비에 대해 설명하시오.

1. Arch 각부의 명칭

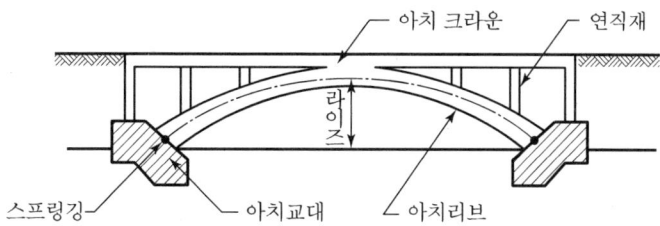

① 아치 리브 : 아치 부재를 말함
② 아치 크라운 : 아치구조의 정점
③ 스프링깅(Springing) : 아치 부재의 양단부
④ 라이즈(Rise) : 아치축선의 양기점을 연결하는 선에서 정점까지의 높이
⑤ 라이즈비 : 라이즈 대 지간의 비

2. 라이즈비(f/l)

① 아치교의 라이즈 f와 스팬 l의 비를 라이즈비라고 하며, 아치교의 강중에 중대한 영향을 미친다.
② 일반적인 라이즈비 $f/l = \dfrac{1}{7} \sim \dfrac{1}{10}$

3. 구조물에 미치는 영향

① 라이즈비가 작을수록 미관은 좋으나 처짐에 수반하는 부가응력이 발생하기 쉽고 강중도 증대된다.
② 반면 라이즈비가 너무 크면, 역시 강중이 커지고 횡방향의 안정성이 나빠진다.
③ 일반적으로 강중은 라이즈비 f/l 및 사하중 w와 활하중 p와의 비(w/p)에 의해 크게 좌우된다. 때문에 이것들의 패러미터를 여러 가지로 변화시켜서 시산 설계를 한 다음 강중이 최소가 되는 라이즈비 f/l를 정해야 한다.

4. 아치리브의 형 높이(h/l)

① 솔리드 리브 아치 : $\dfrac{h}{l} = \dfrac{1}{40} \sim \dfrac{1}{60}$

② 브레이스드 리브 아치 : $\dfrac{h}{l} = \dfrac{1}{15} \sim \dfrac{1}{45}$

③ 일반적으로 형높이 h를 크게 하면 온도응력은 증가된다. 그러나 처짐에 의한 부가응력은 감소되는 경향이 있다.

QUESTION 03

아치교의 종류를 형식별, 구조계에 따라 열거하고 설명하시오.

1. 개요

아치교는 교량의 주체를 아치구조로 하여 지점을 이동하지 못하도록 만든 교량이다. 수평반력에 의해 Arch Rib에 휨모멘트를 감소시켜 단면을 결정하게 되는 주요인을 축방향 압축력이 되게 만든 구조이다. 아치교는 장대교에 주로 사용되며 미관이 좋아서 단경간 교량에도 사용되며 주로 압축을 받도록 되어 있어 좌굴에 대한 세심한 주의가 필요하다.

2. 공용형식에 따른 분류

(1) 상로식 아치교

상판이 아치리브의 위쪽에 설치되어 있어 깊은 계곡이나 지면과 계획고의 높이차가 심한 곳에 채용되는 형식으로 지면과 상부구조와의 공간이 넓을 때에는 미관이 양호하지만 평수위와 홍수위와의 변화가 심한 구간에는 적용이 부적절하며 상판과 아치리브 사이의 공간의 형태에 따라 개복식과 폐복식으로 분류된다.

(2) 중로식 및 하로식 아치교

콘크리트 아치교보다는 강아치교에 많이 적용되는 형식으로 상판이 아치리브의 중간 또는 하단에 설치되며 가교지점이 해협부 또는 하천, 호수에 위치할 경우나 도시 내에서 형하공간에 제한이 있는 경우에 주로 적용된다.

3. 구조계(힌지수)에 의한 분류

(1) 고정아치교(3차 부정정)

아치교의 양단을 완전히 고정시킨 형식으로 양단의 고정모멘트가 크기 때문에 견고한 지반에 적용 가능하며 다른 형식과 비교할 때 하부구조가 커지는 단점이 있으나 강성이 크기 때문에 아치리브 단면을 줄일 수 있는 장점이 있으며 구조역학적으로는 3차 부정정 구조물이며 콘크리트 아치교에 많이 적용된다.

(2) 1힌지 아치교(2차 부정정)

아치 크라운부에 힌지를 설치한 형식으로 이론적으로는 가능하나 실제 시공 예는 거의 없다.

(3) 2힌지 아치교(1차 부정정)

일반적으로 강아치교에 많이 채용되는 형식으로 구조역학적으로는 1차 부정정 구조이다. 이 형식은 아치 스프링부가 힌지구조로 되어 있어 받침대에 휨모멘트가 전달되지 않으므로 받침대의 단면을 작게 할 수 있으나 좌굴 저항성과 내진 안정성 등이 고정아치교에 비해 뒤떨어지고 아치 크라운부의 단면이 크기 때문에 중간 규모의 교량에 주로 채용된다. 지간 180~270m에 적용

(4) 3힌지아치교(정정)

아치크라운부와 스프링부에 힌지를 설치한 형식으로 가교지점의 지반이 불량함에도 불구하고 아치교를 채용해야 할 경우에 적용되는 구조이나 힌지가 크라운부에 설치되어 있어 활하중에 의한 충격이 크게 되는 결점이 있다. 바닥틀구조의 교장방향 탄성곡선이 정부힌지의 위치에서 침하하므로 고속도로 및 철도교와 같이 큰 충격이 발생하는 곳에서는 사용이 곤란하다(지간 180m 이내에 적용)

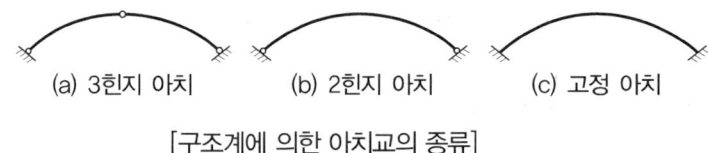

[구조계에 의한 아치교의 종류]

4. 형식별 분류

(1) 타이드 아치교(Tied Arch교) (외적 정정, 내적 1차 부정정)

아치의 양단을 Tie로 연결하여 1단 고정단 타단 가동단으로 지지하여 수평반력을 Tie로 받게 한 형식. 아치 Rib에는 모멘트 및 축력 작용, Tie에는 축력만 작용
이 구조물은 외적으로는 정정이고 내적으로는 부정정구조이므로 정역학적 평형방정식만으로는 풀 수 없는 구조물이다.
① 지점에서 일어나는 수평반력을 Tie가 받으므로 지점 수평반력이 생기지 않는다.
② 외적으로 정정구조이므로 반력은 단순보로 해석
③ 지반상태가 양호하지 않은 곳에서 채택 가능
④ 가설이 어려워 비경제적

(2) 랭거 아치교(Langer Arch교) (1차 부정정)

Langer교는 비교적 가는 Arch 부재와 보강형을 수직재(평형재)로 힌지 연결하여 Arch 부재는 압축력만 받게 하고, 휨모멘트와 전단력은 별도 설치한 보강형(형 또는 트러스)이 받게 한 형식(지간장 80~200m에 적용, 동작대교 전철교)
① 아치 Rib는 압축력만 받고 보강형이 휨모멘트 및 전단력을 받으므로 경제적
② 아치 Rib의 강성이 작으므로 설계 시 주의를 요함
③ 내적으로는 부정정 구조임
④ 미관이 좋고 교량 전체의 중심이 낮다.

(3) 로제 아치교(Lohse Arch교) (고차 부정정)

랭거 아치교 아치단면을 크게 하고 접합점을 강결로 하여 아치부재도 휨모멘트, 전단력을 부담할 수 있게 한 형식으로 타이드 아치교와 랭거 아치교를 결합한 형식이다.
① 아치 Rib와 보강형의 강성이 같으므로 모멘트 분배를 효과적으로 할 수 있기 때문에 구조적으로 안정감이 있다.
② 상·하현재의 구조가 동일하므로 연결부 설계가 용이하다.
③ 아치 Rib와 보강형의 강성이 크므로 수직재(Tie)의 간격을 Langer교에 비해 넓게 배치가 가능하다.
④ 비경제적이다.

(4) 밸런스드 아치교(Balanced Arch교)

교량이 3경간일 때 중앙경간을 아치로 설치하고 측경간에 캔틸레버를 연장해서 그 선단과 교대 사이에 보강형(형 또는 트러스)을 설치하여 만든 교량

(5) 닐센 아치교(Nielsen Arch교)

Nilsen Arch교는 로제형교의 수직재 대신에 사재를 사용하여 Arch Rib와 보강형의 휨모멘트를 대폭 감소시킴으로써 축방향력을 지배적으로 한 경제적 단면의 교량이다.

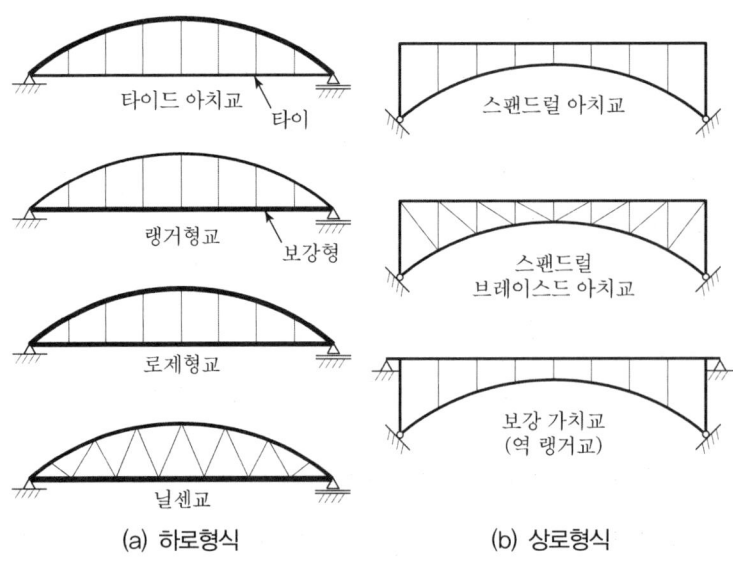

[아치교의 형식별 종류]

QUESTION 04. 아치의 구조적 장점을 단순보와 비교하여 설명하시오.

1. 아치구조물의 장점

아치는 수직외력으로 발생한 지점 수평력이 각 단면에서 휨모멘트를 감소키고 축방향력과 전단력의 부재력을 유발하는 특성이 있다.

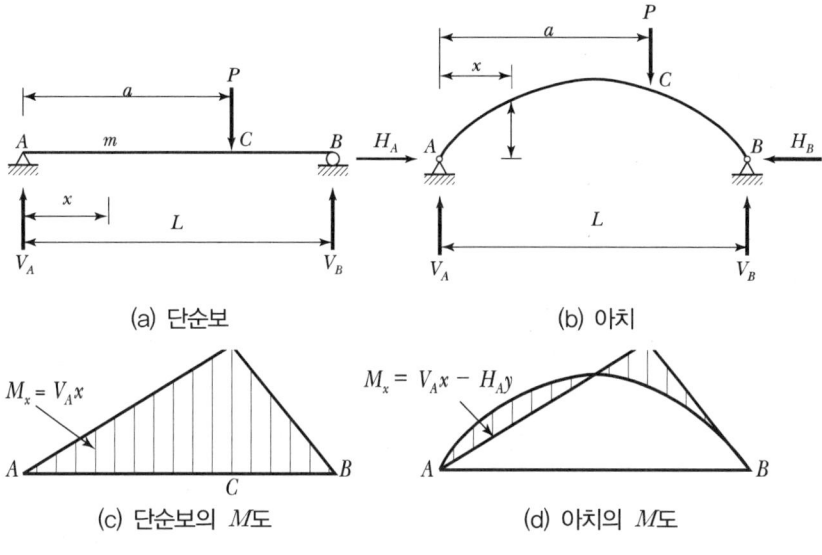

[보와 아치의 비교]

단순보와 아치 구조물의 휨모멘트도를 비교하면 휨모멘트와 같이 단순보는 집중하중이 작용하는 위치까지 휨모멘트가 계속 증가하나 아치 구조물은 수평력으로 인해 휨모멘트가 감소한다.

① 단순보의 휨모멘트 : $M_x = V_A \times x$
② 아치구조물의 휨모멘트 : $M_x = V_A \times x - H_A \times y$

2. 아치 종류별 적정 지간

(1) 무활절 아치(양단 힌지) : 적정 지간 30~120m 정도에 사용

(2) 2활절 아치(양단 힌지+중앙 힌지) : 적정 지간 180~270m 정도에 사용

(3) 3활절 아치(양단 고정) : 적정 지간 180m 이내에 사용

QUESTION 05. Nilsen Arch 교량에 대해 특징, 가설공법 등에 대해 설명하시오.

1. 정의

Nilsen Arch교는 로제형교의 수직재 대신에 사재를 사용하여 Arch Rib와 보강형의 휨모멘트를 대폭 감소시킴으로써 축방향력을 지배적으로 한 경제적 단면의 교량이다.

2. 적용 경간

120~250m의 중규모 교량

3. 특징

① 강재의 휨모멘트는 일반적인 Arch교와 비교할 때 크게 감소한다.
   따라서, 축방향력이 지배적으로 되어 경제적인 단면이 얻어진다.
② 사재의 간격, 경사각을 적당히 선정함으로써 사재를 인장력에 대해서만 계산할 수 있다.
③ 휨모멘트처럼 Nielsen계 교량의 최대처짐은 일반적인 Arch교의 처짐보다 매우 적다.
④ 일반적인 Arch교의 휨 진동의 1차 진동 모드가 역대칭으로 되는 데 비해 Nielsen계 교량의 휨 진동의 1차 진동 mode가 대칭형으로 되어 진동 면에서도 유리한 교량이다.
⑤ 장대교에서 Arch의 단면이 보강형의 단면과 거의 같으므로 강성이 좋고 위안감을 준다.
⑥ 장지간의 교량에 유리하며 데크 및 아치리브가 조화를 이루어 경관미가 있을 뿐만 아니라 케이블의 트러스 작용에 의해 휨모멘트가 감소되고 풍하중과 좌굴에 대해 더욱 안전하게 된다.
⑦ 설계 계산이 복잡하므로 고도의 기술능력 요구
⑧ 사재가 아치교의 전단 변형에 크게 기여하기 때문에 이동하중에 의한 처짐 변동이 작은 구조물이다.
⑨ 국내시공실적 : 서강대교, 압해대교, 저도 연육교, 백야대교, 남도대교, 공단교 등

4. 일반도

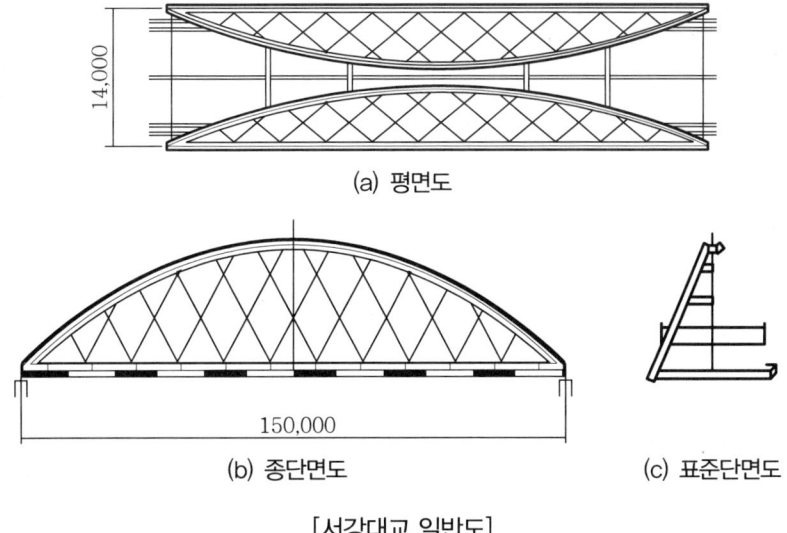

(a) 평면도

(b) 종단면도

(c) 표준단면도

[서강대교 일반도]

5. 설계 주요 검토사항

(1) 닐센계 교량의 형식과 라이즈비

① 닐센계 교량에는 상하현재의 단면 강성에 따라 랭거 거더, 로제 거더, 타이 아치 등의 기본 형식이 적용됨

② 장지간의 교량에서는 아치의 수평력이 증가하는 상현재의 단면을 크게 하지 않으면 안 되며, 이 경우 로제 거더 또는 타이 아치 형식이 적합함

③ 아치 라이즈는 $\frac{1}{6} \sim \frac{1}{8}$ 정도가 적합함

라이즈를 크게 취하면 수평분력이 감소하고 상하현재 단면을 작게 할 수가 있는데 사재가 길어져 비경제적

(2) 패널분할과 사재형식

① 패널길이 : 10~15m가 적절

② 싱글 와렌 트러스식 사재 사용 : 지간의 $\frac{1}{4}$점의 사재 경사각이 약 45°가 되도록 패널 분할

(3) 주구와 바닥틀

① 2개의 수직 주구 사용
② 입체적 응력 해석 필요
③ 사재에 유연한 거동을 하는 케이블 사용으로 강결한 부재와 유연한 부재의 혼용 구조물이 되므로 좌굴에 대한 검토 중요

(4) 아치 리브의 유효좌굴장

닐센 아치교는 유연한 사재의 교차되는 부정정 배치에 의해 그 변형이 특이한 형상을 나타냄

(5) 사재 케이블 및 정착구

① 닐센 아치교의 정착구 및 케이블 시스템은 기본적으로 사장교과 대동소이함
② 일반적으로 케이블 수가 많고, 스트럿 수는 비교적으로 정착부에 작용하는 케이블의 집중하중은 사장교에 비해 상당히 낮은 편이며, 특별한 경우가 아닌 한 프리스트레스를 가하지 않는다는 점이다.

6. 제작 및 가설

닐센 아치교의 제작과정에서 일반 아치교와 다른 점은 사재가 케이블로 시공됨으로 인한 정착구 주변의 지지 거더 및 보강 상세가 달라진다는 점이다.

(1) 벤트공법

가설 벤트와 가설 크레인(크롤러 크레인)의 조합에 의해 순차적으로 개개의 블록을 조립하는 공법, 가설위치가 육상이거나 수심이 얕고, 유속이 느린 하천상에서 주로 적용

(2) FC(Floating Crane)에 의한 일괄가설공법

해상 또는 수심이 깊은 하천에서 대형 해상 크레인에 의해 일괄 가설하는 공법

(3) 대선(Barge)에 의해 일괄 가설공법

교량 가설위치가 해상 또는 하천인 경우로서 대형 해상 크레인의 진입이 불가능한 경우 적용

(4) 케이블 가설(Cable Erection) 공법

현장 여건 등의 이유로 벤트 설치가 불가능하고 형하공간을 이용할 수 없는 계곡 등에서 주로 이용

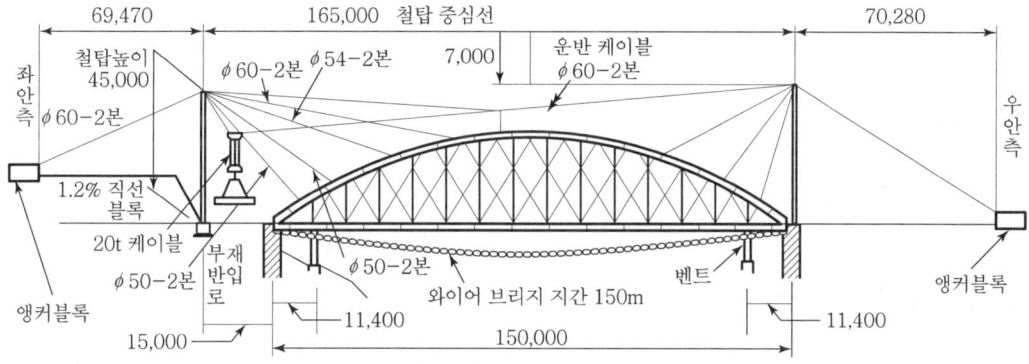

QUESTION 06
교량 트러스의 구성과 유형, 2차 응력에 대해 설명하고 이 2차 응력을 줄일 수 있는 방법을 기술하시오.

1. 개요

주 구조가 축방향 인장 및 압축부재로 조합된 형식의 교량

2. 트러스교의 구성

(1) 주트러스

수직하중을 지지하고 그 하중을 하부구조로 전달하는 역할. 현재(상하현재), 단주(경사, 수직단주), 복부재(수직재, 사재)로 구성

(2) 수평브레이싱

양측의 주 트러스를 연결하여 횡하중에 저항하는 역할

(3) 수직브레이싱

양측의 주 트러스와 상부 수평브레이싱을 연결하는 것

(4) 바닥틀

횡형과 종형으로 구성되며 바닥판으로부터 전달되는 하중을 주 트러스의 격점으로 전달

3. 구조 특성

① 부재의 모든 격점은 마찰이 없는 핀 결합으로 가정하므로 부재력은 축방향력만 발생. 그러나 실제는 리벳, 볼트, 용접 등 강결구조이므로 2차 응력이 발생하나 그 영향력은 미소하여 무시할만하다.
② 트러스교의 높이를 임의로 정할 수 있어 상당히 큰 휨모멘트에 저항할 수 있다.
③ 구성부재를 개별적으로 운반하여 현장에서 조립이 가능하다.
④ 트러스의 상하에 바닥판의 설치가 가능하므로 2층 구조의 교량형식으로 사용할 수 있다.

⑤ 내풍성이 좋고 강성 확보가 용이하여 장대교량의 보강형으로 적합하다.
⑥ 부재구성이 복잡하고 현장작업량이 많으므로 가설비와 유지관리비가 고가이다.

4. 적용경간

① 단순 트러스 : 60~100m
② 연속 트러스 : 70~200m
③ 게르버 트러스 : 90~200m

5. 종류

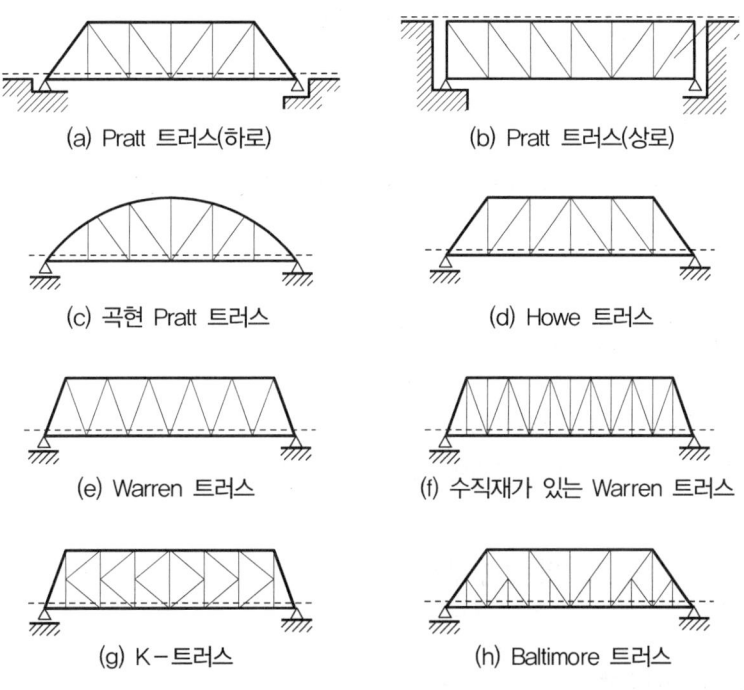

[트러스교의 종류]

(1) Pratt Truss

사재가 만재하중에 의하여 인장력을 받도록 배치한 트러스. 상대적으로 부재길이가 짧은 수직재가 압축력을 받는 장점이 있고 지간 45~60m에 적용

(2) Howe Truss

사재가 만재하중에 의하여 압축력을 받도록 배치한 트러스

(3) Warren Truss

상로의 단지간에 사용. 지간 60m에 적용

(4) Parker Truss

지간 55~110m에 적용

(5) Baltimore Truss

분격트러스의 일종. 지간 90m 이상에 적용

(6) K – Truss

외관이 좋지 않으므로 주트러스에는 사용하지 않음. 2차 응력이 작은 이점이 있다. 지간 90m 이상에 적용

6. 구조해석상의 기본가정

① 부재의 양단은 마찰 없는 핀으로 연결
② 하중 및 반력은 트러스의 평면에 있고 격점에만 적용
③ 부재는 직선이며 중심축은 격점에서 만난다.
④ 하중으로 인한 트러스의 변형 무시

7. 트러스의 교번응력

(1) 정의

한 부재의 전 부재력이 인장력도 될 수 있고 압축력도 되는 현상을 응력교체(Stress Reversal)라 하고, 이때의 응력을 교번응력이라 한다. Truss의 중앙격간 부근에 있는 사재일수록 가능성이 크다.

(2) 설계방법

① 소요단면적 : 각 응력에 대해서 소요단면적을 구하고 큰 쪽의 단면적을 사용해야 하며 압축응력에 대한 좌굴강도의 검토도 해야 한다.
② 상반응력 부재 : 활하중에 의해서 발생한 활하중응력이 고정하중응의 부호와 반대가 되는 경우

(3) 특징

과거에는 일반적으로 사재가 압축응력을 받지 않는다고 가정했기 때문에 응력교체가 일어나는 구간에서는 사재와 교차되는 새로운 사재, 즉 대재를 설치하였다. 그러나 오늘날 대부분의 교량 트러스에서는 교번응력을 동시에 견디도록 설계되어 있으며 대재를 두지 않는다.

8. 트러스의 2차 응력

(1) 정의

트러스의 실제 구조물은 상기 가정과는 달리, 트러스 격점에서 이상적인 핀결합이 되었다고 하더라도 Eye Bar의 이완 및 결손, 마모 등으로 핀에는 마찰이 발생하고, 연결판(Gusset Plate) 사용으로 부재가 상호 강결합되는 형식이 채택되는 것이 일반화되고 있는 실정으로 이로 인해 부재 신축 시 부재 간의 각 변화가 발생하고 구속된 부재에는 축력 외에 휨모멘트가 발생하게 된다.

이와 같이 휨모멘트에 의한 수직응력인 트러스의 2차 응력이 유발된다. 트러스의 2차 응력이라 함은 외력에 의한 응력 외에 구조물의 변형에 의해 발생되는 응력을 말한다.

(2) 원인

① 격점에서 거싯 플레이트에 의해 부재를 강결 접합
② 부재의 중심에 대해 축방향력이 편심하여 작용
③ 부재의 자중에 의한 영향
④ 횡 연결재의 변형에 의한 영향

(3) 최소화 방안

① 부재의 세장비 또는 높이, 길이의 비 h/L가 적당한 범위에 들어오도록 한다.
  $\left(\text{시방서 규정사항} : h/L < \dfrac{1}{10}\right)$

② 거싯 플레이트를 가능한 한 Compact하게 한다.

③ 부재의 폭을 작게 한다.

④ Prestress 도입 : 제작 및 가설단계에서 미리 전하중 작용 시 부재의 신축량을 조정하여 부재길이를 증감하여 제작하는 방법으로 부재의 기하학적인 형상조건으로 2차 응력에 대비하여 Prestress를 도입하는 방법

⑤ 부재의 편심은 가급적 피할 것

⑥ 바닥틀, 수평 브레이싱을 설치하여 트러스 부재의 축방향 변형에 동반한 부가응력 발생을 억제한다.

⑦ 바닥틀의 처짐을 방지

⑧ 자중에 의한 부재 처짐을 Camber로 사전 조절

(4) 특징

일반 트러스에서는 부재 중심선이 격점에서 만나고, 부재가 가늘고 길기 때문에 2차 응력은 1차 응력에 비해 작은 것이 보통이다. 대부분의 트러스 설계는 1차 응력 결과로 충분하나 2차 응력이 무시할 수 없을 정도로 크다면 설계 및 제작, 시공 시 면밀히 고려하여 2차 응력 발생을 설계단계에서 조정해야 한다.

CHAPTER 02 사장교의 계획과 설계

QUESTION 01
사장교의 케이블 배치형식(교축방향)과 배열방법(교축직각방향)에 대하여 기술하시오.

1. 케이블 종류

케이블의 배치를 결정할 때에 고려해야 할 사항은 다음과 같다. 소수케이블 시스템은 초기의 사장교에서 사용하였던 형식이며 구조해석 기술의 발달과 시공기술의 발달로 최근에는 다수 케이블 시스템을 적용하고 있는 상황이다.

구 분	종류
케이블 수	• 소수케이블 • 다수케이블
케이블 측면 배치형식	• 방사형식 • 팬(Fan)형식 • 하프(Harp)형식
케이블 지지면 수	• 중앙 1면 지지 • 양측 2면 지지

2. 다수케이블 특징

(1) 장점

① 주형에 발생하는 최대 휨모멘트가 소수케이블 시스템에 비해 작다.
② 1개의 케이블을 설치하기 위한 정착구조가 간단하다.
③ 정착구 근처의 국부적 응력집중이 작다.
④ 케이블 사이의 설치거리가 짧기 때문에 임시교각(temporary pier)을 적게 사용하거나 전혀 사용하지 않을 수 있다.
⑤ 케이블 방식처리의 공장 실시가 가능하다.
⑥ 케이블의 치환이나 보수가 용이하다. 즉, 유지보수가 경제적이다.

(2) 단점

① 케이블 부재의 강성이 비교적 작다.
② 측경간에 비교적 큰 부반력이 생길 가능성이 있다.
③ 바람에 의한 케이블 부재의 진동문제가 발생할 수 있다.
④ 시공이 비교적 복잡하다.

3. 케이블 배치형식(교축방향)

케이블 교량의 측면에 지지되는 케이블의 측면배치형식은 방사형, 팬형(부채형), 하프형이 있으며 이들 특징은 다음과 같다.

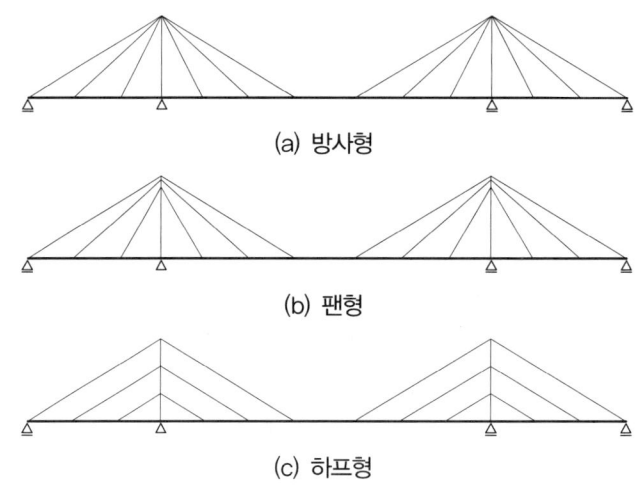

(a) 방사형

(b) 팬형

(c) 하프형

[케이블 측면 배치형식]

형식	특징
방사형 (Radiating)	• 케이블과 주형이 이루는 각도가 다른 형식에 비해 크다. • 연직하중에 대한 강성이 크다. • 주형에 발생하는 축력이 작다. • 측경간과 주경간 케이블 간의 힘의 전달이 주탑의 한 점에서 이루어진다. • 주탑에서의 케이블 정착작업이 어렵다.
팬형 (Fan)	• 케이블과 주형이 이루는 각도가 크다. • 연직하중에 대한 강성이 크다. • 주형에 발생하는 축력이 작다. • 주탑에서의 케이블 정착작업이 비교적 쉽다. • 케이블의 치환이 용이하다.

형식	특징
하프형 (Harp)	• 케이블과 주형이 이루는 각도가 일정하다. • 주형에 발생하는 축력이 크다. • 주탑에서의 케이블 정착작업이 쉽다.

4. 케이블 배열방법(교축직각방향)

교축직각방향의 케이블의 배열방법은 케이블 지지형식을 의미한다. 아래 [그림]과 같이 1면 지지형식과 2면 지지형식이 있으며 이들 특징은 다음과 같다.

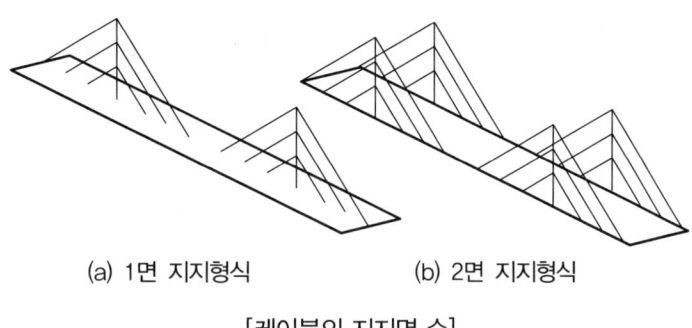

(a) 1면 지지형식   (b) 2면 지지형식

[케이블의 지지면 수]

(1) 1면 지지형식

중앙 1면 지지형식과 2면 지지형식 선정 시는 주형에 비틀림의 발생 여부를 분석해야 한다. 중앙 1면 지지형식은 케이블 배치구조 시스템이 구조가 비틀림력에 대해 저항할 수 없으므로 주형은 비틀림 강성이 높은 단면으로 설계해야 한다. 이 형식은 케이블을 상부구조의 중앙선에 정착시키므로 가설 시에는 비교적 쉽게 정착할 수 있는 장점이 있다.

(2) 2면 지지형식

양측 2면 지지형식은 주형에 작용하는 비틂력을 케이블의 축력으로 저항할 수 있도록 만든 구조시스템으로 주형의 비틂 강성이 상대적으로 작아질 수 있다. 실제로 주형의 비틂 강성이 매우 작은 사장교의 가설 실적이 많다(Annacis교, Quincy교 등).

QUESTION 02 사장교와 현수교의 역학적 특징 및 원리에 대해 비교 설명하시오.

1. 개요

장대 지간의 교량에 적용되는 케이블 형태의 대표적 교량으로는 사장교와 현수교가 있는데 그 구조상의 차이점에 대해 논술하기로 한다. 케이블을 사용하고 긴 지간의 교량에 적용된다는 면에서 사장교는 현수교와 많이 비교되지만 두 형식의 케이블의 배치상의 차이로 그 정력학적 거동에 있어서는 큰 차이점을 가지고 있다.

2. 사장교

① 장지간을 건널 경우 자신의 휨 강성만으로 건널 수 없는 보를 직선상의 인장재를 직접 탑의 정상부나 중간부위에서 보의 수개 점에 사방향으로 달아매어 강판형(강상자형)의 내하력을 증가시킨 것이다.
② 주탑은 압축력, 케이블은 인장력을 받음
③ 보강형은 휨모멘트, 전단력, 축력을 받음

3. 현수교

① 정착부와 주탑에 늘어져 있는 주케이블에 보강거더를 행거로프에 의하여 매달아 놓은 형식
② 보강형은 휨모멘트, 케이블은 인장력, 주탑은 압축력을 받는다.
③ 강성이 경간길이에 비하여 비교적 작은 Flexible한 구조, 케이블의 처짐이 커지면 케이블 장력 증가로 저항(강성)이 증가하므로 결과적으로 변형이 억제되는 특징 → 현수교의 경간길이를 장대화
④ 케이블이 포물선형으로 배치되는 현수교에서는 연직하중 재하에 대하여 케이블의 장력이 평형상태에 이를 때까지 큰 변형을 일으키는 반면, 사장교에서는 케이블이 직선상으로 배치되므로 현수교와 같은 큰 변형을 일으키지 않는다.
⑤ 현수교의 경우는 탑고가 매우 높아야 하며 그 최대 처짐량은 사장교에 비해 약 3배 이상이며 집중하중에 대해서는 약 5.5배 이상이 된다.

⑥ 또한 거더로서의 큰 휨강성과 회전강성도 크게 요구되고 재료량도 현수교는 사장교에 비해 약 2배 이상이 필요하므로 어떤 지간 범위 내에서의 장대교량형식으로서는 사장교가 적합하다.

4. 현수교와 사장교의 역학적 비교

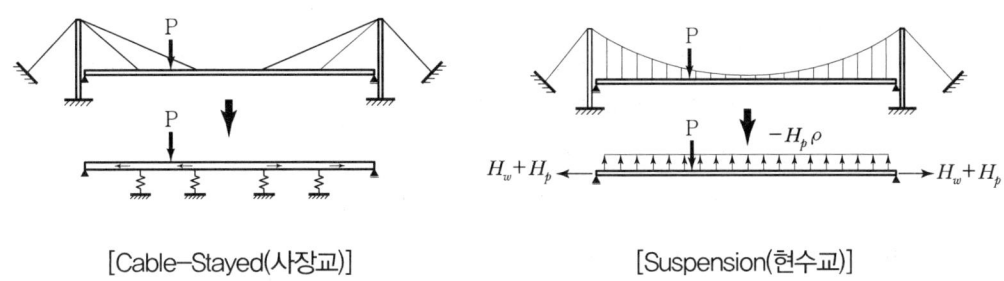

[Cable-Stayed(사장교)]   [Suspension(현수교)]

5. 사장교와 현수교의 비교

구 분	사장교	현수교
지지형식	주탑 (하프형, 방사형, 팬형, 스타형)	주탑 앵커리지(자정식, 타정식)
하중 전달경로	하중 케이블 주탑	하중 → 행거 → 현수재 → 주탑, 앵커리지
구조 특성	고차부정정구조 (연속거더교와 현수교의 중간적 특성)	저차부정정구조 (활하중이 지점부로 거의 전달되지 않음)
장단점	• 현수교에 비해 강성이 커 비틀림 저항이 크다. • 케이블 응력조절이 용이하여 단면을 줄일 수 있다.	• 장경간에 경제적임 • 풍하중에 대한 보강이 필요한다. • 하부구조 설치가 곤란한 지형에 유리하다.
대표 교량	서해대교, 올림픽대교, 돌산대교, 진도대교	영종대교, 남해대교, 광안대교

QUESTION 03

사장교의 비선형 해석을 해야 하는 주요 요인을 들고 각 항목에 대해 설명하시오.

1. 개요

사장교는 일반적으로 선형 해석을 원칙으로 하지만 다음과 같은 요인으로 장경간을 갖는 경우 반복적인 비선형 해석이 필요하다.
① 케이블 자체의 자중으로 인한 새그(Sag)의 영향
② 주탑과 주탑에 작용하는 매우 큰 축력 등으로 인한 효과
③ 대변형(Large deformation)으로 인한 형상의 변화

2. 케이블 자체의 자중으로 인한 새그(Sag)의 영향

중소 규모의 사장교에서는 케이블의 연직면에 대한 투영길이가 짧기 때문에 케이블 새그가 별로 문제되지 않지만 장대 경간 사장교에서는 케이블 길이가 길어지고 케이블 자체의 자중이 커서 새그량이 커지므로 탄성계수가 현저하게 감소한다. 특히 사하중 상태에서 응력이 다른 부위에 비해 낮고, 길이가 긴 단부에 정착하는 케이블에서는 이러한 탄성계수의 영향이 더 심각하다.

케이블의 비선형성을 고려하기 위한 Ernst의 유효탄성계수의 개념

$$E_{eq} = \frac{E_0}{1 + \frac{(\gamma l)^2}{12\sigma_0^3}E_0}$$

여기서, E_{eq} : 케이블 새그를 고려한 Ernst의 등가탄성계수
E_0 : 케이블 새그를 무시한 직선 케이블의 탄성계수
γ : 케이블의 단위중량
l : 케이블의 수평 투영길이
σ_0 : 케이블의 인장응력

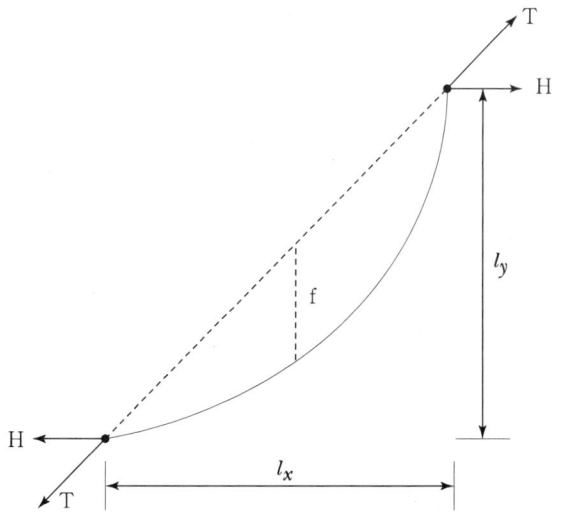

[새그 f를 갖는 케이블의 형상]

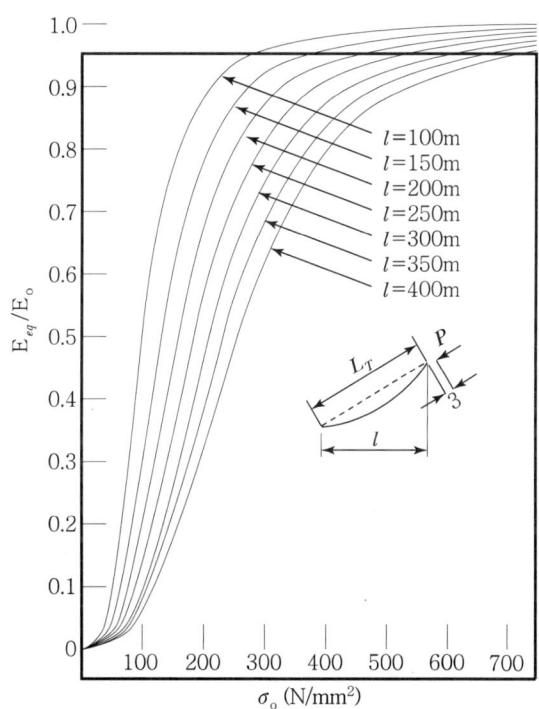

[케이블의 응력과 등가탄성계수와의 관계]

3. 주형과 주탑의 축력효과

설계 하중에 따른 해석 변위의 결정은 보통 미소변위를 가정한 선형 해석을 기본으로 한다. 그러나 사장교에서는 주형과 주탑이 압축력과 휨모멘트를 동시에 받을 때 하중과 축력의 상호작용으로 비선형 거동을 보인다.

비선형성의 정도는 좌굴하중에 대한 압축력의 크기와 휨에 의한 변형의 크기에 좌우된다. 상대적으로 세장한(Slender) 주형과 주탑에서는 매우 큰 압축력이 존재하기 때문에 Beam-column으로 해석할 필요가 있다. 압축력은 Beam-column의 휨모멘트를 증가시키고 그 결과로 비선형 관계를 보이기 때문이다.

4. 대변형으로 인한 형상의 변화

구조물에 대변형이 발생하면 외부하중과 구조물의 내력이 완전히 비례하지 않고 내력이 급속히 커진다. 이 문제는 구조물의 응력과 힘을 계산할 때 처짐을 고려하는 처짐이론, 즉 2차이론(Second order theory)으로 취급된다. 즉, 구조물의 처짐으로 인해 부가하중에 비례하지 않는 부가응력이 발생하는데 이 응력을 연속적인 수치해석 근사법인 Newton-Raphson으로 구할 수 있다.

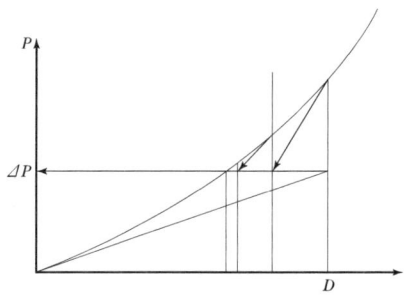

[하중증분법을 이용한 대변형 해석]

QUESTION 04

사장교 stay cable의 특성, 종류, 정착방법 그리고 방식방법에 대하여 기술하시오.

1. 개요

20세기 이후 교량이 장대화하면서 사장재의 Stay cable을 이용한 사장교 형식이 많이 사용되고 있다. 케이블의 종류는 일반적으로 Locked Coil 케이블, Wire 케이블, Strand 케이블, Bar 케이블로 구분할 수 있으며 이들의 특성, 방식방법, 정착방법을 살펴보면 아래와 같다.

2. 케이블 종류별 구성 및 특성

케이블은 고인 장력에 견디기 위한 긴장재 튜브, 구조물에 정착시키기 위한 고정장치, 부식방지를 위한 채움재로 구성되어 있다.

(1) Locked Coil 케이블

1) 구성

   중앙부에 평행 혹은 나선형으로 꼰 Wire core와 그 외곽부에 Trapezoidal 혹은 Z형 단면의 Wire로 2~4겹의 여러 층이 쌓여 있는 형태

2) 특징

   ① 탄성계수($E = 1.6 \times 10^5$ MPa), 인장강도는 다른 케이블에 비해서 낮고, 피로저항성도 다른 케이블에 비해 떨어진다.
   ② 케이블은 용융된 아연 합금에 의해 정착장치인 Steel Socket에 연결되므로 현장 제작 불가
   ③ 부식방지의 어려움, 포장 및 운송비 고가

3) **적용 교량** : 독일의 St. Severin교, 프랑스의 St. Nazaire교 등

(2) Wire 케이블

1) 구성

원형단면의 강선(ϕ5~8mm)을 육각형 혹은 원형에 가까운 다발로 평행하게 묶어서 PE tube로 보호

2) 특징

① 탄성계수($E=2.05\times10^5$MPa), 인장강도는 다른 케이블에 비해서 우수함
② 케이블 자체의 피로저항성이 우수하며 Locked Coil 케이블과 달리 Hi-Am Socket (Anchor Socket)을 사용하여 정착구에서의 우수한 피로저항성 확보
③ 고가이고, 현장제작이 불가능하므로 포장 및 운송비 증가

3) 적용 교량 : 미국의 Pasco-Kennewick교 등

(3) Strand 케이블

1) 구성

7-wire strand(ϕ15mm)를 평행하게 묶은 다발형태를 이루고 있으며 이를 폴리에틸렌 Tube로 보호하고 있는 형태

2) 특징

① 탄성계수($E=2.04\times10^5$MPa), 인장강도는 다른 케이블에 비해서 우수함
② 케이블 자체 및 케이블과 정착구 사이의 피로강도가 우수
③ 구조용 Prestressing Strand 정착과 같이 Wedge를 사용하여 정착구에 정착, 간혹 Hi-am anchor Socket을 사용
④ 케이블 제작은 일반적으로 현장에서 조립으로 이루어지며, 가설이 용이하고 가격이 저렴하여 가장 보편적으로 사용됨

3) 적용 교량 : 프랑스의 Brotonne교, 미국의 Sunshine-Skyway교 등

(4) Bar 케이블

1) 구성

Parellel bar 들로 하나의 다발을 구성하고 있으며, Spacer에 의해 분리되어 Steel이나 PE tube 안에 들어가 있는 형태

2) 특징

① 탄성계수($E=2.04\times10^5$MPa), 인장강도는 다른 케이블에 비해서 우수함

② 일반구조용 Prestressing Bar와 동일한 Bar 사용

③ 케이블과 정착구 사이의 피로에 대한 저항성이 약함

④ Anchor Plate에 Anchor Bolt로서 각각의 Bar들을 정착시킴

⑤ 현장제작 가능

3) 적용교량 : 독일의 Donau Metten교 등

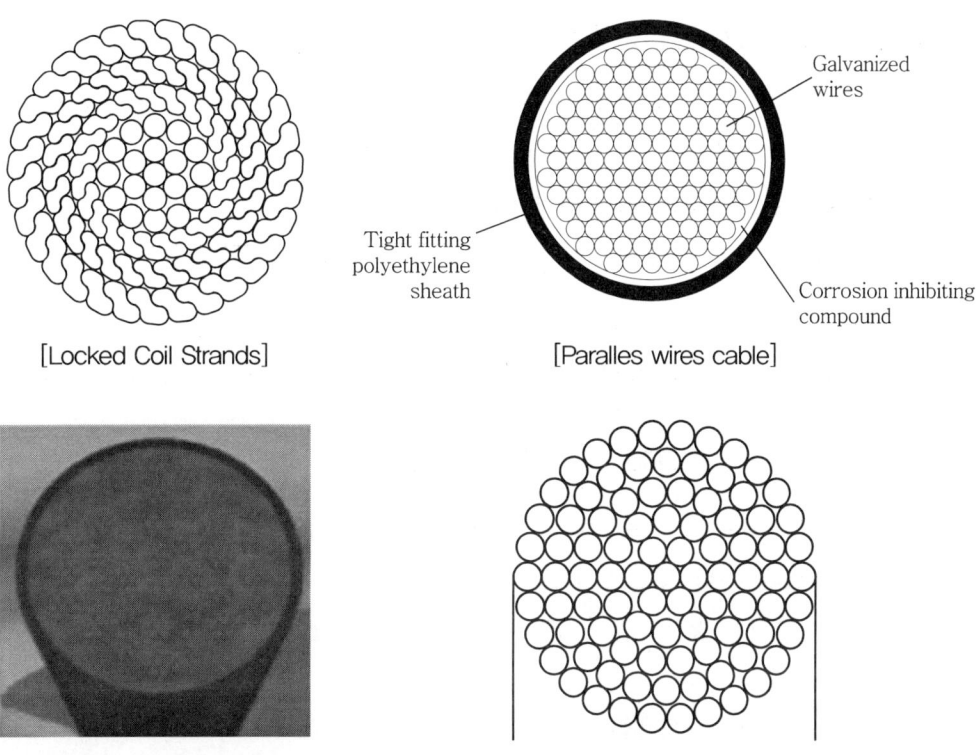

3. 케이블의 일반적 요구 특성

① 유효단위면적당 인장강도가 클 것

② 탄성계수가 클 것

③ 신축특성이 클 것

④ 가설이 용이할 것

⑤ 피로에 대한 저항성이 클 것

⑥ 부식방지가 용이할 것

⑦ 휨이 쉬울 것
⑧ 가격이 저렴할 것

케이블의 인장강도가 크면 클수록 인장재량의 최소화와 케이블 자중의 감소로 가설의 용이함과 가격면에서 유리하고, 케이블의 높은 탄성계수는 적은 신장량을 유도하므로 구조물 설계 시 중요한 역할을 한다. 이를 만족시키는 케이블은 Wire 케이블과 Strand 케이블이 있으며 최근 사장교에서는 주로 두 종류의 케이블을 사용하고 있다. 또 일반적으로 Strand 케이블이 Wire 케이블에 비해 피로에 대해 우수한 것으로 알려져 있다.

4. 케이블의 부식방지(방식방법)

케이블의 역학적 거동을 영구적으로 지속시키기 위해서는 부식방지가 필수적임

(1) Grouting 방법(Rigid Type Protection)

① 시멘트 모르타르를 튜브 안에 주입시켜 케이블과 튜브 외부의 대기를 분리시킴으로써 부식을 방지하는 방법
② 케이블이 길고 높은 곳에 가설되는 경우에는 시공이 어렵고 신뢰성이 떨어짐

(2) Non-grouting 방법(Flexibility Type Protection)

① 긴장재 자체를 각각 도금하는 방법과 튜브 안을 유연성이 큰 채움재, 즉 grease, epoxy tar, wax 등으로 채우는 방법
② 케이블의 모든 방식작업이 공장에서 이루어지므로 현장에서 가설이 용이하며 신뢰성을 높일 수 있다.
③ Strand 케이블을 이용할 경우 각각의 Strand에 대해 부식방지를 하는 경우도 있다.

5. 결론

사장교 케이블은 사장교 구조체계를 이루는 가장 중요한 부재로서 교량의 장대화와 경량화, 경제적 시공성 등을 이루기 위해서는 이 케이블에 대한 연구와 개발이 지속되어야 할 것으로 판단된다. 또한 케이블의 방식은 Grouting 방법에서 Non-grouting 방법으로 전환되고 있다.

QUESTION 05
PSC 교량이나 사장교의 프리스트레스 도입용 강재에 인장력을 도입할 때 적용되는 Iso-Tensioning 방법에 대해 설명하시오.

1. 개요

Cable의 장력을 도입하는 방법 중 Cable 인장용 잭(Jack)을 이용하는 방법이 가장 일반적인데, 스트랜드(Strand)를 하나씩 인장하는 모노 Strand 공법과 한 번에 다수의 스트랜드를 함께 인장하는 멀티 스트랜드(Multi Strand) 공법이 있다.

2. Iso tensioning 공법의 정의

이러한 Cable의 제작사별 시공방법 중 Freyssinet 공법 중 각 스트랜드별로 가설하는 Strand by Strand 공법이 있는데, 이 공법에서 모노 스트랜드(Mono strand) 잭을 사용하여 장력 도입하는 방법이 Iso tension 공법이다.

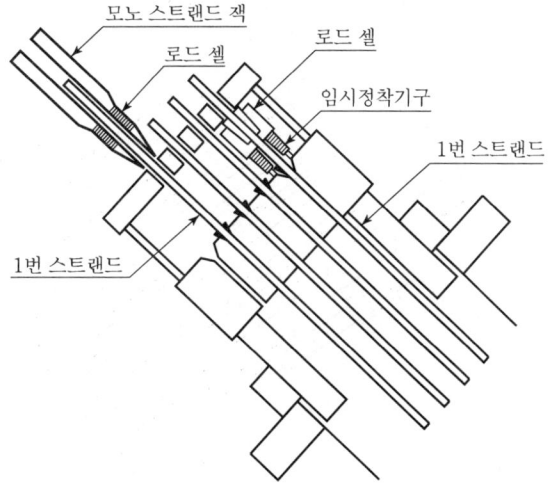

3. 장력 도입 방법

① 첫 번째 Strand를 정착 위치에 설치하고 계산된 장력으로 경량의 모노-스트랜드 잭을 사용해서 스트랜드를 인장한다.

이때 첫 번째 스트랜드에는 Strand에 도입된 장력을 읽을 수 있는 로드 셀(Load Cell)이 부착된 특별한 정착장치를 사용한다.

② 두 번째 스트랜드를 첫 번째와 같은 방법으로 양쪽 정착부에 설치하고 첫 번째 Strand의 장력과 일치하도록 조절하면서 인장하여 정착시킨다. 첫 번째 Strand의 장력은 두 번째 스트랜드 인장작업으로 인해서 그 값이 감소하게 된다.

③ 세 번째 Strand의 인장작업 시에도 첫 번째 Strand에 남아 있는 장력을 읽어 그 때의 장력과 같도록 인장한다. 스트랜드 수가 증가할수록 이미 설치된 스트랜드들의 장력은 점차 감소하게 된다.

④ 마지막 Strand까지 ①~③의 작업을 반복해서 모든 스트랜드를 인장하고 마지막 Strand를 인장할 때의 장력을 기록한다.

⑤ 첫 번째 Strand에서 특수장치를 제거하고 영구적인 정착을 한다. 이 때의 장력은 마지막 Strand의 값과 같도록 조정한다.

4. 장력 조정

Cable의 장력을 유압 잭을 이용해서 조정하는데, 이때 스트랜드별로 조합하지 않고 전체를 한 번에 인장할 수 있는 멀티 스트랜드 잭을 이용한다.

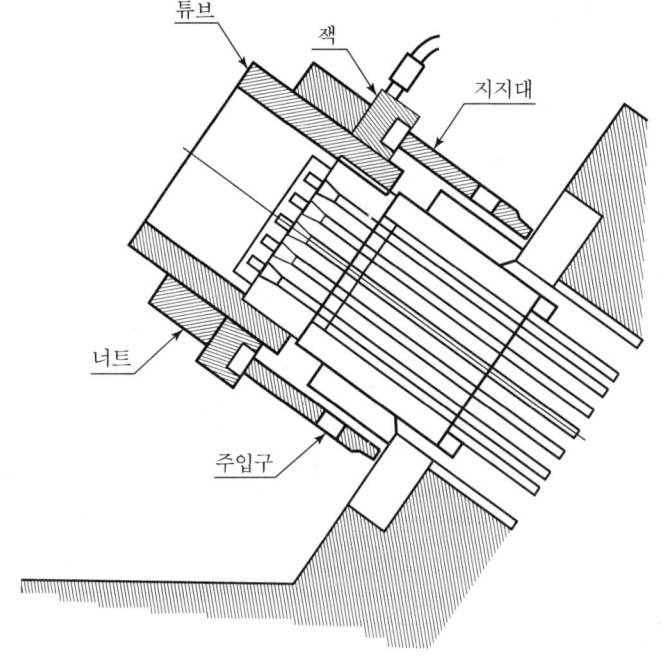

5. 부식방지작업 및 마무리작업

정착구와 케이블의 녹방지작업

(1) 정착구 방식

① 정착구를 벗어난 스트랜드는 잘라낸다.
② 마감재(Seal)를 정밀하게 설치한다.
③ 주입부에 뚜껑을 설치한다.
④ 유연성 주입재(Wax, Greese 등)로 주입부를 통해서 충전한다.

(2) 케이블부 방식

① 주입관을 설치한다.
② 케이블 전 길이에 왁스(Wax)와 같은 유연성 주입재를 충전, 만일 시멘트 그라우팅 할 경우 그라우팅 압력은 1.5~2.0MPa 정도

6. 결론

① 이 공법은 한정된 장소에서 진행하기 때문에 작업이 간단하고 공기가 빠르다.
② 또한, 소규모 가설장비를 이용해서도 시공이 가능한 장점이 있다.

QUESTION 06. 사장교에서 케이블 Stay 정착 및 시공방법에 대해 기술하시오.

1. 개요

(1) 케이블의 시공

① 주탑 밑 보강형의 정착부에 케이블을 설치하는 방법
② 케이블에 장력을 도입해서 보강형을 케이블이 지지할 수 있도록 하는 작업

(2) 케이블 설치공법

공법	특징
크레인을 이용한 직접 정착법	• 작업효율 우수 • 직경이 큰 케이블의 가설에는 부적합 • 별도의 보조장비 불필요
행거 공법	• 시공성이 떨어진다. • 직경이 큰 케이블의 가설에 적합 • 임시 케이블의 설치가 필요
캣워크 공법	• 직경이 큰 케이블의 가설이 가능 • 캣워크와 임시기둥의 설치 필요

2. 케이블의 설치방법

(1) 크레인을 이용한 직접 정착법

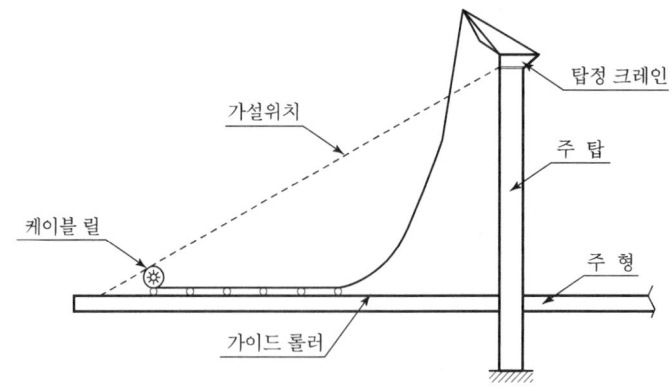

[크레인을 이용한 직접 정착법]

① 주로 다수 케이블 형식에 많이 사용하는 공법
② 주형의 바닥판에 놓여진 케이블을 탑정 Crane을 이용해 주탑의 정착부로 직접 끌어 올려 가설하는 공법
③ 정착은 주탑 내에 미리 설치된 인입장치를 이용해서 케이블 정착구에 정착

(2) 이동식 행거공법

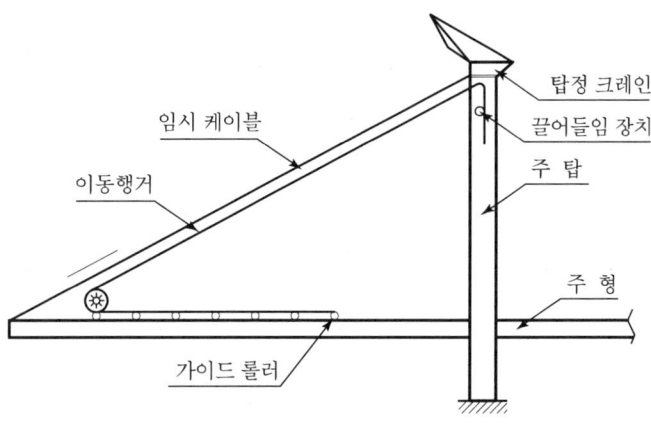

[이동식 행거공법]

임시 케이블을 가설 위치에 설치하고 주형에 놓여 있는 케이블을 이동이 가능하도록 설치된 행거를 사용해서 Multi-point Suspension 형태로 주탑에 인입시켜서 정착시키는 공법

(3) 연직 행거(Vertical Hanger) 공법

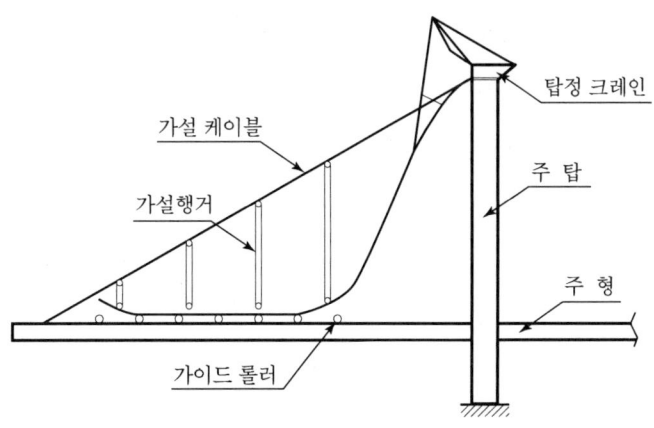

[연직 행거 공법]

임시 케이블에 연직 행거를 고정시키고 주형 위에 전개된 케이블을 행거에 매단 후 연직 방향으로 행거를 감아 케이블을 정착시키는 공법

(4) 캣 워크(Cat walk)를 이용한 공법

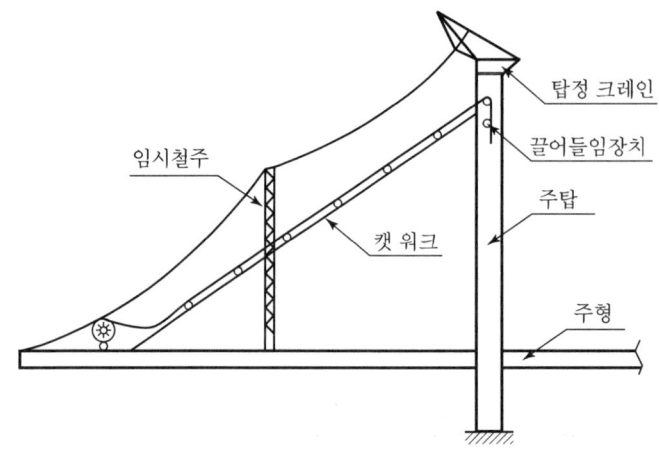

[캣 워크(Cat walk)를 이용한 공법]

임시기둥과 캣 워크를 설치해 놓고 캣 워크 위에 가이드 롤러(Roller)를 배치한다. 케이블은 주형 측 가이드 롤러 위에 실려서 주탑 쪽으로 운반되어 정착한다.

3. 결론

이상으로 사장교의 케이블 Stay 정착 및 시공방법에 대하여 알아보았다. 이러한 시공방법은 케이블의 단면에 따라서 선택이 어느 정도 제한되므로 설치되는 케이블의 직경 등을 고려하여 적절한 공법을 선정하여야 할 것으로 사료된다.

QUESTION 07

보편적인 사장교에서 초기치 해석과 사장재의 무응력장에 대하여 설명하시오.

1. 초기치 해석 개요

사장교의 설계 시 케이블 프리스트레스를 도입하는 목적은 부재의 단면력의 분포를 균등하게 하고 크기를 될 수 있는 한 작게 하는 데 있다.

이와 같이 완성계의 보강형, 주탑, 케이블 장력, 지점 반력을 개선할 목적으로 고정하중(Dead Load)이 초기 프리스트레스(Primary Prestress)와 평형을 이루도록 각 케이블에 장력을 도입하는 것을 초기치 해석이라 한다.

또한, 초기해석의 기본적인 개념은 각 Cable 정착점에서의 수직 변위가 Zero가 되도록 하는 Zero Displacement Method이다.

2. 일반 초기치 해석 수행 기법

일반적으로 초기 스트레스를 결정하는 방법은 다음과 같은 변위 매트릭스를 풀어서 산출한다.

$$[\delta_i] + [\delta_{ij}][f_{ij}] = 0 \;\rightarrow\; [f_{ij}] = -[\delta_{ij}]^{-1} \cdot [\delta_i]$$

여기서, δ_i : 초기 고정하중에 의한 변위
  δ_{ij} : j 절점에서 단위장력 작용 시 i 점에서의 변위
  f_{ij} : j 절점의 초기 프리스트레스

3. 무응력장 해석

(1) 개요

구조물이 거치되었을 때 이미 고정하중은 재하되어 있으므로 하중상태에서 계획하고자 하는 Camber가 형성될 수 있도록 구조적 Modeling을 수행한다.

(2) 무응력장 해석

무응력장 해석은 [그림]의 무응력계 모델에 고정하중(고정하중+부가하중)을 재하하여

초기모델좌표를 구하기 위한 해석이다.

초기모델좌표 = 무응력계 모델좌표 + 변위좌표

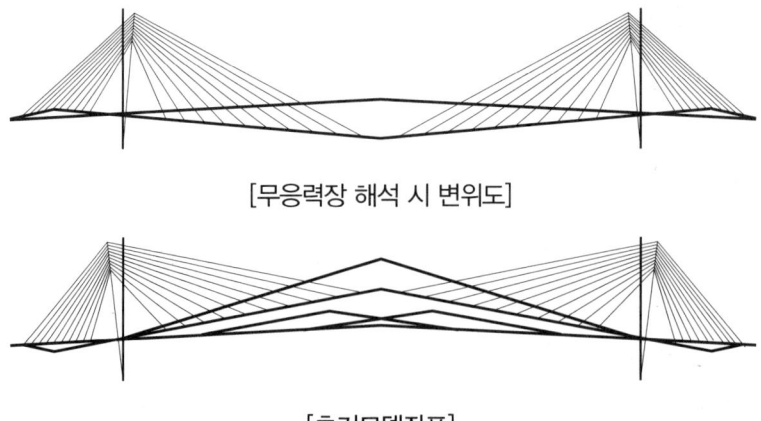

[무응력장 해석 시 변위도]

[초기모델좌표]

QUESTION 08: 사장교에 있어서 초기치 해석에 대하여 설명하시오.

1. 개요

완성계의 주형, 주탑, 케이블장력, 지점반력을 개선할 목적으로 고정하중이 초기 케이블 장력과 평형을 이루도록 각 케이블에 장력을 도입하는 것을 초기치 해석이라 한다.

사장교의 전체 모델은 고차의 부정정 구조물이어서 초기치를 구하는 것은 반복계산을 요구한다. 또한 각 케이블의 장력은 유일한 해로써 존재하는 것이 아니어서 동일한 사장교에 대해서도 각 설계자마다 어느 정도 다른 케이블 장력 배열을 선택할 수 있다.

2. 케이블 장력의 의미

사장교에서 케이블에 장력을 도입하는 것은 부정정 구조물에서 부정정력을 수정하여 특정 하중상태 하에서 원하는 응력을 얻고자 하는 것을 의미한다.

3. "0변위" 방법("Zero Displacement" Method)

이 방법은 케이블 정착점에서의 수직변위를 "0"으로 하는 방법으로서, 설계 종단선형의 경사가 완만하다면, 주형의 휨모멘트 분포는 고정지점 위의 연속보의 것과 비슷하다.

초기장력을 설계종단곡선과 거의 일치하도록 조율하는 것으로 이 방법은 보강형의 변위 형상의 크기에 상당히 민감한 반응을 보여 적용하기 어렵다.

4. 하중평형법(Force Equilibrium Method)

변형 형상이 아닌 구조물의 특정한 부정정력의 평형조건에 초점을 맞추는 방법으로 가장 보편적인 방법이다.

이 경우 부정정력의 제약조건수는 3가지로 다음과 같다.

① 완성 시(폐합 전 고정하중 + 폐합 후 고정하중) 보강형에 발생하는 모멘트를 전 경간에 걸쳐 가능한 한 "0"에 가깝도록 평형화
② 완성 시 주탑(Pylon)에는 휨모멘트(고정하중 상태에서)가 생기지 않도록 한다.
③ 보강형 폐합 시 폐합위치에서의 단면력을 "0"으로 한다.

이 방법의 장점은 힘의 평형에만 초점을 맞춤으로써 케이블의 처짐이나 다른 영향에 의한 비선형성을 고려할 필요없이 안정적인 응력분포를 얻을 수 있다.

5. 최적화 방법

케이블 장력은 구조적 효율성이나 경제성과 같은 목적함수를 최적화하는 기법으로 결정한다.

$$U = \int_0^l \frac{M^2}{2EI}dx + \int_0^l \frac{N^2}{2EA}dx \Rightarrow \text{Min}$$

그러나 이 방법은 궁극적으로 Force Equilibrium Method와 동등하다. 예를 들어, 단면 i 에 작용하는 케이블 장력의 수직성분을 P_i 라 하면, 최적화 해는 $\partial U/\partial P_i = 0$이다. Castigliano의 이론에 따르면, $\partial U/\partial P_i = 0$은 P_i 가 작용하는 방향으로의 변위를 의미한다.

즉, 이러한 값들이 모두 "0"이면 이 결과로 얻어진 주형의 모멘트 분포는 P_i 가 작용하는 점에서 고정 지지된 연속보와 같은 모멘트의 분포를 가지게 된다. 다만, 이 방법을 사용할 때는 경계조건(Constraints)을 매우 주의깊게 처리하여야 한다.

이 방법은 변형 에너지가 최소화되어야 하는 목적 함수가 되므로, 매우 복잡한 절차를 거쳐야 하는 문제가 발생한다.

QUESTION 09. 케이블의 교체 및 파단에 대해 설명하시오.

1. 케이블 교체

(1) 개요

사장재 및 행거 교체 시 적용한다.

(2) 검토조건

해당 케이블 인접 최소 1개 설계차로 통제조건으로 검토
- 중앙 1면 케이블 배치의 경우 : 한편에서만 통제

(3) 검토방법

① 하중조합에 따른 케이블 장력을 구하고, 케이블을 제거하고 앞에서 구한 장력을 반대로 주탑 및 거더 등의 구조계에 작용시키는 등의 합리적 방법으로 그에 따른 영향 검토
② 케이블 교체 시 잔여 케이블의 장력 : 하중 조합에 따른 장력 + 교체되는 케이블이 제거되어 추가된 장력 = 최종 장력
③ 케이블 교체 시의 허용응력 : 25% 증가

2. 케이블 파단

(1) 개요

사장재 및 행거 파단 시 적용

(2) 검토조건

케이블 파단 검토는 전체 차로에 활하중을 재하

(3) 검토방법

① 케이블을 제거하고 고정하중과 활하중이 만재된 상태에서 구한 정적 장력의 2.0배를 반대로 구조계에 작용

② 동적 해석을 수행하여 그에 따른 영향검토 : 정적 장력의 1.5배 이상의 동적효과 적용

③ 선형해석에 의한 중첩 원리
- 고정하중과 활하중의 영향은 케이블이 제거되기 전의 원 구조계 ⎤ 중첩
- 파단에 의한 효과는 케이블이 제거된 상태의 변형구조계 ⎦
- 동적해석 수행은 고정하중과 활하중이 만재된 상태에서 초기화된 동적 모델 사용

④ 케이블 파단 시의 허용응력 : 50% 증가

QUESTION 10

엑스트라도즈드(Extradosed)교의 구조적 개념과 특징에 대하여 PSC 거더교 및 사장교와 비교하여 설명하라.

1. Extradosed PSC교의 형상

Extradosed PSC교는 교상 위에 설치된 주탑 정점에서 편향제(Deviator)에 의하여 긴장재의 방향을 바꾸어 다음 경간으로 연속시키는 외부 대편심의 프리스트레싱을 도입한 방법으로 일반 거더교, 사장교와 그 형상 및 구조 특성을 구별할 수 있다.

① PSC 거더교 : 상징성 적음. 교면 아래가 무거운 느낌
② 엑스트라도즈드교 : 적당한 상징성
③ 사장교 : 상징성 강조. 낮은 형고와 교면 위 번잡

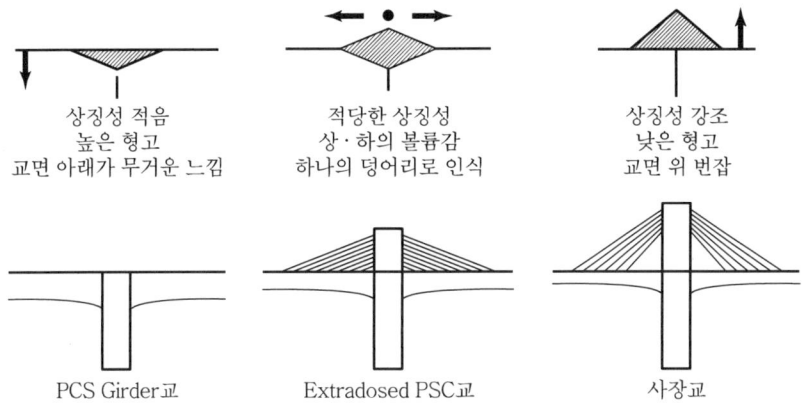

2. Extradosed PSC교의 개념

Extradosed PSC교는 긴장재의 편심량이 주형의 유효높이 이내로 제한되었던 기존의 PSC 거더교와는 달리 긴장재를 주형의 유효높이 이상으로 이동시킨 대편심 케이블 방식으로 사장교와 유사한 모양이나 케이블이 주구조 부재인 사장교와 달리 주형이 주구조 부재로 작용하고 외부 케이블에 의한 대편심 모멘트를 도입하여 그 거동을 개선한 대편심 외 케이블 방식의 거더교라 할 수 있다.

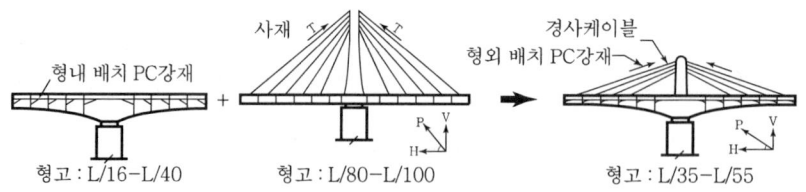

[엑스트라도즈드교의 구조적 개념도]

3. Extradosed PSC교와 콘크리트 사장교의 비교

구분		콘크리트 사장교	Extradosed PSC교
구조	적정 경간장	• 130~400m	• 100~200m
	케이블	• 케이블이 보강형을 탄성 지지하여 연직 분력을 발생	• 케이블의 편심을 크게 하여 프리스트레싱을 주형에 도입
	주형	• 케이블 지지점 간의 하중을 분담하는 보강형 역할 • 형고 2.0~2.5m로 지간에 비례하지 않음 • 형고를 낮게 할 수 있어 형하공간 확보에 유리함	• 상부 하중의 대부분을 분담하는 주형 • 형고 : L/30~L/35 (지점부) 　　　　L/50~L/60 (지간부) • 사장교와 거더교의 중간형태로 거더교에 비해 낮출 수 있음
	주탑	• 탑고비 : L/3~L/5 　주로 분리 구조에 의한 앵커 정착	• 탑고비 : L/8~L/15 　주로 관통 구조에 의한 앵커 정착
설계	케이블	• 활하중에 의한 응력변동이 커서 피로에 대한 고려 필요 • 응력변동폭 : 50~130MPa 정도 • 허용응력도 : $f_a = 0.4 f_{pu}$ 정도	• 활하중에 의한 응력변동 폭이 작아 피로가 문제되지 않음 • 응력변동폭 : 15~38MPa • 허용응력도 : $f_a = 0.6 f_{pu}$
경제성	주탑	• 주탑이 높으므로 공사비 증대	• 주탑이 낮으므로 경제적
	주형	• 주형고가 작으므로 경제적	• 주형고가 크므로 공사비 증대
	케이블	• 케이블량이 많고 피로에 대하여 고려한 고가의 사재를 이용하므로 공사비 증대	• 케이블량 적고 일반적인 정착부를 가진 PS 강재를 사용하므로 경제적
	기초	• 주탑이 높고 중심위치가 높으므로 내진 고려하여 기초공 규모가 크다.	• 상부공의 중심위치가 낮아서 기초공 규모가 작고 경제적

4. 결론

Extradosed PSC교는 사장교에 비해 사재의 응력변동이 적고 주탑높이를 현저히 낮출 수 있어 사장교의 경제성이 떨어지는 100~200m 경간에 적합한 신개념의 교량형식으로 사료된다.

QUESTION 11. 사장교의 특징 및 장단점을 거더교와 비교하여 설명하시오.

1. 개요

장지간을 건널 경우 자신의 휨 강성만으로 건널 수 없는 보를 직선상의 인장재를 직접 탑의 정상부나 중간부위에서 보의 수개 점에 사방향으로 달아매어 강판형(강상자형)의 내하력을 증가시킨 것이다.
- 주탑은 압축력, 케이블은 인장력을 받음
- 보강형은 휨모멘트, 전단력, 축력을 받음

[돌산대교(전남 여수) 전경]

2. 사장교와 거더교 설계특징

구 분	거더교	사장교
주형의 휨모멘트	주형의 휨모멘트 감소 불가능	케이블의 강성과 장력 조절로 주형의 휨모멘트 감소 가능
주형단면 크기	단면축소 불가능	단면축소 가능
경제성	어려움	단면축소와 장대지간으로 경제성 있는 설계 가능
케이블 단면력	케이블 없음	위치별 인장력 조정 가능

구 분	거더교	사장교
해 석	실제지점에 대해 연속교 해석	케이블 지점에 대해 연속교 해석 가능
2차부재	가로보+세로보	가로보+세로보+주탑+케이블
특징	지간이 클수록 단면과 사하중의 증가로 지간에 한계가 있고 교각 증가로 경제성이 저하되나 단지간에 적합함	외관이 수려하고, 주행 시 개방감이 우수하며, 주형의 구성형식, 주탑의 형상과 채색, 케이블 배치 등 구성요소가 많아 주변 환경에 적응력이 높음. 풍하중에 대한 내풍설계가 요구됨

3. 사장교가 거더교와 다른 설계특징 사항

(1) 케이블의 형식 및 면수, 주탑의 형식, 보강형 단면

사장교는 케이블의 장력으로 초기하중을 지지하므로 케이블이 중요한데, 종방향으로 케이블 배치에 따라 방사형, 팬형, 하프형 등으로 분류되고 교축직각 방향으로 1면지지, 2면지지로 분류하는데 비틀림력의 유무에 따라 선택된다. 케이블을 지지하기 위한 주탑은 통상 $\frac{l}{3} \sim \frac{l}{5}$ 정도로 계획하고, 보강형은 개단면, 폐단면, 상자형 단면 등 지지면수에 따라 결정한다.

(2) 내풍설계

사장교는 기본설계 시 내풍 안정성에 대한 신중한 배려가 요구된다. 지간이 장대화될수록 내풍설계는 중요해지며 장경간 교량형식에 적합한 사장교는 중앙경간이 길어지면 거더의 세장비가 커지므로 비틀림변형이 발생하기 쉬운 단점이 있다. 사장교는 유연한 (flexible)한 구조이므로 풍하중에 대한 동적 응답의 검토, 즉 내풍 안정성의 조사와 확보가 필수적이다.

(3) 사장교 해석

중앙지간장이 200m 정도까지 사장교는 정역학적으로 연속거더교와 현수교의 중간적인 특징을 갖고 있으며 사장교는 단순지지 또는 연속지지된 주거더의 지점 사이를 케이블 인장력으로 받치고 있는 구조이므로 케이블과 거더의 접속점에서 처짐변형이 발생하고 이 처짐에 비례한 반력을 케이블과 거더가 지지하는 구조로 해석된다. 아래는 구조 해석된 주형의 휨모멘트도이다.

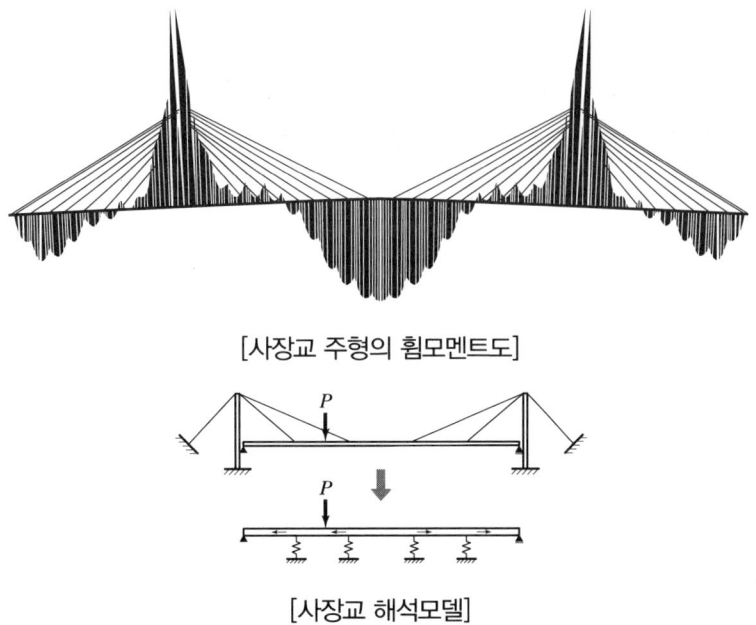

[사장교 주형의 휨모멘트도]

[사장교 해석모델]

(4) 내진성능 검토

내진성능의 검토는 계획의 초기 단계에서 실시되는데, 지진 하중에 대하여 동적 응답을 검토하여야 한다.

(5) 완성 시 케이블의 장력 결정

케이블 교량의 설계상 최대의 특징은 완성상태(고정하중 작용상태)의 케이블 장력을 설계자의 판단으로 선택하는 것으로 주탑이나 보강형의 단면을 임의로 만들 수 있는 점이다. 이것에 의해 완성상태에서 보강형의 휨모멘트을 작게 할 수 있으며 이 점이 거더교와는 크게 다른 점이다.

(6) 주탑의 설계

주탑이나 케이블은 거더교에 없는 사장교 특유의 주요 구성요소이고 주탑은 축력과 모멘트를 받는 기둥 부재와 유사하게 P-M상관도로 설계한다.

(7) 가설 검토

케이블 교량에서는 가설공법의 선정이나 가설 시 안정성의 조사가 중요한데, 이는 케이블에 장력을 도입하는 과정이 있고 또한 고차의 부정정구조이기 때문에 그 정밀도 관리가 중요하고 복잡하다.

4. 결론

사장교는 거더교로서는 불가능한 장경간의 교량을 케이블로 지지하여 가능하게끔 한 교량 형식으로 거더교와 가장 큰 차이점은 고정하중을 케이블이 받도록 하여 보강형에 힘이 걸리지 않도록 케이블 장력을 설계자가 임의로 조절할 수 있다는 점이다.

QUESTION 12
다음과 같은 사장교의 측경간 교각부에 부반력이 발생한 경우 그 대책을 설명하시오.

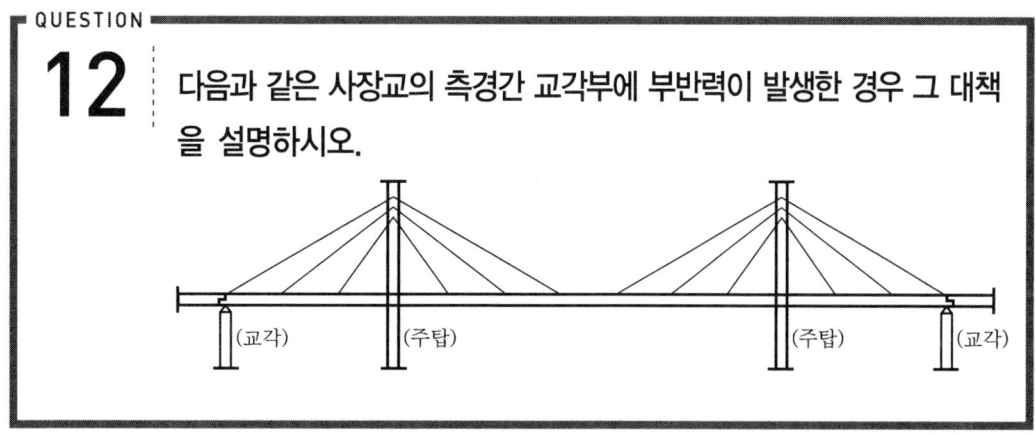

1. 개요

사장교는 보강형과 케이블, 그리고 주탑으로 구성된 교량형식이다. 하중의 주된 전달경로는 보강형에 작용하는 하중을 케이블로 전달하고, 케이블로 전달된 하중은 다시 주탑을 통하여 하부 기초로 전달된다.

측경간이 상대적으로 짧은 지간 구성비에서는 단부 교각 혹은 교대에 작용하는 정반력의 수직력보다 앵커 케이블에 의해 전달되는 부반력이 더 큰 경우가 발생하게 된다.

이러한 경우 보강형이 위로 뜨지 않도록 하부에 고정시키는 장치가 필요하게 된다.

2. 상부 자중을 이용하여 정반력을 증가시키는 방법

(1) Counter weight의 재하

① 박스교의 경우에는 측경간의 보강형 내부에 구조적인 혹은 비구조적인 중량물을 설치하여 단부에 작용하는 수직력을 증가시키는 방법을 사용할 수 있다. 구조적인 경우는 콘크리트 등을 보강형의 일부로 사용하는 방법이다.

② 수직력이 크지 않은 경우에는 효과적일 수 있지만, 큰 중량이 필요한 경우에는 설치를 위한 공간적인 제약 및 중량물이 측경간 보강형에 하중으로 재하되므로 하중의 증가로 인한 보강형 단면의 증대, 측경간 케이블의 단면증대 등 비경제적인 단면설계가 될 수 있는 단점이 있다. 지진 시에도 질량이 증대되어 변위나 단면력 측면에서 불리할 수 있다.

③ 유지관리 측면에서 콘크리트 등이 타설된 내측은 유지관리가 힘들 수도 있으므로 이를 충분히 검토한 후 적용하여야 한다.

(2) 복합 사장교의 적용

① 장지간의 사장교가 아닌 경우에는 보강형을 콘크리트와 강재를 모두 사용할 수 있다. 이때 지간이 긴 주경간은 가벼운 강재를 사용하고, 측경간은 무거운 콘크리트 단면을 사용하여 측경간의 정반력을 증가시키는 방법이다.
② 하중의 균형이라는 측면에서는 우수한 방법이나 콘크리트와 강재의 접합부가 보강형의 취약구가 될 수 있으므로 상세부의 설계에 특히 유의하여야 한다.

(3) 접속교의 자중을 재하

① 사장교의 보강형을 다소 길게 하여 접속교의 받침을 사장교 보강형 위쪽에 설치하여 접속교의 단부 자중을 이용하는 방법이다.
② 구조적으로 휨이 거의 걸리지 않고 전단에 의해 지배되는 구조체로, 가설 시에 큰 중량물을 어떻게 교각 위에 설치하는지에 대한 검토가 이루어져야 한다. 서해대교의 경우에는 F/C와 가설 브래킷을 이용하여 시공하였다.

3. 하부 자중을 이용한 부반력의 제어

(1) Tie-Down Cable의 사용

① 일반적으로 사용되는 방법으로 부반력이 작용하는 지점에 교각과 보강형을 케이블로 연결함으로써 부반력을 케이블로 전달하고, 케이블의 긴장력은 POT 받침의 강성을 이용하여 교각으로 전달하는 방법이다.
② 보강형과 교각에 케이블을 정착시키기 위한 장치가 필요하며, 보강형의 이동량이 큰 경우 케이블의 꺾임에 의한 2차 응력 등을 검토하여야 한다. 이런 점에서 교각의 높이가 낮은 교각에서는 케이블의 길이가 짧아 2차 응력이 과도하게 발생하여 비경제적인 케이블의 설계가 되는 경우도 있으므로 이를 고려하여야 한다.
③ 유지관리 측면에서 설계단계에서부터 교체가 가능하도록 계획할 수 있다.

(2) Link의 사용

① 현수교의 보강형과 교대 등에 Link Shoe를 설치하여 교대의 자중으로 부반력을 저항하는 시스템이다.
② 교대 부쪽의 이동량이 크거나 회전각이 큰 경우 적합한 방법이라 할 수 있다.
③ 유지관리 측면에서는 단일 부재로 저항하므로 교체가 곤란한 점이 있어 설계 시 충분한 안전율을 두고 검토하여야 한다.

(3) Anchor Cable의 사용

① 교대부에 작용하는 부반력은 교대 밑으로 설치된 지중 앵커와 보강형을 케이블 등으로 연결하여 하부 지반과 교대의 자중으로 저항하는 방법을 사용할 수 있다.
② 지반조건에 따라서는 지중 앵커의 설치가 불가능할 수도 있으므로 적용성을 검토할 때 이를 고려하여야 한다.

4. 결론

사장교는 보강형, 주탑 그리고 케이블로 구성된 교량으로, 계획단계에서 불가피하게 측경간 비가 짧은 경우도 많이 발생하게 된다.
이러한 경우 단부 교각이나 교대에 부반력이 작용하는 경우가 많으며, 위에서 제시한 방법들의 장단점을 분석하여 설계현장에 가장 적합한 부반력 제어방법을 적용하여야 한다.

QUESTION 13

3주탑 이상의 다경간 사장교의 구조 시스템에 대하여 2주탑 이하의 사장교와 비교하여 설명하고, 주탑과 보강형 계획 시 고려사항과 그 적용성을 기술하시오.

1. 개요

사장교는 주탑, 보강형 그리고 케이블로 구성된 교량형식이다. 보강형에 작용하는 하중은 케이블로 전달되고, 케이블로 전달된 하중은 주탑이나 다른 케이블에 전달되어 하부로 전달되는 하중 전달 경로를 가지고 있다.

일반적인 3경간 형식의 전형적인 사장교는 주경간에 작용하는 하중이 스테이 케이블과 앵커 케이블에 의하여 단부 교각과 주탑으로 하중이 전달되어 지지되며, 처짐은 주탑과 앵커 케이블의 강성에 의하여 적정 수준으로 유지하게 된다(아래 [그림] 참조).

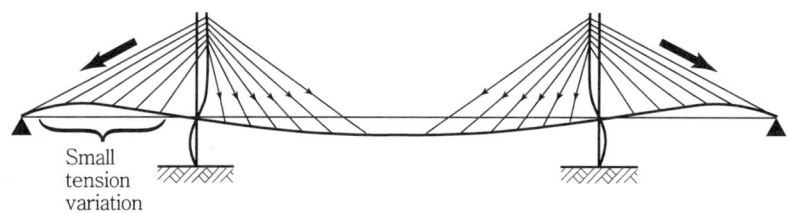

[전형적인 3경간 사장교의 주경간 하중 재하 시의 하중전달 개요도]

2. 다경간 사장교의 특징

(1) 개요

3주탑 이상의 사장교는 아래 [그림]에서처럼 주탑의 개수가 많으며, 일반적인 2주탑 사장교와는 달리 내부 주탑의 경우 지지점과 연결되는 앵커 케이블을 가지지 못하게 된다.

[다주탑 사장교 개요도]

(2) 다경간 사장교의 문제점

내부 주탑의 앵커케이블 부재는 주경간 쪽의 과대한 처짐을 유발하게 되어 사장교의 안전성에도 영향을 끼치게 된다[아래 [그림] 참조]. 이러한 문제점을 해결하고자 내부 주탑의 강성을 강화시키는 다양한 방법이 연구되었다.

[다주탑 사장교의 주경간 하중 재하 시의 개요도]

3. 보조 케이블을 이용한 개선방안

(1) 내부 주탑의 변위를 제어할 수 있는 추가적인 케이블 설치안

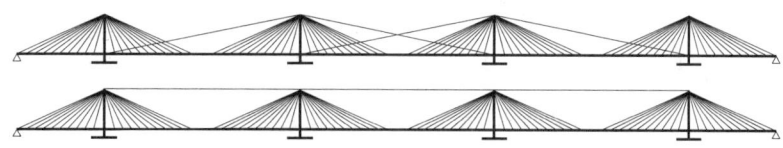

[추가 케이블을 설치한 다경간 사장교]

① 이 방법의 특징은 내부 주탑의 정부를 인근 주탑과 연결함으로써 내부 지간에 작용하는 하중으로 인하여 발생하는 주탑의 변위를 또 다른 케이블을 이용하여 제어하는 방법이다.
② 추가적인 케이블의 강성이 충분한 경우 내부 주탑의 강성효과에는 도움이 되나, 단점으로는 추가적인 케이블로 인하여 시공성이 나빠지고, 특히 경관적인 측면에서 번잡함을 유도하게 된다.
③ 대표적인 교량으로는 홍콩의 Ting Kau교가 있다.

[홍콩의 Ting Kau교]

(2) 케이블 배치를 중첩시키는 방법

[케이블을 중첩시킨 다경간 사장교]

① 내부 케이블을 일부 중첩시키는 방법으로 내부에 작용하는 하중들이 양쪽 케이블에 동시에 작용하여 주경간의 변위를 줄여주는 시스템으로, 케이블이 중첩됨으로 해서 보강형의 축력이 줄어들어 단면을 다소 줄일 수 있는 효과도 있다.
② 문제점으로는 케이블의 중첩 시 시공이 까다롭고, 케이블량이 추가적으로 많이 들어가는 등의 경제적인 문제점을 야기하기도 한다.

(3) 하부에 케이블을 추가하는 방법

[하부 케이블을 추가하는 시스템의 개요도]

주경간에서 발생하는 처짐을 인근 경간의 보강형 하부에 설치된 케이블이 잡아주는 시스템이다. 현재까지 완성된 교량에 적용된 예는 없으나, Ting Kau교의 시공 시에 적용한 사례가 있다.

4. 주탑의 강성을 보강하는 개선방안

(1) 주탑과 보강형의 강성을 증대시키는 방법

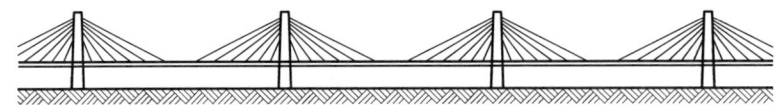

[주탑 및 보강형의 강성을 보강]

케이블의 강성에 의지하지 않고 주탑과 보강형의 강성을 증대시키고, 강결시킴으로써 처짐을 제어하는 방법으로, 처짐 제어에 어느 정도 효과는 있으나 강성 증대는 곧 단면 증대로 이어져 비경제적인 설계가 될 수 있다.

(2) 주탑의 강성을 극대화하고 보강형의 강성을 줄이는 방법

[주탑 강성 극대화 방안]

① 주탑의 강성을 극대화하는 방법으로 어느 정도 효과는 있으나, 지간이 길어지거나 폭이 넓어 하중이 큰 경우에는 강성 극대화에도 한계가 있다.
② 대표적인 사례로서 프랑스에 시공된 Millau교가 있다. Millau교의 경우에는 보강형 하단부와 상단부 모두에서 주탑의 Leg를 종방향으로 분리하여 주탑의 강성을 극대화시킨 경우라고 볼 수 있다.

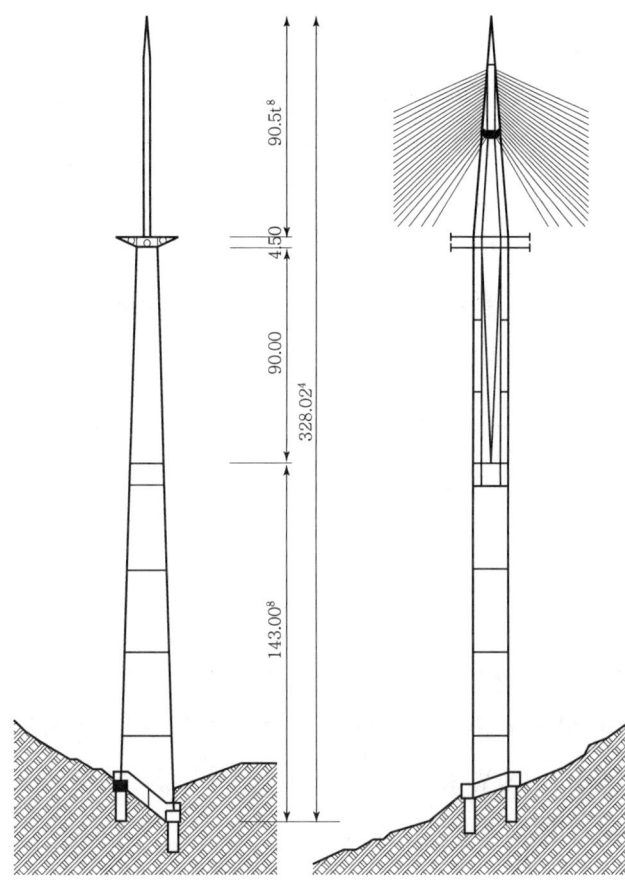

[프랑스 Millau교의 주탑 개요도]

(3) 받침을 2열로 하여 라멘효과를 부여하는 방법

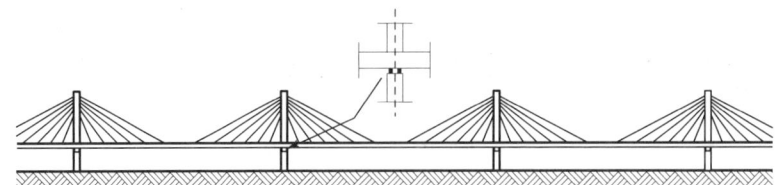

① 위의 [그림]에서처럼 주탑의 받침 배열을 2열로 하여 보강형에 대하여 라멘효과를 유발시켜 처짐을 제어하는 방법이다.
② 단점으로는 불균형 하중이 작용할 때 처짐을 제어하는 효과도 있지만 더불어 받침에 작용하는 정반력도 커져 큰 용량의 받침을 필요로 하게 된다. 또한 반대편의 받침에는 부반력을 유발할 수 있으므로 이에 대한 충분한 검토가 이루어져야 한다.
③ 대표적인 교량으로 그리스의 Rion-Antrion교가 있다. 이 교량은 주탑의 모양을 종방향의 다이아몬드형으로 하여 자체 강성을 증가시키면서, 한 개의 주탑에서 받침의 배열을 2열로 하여 보강형에 라멘효과를 도입한 사례라고 할 수 있다.

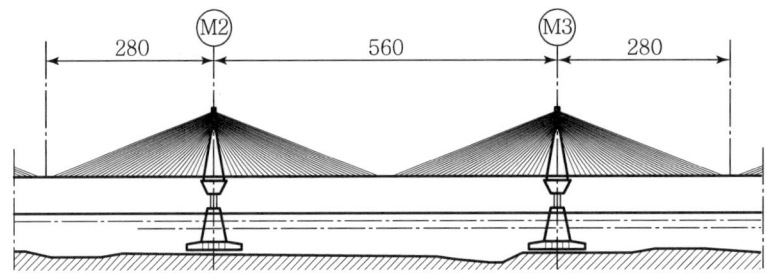

[Rion-Antrion교의 내측 주탑]

5. 결론

다경간 사장교의 경우 일반적인 사장교와는 달리 내부 지간의 처짐을 해결하는 것이 큰 과제로 남게 되는데, 이를 해결하는 방법으로는 추가적인 케이블을 설치하거나 보강형과 주탑의 강성을 증대시키는 방법 등이 있다. 따라서 현장상황과 경제적인 면을 충분히 고려하여 교량의 시스템을 결정하여야 할 것이다.

QUESTION 14

해상을 통과하는 연장 1km의 교량을 설계하는 설계 책임자로서 교량형식 선정 시 고려해야 할 사항과 설계 시 반영해야 할 유의사항에 대하여 설명하시오.

1. 교량형식 선정 시 고려사항

(1) 가교위치 및 경간분할

① 교량의 평면 및 종·횡단과의 조화 여부
② 하상 및 하안의 지질
③ 교량의 사교 설치 여부
④ 하상 지형 상태
⑤ 수심 및 유속, 항로
⑥ 계획고 및 교하공간

(2) 외적 조건

① 염해조건
② 풍하중 조건
③ 내진 조건
④ 교량의 첨가물
⑤ 활하중 조건

(3) 경제적 조건

상부와 하부의 총 공사비

(4) 시공성과 유지관리성

① 시공 가능성, 현장 접근성
② 재료확보 및 제작
③ 유지관리 용이성

(5) 미관

① 주변 지형과의 조화 등 미적 요소
② 교량의 도장색과 주위환경의 조화

2. 설계 시 반영해야 할 사항

(1) 장래 선박운항을 고려한 경간장 및 형하고

① 대상선박의 폭원 조사(폭원 : B)
② 선박통행을 반영한 형하고 검토

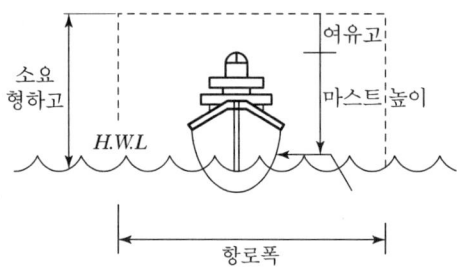

(2) 풍하중에 대한 고려

① 가설지점의 풍하중 특성분석 : 설계풍속(m/s) 조사
② 동적 내풍설계 및 풍동실험(Wind Tunnel Test)의 필요성 검토
- 비틀림 발산진동(Torsional Flutter)
- 연직 발산진동(Vertical Flutter)
- 와류진동(Vortex Shedding)

③ 풍동실험
- 2차원 보강형(단면)실험
- 3차원 전교 실험(완성 시 및 가설 단계별)

④ CFD(Computational Fluid Dynamics) : 전산유체해석
- 보강형 주위의 유속, 압력분포, 난류 운동에너지 분포, 공기력의 시간이력을 예측하기 위함

(3) 구조물의 내구성 확보방안

구조물의 내구성 확보방안은 일반적으로 외적 성능저하요인에 대해서 목표 내구수명 기간 동안에 성능 저하상태가 허용값 이하가 되지 않도록 하는 것을 목표로 구조물의

형상 균열제어 방법, 부재단면, 배근·피복두께, 마감재, 콘크리트 재료 및 배합, 시공방법, 품질관리, 유지관리방법을 체계적으로 정한다. 재료의 품질뿐만 아니라 유지관리를 고려한 내구계획을 작성하여 구조물의 목표내구수명을 보증하기 위한 내구성 설계를 실시한다.

(4) 염해대책

해상횡단 교량임을 고려하여 체계적인 내염대책 수립
① 설계(피복두께, 균열제어, 강도)
② 콘크리트 재료(시멘트, 혼화재, 염화물 규제)
③ 배합(W/C비, 단위시멘트량, 공기량)
④ 방식대책 : 에폭시 코팅 철근사용, 해사 사용 시 제염대책

(5) 경관설계

① 해양환경에 조화되는 교량경관 설계
② 교량의 조형미 추구
③ 시간에 따라 변화감을 느낄 수 있는 야간경관 계획

(6) 부대시설 설계

① 선박 충돌로 인한 하부구조의 충돌방지공 대책
② 선박 운항을 고려 관련 규정에 따른 항로높이 등 설치
③ 도로, 조명기준 등에 의한 가로등 간격, 높이, 밝기 등 검토
④ 해양오염을 방지하기 위한 오탁 방지망 등
⑤ 차량 방호책은 충격 완화용 철재 방호책 사용
⑥ 해상교량의 특수성 감안한 계측시스템 설계

3. 결론

해상을 통과하는 연장 1km의 교량은 장대교량으로 계획하며 설계책임자는 장대교량의 특성에 부합하는 종합적인 상황을 고려하여 계획, 설계하여야 할 것으로 판단된다.

CHAPTER 03 현수교

QUESTION 01
현수교의 구조, 개념, 구조형식의 분류, 계획 시의 고려사항 등에 대해 서술하시오.

1. 현수교 정의

① 고정하중 작용 시 주 케이블이 전체하중을 지지하여 보강형은 무응력 상태
② 추가 고정하중과 활하중 : 보강형과 주 케이블 시스템이 부담하도록 한 교량형식

2. 현수교의 구조개념

(1) 구성요소

① 교면하중을 지지하는 보강형(Stiffening Girder)
② 보강거더를 매다는 행거(Hanger)
③ 행거를 매다는 주 케이블(Cable)
④ 케이블을 고정하는 케이블 앵커리지(Cable Anchorage)
⑤ 주탑(Tower)

(2) 구조개념

주요부재인 주 케이블은 하중을 주탑, 앵커리지에 전달하며, 완성 후에 작용하는 외력을 보강형과 함께 분담하여 하중을 앵커리지에 전달한다.

보강형은 완성 후 작용하는 하중을 분산시키며, 그 하중을 행거를 통해 주 케이블로 전달시키는 역할을 한다.

따라서 현수교는 주로 케이블에 의해 강성이 확보되는 구조물로 타 형식의 교량에 비해 변위 및 유연함이 큰 교량형식이다.

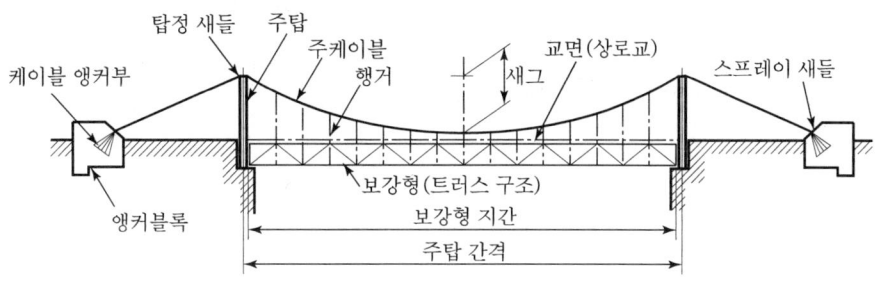

[현수교의 개념도]

3. 현수교의 종류

(1) 케이블 정착방식에 따른 분류

1) 자정식
  ① 현수교 보강형의 단부 내에 주 케이블을 정착
  ② 주 케이블의 장력이 크지 않은 지간장 300m 내외의 중소규모 현수교에 적용
  ③ 단부, 교량받침에 부반력이 발생할 수 있어 별도의 제어장치가 필요하고, 시공시 보강형을 먼저 가설해야 하므로 가설벤트 설치 등 제약

2) 타정식
  ① 주케이블의 장력이 별도의 앵커리지에 작용하므로 보강형에 축력이나 부반력이 발생되지 않아 대규모 현수교에 주로 적용
  ② 대규모 앵커리지 설치에 따른 경제적·경관적 검토 필요

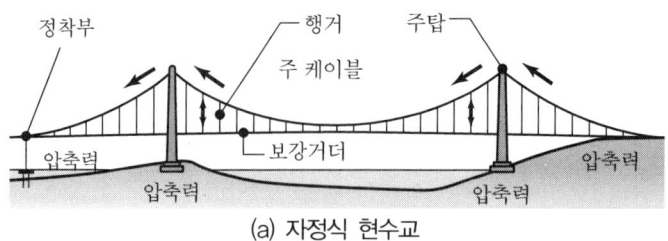

(a) 자정식 현수교

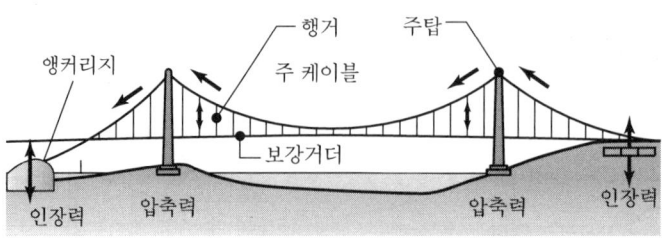

(b) 타정식 현수교

[케이블 정착방식의 분류]

(2) 보강형의 경계조건에 따른 분류

① 1경간 2힌지 현수교
② 3경간 2힌지 현수교
③ 3경간 연속 현수교
④ 3경간 플로팅 현수교

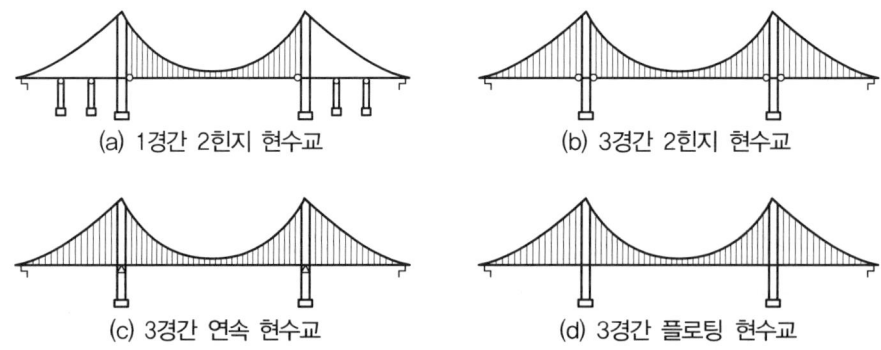

[보강형의 경계조건]

4. 구조 특징

(1) 주 Cable

① Parallel Wire Cable

② Parallel Strand Cable 주로 사용

③ 1,760MPa 고강도 Cable 적용 → 최근 설계 1,860MPa 초고강도 Cable 적용

(2) 보강형

① Truss 보강형 : 횡방향 저항단면이 작아 내풍안정성이 우수하나 강중의 증가, 시공 유지관리비 증가

② 유선형 강 Box 보강형 : 트러스 형식에 비해 형고와 강중을 작게 할 수 있다.

(3) Anchorage

① 지중 정착식 : 지중에 정착터널 구축, 정착판 설치하여 저면 암반의 자중 및 암반강도로 저항

② 터널식 : 경사터널에 강재프레임과 선단에 정착장치 설치하여 터널 외부면의 전단과 확폭부 지압으로 저항

③ 중력식 : 가장 많이 사용, 콘크리트 구체와 상재토의 자중으로 Cable 장력에 저항

(4) 행거 시스템

행거 Cable, Cable 밴드, 보강형과의 정착부로 구성

5. 계획 시 고려사항

(1) 앵커리지 지지 기반

① 앵커블록은 Cable 수평력을 받아 지반의 크리프 변형에 의해 공사 완료 후에도 주탑 측으로 이동하므로 이에 대한 오차 보정

② 앵커리지의 안정계산에서 활동에 대한 안정이 지배적인 경우가 많으므로 연직하중에 대해 간극수압에 의한 양압력 등의 존재 여부 고려

(2) 주경간장

① 현재 공용 중 최대 규모 : 아카시대교 1,991m 주경간장
② Messina해협대교 : 주경간장 3,000m 계획
③ 내풍 안전성이 확보되도록 변장비를 만족(65 이하의 변장비 적용)
④ 항로폭 확보, 적정 기초규모 및 최적 공사비 확보 가능하도록 검토

(3) 측경간비

① 주탑새들에서의 케이블 활동 안전율의 확보, 적정 앵커리지 규모 확보, 경관적 요소 고려
② 타정식 : 0.24~0.27
③ 자정식 : 0.35~0.45

(4) 세그비

① 타정식 : $\frac{1}{12} \sim \frac{1}{8}$

② 자정식 : $\frac{1}{6} \sim \frac{1}{5}$

6. 최신 설계 동향

① 1,800MPa 이상의 초고강도 케이블의 적용과 보강형 자중 감소를 통해 효율적 구조 시스템 계획
② 보강형 지지 System : Floating System
③ 보강형 가설 : 항로 구간의 선박 통행을 확보하기 위해 항로 외부에서 보강형을 인양한 후 가설 지점으로 이동시키는 Swing 공법 적용

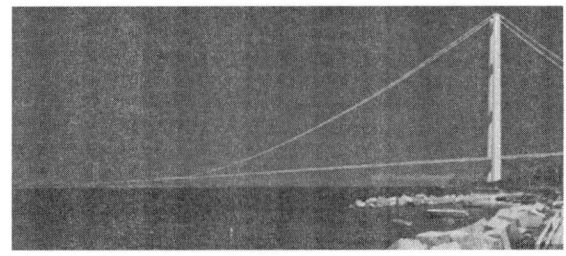

QUESTION 02. 현수교의 기본원리, 종류, 시공 중 및 시공된 국내 현수교에 대해 설명하시오.

1. 기본원리

케이블로 지지되는 대표적인 장대교량형식으로 주탑, 케이블, 보강형, 행거로 구성된다. 케이블은 주로 인장력을 받는데, 현수구조 부분의 사하중 전부와 활하중의 대부분을 지지하는 역할을 한다.

행거는 보강 거더의 하중을 케이블에 지지하는 역할을 하며, 주탑은 케이블의 하중을 받아 기초에 전달하는 역할을 하며 현수교의 경관미를 좌우하는 중요한 부분이다.

현수교는 타 교량형식의 경간길이에 비해 강성이 비교적 작은 유연한(Flexible) 특성을 가지고 있으며, 케이블의 처짐(Sag)이 커지면 케이블 장력의 증가로 저항(강성)이 증가하므로 결과적으로 변형이 억제되는 특징이 있는데, 이 점 때문에 현수교의 경간길이를 장대화하는 계기가 되었다.

2. 종류

(1) 자정식

공사비를 절감하기 위하여 교량길이 등의 축소 목적으로 주 케이블을 보강형에 정착하는 방식

(2) 타정식

① 정착 Block을 설치하여 케이블에 걸리는 큰 장력을 지반에 전달시키는 형식
② 정착 블록을 설치할 장소 등이 필요하므로 교량의 길이 등이 연장될 가능성 높음

3. 국내 현수교

국내에서 최근 시공된 영종대교에 대해 알아본다.

(1) 개요

영종도 신국제공항과 수도권을 연결하는 고속도로 중의 교량으로 복층형(Double deck)의 보강형을 가진 중앙경간 300m, 측경간 125m의 3경간 연속 자정식 현수교이다.

(2) 기본 제원

① 현수교 : 550m(125+300+125)
② 상층부 : 도로 6차선
③ 하층부 : 도로 4차선+철도 복선
④ 폭원 : 41m

(3) 계획 및 설계

① 일반적으로 현수교는 자중에 의한 응력비가 높고, 그것을 지지하는 케이블에는 큰 장력이 작용한다. 따라서, 정착블록을 통하여 케이블에 걸리는 큰 장력을 지반에 전달시키는 타정식이 많이 사용된다. 하지만 영종대교에서 정착블록을 육상에 설치하려고 하면 교량길이를 계획(550m)보다 더 연장해야 하므로 영종대교는 주 케이블을 보강형에 정착하는 자정식 현수교를 채택하였다.
② 영종대교는 자정식 현수교로 측경간과 중앙경간의 경간 분할비가 0.42 : 1 : 0.42 로서 등분할이 아니기 때문에 케이블 정착구에 커다란 부반력이 생길 수 있다. 이러한 문제해결을 위해 접속 트러스교 측경간의 사하중이 부반력 방지용 사하중으로(Counter-weight) 현수교에 재하될 수 있도록 현수교와 접속 트러스의 연결 지점에 게르버 형식을 도입
③ 보강형에 전달되는 압축력을 줄이기 위해 케이블의 새그비(f/L)를 $\frac{1}{5}$로 함

QUESTION 03

자정식 현수교와 타정식 현수교의 구조적 특징 및 장단점에 대하여 비교 설명하시오.

1. 자정식 현수교

(1) 구조적 특징

① 현수교 단부 보강형 내에 주 케이블 정착
② 보강형에 축력 작용하고 단부에 부반력 발생

(2) 장단점

① 경관성 양호
② 시공 시 가벤트 필요
③ 주형에 상시 압축작용 및 단부 부반력 발생으로 구조상세 복잡

[거금도 연륙교 건설공사(1단계)-소록대교 조감도]

2. 타정식 현수교

(1) 구조적 특징

① 주케이블을 현수교 단부에 있는 대규모 앵커리지에 정착
② 보강형에 축력이나 단부 부반력 발생하지 않음

(2) 장단점

① 경관성 불량(앵커리지)
② 시공 시 가벤트 불필요
③ 자정식에 비하여 구조상세 비교적 간단

[광안대교]

QUESTION 04. 현수교 설계에 대하여 설명하시오.

1. 설계 일반

(1) 현수교의 주교 구조부재

① 교면하중을 지지하는 보강형
② 보강형을 다는 케이블(행거)
③ 현수재를 다는 케이블(주케이블)
④ 케이블을 고정하는 케이블 앵커
⑤ 케이블을 지지하는 주탑

(2) 현수교의 특징

① 케이블 : 현수재를 포함한 케이블의 자중 및 보강형과 이에 의해 지지되는 상판, 바닥 등의 자중을 주탑 및 앵커리지에 전달하며, 완성 후에 작용하는 외력을 보강형와 함께 분담지지하여 주탑 및 앵커리지에 전달하는 목적
② 보강형 : 케이블과 함께 교량에 연직 및 수평 방향의 강성을 부여하며, 활하중 등과 같이 완성 후의 보강형에 작용하중을 그 강성에 의해 분산하고 현수재를 끼워 케이블에 전달함
③ 현수교는 위와 같이 케이블과 보강형을 지지하고 있는 점, 즉 보강형이 자립하고 있지 않는 구조이다. 따라서, 일반적으로 타형식의 교량에 비하여 움직임이 풍부한 교량 형식, 특히 보강형은 풍, 지진 등의 외적 영향을 받아 변형하기 쉽다.

(3) 이론과 설계 변천

현수곡선이론 및 미소변위탄성해석 → 처짐이론 → 선형화 처짐이론, 영향선 해석법 → 이산현수재이론, 유한변위이론

2. 해석법의 변천

(1) 고전적 현수교 이론

① 탄성이론과 처짐이론
② 선형화 처짐이론과 영향선 해법
③ 횡방향 수평하중에 대한 면외 해석법
④ 비틀림 해석법
⑤ 고유 진동 해석법

(2) 현대의 해석법

① 유한변위해석법
② 선형화 유한변위해석법
③ 탄성좌굴 해석
④ 고유진동해석
⑤ 모델화의 방법
⑥ 가설 시의 해석법

3. 주요 부재의 설계 – 보강형

(1) 보강형

① 역할 : 바닥판 구조를 지탱함과 동시에 변형과 흔들림을 억제하고 주행성을 확보하는 일
② 형식 : 트러스, 박스

(2) 바닥판

중요한 점은 바닥판 구조의 중량과 구조형식이 상부공 전체의 경제성에 큰 영향을 미치는 점과 내풍 안정성에 큰 영향을 미치는 점에 있다.
① RC 상판, 강격자 상판, 강상판(폐단면 리브)
② 내풍 안정성 향상 목적으로 오픈 그레이팅을 노면에 설치

(3) 횡트러스 · 횡프레임

① 역할
- 바닥판에서의 하중을 보강형 및 행거(hanger)에 전달
- 박스 거더에서 다이어프램과 동일하게 어긋난 변형에 저항
- 횡하중이나 비틀림 하중에 저항하는 횡구의 구성부재의 하나로 움직임
- 지점상의 횡트러스 · 횡프레임은 보강형의 교축직각방향의 하중에 대한 지점으로 횡구면으로부터의 힘을 윈드슈를 끼워서 주탑, 측탑, 교대 등에 전달

② 형식 : 트러스 형식, 라멘 형식
③ 도로 철도 병용교인 경우 : 하층 중앙에 철도교 설치

(4) 피로 설계

현수교의 보강형은 일반적인 교량과 달리 거더 자중의 대부분이 주케이블에 지지되고 자중으로는 보강형에 부재력을 발생하지 않는다는 특징이 있다. 그러므로 보강형의 단면 결정은 자동차, 열차 등의 활하중과 풍하중이 지배적이며, 더불어 피로설계도 중요하게 검토되어야 한다.

(5) 트러스의 격점 구조

보강형과 가로보 부재의 격점부는 많은 부재가 복잡하게 교차하는 개소이므로 미리 부재 간의 간섭 등의 영향이 없도록 주의함과 동시에 트러스 구조 특성이 손상되지 않도록 해야 한다.

(6) 행거 정착부

핀에 의한 정착방식은 중소 현수교에 많이 이용되고 있지만 장대 현수교에도 사용되고 있으며, 소켓에 의한 정착은 종래부터 일반적으로 사용되던 방법으로 행거로프의 2차 굽힘응력의 경감을 목적으로 유니버설 조인트를 채용하여 혼용하기도 한다. 정착방식은 또한 크게 나누어 현재에 직접 매다는 방법(안장식)과 현재에서 달아낸 브래킷(핀정착식)에 매다는 방법이 있다.

(7) 타워링크, 엔드링크, 윈드슈

보강형의 연직반력을 주탑이나 교대부에 전달하는 구조로서 타워링크, 엔드링크는 교축방향 변위와 수평면 내 회전변위를 허용하는 구조이어야 한다. 일반적으로 타워링크는

보강형에 매다는 형식으로, 엔드링크는 보강형을 지지하는 형식으로 설계되는 일이 많다. 윈드슈는 보강트러스의 교축직각방향 수평력을 주탑이나 앵커리지 등에 전달함과 동시에 교축 방향이동, 교축 연직 면내 및 수평 내의 회전을 허용하는 구조이어야 한다.

(8) Stay 구조

① Stay 구조 : Center Stay, Side Stay, Tower Stay, Cable Stay, End Stay
② Center Stay : 역대칭 모드의 비틀림 진동을 억제하는 내풍대책으로 실시, 교축방향의 Cable과 보강형의 상대적인 변위를 억제하는 짧은 행거의 2차 굽힘응력을 저감함과 동시에 보강형의 교축방향의 복원력을 억제하는 것을 목적.
③ Side Stay : 거더 단부의 온도변화에 의한 짧은 행거의 응력저감이나 Stopper로서의 역할

(9) 신축 이음

① 쐐기식(미국) : 미국의 대부분의 장대 현수교에 채용되어 있는 역사가 있는 형식으로 핑거 선단이 레일 위에 지지되고 있으므로 통상의 편측 지지식 핑거에 비해 큰 신축량을 흡수할 수 있다.
② 롤링 리프식(유럽) : 서독에서 개발된 장치로 유럽의 대부분의 현수교에 적용. 카타필타형상의 미끄럼판이 노면판의 혓바닥판의 하면으로 끼어들어가 신축하는 장치로 항상 노면의 평탄성이 확보된다.
③ Link 식(일본) : 일본에서 개발된 신축장치로, 신축부는 쐐기식과 동일한 기구지만 핑거의 선달을 Link로 지지하는 점에 특징이 있다.

4. 주요 부재의 설계 – 주탑

(1) 주탑의 재료

콘크리트(유럽, 미국 등), 강재(일본)

(2) 주탑 형상

① 장대 현수교의 주탑 형상의 결정 시에는 축력과 굽힘을 효율적으로 기초에 전달하기 위한 좌굴설계, 통행자의 시점이나 현수교 바깥으로부터의 시점에서의 경관설계, 유연한 구조를 대비한 내풍설계와 이것을 만족시키기 위한 제작, 가설상의 제약, 경제성을 종합적으로 검토한다.

② 단면 구성은 강재 주탑의 경우 예전에는 작은 박스 단면을 다수 조합한 Multi-Cell을 사용하였으나, 근대 현수교에는 비교적 큰 Box를 소수 조합한 소수 Cell 형식 및 4매의 보강판을 조합한 단일Cell 형식을 많이 채용한다. 콘크리트 주탑의 경우에는 중공의 1Cell 형식을 사용한다.

(3) 주탑 좌굴 해석

유효 좌굴장 해석, 면내 좌굴, 면외 좌굴 검토

(4) 내하력 조사

주탑 전체 내하력 평가

(5) 주탑기부의 설계

축력과 굽힘을 탑주에서 하부공으로 전달하기 위한 구조
① 격자 전달 형식(지압 전달 형식)
② 외벽 직접 전달 형식(지압 전달 형식)
③ 탑주 매입 형식(전단 전달 형식)

(6) 주탑 정부의 설계

① 직접 전달 형식
② 간접 전달 형식

(7) 이음부 설계

① Metal Touch
② 외부는 용접, 내부는 볼트 이음

(8) 구조 특수부 설계

FEM 해석 검토

5. 주요 부재의 설계 – 케이블

(1) 개요

현수교의 주케이블 설계는 현수 구조부의 고정하중강도와 중앙 경간의 Sag를 가정하여 주탑 위치에서의 양 경간의 케이블 수평장력의 균형조건으로부터 측경간의 새그를 결정하여 구한다.

중앙경간 새그비는 현수 전체계의 구조 특성 및 경제성을 검토하여 최적값이 선정되지만 1/10 전후로 되는 경우가 많다.

(2) 케이블 종류

주케이블 → 평행선 케이블, 현수재 → 스트랜드 로프, PWS

① 평행선 스트랜드 : AS 공법은 현장, 프리패브 스트랜드 공법은 공장제작. 특징은 강도 저하가 적고, 강도 효율이 뛰어나며, 탄성계수 높음(2.0×10^5 MPa)

② 꼬임선 로프
- 스트랜드 로프 : 강도 효율이 낮음. 주케이블로 사용되지 않고 주로 행거로프에 적용(CFRC형 주로 적용)
- 스파이럴 로프 : 강도 효율은 평행선 스트랜드보다 약간 떨어지나 단면밀도는 더 커서 중규모의 현수교에 적용
- Locked coil 로프 : 수밀성, 내식성이 뛰어남, 시공성 떨어짐

(3) 케이블의 재료 강도

① 케이블용 재료 : 아연도금 강선
② 와이어의 정적 강도 : 각 나라마다 거의 동일하게 1,550~1,600MPa 채용
③ 피로 강도 : 현수교의 고정하중 비율이 커서 주케이블에 문제가 되는 것은 없지만, 도로–철도 병용 현수교와 같이 비교적 활하중이 큰 경우에는 피로강도에 대한 검토가 필요하게 될 수도 있다. 경사 현수재 등 피로가 문제가 되는 개소에서는 충분한 배려가 필요하다.

(4) 케이블 설계

① 케이블 허용 응력도
- 인장강도에 대해 적어도 2.5의 안전율을 가진다.

- 2차 응력을 포함한 케이블의 최대 응력은 인장강도에 대해 약 2.0 안전율을 가진다.
- 0.7% 전 늘음 내력(항복점)에 대해 약 2.0 안전율을 확보

② 케이블의 단면 구성
- (고강도) 아연 도금 강선 → 스트랜드 → 케이블
- 시공성을 고려하여 직경이 1m 정도까지는 싱글 케이블, 그 이상은 더블 케이블 적용
- 케이블 공극률은 케이블 밴드의 설계에도 영향을 미치는 것이지만 지금까지의 시공실적으로는 대개 20±2%로 되어 있다.
- 스트랜드 배열 : Point Top 배열 – 육각형의 정점이 정상, Flat Top 배열

(5) 케이블 정착

① 스트랜드 슈에 의한 정착 – AS공법 : 반원통의 Shoe 반경은 와이어 지름의 100배 정도로 하고 이것보다 작게 하는 것은 강도 저하를 초래할 염려가 있어 바람직하지 않다.
② 소켓에 의한 정착 : 프리패브 스트랜드의 경우에는 스트랜드 제작길이에 근거해 공장 내에서 양단을 합금에 의해 정착하고 이 소켓을 이용해 앵커부에 정착된다.

(6) 케이블 방식

주케이블 방식법으로 와이어는 아연도금 + 케이블 외주에 방청 Paste + 직경 4mm의 아연도금선으로 래핑(최근 원형 → S자형) + 래핑 와이어 외면에 6층 도장

(7) 케이블 밴드와 행거 로프

① 안장걸기방식과 핀정착방식으로 분류한다.
② 안장걸기방식 : 굽힘 영향을 받기 때문에 내하력이 저하, 케이블 밴드 볼트 횡체결
③ 핀정착방식 : 행거로프는 전단면 유효한 설계 가능, 종체결

(8) Saddle

주탑 및 앵커리지 위에 주케이블을 직접 지지하고 주케이블로부터의 하중을 주탑 및 앵커리지에 전달시키는 구조물이고 설치장소에 따라 탑정새들, 앵커새들 등으로 나눌 수 있다.

① 새들의 설계에 중요한 것은 새들 위의 곡률반경의 설정으로 이것은 케이블의 굽힘응

력 및 케이블과 새들의 접촉압력을 고려하여 결정한다. 케이블의 굽힘에 의한 2차 응력은 반경 R에 반비례하고 접촉이 크게 되면 케이블 인장강도가 저하하기 때문에 평행선케이블을 이용한 경우의 케이블 소선과 새들의 접촉압은 50MPa 이하로 하는 것이 바람직하다.

② 스프레이 새들은 케이블을 방사형상으로 앵커리지에 정착하기 때문에 연직 및 수평방향으로 곡률을 붙인다. 이 경우 스트랜드의 연직력이 없는 곳에서는 수평방향으로 굽어지지 않도록 하여 스트랜드의 새들 출구부에서의 형상붕괴가 생기지 않도록 하는 것이 중요하다. 이를 위해 스트랜드의 수평곡률 반경이 연직곡률 반경의 $\sqrt{3}$ 배 이상으로 되도록 새들의 형상을 결정할 필요가 있다. 스프레이 새들은 앵커스판의 스트랜드의 응력 및 온도변화에 대해 이동 가능토록 하기 위해 롤러 혹은 록커 형식으로 하고 있다.

6. 주요 부재의 설계 – 기타

(1) Anchorage

케이블의 수평력 및 연직력을 기초에 전달하는 중요한 구조물. 앵커 블록의 기초, 앵커 블록, 케이블 앵커 프레임, 케이블 정착부 및 상옥 등으로 구성
① 중력식 : 앵커리지의 미끄럼 및 전도에 대해서 안정(대부분 현수교)
② 터널식 : 지반의 견고한 암반이 존재하는 경우 적용 가능

(2) 부탑

도로의 선형이 높아 앵커리지의 규모가 커져야 하는 경우 단부 교각에 수직 반력을 받을 수 있는 장치를 설치한 교각을 말함
① 앵커리지의 규모를 작게 할 수 있는 장점이 있으나 부탑에 수평력이 작용하는 경우에는 교각에 휨모멘트가 작용하는 경우도 있으므로 이에 대한 검토를 하여야 한다.
② 수직반력은 케이블의 입사각과 출사각에 따라 압축력으로 설계를 할 수도 있으며 또는 인장을 받도록 할 수도 있다. 압축력을 받을 경우에는 새들이나 링크를, 인장을 받을 경우에는 케이블이나 링크를 사용할 수 있다.

(3) 유지관리 설비

점검 보수용 작업차(거더 작업차, 케이블 작업차), 주탑 안의 엘리베이터 등

7. 내풍 설계

(1) 개요

1940년 Tacoma Narrow교가 풍속 19m/s 비틀림 진동을 일으켜 붕괴(보강형 I형). 이후 연구를 통하여 유선형 박스거더 단면을 보강형에 최초로 적용(1966년 Severn교)

(2) 내풍 설계

1) 바람에 의한 현수교 거동
   ① 바람에 의해 현수교에 생기는 현상 : 정적 작용, 동적 작용
   ② 정적 작용 : 정적 변형, 정적 불안정 현상(횡좌굴, 발산)
   ③ 동적 해석 : 한정 진동, 발산 진동
      • 와려 진동 – 갤로핑 – 비틀림 Flutter – 연성 flutter

2) 내풍설계의 순서
   ① 내풍설계의 순서 : 기본 풍속의 설정 → 설계 풍속으로의 변환 → 단면의 가정 → 공기력 계수의 선정 → 설계 풍하중의 산정 → 응답 정적 해석 → 공기력 계수의 측정(풍동실험) → 응답의 동적해석(풍동실험)
   ② 내풍설계 방법 : 정적 설계, 동적 조사, 풍동 실험

3) 풍동 모형실험
   ① 2차원 모형 : 단면의 정적인 공기력의 측정과 동적인 진동 응답을 조사하는 것에 이용
   ② 3차원 모형 : 구조물의 변형 특성을 포함 전체계의 응답 특성을 직접 조사하는 것이 가능

(3) 내풍대책

1) 내풍대책의 개요
   ① 구조역학적 방법
      • 감쇠의 증가 : TMD, 기계적인 댐퍼 등의 설치
      • 강성의 증가 : 비틀림 강성의 향상
      • 질량의 증가 : 콘크리트 충진 등에 의한 질량의 부가

② 공기역학적 방법
- 단면 형상의 변경 : 거더의 개상(open type) 구조화
- 공기력적 보조 부재의 설치 : Spoiler, flap, fairing, baffle 등의 설치

2) 구조 역학 대책

① 감쇠 증가 : TMD, Active Damper, Oil Damper 등은 와려진동이나 거스트 응답 진폭의 감소 등에 유효하고 구조 형상을 변경하지 않고 확실히 제진 가능한 점에서 현수교의 주탑의 내풍대책 등에 자주 이용되고 있다. 다만 발산진동에 대해서는 효과를 발휘하지 않는 가능성이 있기 때문에 주의를 요한다.

② 강성의 증가 : 고유 진동수를 높여 발산한계 풍속을 향상시킨다. 특히 비틀림 플러터형 자려진동의 경우에는 비틀림 고유 진동수의 증가에 비례하여 한계풍속이 상승한다.

③ 질량의 증가 : 와려진동 등의 진폭을 감소시켜 플래터의 한계풍속을 향상시키는 효과가 있다.

3) 공기 역학적 대책

① 그레이팅을 적당히 배치한 개상 구조로 하면 한계 풍속이 향상

② 유선형 상형 단면이라면 공기저항이 적고 굽힘 강성에 비해 비틀림 강성이 크기 때문에 한계 풍속의 값을 높일 수 있다.

③ 공기력적 보조 부재 설치 : Fairing, Flap, Spoiler, Baffle

QUESTION 05. 현수교 Cable band의 Type과 역할, 안전율에 대해 기술하시오.

1. 개요

케이블밴드는 크게 2가지 Type으로 행거로프가 케이블밴드에 핀을 통하여 연결되는 형식인 핀방식과 행거로프가 케이블밴드에 걸리는 형식의 안장방식이 있다.

2. Cable band의 Type

구분	핀방식	안장방식
개요도		
구조특성	• 행거로프가 케이블밴드에 핀을 통하여 연결되는 형식 • 밴드구조 단순 • 행거로프 본수를 1본, 2본 선택가능 • 안장방식에 비해 밴드 길이가 짧게 되어 밴드 자체의 휨응력이 적음 • 행거로프의 휨에 의한 2차 휨응력 발생 없음	• 행거로프가 케이블밴드에 걸리는 형식 • 밴드구조 단순 • 행거로프는 교축직각방향으로 2본 배치가 필수적임 • 주케이블 직경이 작으면 행거 안장부에 과다한 휨응력 발생 • 케이블밴드 길이가 길어져 밴드 자체에 2차 휨응력이 과대해짐
제작 및 시공성	• 케이블밴드의 경사각 변화에 상세 무관 • 밴드 볼트 배치 단순	• 케이블밴드의 경사각 변화에 따라 상세 변경 필요 • 행거로프와의 간섭으로 볼트 배치 복잡
유지관리	• 반복하중으로 핀부에 마모 발생 가능성	• 반복하중으로 밴드 상단부 행거로프의 부식 발생 가능성
적용	• 소록대교, 이순신대교, 적금대교	• 남해대교, 영종대교, 광안대교

3. Cable band의 역할

케이블밴드는 행거로프를 통하여 보강형의 하중을 주케이블에 전달하고 주케이블의 소선을 균일하게 조이면서 회전 및 소선의 배열을 고정하는 보조역할을 수행한다.

4. 안전율

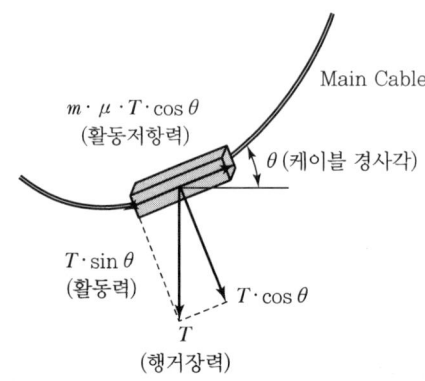

[케이블밴드 미끌림에 대한 안전율 검토 모식도]

$$v = \frac{m\mu n A \sigma_e}{T_h \sin\theta} \quad \cdots\cdots\cdots (1)$$

여기서, v : 케이블밴드의 미끌림에 대한 안전율
m : 밴드의 내압분포상황계수(2.8)
μ : 주케이블과 밴드의 마찰계수(0.15)
n : 볼트 소요 본수
T_h : 행거로프의 장력
θ : 케이블의 경사각
A : 볼트의 유효단면적
σ_e : 볼트의 체결응력

▼ 케이블밴드의 활동에 대한 안전율

구분	안전율	비고
도로교 설계기준(2010)	3.5	
케이블 강교량 설계지침(2006)	3.0~4.0	

CHAPTER 04 장대교량의 내풍 및 초장대교량

QUESTION 01 기본풍속, 설계기준풍속, 시공기준풍속에 대해 설명하시오.

1. 기본풍속

(1) 정의

기본풍속 V_{10}은 지표조도구분 Ⅱ인 개활지에서 지상 10m 높이에서의 재현기간 200년 (내용연수 100년, 비초과확률 60%)에 해당하는 10분 평균풍속으로 정의한다.

(2) 산정

① 기본 풍속은 각 지역별 기상관측소의 장기 풍속기록을 통계처리하여 구한다. 이때 기상관측소 주변 지형과 고도, 풍속계의 설치 높이 등을 합리적인 방법으로 보정
② 도로교 설계기준의 기본풍속은 교량의 내용연수 50년을 기준으로 비초과확률 60% 를 적용하여 재현기간 100년에 대한 풍속으로 산정. 교량의 내용연수에 대해서는 논란의 여지가 있지만, 케이블 교량의 경우에는 그 중요도에 비추어 내용연수를 100년 정도로 추정하는 것이 합리적이라 판단되므로 동일한 비초과확률을 적용하여 재현기간을 200년으로 상향 조정
③ 기본 풍속은 그 인근지역을 통과한 태풍기록과 태풍모델을 바탕으로 시뮬레이션 기법을 사용하여 구할 수도 있다.
④ 1990년대에 들어오면서 급속한 도시화로 기상관측소 주위의 지표조도가 크게 변화한 곳이 많다. 따라서 교량 가설지역 인근의 기상관측소로부터 풍속자료를 수집할 때, 기상관측소 주변 지형의 변화에 대한 보정을 해야 한다. 아울러 이러한 보정에 어려움이 있을 때는 몬테카를로 시뮬레이션 기법 등을 사용하여 풍속자료의 정확성을 검토할 필요가 있다.

2. 설계기준 풍속

1) V_D

설계기준풍속 V_D는 대상 지역의 기본 풍속과 교량의 고도, 주변의 지형과 환경 등을 고려하여 합리적인 방법으로 결정한다.

2) 산정

① 대상지역의 풍속자료가 가용치 못한 경우에 지표조도와 고도가 다른 타 지역 풍속 V_1으로부터 현장 풍속 V_2를 구하기 위하여 식 (1)을 사용할 수 있다. 이때 지표조도계수 α, 경고도 z_G, 최소높이 z_b, 그리고 조도길이 z_0는 지침에서 제시한 값을 사용하고, 지표조도 구분은 도로교 설계기준의 것을 따른다.

$$V_2 = C_t \cdot V_1 \cdot \left(\frac{z_2}{z_{G2}}\right)^{\alpha 2}, \ z_2 \geq z_b$$
$$= C_t \cdot V_1 \cdot \left(\frac{z_b}{z_{G2}}\right)^{\alpha 2}, \ z_2 < z_b \quad \cdots\cdots (1)$$

여기서, C_t는 고도 및 조도 보정계수로 V_1 지역에 해당하는 값을 입력한다.

$$C_t = \left(\frac{z_{G1}}{z_1}\right)^{\alpha 1} \quad \cdots\cdots (2)$$

② 위의 식 (2)에 지표조도 구분 Ⅱ에 해당하는 값을 대입하고 식 (1)에서 $V_1 = V_{10}$과 교량 현장의 z_2, z_{G2}, α_2을 대입하면, 기본 풍속을 사용하여 설계기준풍속을 구할 수 있다. 이때 고도 및 조도 보정계수 C_t는 1.925가 된다.

③ 설계기준풍속을 산정하기 위한 기준고도로 주형은 중앙경간의 평균고도를 사용하고, 행거나 사장재는 주형 높이와 주탑 높이의 중간을 사용한다.

3. 시공기준 풍속

(1) 시공기준 풍속

교량의 공사기간 동안에 필요시 별도의 시공기준풍속 V_C을 정하여 시공 중 발생할 수 있는 문제를 검토할 수 있다.

(2) 산정

① 시공기준 풍속은 공사기간 동안 최대 풍속의 비초과확률 80%에 해당하는 재현기간의 풍속을 교량의 고도, 주변 지형 등을 고려하여 보정한 10분 평균 풍속이다. 이때 고도 보정에는 식 (1)을 사용할 수 있다. 한편 비초과확률 P_{NE}, 공사기간 N, 재현기간 R의 관계는 식 (3)을 사용할 수 있다.

$$R = \frac{1}{1-(P_{NE})^{1/N}} \quad \cdots\cdots (3)$$

② 건설공사가 이루어지는 기간이 교량의 내용연수에 비하여 현저히 짧고, 태풍이 주로 내습하는 기간과 많이 중복되므로 기본풍속 산정 시와는 달리 비초과확률을 80%로 상향 조정하였다.

③ 공사기간에 대해서는 논란의 여지가 있으나, 역학적인 검토를 위해서는 주 경간 교량의 실제 공사기간을 사용한다. 한편, 기술자의 판단에 의하여 특별한 공정만을 검토하기 위한 시공기준풍속을 별도로 정할 수 있다.

④ 교량 독립주탑의 경우에 기준고도로 주탑 높이의 65%를 사용한다.

QUESTION 02 : 한계풍속에 대해 설명하시오.

1. 정의

한계풍속은 발산진동(플러터, 갤로핑 등)의 검토를 위한 풍속으로 다음과 같다.

$$V_{cr} > C_{SF} \cdot V_D \quad \cdots\cdots\cdots\cdots\cdots\cdots\cdots\cdots\cdots\cdots\cdots\cdots\cdots\cdots\cdots\cdots\cdots\cdots\cdots\cdots\cdots\cdots\cdots\cdots\cdots\cdots\cdots\cdots \quad (1)$$

여기서, V_D : 기준풍속
 C_{SF} : 안전계수

2. 검토방법

① 한계풍속은 동적 불안정 현상만을 검토하기 위한 풍속으로 기상자료, 구조해석, 풍동실험 등의 불확실성에 의한 교량의 붕괴 가능성을 줄이고자 일정한 안전율을 확보하기 위한 풍속
② 완성계에 대해 기준 풍속은 V_D 사용
 안전계수는 1.2 이상
③ 시공중에 대한 기준 풍속 : 시공기준 풍속 V_C 사용
 안전계수는 비초과 확률을 높였으므로 1.0 이상

QUESTION 03. 장대교량의 내풍안정성 검토에 대해 논하시오.

1. 개요

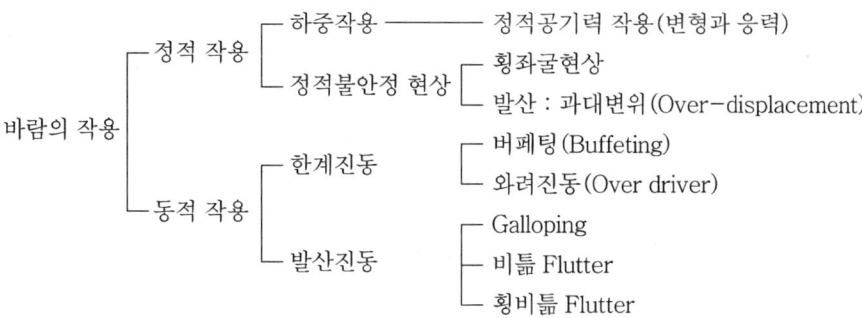

2. 각 현상의 특징

(1) 버페팅

바람의 교란에 의해 구조물에 불규칙한 진동이 생기고, 이 진폭은 풍속이 빨라지면 증가한다.

(2) 와려진동

비교적 저풍속 영역에서 발생하고, 풍속 및 진폭 모두 한정적이다.

(3) Galloping

유체 속의 물체가 흐름에 직각방향으로 진동하는 것에 의한 겉보기 앙각이 생겨 흐름에 비대칭성으로 발생하는 공기력이 가진력으로 되면서 생기는 발산진동이다.

(4) 비틀림 Flutter

물체의 전폭에서 박리된 경계층이 물체에 재부착할 때, 진동과의 위상차로 생기는 비틂의 발산진동이다.

3. 동적 내풍설계 필요성 판정기준

구분	동적 내풍설계 필요한 조건	비고
비틀림 발산진동 (Torsional Flutter)	$L \times V_d / B > 350$	
연직 발산진동 (Vertical Flutter)	$L \times V_d / B > 350,\ B/d < 5$ $I_u < 0.15$	
와류진동 (Vortex Shedding)	$L \times V_d / B > 200$ $I_u < 0.2$	

여기서, L : 최대 경간장, V_d : 설계풍속, B : 폭원, d : 형고, I_u : 난류강도

4. 케이블의 내풍설계(PTI Recommendations)

(1) 진동 종류

종류	진동현상	제어기준	기호
Rain Wind Vibration (풍우진동)	비가 오는 상태에서 부는 바람에 의해 Cable 표면에서의 빗물 흐름이 바람에 노출되어 Cable 단면형상을 변화시킴으로 인해 발생되는 진동현상	$S_c = \dfrac{m\xi}{\rho D^2} > 10$	m : 단위길이당 케이블 질량 (kg·s²/m²) ξ : 구조감쇠계수 (=0.2%) ρ : 공기밀도(0.125kg·s²/m⁴) D : 케이블 직경
Galloping (갤로핑)	높은 풍속의 바람에 대해 Cable의 특성(길이, 장력, 직경 등)에 따라 발생되는 진동현상 (특히 경사 Cable)	$U_{crt} = CND\left(\dfrac{m\xi}{\rho D^2}\right)^{0.5}$ $> V_d$ → Galloping 발생하지 않음	C : 상수(원형Cable=40) N : 케이블 기본고유진동수(Hz) $N = \dfrac{1}{2L}(T/m)^{0.5}$ L : 케이블 길이(m) T : 케이블 장력 (Tonf) V_d : 설계속도 (활하중 비재하 시 70m/s, 활하중 재하 시 33m/s)
Vortex Shedding (와류진동)	저풍속 상태에서 후면 와류에 의해 발생되는 진동수-저진폭의 진동현상	$V = \dfrac{ND}{0.22}$	0.22 : Scruton 수 N : 케이블 기본고유진동수(Hz) D : 케이블 직경(m)

(2) 제어방안

① Rain-Wind Vibration : 케이블 표면처리하여 안정성 확보

② Galloping : 케이블 길이 100m 이상인 경우 Damper 설치하여 안정성 확보

③ Vortex Shedding : 비교적 낮은 풍속대에서 발생(1~2m/sec) 바람의 지속시간이 짧으면 큰 문제 없음

QUESTION 04

사장교 케이블에서 발생하는 진동현상과 제진대책에 대해서 설명하고, 아래 교량 케이블의 풍우진동에 대한 안정성을 검토하시오.(단, 그림에서 치수 단위는 m이다.)

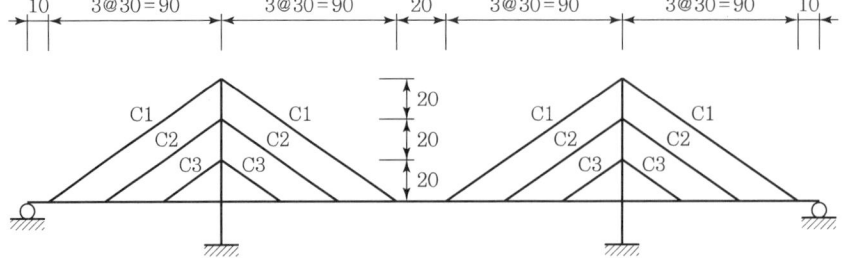

(단, 케이블의 구조감쇠비 $\xi = 0.24 - 6 \times 10^{-4} L$(%), L은 케이블 길이(m), 공기밀도 $\rho = 1.225 \text{kg/m}^3$)

▼ 케이블 제원

구분	단위길이당 질량 m(kg/m)	케이블 직경 D(mm)
C1	90	160
C2	80	150
C3	60	140

1. 사장교 케이블에서 발생할 수 있는 풍진동현상과 제진대책

사장교의 케이블은 일반적으로 연성이 커서 다른 구조 부재에 비해 진동주기가 매우 길며, 제진에 대한 각별한 주의가 요망되는 부재이다. 교량에 있어서 케이블은 사장교의 사재, 현수교의 주케이블 및 행거케이블, 닐슨아치의 행거케이블 그리고 최근에는 엑스트라도즈교의 인장케이블 등에 다양하게 사용된다. 교량에 사용되는 케이블의 소재는 다양하나, 그 형상은 원형단면으로 거의 일정하다고 할 수 있다. 따라서 케이블의 내풍성을 고려할 때 항력계수, 와류방출특성(Scruton Number) 등 기본적인 내풍특성은 잘 알려져 있으나, 감쇠율이 매우 낮고 유연하다는 점과 여러 형태로 설치 또는 배치된다는 점에서 교량 구조물 중에서도 가장 진동에 민감한 부재라고 할 수 있다. 실제로 바람에 의한 케이블의 진동사례는 수없이 많으며, 이에 대한 원인 규명실험, 대책 등도 많은 사례가 있다.

일반적으로 케이블에서 발생하는 공기력 진동현상은 다음과 같이 구분할 수 있다.

진동현상	특징	제진대책
풍우진동 (Rain-Wind Vibration)	• PE(폴리에틸렌)관으로 보호된 사장교 케이블에 비를 동반한 바람에 의한 케이블 진동 • 발생 메커니즘의 해명과 제진대책의 개발을 목적으로 한 풍동실험결과 Rivulet이라고 불리는 빗물의 흐름형성이 진동의 주요 원인 • 사장교의 케이블과 같이 경사진 원형케이블에서 발생하는 경우가 있으나, 풍우진동은 발생조건이 매우 제한적이라서 이 진동이 발생하는 경우는 흔치 않다. 풍우진동의 발생조건은 10m/s 정도의 풍속, 적절한 강우량, 특정된 경사각과 풍향, 케이블의 고유진동수는 1~3Hz, PE관으로 피복된 케이블, 해안가와 같은 난류강도, 케이블의 감쇠율은 0.1% 정도 등 상당히 제한적이다.	• 케이블 표면 형상 조정(Duct 외부에 fillet이나 Dimple 설치) • 댐퍼 설치
갤로핑 (Galloping)	• 비대칭 단면 형상에 의한 공기력의 비대칭 분포로 발생, 자발진동으로 큰 응답 보임 • 갤로핑은 한정된 풍속에서 상대적으로 작은 진폭으로 진동하는 와류진동과는 달리 임계풍속을 초과하는 모든 풍속에서 상대적으로 큰 진폭으로 진동할 수 있다. 케이블의 경우 단면 자체는 대칭이지만 경사케이블에 바람이 10~20° 정도로 비스듬히 부는 경우나 케이블에 눈이나 얼음이 부착되는 경우는 바람에 대해 비대칭 단면이 되며 갤로핑 현상이 이론적으로 발생할 수 있다. 갤로핑의 발생조건은 Scruton 수가 3보다 작은 경우로 알려져 있으며, 현재까지 실제 교량에서 발생한 사례는 거의 보고되지 않고 있다.	• 댐퍼 설치 • 보조케이블 설치
웨이크 갤로핑 (Wake Galloping)	• 병렬로 배치된 사재(Twin Cable)에서 풍상 측 케이블의 진동에 의해 풍하 측 케이블이 진동하는 현상 • 병렬케이블에서는 웨이크 갤로핑과 웨이크 플러터가 문제가 되는 경우가 있다. 특히 웨이크 갤로핑의 경우, 사장교에서 발생사례가 매우 많고 진동제어가 매우 어려워 병렬케이블에서는 반드시 안정성을 확인하여야 한다. 일반적으로는 케이블의 중심간격이 케이블 직경의 2~6 정도에서는 웨이크 갤로핑, 10~20 정도에서는 웨이크 플러터가 발생가능성이 있다고 알려져 있다.	• 대수감쇠율 $\delta = 3\%$ 확보

진동현상	특징	제진대책
와류진동 (Vortex Shedding)	• 낮은 풍속에서 발생하는 케이블 소용돌이와의 공진현상으로 고진동수, 저진폭 진동으로 피로문제 야기 • 바람이 작용할 경우, 기류의 박리현상에 의해 케이블에서 방출되는 와류의 주기성과 케이블의 고유진동수가 일치하는 풍속에서 발생하는 일종의 공진현상이며, 따라서 진동발생 풍속보다는 진폭이 중요하다. 와류진동의 진폭은 케이블의 질량, 감쇠율에 의해 좌우되며 여기에 난류효과도 영향을 미친다.	• 대수감쇠율 $\delta = 2 \sim 3\%$ 확보
지점가진 진동	• 차량이나 바람에 의해 보강형이나 주탑이 진동할 때 케이블에는 지점가진효과가 나타나며, 비슷한 주기를 갖는 케이블에서 발생	• 케이블 진동수 조정 • 댐퍼 설치
버페팅 (Buffeting)	• 바람의 변동성분에 의한 버페팅이 발생할 수 있다. 버페팅은 풍속의 증가에 따라 점진적으로 증가하는데 버페팅 진동이 케이블의 응력 및 피로문제를 일으킬 만한 강풍이 불 확률은 상대적으로 작기 때문에, 풍상 측의 매우 거친 지형 때문에 난류강도가 커지는 경우를 제외하면 일반적으로 케이블에 큰 문제가 되지 않는다.	

2. 케이블의 풍우진동에 대한 안정성 검토

(1) 제어기준

$$S_c = \frac{m\xi}{\rho D^2} > 10$$

여기서, m : 단위길이당 케이블 질량(kg/m)
ξ : 구조감쇠계수 $= 0.24 - 6 \times 10^{-4} L(\%)$
ρ : 공기밀도 $= 1.225 \text{kg/m}^3$

(2) 안정성 검토

구분	m(kg/m)	케이블 직경 D(mm)
C1	90	160
C2	80	150
C3	60	140

① C1

$$L = \sqrt{90^2 + 60^2} = 108.17 m$$

$$\xi = 0.24 - 6 \times 10^{-4} \times 108.17 = 0.175 (\%)$$

$$S_c = \frac{m\xi}{\rho D^2} = \frac{90 \times 0.175 \times 10^{-2}}{1.225 \times 0.16^2} = 5.02 < 10 \qquad \therefore NG$$

② C2

$$L = \sqrt{40^2 + 60^2} = 72.11 m$$

$$\xi = 0.24 - 6 \times 10^{-4} \times 72.11 = 0.197 (\%)$$

$$S_c = \frac{m\xi}{\rho D^2} = \frac{80 \times 0.197 \times 10^{-2}}{1.225 \times 0.15^2} = 5.71 < 10 \qquad \therefore NG$$

③ C3

$$L = \sqrt{30^2 + 20^2} = 36.06 m$$

$$\xi = 0.24 - 6 \times 10^{-4} \times 36.06 = 0.218 (\%)$$

$$S_c = \frac{m\xi}{\rho D^2} = \frac{60 \times 0.218 \times 10^{-2}}{1.225 \times 0.14^2} = 5.46 < 10 \qquad \therefore NG$$

∴ 풍우 진동에 안정성을 만족하지 못함

3. 풍우진동에 대한 안정성 검토

구분	케이블 길이 L(m)	케이블 직경 D(mm)	단위길이당 질량 m(kg/m)	구조감쇠비 ξ(%)	Scruton 수 $\left(S_c = \dfrac{m\xi}{\rho D^2}\right)$
C1	108.2	160	90	0.175	5.03
C2	72.1	150	80	0.197	5.71
C3	36.1	140	60	0.218	5.46

(1) 풍우진동방지를 위한 Scruton 수

① 케이블 표면이 매끄러운 경우 : S_c수 > 10(PTI, 2001)

② 나선형 돌기, 딤플 등으로 케이블 표면을 처리한 경우 : S_c수 > 4(Fuzier 등)

(2) 제시된 교량 케이블의 풍우진동 안정성

제시된 교량 케이블의 Scruton 수를 계산한 결과 5.03~5.71로 PTI 기준을 만족하지 못하므로 풍우진동의 발생가능성이 있다. 이에 따라 나선형돌기, 딤플 등으로 케이블 표면을 처리하여 풍우진동의 발생을 억제할 필요가 있다.

참고로, 길이 70~80m 이하의 케이블에서는 풍진동이 발생한 사례가 거의 없고, 풍우진동의 발생조건은 10m/s 정도의 풍속, 적절한 강우량, 특정된 경사각과 풍향, 케이블의 고유진동수는 1~3Hz, 폴리에틸렌피복 케이블, 해안가와 같은 난류강도 등 상당히 제한적이므로, 실무에서는 내풍 전문가의 자문을 받는 것이 바람직하다.

QUESTION 05

사장교 케이블의 진동원인, 진동의 종류, 관련 설계기준 및 진동제어 대책에 대하여 설명하시오.

1. 개요

① 사장교의 케이블은 일반적으로 연성이 커서 다른 구조부재에 비해 주기가 매우 길어 제진에 대한 각별한 주의가 요망되는 부재이다.

② 케이블에 발생되는 진동현상은 다음과 같이 구분할 수 있다.

진동현상	특징	제진대책
풍우진동 (Rain-wind Vibration)	• PE관으로 보호된 사장교 케이블에 비를 동반한 바람에 의한 케이블 진동 • 발생 메커니즘의 해명과 제진대책의 개발을 목적으로 한 풍동 실험 결과 Rivulet이라고 불리는 빗물의 흐름형성이 진동의 주요 원인	케이블 단면형상 조정(Duct 외부에 Dimple 또는 Herical fillet 설치)
Vortex Shedding	• 낮은 풍속에서 발생하는 케이블 소용돌이와의 공진 현상으로 고주기, 저진폭 진동으로 피로문제 야기	대수감쇠율 $\delta = 2 \sim 3\%$ 확보
Cable Galloping	• 높은 풍속에서 자발공기력에 의한 발산진동	대수감쇠율 $\delta = 3\%$ 확보
Wake Galloping	• 병렬로 배치된 사재에서 풍상 측 케이블의 진동에 의해 풍하 측 케이블이 진동하는 현상	대수감쇠율 $\delta = 3\%$ 확보
Dry Galloping	• 경사진 케이블에 불안정한 진동으로 난류에 의해 발생되는 불안정한 진동	댐퍼 설치 케이블 단면형상 조정
Galloping due to Ice Build-up	• 강우 또는 강설에 의해 케이블에 얼음이 얼어있을 때 바람이 불어 발생하는 케이블 진동	댐퍼 설치
Buffeting	• 불안정한 바람의 난류에 의한 저진폭 진동	대수감쇠율 $\delta = 2 \sim 3\%$ 확보
케이블 국부진동	• 차량이나 바람에 의한 구조물이 진동할 때 비슷한 주기를 갖는 케이블에서 발생	케이블 진동수 조정 댐퍼 설치

③ Wake Galloping 의 특징 : Wake Galloping은 여러 다발로 이루어진 케이블 시스템이나 바람의 방향이 사장교 길이방향인 경우에 발생할 수 있는 현상으로 현장측정이나 풍동실험 결과에 의하면 W/D(여기서, W=케이블 중심간 거리, D=케이블 직경)가

1.5~6.0 사이에 있는 경우 하류 측 케이블이 불안정해진다고 한다. 따라서 이러한 현상은 케이블 사이의 간격을 증가시킬 경우 줄어들거나 소멸하게 된다. 하지만 대부분 교량의 경우에 W/D의 비가 위에 값보다 크게 되므로 그 발생 가능성은 희박하다고 볼 수 있다.

2. PTI 시방규준

① 케이블의 진동원인, 제어기준 및 방법에 대하여는 PTI 언급이 되어 있으나 참고치로서 제시하고 있을 뿐이다. 따라서 그 적용성에는 논란의 문제가 있다. 여기서는 PTI에 규정된 진동에 관한 시방규준을 살펴보기로 한다.

② PTI에서 제안하고 있는 풍하중에 의한 케이블의 진동은 케이블에서 발생되는 진동의 공기역학적 특성을 설명하고, 전체 구조계의 거동에 의한 진동, 지형적인 영향을 고려하도록 제안하고 있다.

③ 또한 풍우진동에 대한 안전계수와 임계 풍속을 제안하고 있다. 케이블 단면에 있어서도 원형을 유지하여야 하며, 만일 눈, 비, 얼음에 의해 단면 형상이 원형을 유지하지 못할 경우 이에 대한 풍동 특성에 대한 조사가 있어야 한다고 정의하고 있다.

④ 케이블의 진동이 한계치 이내에서 유지될 수 있도록 적절한 Damping의 도입을 제시하고 있다.

3. 진동 제어방식

(1) 공기 역학적인 방법

케이블의 표면에 돌기나 요철 등을 설치하여 단면 형상을 바꾸는 방법이다. 이러한 방법은 주로 풍우진동과 와류진동을 제어하기 위해 채용한다.

경사진 케이블 표면을 따라 형성된 물줄기(Rivulet)가 횡풍에 의하여 진동하고 케이블의 진동을 유발한다고 추론되는 풍우진동을 막기 위해서 이런한 표면 처리로 표면 물줄기를 차단하는 방법이다. 보통 나선형 돌기(Helical Fillet)나 Dimple을 형성하여 수로 형성을 방지한다.

(2) 구조적 방법

① 케이블의 진동 주기를 바꾸는 방법 : 케이블 구속장치(Restrainer)가 대표적인 케이블의 진동 주기를 바꾸는 장치이다. 그러나 케이블 구속장치는 케이블에 과다한

응력을 집중시킬 수 있으며 변화된 동적 특성이 또 다른 풍공학적 진동현상을 유발할 수 있다. 또한 내구성이 떨어지고 미적인 면에서도 거슬리는 면이 있으므로 사용에 있어서 주의를 요한다.

② 케이블 감쇠비를 증가시키는 방법 : 케이블의 감쇠비를 증가시키기 위해 댐퍼를 사용하며, 댐퍼에 사용되는 감쇠재료 및 감쇠원리에 따라 고감쇠 고무댐퍼, 오일댐퍼, 점성댐퍼, 마찰댐퍼, 납-전단 댐퍼 등이 있다. 케이블에 설치되는 댐퍼는 정착구로부터 멀리 떨어져 있을수록 그 효과가 증가하기 때문에 외부형(External) 댐퍼가 내부형(Internal) 댐퍼보다 감쇠효과가 크다. 내부형 댐퍼는 미적으로 우수하지만 시공이 까다롭고 유지관리가 용이하지 않은 단점이 있다.

4. 케이블 진동 안정성 검토

(1) 풍우진동

① 개요 : 바람과 비에 의하여 케이블에 진동을 일으키며 풍우에 의한 케이블 지점 부근에서 반복되는 휨응력에 의한 피로파괴의 위험성이 있으므로 이에 대한 대책이 필요하다. 사장교 케이블의 진동현상 중 가장 중요한 것으로 인식되고 있다.

② 스크루톤 수(Scruton Number) : 케이블의 풍우진동은 무차원 수인 스크루톤 수(S_c)로 정의되며 부드러운 원형 단면의 케이블에 대해서 다음과 같은 발생 검토식이 적용된다.

$$S_c = \frac{m\xi}{\rho D^2} > 10$$

여기서, m : 단위길이당 케이블 질량
ξ : 구조감쇠비($=(0.24-6\times10^{-4}\times L)(\%)$, L은 케이블 길이)
ρ : 공기밀도($=1.225$ kg/m³)
D : 케이블 직경

(2) Vortex Shedding

① 개요 : Vortex Shedding은 낮은 풍속에서 발생하는 고진동수, 저진폭 진동으로 피로문제를 야기한다. 케이블의 Vortex Shedding 발생가능 풍속은 아래의 식을 적용한다.

$$V = \frac{fD}{S_t}$$

여기서, S_t : Scruton Number
f : 케이블 고유진동수(Hz)
D : 케이블 직경

② 사장교 케이블에서 Vortex Shedding 이 발생하는 S_t 값의 범위는 대략 0.1에서 0.2 범위로 알려져 있다. 또한 고진동수 영역에서 발생하므로 케이블의 고유모드는 1차에서 5차 모드까지 고려한다. 따라서 검토내용은 하나의 케이블에 대해 1차 모드에서 5차 모드까지의 범위에 대해 최소 풍속과 최대 풍속의 범위를 구할 수 있다.

(3) 케이블 Galloping

① 개요 : 케이블 갤로핑에 대한 검토는 아래 식과 같이 임계풍속($U_{crit,G}$)을 구하여 설계풍속과 비교하여 검토한다.

$$U_{crit,G} = c f D \sqrt{S_c} > V_d$$

여기서, c : 상수(원형 케이블인 경우 40 : PTI(2000), 35 : French CIP(2002))
f : 케이블 고유 진동수 $\left(f_k = \dfrac{k}{2L}\sqrt{\dfrac{T}{m}}\right)$
L : 케이블 길이
T : 케이블 장력
V_d : 설계 풍속

② 단, 케이블 장력은 1.0D+0.25L의 하중 조합에 의한 값으로 사용하였다. 갤로핑은 대부분 케이블의 최저차 모드로 발생하기 때문에 검토 모드는 1차 모드로 한다.

QUESTION 06. 사장교 케이블의 제진법에 대하여 설명하시오.

1. 개요

사장교의 케이블은 일반적으로 연성이 커서 다른 구조부재에 비해 주기가 매우 길어 제진에 대한 각별한 주의가 요망되는 부재이다.

2. 케이블에 발생하는 진동현상

종류	진동현상	제어기준	기호
Rain Wind Vibration (풍우진동)	비가 오는 상태에서 부는 바람에 의해 Cable 표면에서의 빗물 흐름이 바람에 노출되어 Cable 단면형상을 변화시킴으로 인해 발생되는 진동현상	$S_c = \dfrac{m\xi}{\rho D^2} > 10$	m : 단위길이당 케이블 질량 $(kg \cdot s^2/m^2)$ ξ : 구조감쇠계수 $(=0.2\%)$ ρ : 공기밀도$(0.125 kg \cdot s^2/m^4)$ D : 케이블 직경
Galloping (갤로핑)	높은 풍속의 바람에 대해 Cable의 특성(길이, 장력, 직경 등)에 따라 발생되는 진동현상(특히 경사 Cable)	$U_{crt} = CND\left(\dfrac{m\xi}{\rho D^2}\right)^{0.5}$ $> V_d$ →Galloping 발생하지 않음	C : 상수(원형Cable=40) N : 케이블 기본고유진동수(Hz) $N = \dfrac{1}{2L}(T/m)^{0.5}$ L : 케이블 길이(m) T : 케이블 장력 (Tonf) V_d : 설계속도 (활하중 비재하 시 70m/s, 활하중 재하 시 33m/s)
Vortex Shedding (와류진동)	저풍속 상태에서 후면와류에 의해 발생되는 진동수-저진폭의 진동현상	$V = \dfrac{ND}{0.22}$	0.22 : Scruton 수 N : 케이블 기본고유진동수(Hz) D : 케이블 직경(m)

3. 진동 제어방식

(1) 공기 역학적인 방법

케이블의 표면에 돌기나 요철 등을 설치하여 단면 형상을 바꾸는 방법이다. 이러한 방법은 주로 풍우진동과 와류진동을 제어하기 위해 채용한다.

경사진 케이블 표면을 따라 형성된 물줄기(Rivulet)가 횡풍에 의하여 진동하고 케이블의 진동을 유발한다고 추론되는 풍우진동을 막기 위해서 이러한 표면 처리로 표면 물줄기를 차단하는 방법이다.

보통 나선형 돌기(Helical Fillet)나 Dimple을 형성하여 수로 형성을 방지한다.

(2) 구조적 방법

① 케이블의 진동 주기를 바꾸는 방법 : 케이블 구속장치(Restrainer)가 대표적인 케이블의 진동 주기를 바꾸는 장치이다. 그러나 케이블 구속장치는 케이블에 과다한 응력을 집중시킬 수 있으며 변화된 동적 특성이 또 다른 풍공학적 진동현상을 유발할 수 있다. 또한 내구성이 떨어지고 미적인 면에서도 거슬리는 면이 있으므로 사용에 있어서 주의를 요한다.

② 케이블 감쇠비를 증가시키는 방법 : 케이블의 감쇠비를 증가시키기 위해 댐퍼를 사용하며, 댐퍼에 사용되는 감쇠재료 및 감쇠원리에 따라 고감쇠 고무댐퍼, 오일댐퍼, 점성댐퍼, 마찰댐퍼, 납-전단 댐퍼 등이 있다. 케이블에 설치되는 댐퍼는 정착구로부터 멀리 떨어져 있을수록 그 효과가 증가하기 때문에 외부형(External) 댐퍼가 내부형(Internal) 댐퍼보다 감쇠효과가 크다. 내부형 댐퍼는 미적으로 우수하지만 시공이 까다롭고 유지관리가 용이하지 않는 단점이 있다.

4. 케이블 댐퍼

(1) 점성 유체 댐퍼를 이용하는 방법

1) 특징

① 설치 : 케이블의 주진동 방향인 케이블 축의 수직방향으로 설치, 케이블 축의 수평방향에 대한 제어도 필요한 경우 2개의 댐퍼를 역 V자로 설치

② 효과 : 케이블 진동저감의 효과가 우수함

③ 특징
- 내구성과 피로 성능이 입증된 장치
- 댐퍼가 교량 외부에 노출되어 있어 미관 저해

2) 적용 사례 : Tokach 대교, Tsurumitsubasa 대교, 요코하마베이 대교

(2) 고감쇠 고무를 이용하는 방법

1) 특징
① 설치 : 케이블 정착구 내
② 효과 : 케이블 정착부와 댐퍼 간의 거리가 크게 확보되지 못하므로 케이블 진동 저감의 효과가 상대적으로 작음

③ 특징
- 고감쇠 고무의 전단변형에 의한 감쇠력을 이용하여 케이블의 진동을 저감하는 방법
- 케이블 축의 수직방향 진동만을 저감하는 형식
- 케이블의 잦은 진동에 따른 고감쇠 고무 자체뿐만 아니라 고감쇠 고무와 철판간 접착부의 피로에 대한 검증이 요구됨

2) 적용사례 : 진도대교

(3) 고점성 유체를 이용하는 방법

1) 특징
① 설치 : 케이블 주변에 고점성 유체를 설치하여 케이블의 진동을 저감하는 형식
② 효과 : 케이블 정착부와 댐퍼 간의 거리가 길게 확보되지 못하므로 케이블 진동 저감의 효과가 상대적으로 작음

③ 특징
- 주 진동 성분인 케이블 축 수직방향 이외에도 수평방향으로도 감쇠 성능을 얻을 수 있는 형식
- 케이블의 최대 감쇠비에 맞추어 댐퍼를 설계하기가 난해함

2) 적용 사례 : 서해대교

(4) 납과 고무를 이용하는 방법

1) 특징
① 설치
- 케이블과 상판 사이에 설치 시 케이블 축의 수직방향 및 수평방향의 진동 저감이 가능
- 케이블 주변에 설치 시 케이블 축의 수직방향 진동저감만 가능

② 효과 : 케이블 정착부와 댐퍼 간의 거리가 크게 확보하는 경우 케이블 진동 저감 효과가 상대적으로 크나 교량 미관을 저해함

③ 특징
- 납과 고무의 감쇠력을 이용하여 케이블 진동을 저감하는 형식으로 LRB와 유사하게 고무와 납의 전단변형력을 이용함
- 케이블 진동에 따른 고무와 납, 그리고 고무와 철판 간 접착부의 피로에 대한 검증이 요구됨

2) 적용 사례 : 제2진도대교

QUESTION 07
최근 R&D 분야로 초장대 교량의 연구가 진행되고 있는데 정의, 설계 시 주요 고려사항에 대해 설명하시오.

1. 정의

장대교량의 대표적인 형식으로 사장교와 현수교와 같은 케이블 지지교량을 들 수 있는데 사장교는 경간 1,500~2,000m, 현수교는 3,000~4,000m에 이르는 정도의 규모를 초장대 교량이라 한다.

2. 초장대 교량 설계 시 고려사항

(1) 구조최적화 기술

① 교량의 지간이 길어질수록 구조물의 차량하중보다는 고정하중의 효과가 더 커지므로 상부구조의 고정하중에 따라 교량 전체의 경제성이 달라진다.
② 케이블 교량은 경간장이 길어질수록 풍하중에 의하여 과다한 변형과 진동이 발생할 수 있으므로, 상부구조 단면은 자중을 최소화하면서 내풍안전성을 확보할 수 있도록 구조시스템을 선정하여야 한다.
③ 최적의 구조시스템은 Hybrid 재료, Hybrid 구조시스템을 포함하여 시공 중 및 완공 후에 안전을 확보할 수 있는 시스템을 의미

(2) 위험도 분석기술

① 초장대 교량은 시공 중 또는 공용 중에 태풍이나 지진, 충돌 등에 의한 위험을 사전에 검토하여 충분히 대비하여야 한다.
② 자연재해나 재난 등에 대한 검토는 극한상태 위험도를 분석하고 신뢰도 기반의 분석을 위한 요소 기술개발이 선행되어야 하며 이를 통한 극한상태에 대한 관리기법 및 기준 제시가 가능하다.
③ 지진 또는 해일과 같은 극한하중은 시공간적 상관관계를 고려한 해석이 요구된다.
④ 선박 등에 의한 충돌은 교량 전체의 안전과 밀접한 연관이 있으므로 충돌에 대비한 보호공의 설계 및 강도 평가(에너지 흡수능력 평가)에 대한 분석이 필요

⑤ 초장대교량의 위험도 분석기술은 안전도에 대한 분석뿐만 아니라 사용성의 한계상태에 대한 분석도 함께 고려하여야 하며, 설계기술은 한계상태설계 및 성능기반설계를 기본으로 이루어져야 한다.

(3) 대변위/진동 제어기술

① 초장대 교량에서는 지진하중과 풍하중뿐만 아니라 사용하중 상태에서도 거더의 처짐이나 주탑의 변형 등이 크기 때문에 구조적 안전성 외에도 대변형에 의한 사용성이나 2차응력에 대한 충분한 검토가 필요
② 초장대 교량의 각 부재 및 시설물(주케이블, 행거, 가로등 등)의 내풍안전성과 사용성 확보를 위해서는 부재 특성에 적합한 진동 저감 기술이 필수적이다.
③ 시공 중의 불안정한 구조물의 진동제어 문제는 구조물의 안전성에 직결되므로 시공 중 진동제어가 중요한데, 수동제어와 함께 능동제어를 검토

(4) CFD

① CFD(Computational Fluid Dynamics) 해석방법은 풍동실험과 함께 초장대 교량의 내풍설계 및 해석의 핵심 기술로서 유체-구조물 간 상호작용을 고려한 전산해석기술 개발이 필요
② 다양한 구조형식의 교량에 대하여 풍동실험과 CFD방법에 의한 풍거동 평가결과를 DB화하여 많은 시간과 경제적인 부담이 가는 풍동실험을 최소화하는 것이 필요하며, 이를 위하여 CWE(Computational Wind Engineering) 시스템 구축이 필요

(5) 대형기초 해석기술

① 초장대교량은 경간장이 길어짐에 따라 상부구조의 하중에 비례하여 주탑과 기초가 대형화되므로 이러한 대형구조물의 합리적인 설계는 교량 전체의 경제성과 안전성을 확보하기 위해 매우 중요하다.
② 초장대교량과 같이 큰 수직력과 수평력을 동시에 지지해야 하는 경우에는 앵커리지 시스템에 따라 시공성과 경제성이 크게 달라질 수 있으므로 합리적인 설계기술이 필요
③ 초장대 교량의 기초는 지진이나 바람에 의한 횡력의 영향이 크기 때문에 이들 하중에 의한 정밀 해석 기법의 개발이 필요하며, 특히 지반과 기초를 연계한 해석 기술 개발이 필요

④ 대형 콘크리트 구조물에서 시공 초기단계의 수화열 이외에 건조수축 및 자기수축에 의한 구조물의 체적변형을 제어하고, 이를 정확히 구조해석 및 설계에 반영하여 주탑구조물이 재하 전 단계에서 체적 변형을 제어할 수 있도록 해석 기술이 필요

3. 결론

① 장대교량 분야에서 세계시장경쟁력은 공사비 절감이 핵심이므로 최적의 시스템으로 최상의 기능을 수행하는 교량계획이 필요
② 구조 및 지반, 재료적 거동을 정확히 이해하고 모사하여 실제에 가까운 예측이 가능하도록 하는 것이 중요
③ 향후 성능 기반의 설계법이 국제 표준화되는 추세이고 이를 위해 확률론적인 접근이 필요
④ 정교하고 복잡한 기술이 요구되며, 전산공학의 진화, 발전이 절실히 요구됨

CHAPTER 05 교량의 점검, 유지관리, LCC

QUESTION 01

시설물 안전관리 특별법에 따른 1종, 2종 시설물(도로 및 교량, 터널)의 범위를 쓰시오.

구분	1종 시설물	2종 시설물
1. 교량		
가. 도로교량	• 상부구조형식이 현수교, 사장교, 아치교 및 트러스교인 교량 • 최대 경간장 50미터 이상의 교량(한 경간 교량은 제외한다.) • 연장 500미터 이상의 교량 • 폭 12미터 이상이고 연장 500미터 이상인 복개구조물	• 경간장 50미터 이상인 한 경간 교량 • 1종시설물에 해당하지 않는 교량으로서 연장 100미터 이상의 교량 • 1종시설물에 해당하지 않는 복개구조물로서 폭 6미터 이상이고 연장 100미터 이상인 복개구조물
나. 철도교량	• 고속철도 교량 • 도시철도의 교량 및 고가교 • 상부구조형식이 트러스교 및 아치교인 교량 • 연장 500미터 이상의 교량	• 1종시설물에 해당하지 않는 교량으로서 연장 100미터 이상의 교량
2. 터널		
가. 도로터널	• 연장 1천미터 이상의 터널 • 3차로 이상의 터널 • 터널구간의 연장이 500미터 이상인 지하차도	• 1종시설물에 해당하지 않는 터널로서 고속국도, 일반국도, 특별시도 및 광역시도의 터널 • 1종시설물에 해당하지 않는 터널로서 연장 300미터 이상의 지방도, 시도, 군도 및 구도의 터널 • 1종시설물에 해당하지 않는 지하차도로서 터널구간의 연장이 100미터 이상인 지하차도

구분	1종 시설물	2종 시설물
나. 철도터널	• 고속철도 터널 • 도시철도 터널 • 연장 1천미터 이상의 터널	• 1종시설물에 해당하지 않는 터널로서 특별시 또는 광역시에 있는 터널
3. 항만		
가. 갑문	• 갑문시설	
나. 방파제, 파제제 및 호안	• 연장 1,000미터 이상인 방파제	• 1종시설물에 해당하지 않는 방파제로서 연장 500미터 이상의 방파제 • 연장 500미터 이상의 파제제 • 방파제 기능을 하는 연장 500미터 이상의 호안
다. 계류시설	• 20만톤급 이상 선박의 하역시설로서 원유부이(BUOY)식 계류시설(부대시설인 해저송유관을 포함한다.) • 말뚝구조의 계류시설(5만톤급 이상의 시설만 해당한다.)	• 1종시설물에 해당하지 않는 원유부이(BUOY)식 계류시설로서 1만톤급 이상의 원유부이(BUOY)식 계류시설(부대시설인 해저송유관을 포함한다.) • 1종시설물에 해당하지 않는 말뚝구조의 계류시설로서 1만톤급 이상의 말뚝구조의 계류시설 • 1만톤급 이상의 중력식 계류시설
4. 댐	• 다목적댐, 발전용댐, 홍수전용댐 및 총저수용량 1천만톤 이상의 용수전용댐	• 1종시설물에 해당하지 않는 댐으로서 지방상수도전용댐 및 총저수용량 1백만톤 이상의 용수전용댐

QUESTION 02. 시설물의 안전등급기준과 안전진단 실시주기에 대해 설명하시오.

1. 안전등급 기준

안전등급	시설물의 상태
A(우수)	문제점이 없는 최상의 상태
B(양호)	보조부재에 경미한 결함이 발생하였으나 기능 발휘에는 지장이 없으며 내구성 증진을 위하여 일부의 보수가 필요한 상태
C(보통)	주요부재에 경미한 결함 또는 보조부재에 광범위한 결함이 발생하였으나 전체적인 시설물의 안전에는 지장이 없으며, 주요부재에 내구성, 기능성 저하 방지를 위한 보수가 필요하거나 보조부재에 간단한 보강이 필요한 상태
D(미흡)	주요부재에 결함이 발생하여 긴급한 보수·보강이 필요하며 사용제한 여부를 결정하여야 하는 상태
E(불량)	주요부재에 발생한 심각한 결함으로 인하여 시설물의 안전에 위험이 있어 즉각 사용을 금지하고 보강 또는 개축을 하여야 하는 상태

2. 안전진단 실시 주기

(1) 정기점검

① A·B·C등급의 경우 : 반기에 1회 이상
② D·E등급의 경우 : 해빙기·우기·동절기 등 1년에 3회 이상

(2) 긴급점검

관리주체가 필요하다고 판단한 때 또는 관계 행정기관의 장이 필요하다고 판단하여 관리주체에게 긴급점검을 요청한 때

(3) 정밀점검 및 정밀안전진단의 실시 주기

안전등급	정밀점검		정밀안전진단
	건축물	그 외 시설물	
A등급	4년에 1회 이상	3년에 1회 이상	6년에 1회 이상
B·C등급	3년에 1회 이상	2년에 1회 이상	5년에 1회 이상
D·E등급	2년에 1회 이상	1년에 1회 이상	4년에 1회 이상

QUESTION 03

교량구조물의 점검에 대해 기술하시오.

1. 개요

점검은 교량의 이상 및 손실을 조기에 발견하여 안전하고 원활한 교통흐름을 확보하고, 합리적인 유지관리자료를 획득하기 위하여 실시하며, 축적된 점검결과를 분석함으로써 유지관리 측면에서 설계·시공상의 개선점을 명확히 파악할 수 있다.

2. 점검의 분류 및 내용

구 분	종류	내 용
점 검	일상점검	• 도로 순찰 시 육안으로 관찰하며, 이상 발견 시는 접근 가능지역에서 이상부위를 관찰
	정기점검	• 교량의 세부적인 사항에 대해 이상과 손실을 발견하고, 정기적으로 실시 • 정기점검은 원거리 점검과 근접 점검으로 구분 • 원거리 점검은 대략 1회/6개월~1회/1년, 근접 점검은 1회/5년 주기로 실시
	임시점검	• 태풍, 집중호우, 지진 등의 자연재해와 차량사고, 인화물질 폭발 등에 의한 인위적 재해가 발생한 경우에 실시하는 점검
조 사	추적조사	• 점검결과 교량의 균열, 침하, 이동, 변위, 경사, 누수 등의 구조적 손상위험이 있는 경우 그 진행성을 감시할 목적으로 실시
	상세조사	• 점검결과 보수·보강에 대한 필요성이 검토되어야 할 손상이 발생한 경우 실시
	안전진단	• 교량의 사용성이나 안정성 여부를 판정하고자 할 때, 또는 보다 정확한 상태와 대책방안 수립이 필요한 경우 전문가에 의한 안전진단 또는 내하력 판정

3. 결론

교량의 안전 확보를 위해서는 설계, 시공뿐만 아니라 유지관리업무가 대단히 중요하다. 유지관리업무 중 중요한 조사항목은 점검인데, 이러한 점검도 종류 및 규모에 따라 시간과 비용, 인력이 소요되므로 효율적인 점검을 위해서는 그 방법과 빈도를 사전에 충분히 고려하여 시행하여야 할 것으로 판단된다.

QUESTION 04. 교량의 유지관리에 관하여 서술하시오.

1. 개요

교량의 유지관리는 공용 중에 있는 교량을 사용목적과 기능에 지장이 없도록 유지, 보존하기 위하여 실시하는 것으로 최근 열화손상된 교량이 급증함에 따라 안전진단, 점검 및 보수, 보강 등 유지관리에 대한 관심이 높아지고 있는 추세이다.
따라서 이들 열화손상된 교량의 실 보유안전도와 잔존 내하력 및 내구성이 실제적인 평가에 따른 효과적인 유지관리가 절실히 요구되고 있다.

2. 유지관리

(1) 유지관리의 목적

교량의 공용수명에 필요한 내하력 및 내구성 확보를 위해 유지관리를 해야 함

(2) 점검의 종류 및 내용

1) 일상점검
   ① 점검내용 : 열화손상의 조기발견목적 1차 진단
   ② 점검방법 : 1차 진단

2) 정기점검
   ① 점검내용 : 구조물 건전도 파악, 기능저하 원인 및 열화손상 발견·평가
      전문기술자에 의해 행해짐
   ② 점검방법 : 1, 2차 진단

3) 특별점검
   ① 점검내용 : 자연재해로 인한 파손 발생 시, 1, 2차 진단결과 안전성의 문제가 되는 경우 전문기술자에 의해 상세 점검
   ② 점검방법 : 1, 2, 3차 진단

(3) 점검주기

1) 내하구조물
   - 주요 구조물 : 일상점검 2개월, 정기점검 3년, 특별점검 필요시
   - 일반 구조물 : 일상점검 4개월, 정기점검 5년, 특별점검 필요시

2) 구체구조물

   일상점검 6개월, 정기점검 8년, 특별점검 필요시

3. 내하력 및 내구성의 조사 및 측정

(1) 목적

① 열화손상이 현저하게 진행된 교량의 열화손상 정도및 원인 조사 후 보수 여부 판정
② 열화손상이 현저하지 않은 교량은 장래의 열화손상 정도를 예측
③ 예방대책 검토하기 위한 자료수집

(2) 조사 및 측정을 위한 안전진단 종류

1) 1차진단
   - 내용 : 단순진단
   - 행위자 : 전문 관리자
   - 방법 : 도면검토 및 외관조사

2) 2차진단
   - 내용 : 열화부위에 대한 상세 진단
   - 행위자 : 전문 기술자
   - 방법 : 비파괴시험 및 가속도 측정

3) 3차진단
   - 내용 : 상세진단
   - 행위자 : 고급 전문 관리자
   - 방법 : 비파괴시험 및 파괴시험, 재하시험

4. 내하력 평가

(1) 목적

안전진단의 결과를 토대로 열화손상 상태를 그대로 반영하여 실 보유내하력을 합리적으로 추정하는 데 그 목적이 있다.

(2) 주요 평가사항

1) Life Cycle : 기존 교량의 이력 및 보수상태
2) 내용성 : 구조물의 안전성 및 충족도
3) 경제성 : 유지관리, 보수에 소요되는 비용
4) 물리적 : 전체와 국부의 안정성

(3) 내하력 평가기법

1) 허용응력 개념에 의한 내하력 평가방법
   기본 내하력에 보정계수를 곱하여 산정하는 방법

2) 극한개념에 의한 내하력 평가방법
   극한모멘트를 계산하고 하중계수를 곱하여 내하력을 계산하는 방법

3) 환산 실동하중(T.A.L)에 의한 내하력 평가방법

4) 신뢰성 이론에 의한 내하력 평가방법

(4) 내하력 평가과정

외관조사 → 응력 검토 → 정적 재하시험 → 동적 재하시험 → 내하력 평가 → 잔존수명 → 종합평가

5. 내구성 및 잔존 내구연한 평가(종합평가)

공인된 각종 비파괴시험 결과 기초한 합리적인 평가결과를 토대로 유지관리에 대한 체계적인 판단지침을 제공한다.

6. 결론

기존 교량의 유지관리를 철저히 하는 것은 사회적, 경제적인 측면에서 매우 중요한 과업이다. 국내 교량 중 상당수가 노후가 많이 되었으며, 또한 설계 당시의 설계하중을 초과하는 중차량의 증대, 공해, 제설용 화학품 및 모래 사용으로 교량의 손상이 급격히 진전되고 있다. 따라서 기존 교량의 유지관리에 필요한 점검, 진단 등을 철저히 하여 내하력 평가의 기준에 의해 내구성 및 잔존수명 등을 평가하는 일은 대단히 중요한 사회적 요청이라 하겠다. 향후 내하력 평가의 발전을 위해서는 다음과 같은 조치가 필요하다.

① 교량형식 및 연도별로 대표적인 교량을 선정하여 교량 이력, 거동 등을 장기적으로 기록보관
② 교량 철거 시 내하력 측정을 하여 타 교량 내하력 평가에 이용
③ 교량 내하력조사를 위한 장비 및 전문업체 육성 등의 배려

QUESTION 05
구조물(시설물)의 VE 및 생애비용주기(Life Cycle Cost)에 대해 설명하시오.

1. VE(Value Engineering)

(1) 정의

최저의 생애 주기비용(LCC)으로 필요한 기능을 달성하기 위하여 제품이나 서비스의 기능분석에 쏟는 조직적 노력

$$\text{가치(Value)} = \frac{\text{기능(Function)} + \text{품질(Quality)}}{\text{비용(Cost)}}$$

(2) 목적

VE는 필수기능인 주기능과 2차 기능인 법적·제도적 필요기능 그리고 고객이 필요한 기능은 유지하면서, 불필요한 기능을 제거하고 설계자 착상에 의한 기능을 대상으로 창조적 아이디어를 발상하여 대체안을 제시하는 데 목적이 있다.

(3) VE 실시시기

① 기본설계 VE : 기본설계 $\frac{2}{3}$ 정도 진행 시

② 실시설계 VE : 실시설계 $\frac{1}{2} \sim \frac{1}{3}$ 정도 진행된 시점

2. LCC(Life Cycle Cost)의 정의

LCC(Life-Cycle Cost)란 시설물의 공용수명기간 전체에 걸쳐 발생하는 계획/설계, 시공, 유지관리, 폐기처분 등에 소요되는 전체 비용의 총계를 말한다.
즉 건설을 위한 초기공사비 외에 시설물의 수명기간 전체에 걸친 유지관리비용까지를 포괄하는 개념이다.
LCC라는 용어가 사용된 배경에는 비용 감축이라는 주목적이 있다.
LCC의 관점에서 본다면 구조물이 원래의 구실을 하지 못해 재건설되거나, 공용수명을 다하지 못한 채 교체되는 점 등에 대해서 재건설을 위하여 소요되는 직접공사비뿐만 아니라

교통차단 등으로 인한 간접비, 건설기술 수준에 대한 대외 신뢰도 하락까지 종합적으로 고려하기 때문에 구조물의 공용연수 동안 소요되는 실질적인 총비용(Total Life Cycle Cost)을 막대한 것으로 본다.

그러므로 LCC를 최소화하는 방향으로 구조물의 설계·시공·유지관리하는 것은 사회적인 비용절감 차원에서 필요하다.

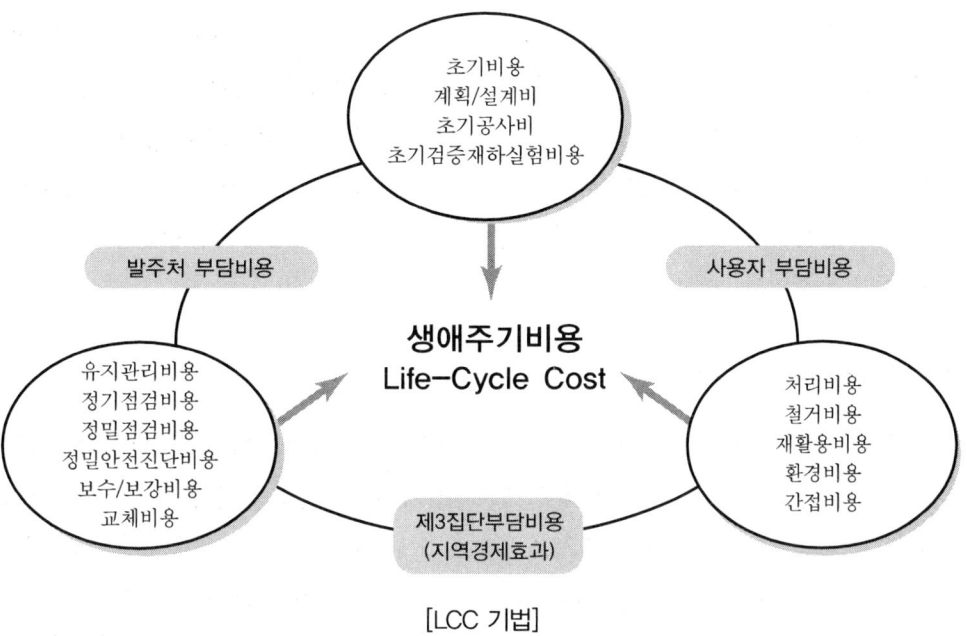

[LCC 기법]

3. LCC 분석기법

LCC(Life-Cycle Cost) 분석기법은 계획/설계, 시공, 보수/보강, 성능개선 및 철거, 재활용, 사용자비용 및 편익, 지역경제효과 등을 종합적으로 고려하여 최적대안을 선정하는 공학적 의사결정 과정이다. 구조물 설계 대안에 대한 경제성을 정확하게 분석하기 위해서는 설계, 제작 및 시공, 유지관리, 보수·보강, 철거 후 재활용, 재건설에 따른 간접비용의 효과, 구조물의 파손/붕괴에 의한 손상비용 등의 산정에 이르기까지 제반 비용을 모두 고려하여 구조물의 수명기간 동안의 총 LCC를 산출하여야만 가능하다.

즉, 종합적인 비용요소에 대한 분류와 평가가 있어야만 LCC 분석을 적용할 수가 있는 것이다.

(1) 설계수명(Design Life)

LCC 분석을 수행하는 데 있어서 반드시 수반되어야 할 첫 번째 작업은 구조물 사용 동안에 축적되는 발생비용을 분석하기 위한 구조물의 구성 요소에 대한 수명의 결정이라고 할 수 있다.

이러한 구성요소의 수명은 해당 요소에 대해 유지관리, 보수 보강 라이프사이클(Life Cycle), 유지관리 비용 및 보수 보강비용이 각각 합리적으로 반영되어야 하는데, 이는 장기간에 걸친 유지관리 데이터의 축적과 전문가의 판단에 기초할 수밖에 없다.

즉, 전체시설물의 구성요소별 수명을 실질적으로 고려하여야 한다는 것이다.

예를 들어 고속도로 구조물의 경우, 교량의 거더와 같은 주부재의 수명은 50년 이상으로 고려될 것이나 데크(Deck) 포장의 경우는 상대적으로 그것보다 짧은 10~15년 정도에 그칠 것이다.

(2) 할인율(Discount Rate)

화폐의 가치는 시간의 흐름에 따라 달라지기 때문에 경제성을 분석하기 위해 수입과 지출에서 발생되는 모든 금액을 일정한 기준시점의 화폐가치로 환산하여야 한다. 일정 시점의 금액을 기준 시점의 화폐가치로 환산하기 위해서 할인율을 사용하게 된다. 즉 할인율은 미래의 화폐가치를 현재의 통화가치로 변환시키기 위한 방법이다.

도로설계 시 도로시스템의 중요도 및 기대 공용연수에 따라 할인율을 다르게 적용할 수 있다. 즉, 공용기간이 짧은 시설물은 높은 할인율을 적용시키고, 긴 기대 공용기간이 필요한 주요 도로는 LCC 평가 시 낮은 할인율을 적용하는 것이 일반적이다. 즉 국가 공공시설물이라 해서 일률적으로 적용해서는 안 되며 주요 구조물이고 기대공용수명이 긴 구조물일수록 낮은 할인율을 적용하는 것이 바람직하다.

(3) LCC 비용 항목

건설분야에서 공사에 소요되는 비용은 공사의 규모와 특성에 의존하므로 그 영향요소를 보다 합리적으로 고려하여야 하는데, Pringer(1993)는 건설공사에서 고려될 수 있는 비용요소를 개략적으로 다음과 같이 요약하였다.

비용 항목	비용 요소	비고
초기비용	• 제작비 • 운송비 • 가설비	건설기간 동안의 비용

비용 항목	비용 요소	비고
정기안전점검비용	• 연간소요비용(정기점검비용) • 5~7년 간격으로 발생되는 비용 • 부식방지 재설비 비용	• 소규모 보수 • 보수작업을 포함하는 주요 정밀검사 비용 • 15~20년 간격
비정기 보수 및 보강비용	• 노면파손 및 노후에 따른 재포장 • 재료 파손 • 내구성 저하 • 피로손상의 보수 및 보강 • 부식 및 동결융해 • 완공 후 발생하는 사고	
수정된 요구에 따른 비용요소	• 보강 • 확폭 • 감소	
해체비용	• 해체 및 운송비 • 해체 후 최종 처리비	환경처리비 등
간접비용	• 시간 지연에 따른 시간지연 손실비용 • 시간 지연에 따른 차량운행 손실비용	
재활용 비용	• 재료의 재활용 비용	

4. 결론

우리나라는 시설물의 설계, 유지관리에 있어 현재까지는 유지관리비가 포함된 Cost를 감안하여 설계 시 의사결정에 반영하고 있기는 하지만 아직까지 체계적인 LCC 분석을 시도하는 일은 거의 없었다.

도로건설사업에서 합리적 의사결정을 위해서는 분야별, 공종별 LCC 평가기법의 정립과 보급, 확대가 무엇보다 필요하다. 우선, 발주처별로 LCC 평가기법 및 모델을 개발하는 것이 시급하다. 도로분야에서도 도로건설 시의 다양한 대안선택 중 LCC로 분석해야 하는 항목을 기준으로 정하고 이러한 기준에 근거하여 LCC 분석을 토대로 합리적인 의사결정을 수행하는 것이 중요하다.

그러나 현재 국내에서는 이러한 LCC 분석기법은 실무뿐만 아니라 연구분야에서도 상당히 생소한 것이 현실이다. 그만큼 아직 이러한 건설대안의 합리적인 의사결정을 위해 LCC 분석이 필요한 것은 분명하지만 그것을 실무에 사용하기 위해서는 앞으로 해결해야 할 많은 과제를 가지고 있다.

우리 정부뿐만 아니라 산업체, 기업체, 연구소 및 대학연구소 등에서 이러한 LCC 분석에 관심을 가지고 분야별 · 공종별 세부 적용기준 정립이 시급하며 실제적인 응용뿐만 아니라 연구의 활성화에 힘을 쏟아야 할 시기가 되었다고 사료된다.

참고문헌

- 「KBC 2016 강구조설계」, 구미서관, 2016
- 「도로교 설계기준, 한계상태설계법」, 국토교통부, 2015
- 「도로교 설계기준」, (사)한국도로교통협회, 2010
- 「도로교의 내진설계」, (사)한국지진공학회, 2000
- 「도로설계 편람(Ⅲ)」, 국토해양부, 2008
- 「사장교 계획과 해석」, 구미서관, 2003
- 「사장교의 기본계획 설계법」, (주)한진중공업 외 2, 2003
- 「장대교량의 설계 및 시공에 관한 연구」, 건설기술연구원, 1995
- 「현대의 현수교」, 건설도서, 1993

포인트
토목구조기술사 I

발행일 | 2010년 7월 10일 초판발행
2012년 2월 20일 개정 1차 1쇄
2018년 1월 15일 개정 2차 1쇄
2020년 5월 30일 2차 2쇄

저 자 | 김경호
발행인 | 정용수
발행처 | 예문사

주 소 | 경기도 파주시 직지길 460(출판도시) 도서출판 예문사
T E L | 031) 955-0550
F A X | 031) 955-0660
등록번호 | 11-76호

- 이 책의 어느 부분도 저작권자나 발행인의 승인 없이 무단 복제하여 이용할 수 없습니다.
- 파본 및 낙장은 구입하신 서점에서 교환하여 드립니다.
- 예문사 홈페이지 http://www.yeamoonsa.com

정가 : 35,000원
ISBN 978-89-274-2372-0 93530

이 도서의 국립중앙도서관 출판예정도서목록(CIP)은 서지정보유통지원시스템 홈페이지(http://seoji.nl.go.kr)와 국가자료공동목록시스템(http://www.nl.go.kr/kolisnet)에서 이용하실 수 있습니다. (CIP제어번호 : CIP2017020489)